全国电子信息类优秀教材

新时代·新文科×新工科·数字经济高质量人才培养系列（数字产业化）

国家级一流本科课程（线下一流课程）教学成果

数据挖掘

（第2版）

◆ 蒋盛益　主编

电子工业出版社

Publishing House of Electronics Industry

北京·BEIJING

内 容 简 介

本书内容分为数据挖掘理论和数据挖掘实践两部分。数据挖掘理论部分主要包括数据挖掘的基本概念、数据预处理、聚类分析、分类与回归、关联规则挖掘及离群点检测。数据挖掘实践部分讨论数据挖掘在文本挖掘和金融领域中的应用，通过虚假新闻检测和社交平台情绪分析等案例，展示数据挖掘在文本挖掘方面的应用；通过潜在贷款客户挖掘、贷款违约等案例展示数据挖掘在金融领域的应用。

本书可作为高等学校计算机、数据科学与大数据、电子商务、信息科学等相关专业的教材或参考书，也可供从事数据挖掘研究的科研、技术人员参考。

图书在版编目（CIP）数据

数据挖掘 / 蒋盛益主编. —2 版. —北京：电子工业出版社，2023.2

ISBN 978-7-121-45077-8

Ⅰ. ①数… Ⅱ. ① 蒋… Ⅲ. ① 数据采集 Ⅳ. ① TP274

中国国家版本馆 CIP 数据核字（2023）第 027266 号

责任编辑：章海涛　　　　　　　特约编辑：李松明

印　　刷：三河市鑫金马印装有限公司

装　　订：三河市鑫金马印装有限公司

出版发行：电子工业出版社

　　　　　北京市海淀区万寿路 173 信箱　　邮编：100036

开　　本：787×1 092　1/16　　印张：20.25　　字数：518 千字

版　　次：2011 年 8 月第 1 版

　　　　　2023 年 2 月第 2 版

印　　次：2023 年 12 月第 3 次印刷

定　　价：68.00 元

凡所购买电子工业出版社图书有缺损问题，请向购买书店调换。若书店售缺，请与本社发行部联系，联系及邮购电话：(010) 88254888，88258888。

质量投诉请发邮件至 zlts@phei.com.cn，盗版侵权举报请发邮件至 dbqq@phei.com.cn。

本书咨询联系方式：192910558（QQ 群）。

前 言

本次修订充分考虑了技术的发展和实际领域中数据多样性的特点，增加了一些应用领域的实际案例，强化了案例的作用，特别是第3~6章增加了综合案例；新增数据陷阱部分，作为拓展阅读，分散置于每章后面。

第1章对数据挖掘技术使用背景、数据挖掘对象做了较大修改，增加了数据挖掘与隐私保护章节。第2章对数据探索部分做了较大修改。第3章将分类原理说明的数据用例统一成了一个数据集，更便于对比；对集成分类进行了完善，增加了随机森林方法。第4章对k-means算法和一趟聚类算法的相关内容进行了优化。第5章对关联规则原理说明案例进行了更换，将辛普森悖论调整到了新的第2章，并进行了扩展。第6章完善了离群点挖掘应用的案例。第7章文本挖掘，增加了文本情感分析与用户画像的内容，并对案例进行了调整，删除了跨语言智能学术搜索系统及基于内容的垃圾邮件识别两个案例，增加了虚假新闻检测、社交平台情感分类两个案例。第8章将数据挖掘在电信业中的应用更换为数据挖掘在金融领域中的应用。

数据挖掘技术的应用越来越广泛，社会和市场上对掌握数据挖掘技术的人才需求越来越大，越来越多的高校在计算机相关专业和经济、管理类专业开设了数据挖掘课程，以适应社会和市场的需求。

本书旨在向读者介绍数据挖掘的基本原理和方法，以及数据挖掘的应用流程，通过原理和应用方法背景的介绍，使读者理解并掌握如何使用数据挖掘方法解决实际问题，通过案例分析，使读者能够应用这些方法解决现实世界中的问题。

全书分为数据挖掘理论和数据挖掘实践两部分，前者包括第1~6章，后者包括第7~8章。

第1章介绍数据挖掘的基本概念及重要应用领域。

第2章介绍数据的基本统计量及数据预处理的常用方法。

第3章介绍分类及回归的基本概念和应用背景，重点介绍决策树、贝叶斯和最近邻分类方法，以及分类模型评价。

第4章介绍聚类分析的基本概念和应用背景，重点介绍常用的聚类方法。

第5章介绍关联分析的基本概念和应用背景，重点介绍频繁模式挖掘算法（Apriori算法和FP-Growth算法）。

第6章介绍离群点挖掘的基本概念和应用背景，重点介绍基于距离、基于相对密度和基于聚类的离群点挖掘方法。

第 7 章介绍数据挖掘在文本处理方面的应用，以及文本挖掘的基本概念，通过虚假新闻检测和微博情感分类 2 个案例强化读者对内容的理解。

第 8 章介绍数据挖掘在金融领域的应用，包括风险控制、交叉销售、客户细分及客户流失预警等，通过潜在贷款客户挖掘和信用卡违约案例阐释数据挖掘的应用。

除了介绍数据挖掘的经典方法，本书也融入了作者的部分研究成果。

本书的出版融汇了许多人的辛勤劳动。自出版以来，本书得到众多读者的支持与肯定，被中国电子教育学会评为"全国电子信息类优秀教材"，2017 年以优秀等级通过广东省精品教材验收。本次修订由蒋盛益全程负责，广东外语外贸大学数据挖掘实验室成员林楠铠、黄锡轩、林晓钿对部分案例的完善提供了建议和实验支撑。王连喜副教授认真审阅了稿件，指出了一些纰漏，并提出了修改建议。书中参考了许多学者的研究成果，在此一并表示衷心的感谢。

限于作者学识水平，书中难免存在不足和疏漏，敬请读者批评指正。

本书为任课教师提供配套的教学资源（包含电子教案、实验用数据集、习题参考答案、部分综述文献和常用资源列表），需要者可登录华信教育资源网（http://www.hxedu.com.cn），注册之后可进行下载。

作　者

目　录

上篇　理论篇

下篇　实践篇

上篇　理论篇

第 1 章　绪　论

　　随着数据收集与数据存储技术的快速发展，各种组织积累了海量数据。如何从这些海量数据中提取有价值的信息以辅助决策，成为巨大的挑战，所以一种数据处理的新技术——数据挖掘（Data Mining）应运而生。数据挖掘是一种将传统的数据分析方法与处理大量数据的复杂算法相结合的技术。本章将概述数据挖掘，并列举本书所涵盖的关键主题。

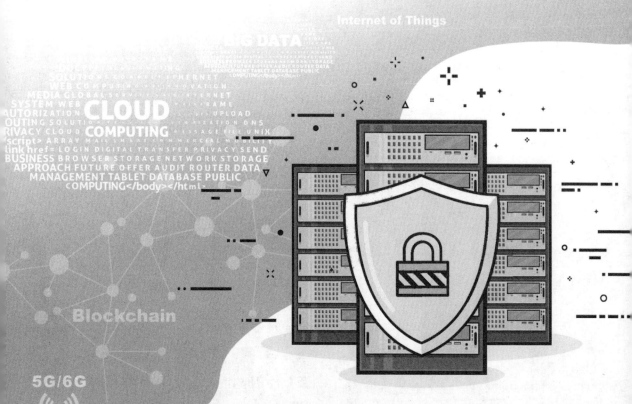

引例

超市货架组织

在大型超市，我们会发现服务员经常整理货架并适时调整货架上商品的摆放。这使我们产生疑问：货架的组织对销售会产生影响吗？哪些商品放在一起比较好卖？哪些商品会受到货架组织的连带销售影响？哪些消费者的购买行为会受到货架组织的影响？

经过一段时间的观察和思考、调查和分析，我们注意到，超市货架的组织方式会影响某些商品的销售，也影响某些消费者的购买行为。

广告精准投放

随着 Web 2.0 应用的推广，SNS（Social Network Service，社交网络服务）已成为互联网关注的焦点。SNS 通过网络服务和数据处理，不仅能够帮助人们找到朋友和合作伙伴，**还**能够帮助人们实现个人社会关系管理、信息共享和知识分享，拓展其社交网络，实现更有价值的沟通和协作。基于社交网络独特的用户群和黏性服务，其强大的营销价值日益被发掘。通过挖掘网络中潜在的社交人群，企业可以更好地搜索潜在客户和传播对象，将分散的目标客户和受众精准地聚集在一起，并精确地把广告投放给目标客户。这不但可以有效降低单人营销费用，而且可以减少对非目标客户的干扰，提高广告的满意度，最终实现网络广告投放策略的真正价值。这个技术已被淘宝和抖音等平台广泛使用。

客户流失分析

客户是企业生存的基础，在市场化程度高的行业，企业之间竞争激烈，为了获取更多的客户资源和占有更大的市场份额，往往采取名目繁多的促销活动和层出不穷的广告宣传来吸引新客户、留住老客户。研究发现，发展一个新客户比维持一个老客户的费用要高出 5 倍以上。所谓客户流失，是指客户终止与企业的服务合同或转向其他同类企业提供的服务，在市场基本饱和的情况下，对老客户的保留将直接关系到企业的利益，客户流失将对企业的经营产生深远影响。针对这个问题，电信、银行和保险等行业都非常关注客户流失问题。客户流失分析是以客户的历史消费行为数据、客户的基础信息和客户拥有的产品信息为基础，通过综合考虑流失的特点和与之相关的多种因素，从中发现与流失密切相关的特征和流失客户的特征，以此建立可以在一定时间范围内预测客户流失倾向的预测模型，以便对流失进行预测，并对流失的后果进行评估，为相关业务部门提供有流失倾向的用户名单和这些用户的行为特征，以便相关部门制定恰当的营销策略，开展客户挽留工作，防止因客户流失而引发的经营危机，提升竞争力。

智能搜索

在海量网络数据中，用户试图通过网络来快速发现有用信息变得非常困难，如何提高信息获取的效率成为研究人员广泛关注的课题。Web 信息检索（搜索引擎）是有效解决这个问题的重要工具。传统的搜索引擎，在用户输入关键词进行查询后，返回的是成千上万的相关结果，这往往导致用户需要花费大量的时间来浏览和选择，因此不能满足用户快速获取信息的愿望。另外，对于同一搜索引擎使用相同关键词进行搜索时，不同人得到的返回结果是相同的，然而不同的人期望的或关注的结果是不同的。如提交查询词"苹果"的两个人可能希望看到不同类型的信息，可能其中一个人对水果的相关产品信息有兴趣，而另一个人倾向于获取电子产品的相关信息。因此，大量研究人员开始研究行业化、个性化、智能化的第三代搜索引擎。例如，通过跨语言信息检索，可以方便地检索出不同语种的网络资源；通过文本聚类算法，对搜索返回结果进行分组处理，这样用户可以根据聚类结果快速定位到所需的资源上；通过显式或隐式地收集用户偏好信息，深层次地挖掘用户个人兴趣，为用户提供个性化的搜索和查询服务；通过交互的查询扩展功能改善用户查询用词，同时可使系统能更好地理解用户的检索意图。

入侵检测

随着互联网的发展，各种网络入侵和攻击工具、手段随之出现，使得入侵检测成为网络管理的重要组成部分。入侵可以定义为任何威胁网络资源（如用户账号、文件系统、系统内核等）的完整性、机密性和可用性的行为。目前，大多数商业入侵检测系统主要使用误用检测策略，这种策略对已知类型的攻击通过规则可以较好地检测，但对新的未知攻击或已知攻击的变种则难以检测。新的网络攻击或已知攻击的变种可以通过异常检测方法来发现，异常检测通过构建正常网络行为模型（称为特征描述）来检测与特征描述严重偏离的新的模式。这种偏离可能代表真正的入侵，或者只是需要加入特征描述的新行为。异常检测主要的优势是可以检测到以前未观测到的新入侵。与传统的入侵检测系统相比，基于数据挖掘的入侵检测系统通常更精确，需要更少专家的人工处理。

上述例子来自不同应用领域，但背后都以数据挖掘为核心技术。数据挖掘技术有助于发现隐藏的规律，为领域的决策提供支持。

1.1　数据挖掘技术使用背景

人类从远古时代走到了现在的互联网时代和正在跨入的物联网时代，人们通过信息的获取、存储、查询、加工及应用几个环节来实现知识的传播、继承和发展。人类自从有了获取信息的能力开始，便不断地对信息进行归纳总结。随着通信、计算机、网络、传感器技术和数字化技术的快速发展，以及日常生活自动化技术的普遍使用，人们获取数据变得越来越容易。我们正处在"大数据时代"，数以亿计的人们无时无刻、不知不觉地在各种场合生产大量数据，如超市 POS 机、自动售货机、在线购物、自动订单处理、电子售票、射频识别（Radio Frequency IDentification，RFID）、客服中心、各种监控设备和社交媒体等。包括通信、银行、交通及零售商等在内的一些企业，已经与客户建立了自动化的交互关系，生成大量交易记录。数据正以空前的速度产生和收集，这些数据是人们工作、生活和其他行为的记录，是企业和社会发展的记录，也是对人与自然界本身的描述，是对我们所研究对象隐含规律的某些侧面的反映。各行各业的公司已经开始认识到客户对业务发展非常重要，而客户信息是他们的宝贵财富。大量数据在计算机系统中形成了庞大的"数据资源"。对于从事服务业的公司来说，信息意味着竞争优势，"数据就是资源、生产力、财富"。快速增长的海量数据存放在大型且大容量数据储存设备中，没有强有力的工具，理解它们已经远远超出了个人的能力。因此，如何开发利用数据资源，将海量的数据以极快的速度加以归纳、计算和分析，找到暗藏于其中的规律，是非常有价值的工作。在强大的商业需求驱动下，商家已经注意到有效地解决大容量数据的利用问题具有巨大的商机；学者们开始思考如何从大容量数据中获取有用信息和知识。然而，面对高维、复杂、异构的海量数据，提取潜在的有用信息成为巨大挑战，这就催生了数据挖掘技术。数据收集、海量数据存储与查询、高性能计算等技术的发展，进一步激发并促进了人们对数据挖掘技术的开发、研究和应用。

随着数据挖掘技术飞速发展，在发达国家，数据挖掘技术正在变成整个信息技术的核心之一。特别是大数据时代的来临，传统行业受到巨大冲击，包括社交媒体、零售业、电子商务、交通、教育、金融、医疗、工业制造、旅游、生物医药等行业，同时大数据正在彻底改变人们的生活、学习和工作方式，在卫生保健、总统竞选、社交网络等方面已经出现许多利用大数据进行挖掘分析的成功案例。未来，各种新的数据源会持续爆炸式增长，大数据会如雨后春笋般地出现在各行各业中，如果适当地使用大数据技术，将可以提升企业的竞争优势。如果一个企业忽视大数据，将会带来风险，并导致其在竞争中渐渐落后。为保持竞争力，企业必须积极地去收集和分析这些新的数据源，并深入了解这些新数据源带来的新信息。数据挖掘的迅速发展使商业受益匪浅，如市场营销组织应用客户细分来识别那些有着不同爱好的客户群，许多公司应用数据挖掘技术来识别高价值客户，从而为他们提供所需的服务，以留住他们。值得注意的是，许多知名企业设立了数据挖掘相关的研发与应用部门，数据挖掘技术已经成为其业务成功的关键技术之一。

1.2 数据挖掘任务及过程

1.2.1 数据挖掘定义

数据挖掘可以从技术和商业两个层面来定义。从技术层面，数据挖掘就是从大量的、不完全的、有噪声的、模糊的数据中，提取隐含在其中的、人们事先不知道但是有用的信息和知识的过程。从商业层面，数据挖掘就是一种商业信息处理技术，是一种决策支持过程，高度自动化地分析企业的数据，做出归纳性的推理，从中挖掘出潜在的模式，帮助决策者调整市场策略，减少风险，做出正确的决策。

数据挖掘与传统数据分析方法（如查询、报表、联机应用分析等）有着本质的区别，数据挖掘是在没有明确假设的前提下去挖掘信息和发现知识，可以找到过去存在的规律及未来发展的趋势。数据挖掘获得的信息具有先前未知、有效和实用三个特征。先前未知的信息是指该信息是事先未曾预料到的，即数据挖掘是要发现那些不能靠直觉或经验而发现的信息或知识，甚至是违背直觉的信息或知识。所挖掘出的信息越是出乎意料，就可能越有价值。

数据挖掘是一门交叉学科，把人们对数据的应用从低层次的简单查询提升到从数据中挖掘知识，提供决策支持。在市场对数据挖掘人才需求的引导下，很多领域的研究者投身到数据挖掘这一新兴的研究领域，形成新的技术热点。数据挖掘综合了如下领域的思想：① 统计学的抽样、参数估计和假设检验；② 人工智能、模式识别和机器学习的搜索算法、建模技术和学习理论；③ 数据库、最优化理论、进化计算、信息论、信号处理、可视化、信息检索、分布式技术与高性能计算等。

1.2.2 数据挖掘任务

数据挖掘主要有两方面的作用：其一是面向过去，发现潜藏在数据表面之下的历史规律或模式，称为描述性分析（Descriptive Analysis）；其二是面向未来，对未来趋势进行预测，称为预测性分析（Predictive Analysis）。数据分析的范围从"已知"拓展到了"未知"，从"过去"走向"未来"，这是数据挖掘真正的生命力和"灵魂"所在。数据挖掘任务也因此分为预测型任务和描述型任务。预测型任务就是根据其他属性的值预测特定属性的值，如回归、分类、离群点检测。描述型任务就是寻找概括数据中潜在联系的模式，如聚类分析、关联分析、演化分析、序列模式挖掘、描述与可视化。

（1）分类（Classification）分析

分类分析就是找出描述并区分不同类别的模型（可以是显式或隐式），以便能够使用模型预测给定数据所属的类别。分类分析通过分析示例数据库中的数据，为每个类别做出准确的描述，或建立分析模型，或挖掘出分类规则，然后用这个分类模型或规则对数据库中的其他记录进行分类。分类分析已广泛应用于用户行为分析（受众分析）、风险分析、生物科学等领域。例如，信用卡公司将持卡人的信誉度分类为良好、普通和较差三类。分类分析通过对这些数据的分析给出一个信誉等级的显式模型，如信誉良好的持卡人"年收入为 3 万～5 万元，年龄为 30～45 岁，房屋居住面积为 90m^2 左右"，这样对于一个新的持卡人，就可以根据他的特征预测其信誉度。

（2）聚类（Clustering）分析

"物以类聚，人以群分。"聚类分析技术试图找出数据集中数据的共性和差异，根据最大化簇内的相似性、最小化簇间相似性的原则，将数据对象聚类或分组，并将具有共性的对象聚合在相应的簇（分组）中。聚类分析可以帮助人们判断哪些组合更有意义，聚类分析现已广泛应用于客户细分、定向营销、信息检索等领域。例如，对于"客户对哪一类的促销响应最好"这类问题，首先对整个客户数据做聚类，将客户数据划分在不同的簇里，然后分析每个簇的特征，以发现客户簇与客户响应间的关系。

由于汉语表述的特殊性，使得聚类与分类两个概念容易混淆。聚类是一种无指导的观察式学习，没有预先定义的类。而分类是有指导的示例式学习，预先定义类。分类时训练样本包含有目标属性值，而聚类时在训练样本中没有目标属性值。二者的主要区别如表 1-1 所示。

表 1-1　聚类与分类的主要区别

	聚类	分类
监督（指导）与否	无指导学习（没有预先定义的类）	有指导学习（有预先定义的类）
是否建立模型或训练集	否，旨在发现实体属性间的函数关系	是，具有预测功能

下面通过两个例子来帮助读者更深入地理解，通过扑克牌的划分与垃圾邮件的识别之间的差异来说明聚类与分类之间的差异。扑克牌的划分属于聚类问题，没有预先定义的类标号信息，基于不同的相似性度量对扑克牌进行分组。在不同的扑克游戏中采用不同的划分方式，图 1-1 为 16 张牌基于不同相似性度量（花色、点数）的划分结果。垃圾邮件的识别属于分类问题，所有训练用邮件预先被定义好类标号信息，即训练集中的每封邮件预先被标记为垃圾邮件或合法邮件信息；同时为了能够对未来未知邮件进行分类，需要利用已有的邮件训练预测模型，然后利用预测模型来对未知邮件进行预测。

图 1-1　16 张牌基于不同相似性度量的划分结果

（3）回归（Regression）分析

回归分析是确定一个变量与一个或多个变量间相互依赖的定量关系的分析方法，常用于风险分析、销售预测等领域。例如，根据购买模式，估计一个家庭的收入；银行对家庭贷款业务运用回归模型，给每个客户记分（score 0～1），然后根据阈值将贷款按级别分类。

分类与回归都有预测的功能，但是分类预测的输出为离散或标称的属性值，而回归预测的输出为连续属性值。例如，预测未来某银行客户会流失或不流失，这是分类任务；预测某商场未来一年的总营业额，这是回归任务。

（4）关联（Association）分析

关联分析是发现特征之间感兴趣的关联关系或相互依赖关系，通常是在给定的数据集中发现频繁出现的模式（又称为关联规则）。关联分析广泛用于市场营销、事务分析等领域。例如，通过对交易数据的分析得出"86%买甲的人也买乙"这样一条商品甲与乙之间的关联规则。

（5）离群点（Outlier）检测

一个数据集中往往包含一些特别的数据，其行为和模式与一般的数据非常不同，这些数据称为"离群点"。离群点检测就是发现与众不同的数据，该技术已被广泛应用于欺诈行为的检测、网络入侵检测、反洗钱、犯罪嫌疑人调查、海关、税务稽查等领域。

（6）演化（Evolving）分析

演化分析是用来描述时间序列数据随时间变化的规律或趋势，并对其建模，包括时间序列趋势分析、周期模式匹配等。演化分析常被应用于商品销售的周期（季节）性变化描述、股票行情描述。例如，通过对交易数据的演化分析，可能得到"89%的情况下股票 x 上涨一周左右后，股票 y 会上涨"这样的知识。

（7）序列模式（Sequential Pattern）挖掘

序列模式挖掘是指分析数据间的前后序列关系，包括相似模式发现、周期模式发现等，被用于客户购买行为模式预测、Web 访问模式预测、疾病诊断、网络入侵检测等领域。例如，超市中客户在购买产品 A 后，隔一段时间会购买产品 B。

（8）描述和可视化（Description and Visualization）

描述和可视化是对数据挖掘结果的呈现方式，一般指通过可视化工具进行数据的分析、展示，将数据挖掘的结果更形象、深刻地展现出来。

1.2.3　数据挖掘过程

数据挖掘与知识发现紧密相连，在认识数据挖掘过程前，我们先了解知识发现的概念。知识发现（Knowledge Discovery in Database，KDD）是从数据中发现有用知识的整个过程，这个过程定义为从数据中鉴别出有效模式的非平凡过程，该模式是新的、可能有用的和最终可理解的。知识发现是一个反复的过程，从技术角度，知识发现的基本过程如图 1-2 所示，数据挖掘是知识发现过程中的一个重要环节，初学者往往会把两者混淆或等同起来。

知识发现的主要步骤描述如下。

① 数据清洗（Data cleaning），其作用是清除数据噪声和与挖掘主题明显无关的数据。

② 数据集成（Data integration），其作用是将来自多个数据源的相关数据组合到一起。

③ 数据选择（Data selection），其作用是根据数据挖掘的目标选取待处理的数据。

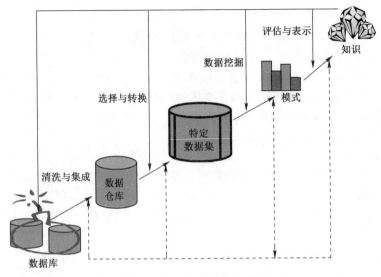

图 1-2　知识发现的基本过程

④ 数据转换（Data transformation），其作用是将数据转换为易于进行数据挖掘的数据存储形式。

⑤ 数据挖掘（Data mining），其作用是利用智能方法挖掘数据模式或规律知识。

⑥ 模式评估（Pattern evaluation），其作用是根据一定评估标准，从挖掘结果中筛选出有意义的相关知识，评估是否达到预期目标。

⑦ 知识表示（Knowledge representation），其作用是利用可视化和知识表达技术，向用户展示所挖掘的相关知识。

1.2.4　数据挖掘对象

各行业虽然产生了许多大数据，但底层的数据分析技术是相通的。大数据并非只有单一的用途，它的影响会非常深远。下面概述几个典型行业数据及挖掘价值的案例。

1. 车载信息服务数据

车载信息服务是通过汽车内置的传感器和黑盒来收集和分析车辆的相关信息。黑盒用来监测所有的汽车数据，如车速、行驶里程，以及汽车是否安装了紧急制动系统。如果彻底忽略隐私问题，车载信息服务装置就可以跟踪到汽车去过的所有地点、以多快的速度、何时到达、使用了汽车的哪些功能等。车载信息服务数据能够帮助保险公司更好地理解客户的风险等级，并设置合理的保险费率。保险公司如何做到在降低费率的同时提升收益呢？保险公司要弄清楚哪些人放在哪个风险范围是最安全的。一般情况下，先假定这些人的风险位于该风险范围较高的一端。保险公司对于车主的行为习惯和实际风险了解越详细，风险范围就会越窄，同时认定范围内出现需要提升费率的最坏情况的可能性就会比较小。这就是为什么可以同时降低保险费率和提升收益的原因。除了保险公司，车载服务数据还有一些有趣的应用，如果研究人员能够掌握大量汽车在每个高峰时段、每天、每个城市的动向，他们就能非常清楚地判断出车流产生的前因后果。如果车载信息装置变得随处可见，那么任何交通拥堵的地方都能被发现。城市道路和交通管理系统的革新、智能交通系统、拥堵管理（预测交通状况），以及城市道路建设规划，都将惠及普通大众。

无心插柳柳成荫。车载信息服务数据的多种用途就是一个例子，说明了可以用最初预见不到的方式来使用大数据。对于某种特定的数据源，我们也许会发现，它最有效的用途可能与创建之初的用途大相径庭。车载信息刚开始出现时是为了满足保险定价的需求，但是可能引发交通管理模式的革命性变化。面对每类大数据源，我们要开阔思路，多思考常规之外的其他用途。

2．文本数据

文本数据是结构化程度最低，也是最大的大数据源。对于文本数据，我们关心的是如何从文本中提取到重要的事实，然后如何使用这些事实作为其他分析流程的输入。文本分析的一般过程是，获取非结构化数据，再处理该数据，创建出可以用于分析和报表的结构化数据。文本数据可能对所有行业都产生影响。

对企业而言，掌握如何收集、解释和分析文本是非常重要的。解释文本实际上是相对困难的。强调的词汇和语境不同，同一个单词表达出来的意思就不同。面对纯文本，我们可能根本不知道重点在哪里，也不知道整个语境。

文本分析的典型应用包括情感分析和模式识别。

文本情感分析是从大量人群中挖掘出总体观点，并提供市场对某公司或某产品的评价、看法及感受等相关信息。情感分析通常使用社会化媒体网站的数据。

我们对客户的投诉、维修记录和其他评价进行排序，期望在问题严重之前，能够更快地识别和修正问题，可以识别投诉事件中的欺诈模式。这就是文本模式识别的用途。

3．时间数据和位置数据

随着全球定位系统（Global Positioning System，GPS）、个人 GPS 设备、手机的出现，手机应用程序可以记录我们的位置和移动的轨迹，即使手机没有开启 GPS，我们还是可以使用基站信号来捕获相当准确的位置信息。近年来，基于位置服务（Location Based Services，LBS）大量应用，在统一时空基准下建立了人、事、物、地的位置与时间标签及其关联，为公众提供了随时获知所关注目标的位置及位置关联信息的服务，为人们提供了交通导航、近邻兴趣点查询、网络交友和广告推送等方面的便捷服务。人们生活中使用的很多信息和服务都与位置有关系，所以位置服务拥有广阔的市场。无论是公众还是行业用户，对于获得位置及其相关服务都有着广泛的需求，从寻找乘客、急救服务到航海，几乎涵盖了生活的方方面面，特别是在新闻、交通信息、车辆向导、互联网广告、运营信息等领域。

按照地点和时间主动推送通知信息。使用时间和位置数据的消息通知将会更有针对性、更具个性化。营销领域渐渐显露出一个趋势，只对刚好处在某个时间段和某个地点的客户才针对性地推送通知信息。与根据大范围的时间和地点发送的通知相比，这种通知的效果更好，针对性更强。这种方式的转化率远远超过传统的个性化推荐。历史经验告诉我们，通知信息越精准，转化率就越高。

时间和空间是世上万事万物的基本属性，从空间视角认识数据世界、用空间数据构建世界、挖掘空间数据中所隐含的知识是大数据研究的重要内容，也是提升智慧城市的建设水平、将人流、物流和信息流等统一起来，让人们的生活更加美好的手段。

由于现实世界中超过 80%的数据与地理位置有关，时空位置大数据成为包括面向疫情防控在内的很多具体大数据应用和服务的基础。

时空位置大数据常在各地突发公共卫生事件中服务于现代疫情防控工作。疫情期间，疫情专题地图、数据长城计划"健康码"、智能机器人等位置时空大数据成果在与疫情防控相关的多个领域中发挥了积极的作用。

时间和位置不仅可以帮助我们理解客户的历史模式，还可以准确地预测客户未来会出现在什么地方。使用此类数据的一种模式是增强型社交网络分析。

时空数据是用户重要的隐私数据，时空数据的使用将导致公民的知情权与数据隐私权之间的矛盾。

4．RFID 数据

RFID（Radio Frequency IDentification，无线射频）标签是安装在装运托盘或产品外包装上的一种微型标签，RFID 标签上有唯一的序列号。RFID 读卡器发出信号，RFID 标签响应信息。

RFID 的最大应用是制造业的托盘跟踪和零售业的物品跟踪。商店有了 RFID 标签，就可以不再需要人工记录和盘点每件商品；如果将 RFID 读卡器植入购物车中，就能准确知道哪些客户把什么东西放进了购物车，也能准确知道他们放入的顺序，识别出购物车经过的道路；可以识别出客户购物后的退货是否属于同一批商品，从而识别欺诈行为。RFID 标签可以实现资产跟踪，如果物品移出指定区域，就会发送警告信息。

RFID 数据本身不能发挥所有威力，当与其他数据组合起来应用时，就能发挥重要的作用。如交通管理部门在所发卡中植入 RFID 标签，就可以实现基于 RFID 的自动收费，司机通过高速公路收费站时就不需要低速通过了。

5．智能电网数据

智能电网是下一代电力基础设施，是非常复杂的监控、通信和发电系统，可以提供稳定如一的服务，即使出现停电和其他问题，也可以很快恢复。各类传感器和监控设备记录了电网本身和流经电流的许多信息。智能电网中的一个重要环节是智能电表，智能电表可以每隔15～60 分钟从每个家庭或企业自动收集数据，甚至可以跨区域或跨电网收集数据。智能电网大量使用了传感器，传感器每秒要从发电系统读取 60 次同步相量测量值，与记录家用电器开关状态的家庭网络一样。传感器要读取所有的电流数据和智能电网的设备状态，数据量非常大。

从用电管理的角度，智能电表数据可以帮助人们更好地理解电网中客户的需求层次，这些数据也可以使消费者受益。有了这些智能电表的数据，电力公司可以按时间或需求量的变化来定价，利用新的定价模型来影响客户行为，减少高峰时段的用电量。较低的峰值和较为平稳的用电需求等同于更少的对新基础设施的需求和更低的成本。

利用智能电表数据，电网可以进行全新的分析，使大众受益，如高峰时段用电客户比非高峰时段用电客户的收费要高。电力公司也会更准确地需求预测，能更清晰地识别出需求来自哪些地方，还能了解某类客户在某时间段的用电需求。电力公司可以使用不同的方法来驱动各种行为，使需求更加平稳，并降低异常需求峰值出现的频率。所有这些都会使对昂贵的新发电设备的需求受到抑制。每个家庭、每个行业都能感受到智能电表数据产生的威力，这些数据能够让我们更好地跟踪、更积极地管理用电情况。这样不仅能节约用电，使世界更加低碳，还能帮助用户省钱。如果我们能清楚地知道自己的耗电比预期的多，肯定会根据需要做出适当的调整。如果只使用每月账单，我们将无法识别出这种机会，但是智能电表数据将使这一切变得简单。

6. 传感器数据

世界各地安装了许多复杂的机器和发动机，如飞机、火车、军车、建筑设备、钻孔设备等，因为造价昂贵，保持这些设备的稳定运转是非常重要的。近年来，从飞机发动机到坦克都开始使用嵌入式传感器，目标是以秒或毫秒为单位来监控设备的状态，评估该设备的生命周期，识别出重复出现的问题。

传感器的作用类似于依靠飞机黑匣子的帮助诊断失事原因。传感器不断感知周围环境并获得数据信息（传感器有数不清的用途，传感器也构建了物联网的基础，这里只讨论设备监控），通过分析这些数据，就能发现设备的缺陷，就有机会主动修复这些问题，还可以先行识别设备中的弱点，然后制定流程，缓解这些发现带来的问题。这些措施带来的收益不只是安全级别的提升，还会让成本下降。通过传感器数据，发动机和设备会更加安全，能够提供服务的时间就会比较长，运营会更平稳，成本也会更低。

7. 遥测数据

遥测数据是视频游戏产业的一个术语，用来描述捕捉游戏活动的状况。遥测数据收集的是在线游戏玩家在游戏中的活动情况。理论上，游戏相关场景和活动的所有细节都能够被收集到。通过遥测数据，游戏制造商可以了解到客户的信息、他们的实际玩法，以及如何与自己创建的游戏进行交互。

许多游戏都通过订阅模式赚钱，因此维持刷新率对这些游戏显得非常重要。通过挖掘玩家的游戏模式，游戏制造商可以了解到哪些游戏行为是与刷新率相关的，哪些是无关的。

在视频游戏产业中，客户满意度也是个大问题。视频游戏的独特之处在于要设置非常精彩的行进路线。游戏要给玩家提供挑战的机会，但挑战不能过度，否则会让玩家有挫败感而放弃游戏。游戏过于简单或过于复杂，玩家就会感到厌倦并转向其他游戏。游戏分析能够识别出游戏中哪些关卡所有玩家都能轻松过关，哪些关卡即使是顶级的玩家也很难过关。游戏制造商可以增加或减少这些地方的敌人，尽量使难度等级比较平衡。平衡的游戏难度等级可以为玩家提供更加一致的体验，也会让他们更有满足感。这样会导致更高的刷新率和更多的购买行为。

通过遥测数据，游戏开发商还可以根据游戏风格对玩家进行分类。

遥测数据能够使游戏开发商了解到玩家的认知层次，既可以设计出更优秀的游戏，又可以交叉销售现有的产品。依据遥测数据分析的效果，游戏制作和推广的方式将发生巨大的改变。

游戏开发商可以使用遥测数据更好地定位微交易，改善游戏流程，通过游戏风格对玩家进行细分。

8. 社交网络数据

对于现代通信运营商，仅仅看通话量是不够的，还需要把通话作为独立的实体进行分析。社会网络分析首先要看有哪些人参与了通话，再用更深入的视角进行分析。我们不仅要知道客户给谁打了电话，还要知道客户致电的那个人还给谁打了电话，这些人接下来又给哪些人打了电话，以此类推。

社交网络数据分析的一个应用是客户的行为评价。假定电信运营商有一个价值相对较低的用户。这名用户只有基本的通话需求，不会为运营商带来任何增值收入。运营商以往的做法是，只根据他的个人账户来对其进行评价，如果这名客户打电话投诉或者威胁要更换运营商，公司可能不会挽留他，因为他们认为这名客户并不值得挽留。社会网络分析技术可以识别出客户曾经与某些人通过电话，而这些人是有着广泛交际圈的重量级人物。换句话说，联系客户对运营商而言是非常有价值的信息。研究表明，一旦某位成员离开通话圈子，其他成员很可能跟着离开，然后更多的成员开始离开。

社交网络数据非常吸引人的一个好处是，能够识别出客户影响的整体收入，而不仅是他自己提供的直接收入。不同的角度会大大影响投资某客户的决策。能够产生高影响力的客户需要被"悉心照料"，因为他们能产生本身直接价值以外的更大价值。如果要使其网络整体利益最大化，这种最大化的优先级要高于其个体利益的最大化。

通过社交网络分析，我们可以理解，客户对企业的总体价值而非只是其产生的直接价值。企业目标应该从个体账户的利益最大化转向客户社交网络利益的最大化。

识别有着广泛联系的客户也能帮助我们把注意力放到最能影响品牌形象的地方。我们关心的不仅是客户自己表达的兴趣，同样重要的是，还要看他的朋友圈和同事圈对什么感兴趣。社交成员永远也不会在社交网站上表露自己的全部兴趣，我们也不可能了解到关于他的所有细节。但是，如果客户的大部分朋友都对骑单车感兴趣，我们可以推测这名客户也对单车感兴趣，即使他从未直接表达过。

执法部门和反恐部门也可以从社交网络分析中受益，可以识别出哪些人与问题人群或者问题个人有联系，甚至有间接联系。对于在线视频游戏领域，这类分析也是有价值的。谁在和谁玩？游戏内部的模式是如何变化的？社交网络分析可以拓展遥测数据的应用范围。

社交网络分析的流行度和影响度一定会持续，因为社交网络分析流程本身会保持着指数级的增长态势。

9．时态数据和时间序列数据

时态数据和时间序列数据都存放着与时间有关的数据。时态数据通常存放与时间相关的属性值，如与时间相关的职务、工资等个人信息和个人简历信息等。

时间序列数据存放随时间变化的值序列，如零售行业的产品销售数据、股票数据、气象观测数据等。

时态数据和时间序列数据的数据挖掘研究事物发生、发展的过程，有助于揭示事物发展的本质规律，可以发现数据对象的演变特征或对象变化趋势。

10．流数据

与传统数据库中的静态数据不同，流数据是连续的、有序的、变化的、快速的、大量的输入数据，主要应用场合包括网络监控、网页点击流、股票市场、流媒体等。与传统数据库相比，流数据在存储、查询、访问、实时性的要求等方面都有很大区别。

流数据具有以下特点：数据实时到达；数据到达秩序独立，不受应用系统控制；数据规模宏大且不能预知其最大值；数据一经处理，除非特意保存，否则不能被再次取出处理，或者再次提取数据的代价昂贵。

11．多媒体数据

多媒体数据库是数据库技术与多媒体技术相结合的产物。多媒体数据库不是对现有的数据进行界面上的包装，而是从多媒体数据和信息本身的特性出发。多媒体数据库用计算机管理庞大复杂的多媒体数据，主要包括图形（graphic）、图像（image）、音频（audio）、视频（video）等，现代数据库技术一般将这些多媒体数据以二进制大对象的形式进行存储。多媒体数据库的数据挖掘需要将存储和检索技术相结合，处理方式不同于数值、文本数据的处理。目前，对多媒体数据的挖掘包括构造多媒体数据立方体、多媒体数据的特征提取和基于相似性的模式匹配等。

1.2.5　数据挖掘工具及其选择

数据挖掘工具有很多，根据其适用的范围，分为专用挖掘工具和通用挖掘工具两类。

专用数据挖掘工具是针对某特定领域的问题提供解决方案，在设计算法时充分考虑数据、需求的特殊性。任何领域都可以开发特定的数据挖掘工具。例如，IBM 公司的 Advanced Scout 系统针对 NBA 的数据，帮助教练优化战术组合。特定领域的数据挖掘工具针对性比较强，往往采用特殊的算法，处理特殊的数据，实现特殊的目的，发现的知识可靠性比较高。

通用数据挖掘工具不区分具体数据的含义，采用通用的挖掘算法来处理常见的数据类型。例如，商用数据挖掘软件 SPSS Clementine、SAS Enterprise Miner、IBM Intelligent Miner 等；许多数据库产品，如 SQL Server、Oracle 及数据分析软件 Excel（Data mining in Excel，XLMiner）、Matlab 等也提供了通用数据挖掘模块；开源数据挖掘工具 Weka、RapidMiner 等。通用数据挖掘工具可以进行多种模式挖掘，挖掘什么、用什么来挖掘由用户根据自己的应用来选择。

数据挖掘是一个数据处理过程，只有将数据挖掘工具提供的技术和实施经验与企业的业务逻辑和需求紧密结合，并在实施过程中不断实验和改进才能取得成功，因此我们在选择数据挖掘工具时要全面考虑多方面的因素，主要包括：① 可产生的模式种类，如分类、聚类、关联等；② 解决复杂问题的能力；③ 操作性强、兼顾性能；④ 数据存取能力；⑤ 提供便于调用的接口。

1.3　数据挖掘应用

我们正处于数字社会之中，电话、信用卡、电子商务、互联网、电子邮件、各种传感器等会留下我们生活痕迹的数据。数据不断增长对商业的影响时刻表现出来，如智能手机的应用检测到你的位置，因此收到附近餐厅的服务信息；电商平台保留了你的历史购买记录，因此推送个性化产品信息。数据挖掘技术从一开始就是面向应用的，数据挖掘的应用无处不在，有大量数据的地方就有数据挖掘的用武之地。如商务管理、智能交通、智慧城市、生产控制、市场分析、工程设计、科学探索、气象学、石油勘探和天文学等领域。就商业用途而言，谷歌、微软、腾讯、阿里巴巴等大型企业已完全可以通过它们掌握的数据，经由"超级计算"，准确推断消费者的习惯、电影的票房、流感疫情的发展趋势。同样，数据挖掘在政治、经济、军事等方面也有广泛用途。下面介绍数据挖掘在计算机领域、商业领域和其他领域中的应用。

1.3.1 数据挖掘在计算机领域中的应用

1. 信息安全：入侵检测、垃圾邮件的过滤

随着网络上需要进行存储和处理的敏感信息日益增多，安全问题逐渐成为网络和系统中的首要问题。信息安全的内涵已经不局限于信息的保护，而是对整个信息系统的保护和防御，包括对信息的保护、检测、反应和恢复能力等。

传统的信息安全系统概括性差，只能发现模式规定的、已知的入侵行为，难以发现新型入侵行为。人们希望能够对审计数据进行自动的、更高抽象层次的分析，从中提取出具有代表性、概括性的系统特征模式，以便减轻人们的工作量，且能自动发现新的入侵行为。利用数据挖掘、机器学习等智能方法作为入侵检测的数据分析技术，可以从海量的安全事件数据中提取出尽可能多的潜在威胁信息，抽象出有利于进行判断和比较的与安全相关的普遍特征，从而发现未知的入侵行为。

数据挖掘技术也可以分析比较垃圾邮件与正常邮件的异同，建立垃圾邮件过滤模型，过滤无聊电子邮件和商业广告等方面的垃圾邮件。

2. 互联网信息挖掘

互联网信息挖掘是数据挖掘技术在网络信息处理中的应用，是指利用数据挖掘技术从与 Web 相关的资源和行为中抽取感兴趣的、有用的模式和隐含信息，涉及 Web 技术、数据挖掘、计算机语言学、信息学等领域，是一项综合技术。

互联网信息挖掘或 Web 数据挖掘包括 Web 结构挖掘、Web 使用挖掘、Web 内容挖掘。

① Web 结构挖掘：挖掘 Web 上的链接结构，即对 Web 文档的结构进行挖掘。文档之间的超链接反映了文档之间的包含、引用或者从属关系。引用文档对被引用文档的说明往往更客观、更概括、更准确；通过 Web 页面间的链接信息，可以识别出权威页面、安全隐患（非法链接）等。

② Web 使用挖掘：通过对用户访问行为或 Web 日志的分析，获得用户的访问模式，建立用户兴趣模型。Web 的日志（Log）记录了包括 URL 请求、IP 地址和时间等用户访问信息。用户在互联网上获取各种信息时会留下大量的网络访问行为信息，将数据挖掘算法应用于网络访问日志，对用户的点击及浏览行为进行分析，深层次挖掘用户兴趣爱好，建立用户兴趣模型，以便为用户提供个性化服务，如智能搜索、个性化商品推荐等。分析和发现日志中蕴藏的规律，可以识别潜在的客户、跟踪 Web 服务的质量、侦探用户非法访问行为等。

③ Web 内容挖掘：对 Web 页面内容及后台交易数据库进行挖掘，从 Web 文档内容及其描述的内容信息中获取有用知识的过程。Web 内容丰富（包含文本、声音、图片等信息）且构成复杂（包括无结构和半结构信息）。Web 内容挖掘与文本挖掘（Text Mining）和 Web 搜索引擎（Search Engine）等领域密切相关，包括文档自动摘要、文本聚类、文本分类等。

3. 自动问答系统

自动问答系统（Automatic Question Answering，Q/A）采用自然语言处理技术，一方面完成对用户提问的理解，另一方面完成正确答案的生成。目前，虽然离自然语言完全被机器理解尚有很长的距离，但一些特定领域采用一些针对性方法，已经开发出许多成功的应用。

目前，自动问答系统的研究方兴未艾，许多科研院所和著名公司积极参与到该领域的研究中，如中国科学院、复旦大学、哈尔滨工业大学、北京理工大学、沈阳航空工业学院、香港城市大学、台湾中研院等，以及微软、IBM、麻省理工、阿姆斯特丹大学、新加坡国立大学、苏黎世大学、南加州大学、哥伦比亚大学等。

目前，基于自动问答技术，出现了不同行业、领域的智能客服机器人。

4. 网络游戏

在网络游戏中，游戏外挂是对游戏运营商最严重的危害之一。所谓网络游戏外挂，是指玩家利用游戏本身玩法的漏洞或通过作弊程序改变网络游戏软件。外挂会修改、破坏游戏数据，严重的甚至可以造成游戏数据丢失，游戏速度变慢。外挂为玩家谋取利益，但使得游戏运营商遭受损失。数据挖掘技术可以分析玩家的特征，发现游戏的漏洞，游戏可以具备自动检测外挂的功能，减少游戏运营商遭受的损失。

在网络游戏试玩初期，游戏运营商为了测试和完善网络游戏并快速扩大玩家群，通常会推出游戏免费试玩期。因此，在网络游戏正式运营前就会有大量注册用户，这些注册用户会在网络游戏运行后存在很长一段时间。如何把这些注册用户转化成付费客户，真正为游戏运营商带来收益呢？数据挖掘技术可以使网络游戏运营商能够对注册用户采取差别化营销，对注册用户采用合适的营销手段，从而提高市场营销活动效果，使企业利润最大化。

1.3.2 数据挖掘在商业领域中的应用

数据挖掘技术可以应用到公司运营的方方面面，包括对公司部门经营情况的评估、内部员工的管理、生产流程的监管、产品结构优化与新产品开发、财务成本优化、市场结构分析、精准营销和客户关系的管理等。数据挖掘商业应用的目标是公司通过对大量客户行为数据的精准分析，更加高效地为用户服务，以此改善其市场、销售和客户支持运作。

在商业领域，典型的应用是商业智能。所谓商业智能（Business Intelligence，BI），是指能够帮助企业确定客户的特点，从而为客户提供有针对性的服务，并对自身业务经营做出正确明智决定的工具。商业智能是目前企业界和软件开发行业广泛关注的一个研究方向。IBM建立了专门从事商务智能方案设计的研究中心，ORACLE（甲骨文）、Microsoft 等公司纷纷推出了支持商业智能开发和应用的软件系统。商业智能的核心是数据挖掘，所能解决的典型商业问题包括数据库营销（Database Marketing）、客户群体划分（Customer Segmentation & Classification）、客户背景分析（Profile Analysis）、交叉销售（Cross-Selling）、客户流失分析（Churn Analysis）、客户信用记分（Credit Scoring）、欺诈检测（Fraud Detection）等。

1.3.3 数据挖掘在其他领域中的应用

1. 数据挖掘在竞技体育中的应用

通过对运动员相关比赛和训练中的成绩、技术指标、素质指标、心理状况等数据的分析，诊断缺陷，改进训练策略，指导训练；在篮球、排球、网球等对抗性竞技运动中发现对手弱点，制定制胜策略；所有这些任务数据挖掘可以发挥重要作用，并有许多成功案例。

NBA（美国职业篮球联赛）有 25 个球队使用了 IBM 的数据挖掘工具 Advanced Scout，通过实时分析每个对手的数据（盖帽、助攻、犯规等数据）来获得比赛的对抗优势。

大数据在运动员训练中的应用，使得教练员和运动员可以通过每项赛事背后的技术统计来评价本场比赛发挥的好坏。IBM 智能分析平台 SlamTracker 通过 Keys to the match 功能为球员制定赢球的策略，分析比赛双方的历史交锋数据，为球员制定比赛获胜的关键指标。而这些都是基于对过去美国网球全部赛事数据进行的大数据分析，包含近万场比赛，而对于每场比赛，被分析的数据点将超过 4100 万个，其中包括比分、回合数、制胜分、发球速度、发球成功率、击球类型、击球数量等。

2．数据挖掘在生活中的应用

许多婚恋交友网站通过分析男女嘉宾的性格爱好、习惯、对生活的态度等，为客户提供匹配的候选对象。

以 Facebook 等社交网络为代表的互联网媒体，为奥巴马的美国总统竞选提供了卓有成效的支持，以至有人戏称为"Facebook 之选"。他们不仅通过社交网络寻找支持者，还在社交网络里召集志愿者，很好地推广了形象，提升了知名度。最终，"黑人平民"战胜强劲的对手，成为美国历史上第一位黑人总统。特朗普也充分利用了 Facebook 等社交媒体来竞选美国总统。

3．生物信息或基因数据挖掘

大规模的生物信息给数据挖掘提出了新的挑战，需要新的思想加入。由于生物系统的复杂性及缺乏在分子层上建立完备的生命组织理论，虽然常规方法仍可以应用于生物数据分析中，但越来越不适用于序列分析问题。机器学习使得利用超算能力从海量生物信息中提取有用知识，发现知识成为可能。机器学习的目的是通过采用如推理、模型拟合及从样本中学习的方法，从数据中自动地获得相应的能力。

在医学领域，2003 年算是一个里程碑。那一年，第一例人类基因组完成了测序。那次突破性的进展之后，数以千计人类、灵长类、老鼠和细菌的基因组扩充着人们所掌握的数据。每个基因组上有几十亿个"密码"，其中隐藏着丰富的有用知识，如何开发这些丰富的知识宝藏成为生物信息领域的新挑战。这也促进了生物信息学的发展。

4．医疗保健行业的数据挖掘

美国罗氏制药（ROCHE）通过对现有样本（包括糖尿病Ⅱ患者和非患者）的一些相关检验指标（包括年龄、性别、种族、身高、体重、BMI 值、ADA 值、血压、胆固醇指标）进行深入分析，利用数据挖掘技术找出相关因素与糖尿病Ⅱ发病的关系，预测未来 7 年该体检者患糖尿病Ⅱ型的概率。该研究项目的意义体现为：① 对危险人群提供预警提示，及早采取补救措施，从而大幅度降低患病的概率；② 可有效提高医疗资源的利用率；③ 为进一步研究糖尿病Ⅱ型的发病机理提供有价值的线索。

安泰保险为了预测代谢综合症患者，从海量的代谢综合症检测试验结果、化验结果、索赔事件等数据，分析建立模型，以评估患者的危险因素和重点治疗方案，从而改善病人健康；处方药管理公司 Express Scripts 通过其管理的覆盖 1 亿美国人和 65000 家药店的 1.4 亿处方，建立复杂的模型来检测虚假药品、提醒人们对处方药的使用；等等。

5．情报分析挖掘

竞争情报分析是企业赢得竞争优势所需的核心技术，数据挖掘技术的出现极大地丰富了竞争情报分析的方法和思路，使企业更有针对性地、更高效地进行竞争情报活动。数据挖掘技术在情报收集、处理和分析等环节发挥了强大的威力，为竞争情报分析提供了坚实的基础。在情报收集方面，数据挖掘使得人工的情报获取逐步扩展到机器自动获取，大大降低了人力物力成本；在情报处理方面，数据挖掘技术的引入使情报分析技术不再局限于传统的结构化、单一数据的处理，可应对复杂多样的数据源；在情报分析方面，数据挖掘技术提供了更多的模式识别方法和工具，如分类、聚类技术可用于分析竞争对手，异常检测技术可用于虚假情报检测等。

6. 数据挖掘在天文学中的应用

随着先进的数据收集工具的使用，传统的数据分析方法和工具无法应对庞大的天文数据。凭借强大的数据处理和分析能力，数据挖掘技术在天文学领域得到了广泛应用。美国JPL 实验室和 Palomar 天文台就利用数据挖掘方法建立了决策树模型，对上百万天体进行自动分类，还发现了一些新的恒星。

7. 数据挖掘在工业过程控制中的应用

数据挖掘技术应用到工业过程控制，可以解决生产过程的不少难题，如利用异常检测技术自动发现那些不正常的数据分布，暴露制造和装配操作过程中的变化情况和各种因素。

8. 数据挖掘在农业中的应用

数据挖掘技术也可以在传统的农业生产领域发挥重要作用，如作物生产管理、施肥、虫害控制、农业器械故障检测等。

9. 数据挖掘在社会治理中的应用

数据挖掘在智慧交通、智慧城市、电子政务中也发挥着重要作用，为社会治理、辅助决策提供高效手段。

1.3.4　数据挖掘技术的前景

数据挖掘是一门正在不断发展的学科，经历了 30 余年的发展，其应用越来越广泛。随着数据挖掘技术应用领域的拓展和技术的进步，数据收集变得越来越容易，导致数据规模越来越大、数据类型越来越多和复杂、数据维度越来越高。特别是进入大数据时代，已有数据挖掘方法正面临着新的挑战。目前，在对产业界具有深远影响的大型 IT 公司里，数据挖掘技术发挥着重要作用，如 Microsoft、Google、Amazon、腾讯、网易、阿里巴巴、京东等。数据挖掘已广泛应用于银行、电信、保险、交通、零售（如超级市场）、电子商务、交通、教育、电子政务、农业、制造业等众多行业。随着数据的急剧增长，从数据中能挖掘的有价值的信息将越来越多，数据挖掘也将成为辅助企业决策的重要手段。

数据挖掘技术具有巨大价值和光明前景。有关学者撰文指出：门户解决了 Web 0.5 时代的信息匮乏；Google 解决了 Web 1.0 时代的信息泛滥；Facebook 解决了 Web 2.0 时代的社交需求。未来是谁的十年？展望 Web 3.0 时代，当高效的社交网络趋于信息爆炸，庞大的社交关系也需要一个"Google"来处理，就是下一个十年，数据挖掘的十年、网络智能的十年。随着物联网、电子商务、社会化网络的快速发展，全球大数据储量呈几何级数增长，成为大数据产业发展的基础。根据国际数据公司(IDC)的监测数据显示，2013 年全球大数据储量为 4.3 ZB（相当于 47.24 亿个 1 TB 容量的移动硬盘），2018 年全球大数据储量达到 33.0 ZB，2020 年达到 44 ZB，2025 年将达到 175 ZB。"大数据"已经成为重要的时代特征，充分使用大数据和挖掘大数据的商业价值将为行业、企业带来强大的竞争力。

随着大数据时代的到来，数据科学家被热捧。2012 年 10 月，《哈佛商业评论》公开报道"数据科学家是 21 世纪最性感的职业"。截至 2023 年 4 月，全国本科高校的"数据科学与大数据技术"专业点有 757 个。凭借海量数据的积累，数据在商业方面的价值成为企业未来发展的核心资源和重要支撑，如何去挖掘数据这座巨大而未知的矿藏，将是影响企业核心竞争力的关键因素。

虽然数据挖掘具有广泛应用，但它绝不是无所不能的。首先，数据挖掘只是一个工具，而不是有魔力的权杖；其次，数据挖掘得到的预测模型可以告诉你会发生什么（what will happen），但不能说明为什么会这样（why）。

1.4　数据挖掘与隐私保护

当分享已成普遍现象，大数据时代来临就成为大势所趋，海量用户数据将制造出巨大的价值已是不争的事实。早在 2012 年，IBM 社交分析师玛丽·华莱士在接受媒体采访时表示，在社交媒体网站正在收集越来越多数据的形势下，它们或许能找到更好的方式，利用这些数据来盈利，并使其取代广告成为自身提高收入的主要方式。这些社交网站真正的价值可能在于数据本身。

随着以人工智能、大数据和物联网为代表的信息技术革命的推进，数据的价值凸显，数据已成为企业的重要资产和持续创新的推动力。随着互联网持续的快速发展，特别是移动互联网的发展、可穿戴设备的日益普及、智能家居的发展等，这些场景中的设备每时每刻都在收集与用户相关的信息，包括收集用户的地理位置信息、移动轨迹，以及移动应用记录的用户使用习惯、移动通信设备的通信记录、智能家居设备记录存储的家庭使用习惯、可穿戴设备记录的用户个人身体数据等。这些信息被收集起来，很可能被用于大数据的分析处理。

大数据的应用价值会促使企业进一步采集、存储、循环利用大数据。随着存储成本持续走低，以及分析工具自动化程度不断增加，采集和存储的数据规模将会爆发式地增长。如果说，在互联网时代个人隐私受到了威胁，那么大数据时代将进一步加深这种威胁，大数据时代的安全和隐私保护形势异常严峻。

因此，保障数据在采集、传输、利用和共享等环节安全的重要性不言而喻，个人隐私保护的安全合规性不容忽视。由于当前对大数据的安全控制的缺失，以及大数据本身所蕴含的大量有价值信息，因此大数据极有可能变成一个被集中攻击的对象，从而造成个人隐私信息的外泄，如果被黑客或其他犯罪分子利用进行"社会工程学攻击"，会更加难以防范。据安全情报供应商 Risk Based Security（RBS）的 2019 年 Q3 季度的报告，2019 年 1 月 1 日至 2019 年 9 月 30 日，全球披露的数据泄露事件有 5183 起，泄露的数据量达到了 79.95 亿条记录，如智能家居公司欧瑞博数据库泄露涉及超过 20 亿条 IoT 日志，深网视界泄露 250 万人的人脸数据，PACS 服务器泄露中国近 28 万条患者的就医记录，印度某公司泄露了约 2.75 亿条详细的个人信息，美国金融公司 Evite 泄露 1 亿客户的信息，优衣库泄露超过 46 万名客户的个人信息等。

当用户访问网站的时候，一些网站的广告位通常会根据其浏览情况推荐相应的精准营销广告，这便是应用了数据挖掘技术，也表明用户在访问网页时无时无刻不在被监控；在一些广泛使用的社交网站或工具上，出现了一些展示人际关系、推荐感兴趣用户或可能认识的人的功能，这在方便用户找到志同道合的朋友或老同学的同时，也说明用户在该网站的人际关系正在不停地被计算和分析着。大数据分析之所以能够为人们带来方便，是因为它时刻需要分析用户各方面的信息，其中也含有隐私信息，当其被单纯地用在一些服务用户的算法中时，并没有明显的威胁，因为不需要访问敏感信息，但当这些数据被有意识地调用、访问、分析时，则会造成用户的隐私信息泄露。如果客户的隐私信息无法获得有效保护，就可能给客户的生活或者工作造成重大的影响，如对客户的财产安全、人身安全产生威胁，甚至对社会安全产生威胁。在大数据环境下，可能为个人隐私信息带来以下问题。

① 个人隐私信息泄露风险增加。个人隐私信息被广泛收集、处理后，极有可能被整合成极具代表性的形式存储起来，一旦这类信息被泄露，就会导致大范围的隐私信息泄露，也就是说，大数据下的数据收集增大了个人隐私信息泄露的风险。

② 无法做到真正的个人隐私保护。大数据时代收集的个人隐私信息极有可能被用于创新型的用途中，但是企业可能因为告知成本太高而没有对相关人行使告知义务，当然也没有得到用户的许可，这使得在获取个人隐私信息的时候与用户达成的"告知与许可"义务并没有得到贯彻。

③ 无法实现用户匿名化。在大数据环境下需要进行数据的交叉检验与客户关联，所以用户的匿名化在后台层面不能实现，这使得监控和获取个人隐私的行为变得更加方便。

④ 数据被攻击的可能性增加。因为大数据本身蕴含大量有价值的信息，并实现了大量不同类型信息的整合，所以对黑客来说，大数据的存在降低了其获取信息的成本，使得大数据极有可能成为其攻击的目标，且黑客可以利用已泄露的信息匹配出个人完整的信息。

当前，互联网行业对个人隐私的侵犯以及对个人隐私数据的使用较为普遍。在利用大数据提高社会整体运行效率的同时，要防止数据滥用或非法使用。例如，保证数据安全，不被泄露，对电商企业来说是最基本的要求。

数据挖掘技术的应用能够为人们的生活提供便利，为政府的社会管理提供有效的支持，帮助企业更好地迎合用户的需求来提高用户的满意度，为企业增加收益，然而数据挖掘可能被滥用而涉及隐私问题。特别是在大数据的环境下，数据安全和隐私保护就成为重要的问题。隐私保护的主体是用户个人的隐私信息。如果用户的隐私信息无法得到有效的保护，就可能给用户的生活或者工作造成重大的影响。例如，企业可能根据职工的入职体检进行相关隐形病的预测，并且不雇佣有潜在病患威胁的职工；网络营销人员通过网络爬虫爬取用户在电子商务网站的购买评论，获得用户的购买记录，从而给用户推送各种各样用户不期望得到的垃圾信息等。Facebook 就曾因通过与数据收集公司 Datalogix 合作，跟踪和使用用户的数据，并通过分析这些数据来评估 Facebook 的广告效果，而引发了隐私维权机构的质疑。不适当的披露或没有披露控制可能是隐私问题的根源。对于个人记录，如信用卡交易记录、卫生保健记录、个人理财记录、生物学特征等，不受限制的访问可能侵犯个人隐私。对于涉及个人隐私的数据挖掘应用，在很多情况下，采用诸如从数据中删除敏感的身份识别符的方法来保护个人的隐私。保护隐私的数据挖掘是数据挖掘的重要研究领域，对数据挖掘中的隐私保护做出反应，其目的是获得有效的数据挖掘结果，而不泄露底层的敏感数据。大部分保护隐私的数据挖掘都是用某种数据变换来保护隐私。通常，这些方法改变数据表示的粒度，以保护隐私，如把数据从个体用户泛化到用户群。目前，我国的互联网安全法律尚不健全，大数据管理、应用中如何实现数据的充分利用，并且不涉及用户的隐私和安全，是广为关注的焦点。2019 年 7 月份，广东省公安机关共监测发现 490 余款 App 存在超范围收集用户信息行为，存在超范围读取用户通话记录、短信内容，收集用户通讯录、位置信息，超权限使用用户设备如麦克风、摄像头等突出安全问题。2021 年上半年，国家互联网信息办公室依据《中华人民共和国网络安全法》《App 违法违规收集使用个人信息行为认定方法》《常见类型移动互联网应用程序必要个人信息范围规定》等法律和有关规定，组织对输入法、地图导航等常见类型 App 的个人信息收集使用情况进行了检测，发现 15 款输入法 App、17 款地图 App 涉嫌违法违规收集使用个人信息；组织对运动健身、新闻资讯、网络直播、应用商店、女性健康等公众大量使用的 App 的个人信息收集使用情况进行了检测，其中 Keep 等 129 款 App 涉嫌违法违规收集、使用个人信息。

由此可见，数据挖掘是发现隐藏知识的重要工具，必须受到规范，应当在保障用户隐私的前提下使用，这还需要计算机领域、社会学领域，以及政府管理部门和组织机构人员的共同努力，制定和完善相关法律法规，建立数据隐私保护和安全的解决方案。

《民法典》和《个人信息保护法》等法律的实施将更好地保护个人隐私，在数据采集、处理过程中，我们也应遵守法律法规，合规使用数据。

本章小结

在信息爆炸的时代，我们将随时随地成为信息的接受者，散布在报纸、杂志、电视、广播、网络中的信息，良莠并存、真伪同在，有价值的信息淹没在大量数据之中，我们该如何"借来一双慧眼"，透过现象看本质，看个清楚明白呢？

本章从实际应用场景引入了数据挖掘主题，对数据挖掘的理论和应用的概貌进行了介绍，从数据挖掘产生的背景、数据挖掘的任务和过程、数据挖掘的对象、数据挖掘的应用领域、数据挖掘技术的前景和隐私保护等方面展开了讨论。

习 题 1

1. 数据挖掘处理的对象有哪些？请从实际生活中举出至少三种。

2. 给出一个例子，说明数据挖掘对商务的成功是至关重要的。该商务需要什么样的数据挖掘功能？它们能够由数据查询处理或简单的统计分析来实现吗？

3. 假定你是 Big-University 的软件工程师，任务是设计一个数据挖掘系统，分析学校课程数据库。该数据库包括如下信息：每个学生的姓名、地址和状态（如本科生或研究生）、所修课程和他们的 GPA。描述你要选取的结构，该结构的每个成分的作用是什么？

4. 假定你是一个数据挖掘顾问，受雇于一家因特网搜索引擎公司。通过特定的例子说明，数据挖掘可以为公司提供哪些帮助？如何使用聚类、分类、关联规则挖掘和异常检测等技术为企业服务？

5. 定义下列数据挖掘功能，关联、分类、聚类、演变分析、离群点检测。使用你熟悉的生活中的数据，给出每种数据挖掘功能的例子。

6. 根据你的观察，描述一个可能的知识类型，需要由数据挖掘方法发现，但本章未列出。它需要一种不同于本章列举的数据挖掘技术吗？

7．讨论下列每项活动是否是数据挖掘任务。

（1）根据性别划分企业的用户。

（2）根据可营利性划分企业的用户。

（3）计算企业的总销售额。

（4）按学生的标识号对学生数据库排序。

（5）预测掷一对骰子的结果。

（6）使用历史记录预测某企业未来的股票价格。

（7）监测病人心率的异常变化。

（8）监测地震活动的地震波。

（9）提取声波的频率。

拓展阅读

数据陷阱之"平均值"

对于服从正态分布、均匀分布的变量来说，平均值和中位数几乎相同。换句话说，在高斯法则生效的领域中，平均值可以代表整体，但对于服从幂律分布的变量来说，平均值会偏向取值大的一端，明显大于中位数。正态分布和幂律分布的典型代表分别是身高和财富：当你把姚明放到 100 人之中，并不会显著改变整体的平均身高；但是当你把马云放到 100 人之中，该群体的平均财富就发生了极大的变化。幂律分布强调了重要的少数与琐碎的多数，比如"二八定律"（又叫"帕累托定律"）：20%的人拥有 80%的财富（世界人口中最富有的 1%已经拥有了全球总财富的半壁江山）；微博或知乎上所有用户的粉丝量、每个月接听电话量等服从幂率分布。对于服从幂律分布的变量，若使用平均值来代表总体水平，会严重误导读者。

当一个人希望影响公众观念时，或者是向其他人推销广告版面时，平均值便是一个经常被使用的诡计，有时出于无心，但更多的时候是明知故犯。

一家企业可以这样公告：本公司拥有 3003 名股东，平均每人持股 666 股。这一广告词的确属实，但详细情况是，该公司共有 200 万股股票，其中 3 名大股东持有 3/4 的股票，而剩下的 3000 人共持有 1/4 的股票。这里的平均每人持有股票数没有实际意义。

数据是真实的，然而不妥的是读者遇到平均值时，并没有先思考它是什么的平均，它包含了哪些对象，仅依据这些数据和事实就推断出一个未经证实或错误的结论，进而影响了自身的判断。

再讲一个平均工资的例子。平均工资指的是某一地区或国家某时期内全部职工工资总额除以这一时期内职工人数后所得出的平均工资。有报道说，根据 247.7 万份样本数据统计，广州市市民月平均工资如图 1-3 所示。看到这一结果，很多人会觉得自己的月工资又拖后腿了，或者说又"被平均"了。

2020年	¥7390（↓15%）
2019年	¥8730（↑2%）
2018年	¥8566（↑16%）
2017年	¥7396（↑33%）
2016年	¥5581（↑3%）
2015年	¥5406（↑13%）
2014年	¥4773（↑17%）
2013年	¥4068（↑21%）
2012年	¥3364（↑8%）
2011年	¥3103（↑31%）

图 1-3　广州市市民月平均工资
（2011—2020）

这种误导描述不仅隐藏了广州地区的低收入，更将广州市市民的巨额薪金隐藏起来。在如此情况下，中位数的阐述会比较客观：一半市民比它赚得多，一半比它少。

第2章　数据处理基础

　　对数据预先进行探索和适当的预处理，不仅可以帮助理解数据特性，还可以保障数据质量，为数据挖掘任务成功提供保障。因为低质量的数据会导致低质量的、非理想的甚至错误的挖掘结果，只有进行探索性数据分析才能准确理解分析结果的意义。

　　数据的质量主要受噪声数据、缺失数据和不一致数据等方面的影响。对原始数据进行预处理，可以提高数据质量、提高学习算法的准确性、有效性，从而达到简化学习模型和提高算法泛化能力的目的。本章主要介绍数据的探索分析、数据挖掘质量保障方法、数据特性分析与总体分布形态、缺失数据的处理、数据变换、数据归约、数据离散化，相似性度量等。

2.1 数据

本节主要讨论一些与数据有关的概念，包括数据类型的确定和数据质量的评价等，它们是数据挖掘的基础。

2.1.1 数据及数据类型

数据是数据库存储的基本对象。人们对数据的第一反应就是数字，如1、100、$125、-26℃等。其实数字只是数据的一种传统的、狭义的理解，是最简单的数据形式。无论是从数学的角度还是从计算机处理的角度，数据的内涵随着时间的推移而有所扩展。

在广义上，数据可以理解为记录（在不同场合也可以称为数据对象、点、向量、模式、事件、案例、样本、观测或实体等）在介质中的信息，是数据对象及其属性的集合，其表现形式可以是数字、符号、文字、图像、音频、视频或计算机代码等。

对于数据，需要明确知道两方面的信息：一是取值范围，二是可以执行哪些操作。我们可以从中小学数学中数的内涵的变化来理解，也可以从高级语言中的变量定义来理解。

对于数据的理解不仅需要了解其表现形式，还需要了解数据的语义，数据和数据的语义是不可分割的。例如，67是一个数据，它可以是一个同学的某门课程的成绩，也可以是某个人的体重，离开语义或场景是无法理解67的。数据的语义是指对数据含义的说明，是数据对象（记录）所有属性的集合。而数据集是具有相同属性的数据对象的集合。

属性（也称为特征、维或字段）是指一个对象的某方面性质或特性。一个对象通过若干属性来刻画。

例如，表2-1的每列表示一个属性，每行表示一个对象，而整个样本集由多个具有相同属性的记录组成。在同一列中，各行的取值不完全相同，这是因为不同数据对象在同一个属性上体现的属性值不一样。

表2-1 包含电信客户信息的样本数据集

客户编号	客户类别	行业大类	通话级别	通话总费用	···
N22011002518	大客户	采矿业和一般制造业	市话	16 352	···
C14004839358	商业客户	批发和零售业	市话＋国内长途（含国内IP）	27 891	···
N22004895555	商业客户	批发和零售业	市话＋国际长途（含国际IP）	63 124	···
3221026196	大客户	科学教育和文化卫生	市话＋国际长途（含国际IP）	53 057	···
D14004737444	大客户	房地产和建筑业	市话＋国际长途（含国际IP）	80 827	···
···	···			···	···

根据属性具有的不同性质，属性可分为标称（Nominal）、序数（Ordinal）、区间（Interval）和比率（Ratio）4种。

① 标称属性：其属性值提供足够的信息，以区分对象是否相同，如颜色、性别、产品编号等。标称属性值不能比较大小，不存在顺序，如三个对象可以用甲、乙、丙来区分，也可以用A、B、C来区分。

② 序数属性：其属性值提供足够的信息，以区分对象的序，如成绩等级（优、良、中、

及格、不及格）、年级（一年级、二年级、三年级、四年级）、职称（助教、讲师、副教授、教授）、学生（本科生、硕士生、博士生）等。

③ 区间属性：其属性值之间的差值是有意义的，如日历日期、摄氏温度等。

④ 比率属性：其属性值之间的差值和比率值都是有意义的，如长度、时间和速度等。

属性还可以归类。标称和序数属性统称为分类型或定性型属性或离散型属性，取值为集合。区间和比率属性统称为数值型或定量型属性，取值为区间。

注意： 定量型属性可以是整数值或者连续值。

2.1.2　数据集的类型

数据集可以看作具有相同属性的数据对象的集合。在数据挖掘领域中，数据集需要考虑3个重要特性，即维度、稀疏性和分辨率。

① 维度（Dimensionality）：指数据集中的对象具有的属性个数总和。根据维度大小，数据集可以分为高、中、低三类。高维数据集经常会出现维数灾难的情况。正因为如此，数据预处理的一个重要技术就是维归约。

② 稀疏性（Sparsity）：指在某些数据集中，有意义的数据非常少，对象在大部分属性上的取值为 0，非零项不到 1%。例如，超市购物记录或事务数据集、文本数据集均具有典型的稀疏性。

③ 分辨率（Resolution）：可以在不同的分辨率（或粒度）下观测数据，而且在不同的分辨率下对象的性质也不同。例如，在肉眼看来，一张光滑的桌面是十分平坦的，在显微镜下观察，则发现其表面十分粗糙。数据的模式依赖于分辨率，分辨率太高或太低，都得不到有效的模式，针对具体应用，需要选择合适的分辨率（或粒度）。例如，分析不同大学网络用户（假定每个人使用不同的 IP 地址）的行为特性时，如果使用每个具体地址，就难以体现群体的特性，而使用部分 IP 地址（如前两个或三个 IP 地址段），就容易发现不同群体的行为特性。

随着数据挖掘技术的发展和成熟，数据集的类型呈现出多样化的趋势。为方便起见，我们将数据集分为记录数据、基于图形的数据和有序的数据集三类。

1. 记录数据

一般的数据挖掘任务都是假定数据集是记录（数据对象）的集合，每个记录都由相等数目的属性构成。记录之间或属性之间没有明显的联系。记录数据通常存放在平面文件或关系数据库中。根据数据挖掘任务的不同要求，记录数据可以有不同的变体。

（1）事务数据或购物篮数据

事务数据（Transaction Data）是一种特殊类型的记录数据，其中每个记录涉及一个项的集合。典型的事务数据如超市零售数据，顾客一次购物所购买的商品集合就构成一个事务，而购买的商品就是项。这种类型的数据也称为购物篮数据（Market Basket Data），因为记录中的每项都是一位顾客"购物篮"中购买的商品。这些属性可以简化为二元属性，表明顾客购买商品与否，如表 2-2 所示。

表 2-2　事务数据事例

事务 ID	商品的 ID 列表
T100	Bread，Milk，Beer
T200	Soda，Cup，Diaper
...	...

（2）数据矩阵（Data Matrix）

如果一个数据集中的所有数据对象都具有相同的属性集，那么该数据对象可以看作多维空间中的点（向量），其中每一维代表描述对象的一个属性。这样的数据对象集可以用一个 $N×M$ 的矩阵来表示，其中 N 表示行数，即对象的数量，M 表示列数，即属性的个数（也可将行和列的表示反过来）。数据矩阵是记录数据的变体，可以使用标准的矩阵操作对数据进行变换和操作，因此，对于大部分统计数据，数据矩阵是一种标准的数据格式。

文本数据是数据矩阵的一种特殊情况，通过稀疏数据矩阵来表示，其中属性类型相同并且是非对称的，即只有非零值才是重要的。在信息检索领域中，文本被看成出现在文档中的关键词的集合，这些关键词就是特征项，从而可以将文本表示成布尔模型、向量模型和概率模型。注意，如果忽略文档中词的次序，那么文档可以用词向量表示，其中每个词是向量的一个分量（属性），而每个分量的值可以是对应词在文档中出现的次数或其他词数。

2．基于图形的数据

有时图形可以方便而有效地表示对象之间的关系。我们考虑两种特殊情况：图形捕获数据对象之间的联系，或者数据对象本身用图形表示。

① 带有对象之间联系的数据：对象之间的联系常会携带重要的信息，在这种情况下，数据通常用图形表示。数据对象映射到图的结点，而对象之间的联系用对象之间的链、方向、权值等表示。例如，万维网的网页上包含文本和指向其他页面的链接，电话簿形成不同的社会网络。

② 具有图形对象的数据：如果对象具有结构，即对象包含具有联系的子对象，那么这样的对象通常用图表示。例如，化合物的结构可以用图形表示，其中结点是原子，结点之间的链是化学键。

3．有序数据

对于某些数据类型，属性涉及时间或空间序的联系。

① 时态数据，可以看作记录数据的扩充，其中每个记录包含一个与之相关联的时间，通常存放包含时间相关属性的数据。这些数据可能涉及若干时间标签，每个都具有不同的意义。例如，某职工的工资级别、某人的学历等就明显带有时间戳的信息，是时态数据。

② 序列数据是一个数据集合，是个体项的序列，如词或字母的序列、顾客购物序列、Web 点击流和生物学序列等。

③ 时间序列数据的每个记录都是一个时间序列，即一段时间的测量序列，如股票交易、库存控制和自然现象等。在分析时间序列数据时，最重要的是要考虑时间自相关，即如果两个测量的时间很接近，那么这些测量的值通常非常相似。

④ 空间数据包含涉及空间的数据，如地理信息系统、医学图像等。空间数据的一个重要特点是空间自相关性（Spatial Autocorrelation），即物理上靠近的对象趋向于在其他方面也相似，如地球上相互靠近的两个地点通常具有相近的气温和降水量。

⑤ 流数据是一种可以动态地从观测台流进和流出的数据，具有如下特点：海量甚至是无限的；动态变化的；以固定的次序流进和流出；只允许一遍或少数几遍扫描；要求快速响应。数据流的典型案例包括电力供应、网络通信、股票交易、银行、电信和气象等行业数据。

2.2 数据探索

数据探索是指对数据进行探查，发现其主要特点，对其形成直观的认识，理解数据的结构和各变量的意义，包括数据质量检查、描述性数据统计、探索各变量间的关系。在探索过程中，人们可以应用可视化技术从中看出某些规律。

2.2.1 描述性统计分析

描述性统计，又称为汇总统计，是用一个或几个数值来捕获大的数据集的各种统计特征，如家庭平均收入、四年内达到本科学位要求的学生比例等。对于许多数据预处理任务，人们希望知道关于数据的中心趋势和离散程度特征。中心趋势度量数据平均处于什么位置、集中于什么位置、数据的中心点在什么位置，度量指标包括均值（Mean）、中位数（Median）、中列数（Mid-Range）、众数（Mode）、四分位数（Quartiles）、百分位数等；而数据离散程度表明数据聚集的程度，度量指标包括极差、四分位数极差（Inter-quartiles Range，IQR）和方差（Variance）等；数据分布形态度量指标包括偏度、峰度。这些描述性统计量有助于理解数据的总体分布态势。从数据挖掘的角度，我们需要考虑如何在大型数据库中有效地计算它们。

1. 数据的中心度量

（1）频率与众数

设一个在 $\{v_1, v_2, \cdots, v_k\}$ 上取值的分类属性 x 和 m 个对象的取值，值 v_i 的频率定义为

$$\text{frequency}(v_i) = \frac{\text{具有属性值} v_i \text{的对象数}}{m}$$

众数是集合中出现频率最高的值。对分类属性来说，众数可以看成中心趋势度量；对于连续属性来说，众数通常没有意义。

（2）百分位数

对于有序数据，有时考虑值集的百分位数（Percentile）更有意义。给定一个有序的属性 x 及 $0 \sim 100$ 的数 p，数据集合的第 p 个百分位数 x_p 是一个 x 值，使得 x 的观测值正好有比例 p 小于 x_p。中位数是第 50 个百分位数 $x_{50\%}$。除中位数之外，最常用的百分位数是四分位数（Quartile）。第一个四分位数记作 Q_1，是第 25 个百分位数 $x_{25\%}$；第三个四分位数记作 Q_3，是第 75 个百分位数 $x_{75\%}$。四分位数给出分布的中心、离散和形状的某种指示。第一个和第三个四分位数之间的距离是分布的一种简单度量，给出了被数据的中间一半所覆盖的范围，该距离称为四分位数极差，定义为 $\text{IQR} = Q_3 - Q_1$。

（3）均值、中列数、中位数

数据集"中心"的最常用、最有效的数值度量是均值和中位数。设属性 x 的 m 个值为 $\{x_1, x_2, \cdots, x_m\}$，$\{x_{(1)}, x_{(2)}, \cdots, x_{(m)}\}$ 代表以非递减排序后的 x 值，则有 $\min(x) = x_{(1)}$，$\max(x) = x_{(m)}$，该属性 x 值的均值、中列数、中位数分别定义为

$$\text{mean}(x) = \bar{x} = \frac{\sum_{i=1}^{m} x_i}{m} = \frac{x_1 + x_2 + \cdots + x_m}{m} \tag{2-1}$$

$$\text{midrange}(x) = \frac{1}{2}\left[\max(x) + \min(x)\right] \tag{2-2}$$

$$\text{median}(x) = \begin{cases} x_{r+1}, & m\text{是奇数，即}m = 2r+1 \\ \dfrac{1}{2}(x_r + x_{r+1}), & m\text{是偶数，即}m = 2r \end{cases}$$

若有奇数个值，则中位数（Median）为中间值；若有偶数个值，则中位数为中间两个数的平均值。有时集合中的每个值 x_i 与一个权值 w_i 相关联（$i = 1, \cdots, m$）。权值反映对应值的显著性、重要性或出现频率。这种情况下使用加权算术平均值，即

$$\bar{x} = \frac{\sum\limits_{i=1}^{m} w_i x_i}{\sum\limits_{i=1}^{m} w_i} = \frac{w_1 x_1 + w_2 x_2 + \cdots + w_m x_m}{w_1 + w_2 + \cdots + w_m} \tag{2-3}$$

尽管均值是描述数据集的最常用的单个度量，但不一定是度量数据中心的最好方法。均值的主要问题是对极端值（如离群值）很敏感，即使少量极端值也可能影响均值。例如，公司的平均工资可能被少数高报酬的经理的工资显著抬高。为了减少极端值的影响，可以使用截断均值。

截断均值：指定 $0 \sim 100$ 的百分位数 p，丢弃高端和低端各($p/2$)%的数据，然后用常规方法计算均值，所得的结果即是截断均值。标准均值是对应 $p=0\%$ 的截断均值。很多赛事通常采用截断均值来度量运动员的水平，去掉评委中的一个最低分和一个最高分，然后取平均值。

【例 2-1】 计算{1, 2, 3, 4, 5, 90}值集的均值、中位数、中列数和 $p=40\%$ 的截断均值。

解： 这些值的均值是 17.5，而中位数是 3.5，中列数是 45.5，$p=40\%$ 时的截断均值也是 3.5。

对于倾斜的（非对称的）数据，数据中心的一个较好度量是中位数。

在完全对称的数据分布中，均值、中位数有相同的值。然而在实际应用中，数据往往是不对称的，它们可能是正倾斜的，其均值大于中位数，或者是负倾斜的，其均值小于中位数。

对于服从正态分布、均匀分布等随机变量，均值能较好地表示整体情况，但对于服从幂率分布（如收入、粉丝量、不同姓氏的人数等）的随机变量，均值会偏向于取值大的一端，因而经常出现有"被平均"的感觉（见第 1 章的拓展阅读）。

2. 数据散布程度度量

连续数据的另一种常用汇总统计量是值集的散布度量，这种度量表明属性值是否散布很宽，或者是否相对集中在单个点（如均值）附近。

最简单的散布度量是极差（Range），其定义为最大值和最小值之间的差异。给定一个属性 x，它具有 m 个值 $\{x_1, x_2, \cdots, x_m\}$，$x$ 的极差定义为

$$\text{Range}(x) = \max(x) - \min(x) = x_{(m)} - x_{(1)}$$

尽管极差标识最大散布，但是如果大部分值都集中在一个较窄的范围内，极端值的个数相对较少，就可能引起误解。此时采用方差作为散布的度量更可取。属性 x 的方差记为 S_x^2，其定义为

$$\text{variance}(x) = S_x^2 = \frac{1}{m-1}\sum_{i=1}^{m}(x_i - \bar{x})^2 \tag{2-4}$$

因为方差用到了均值，而均值容易被离群值扭曲，所以方差对离群值很敏感。更加稳健

的值集散布估计方法有绝对平均偏差（Absolute Average Deviation，AAD）、中位数绝对偏差（Median Absolute Deviation，MAD）和四分位数极差（InterQuartiles Range，IQR）。

3. 数据分布形态度量

数据分布形态度量指标包括偏度、峰度。

偏度（Skewness）是统计数据分布偏斜方向和程度的度量，是统计数据分布非对称程度的数字特征。定义上，偏度是样本的三阶标准化矩，即

$$\mathrm{SK}_1 = \frac{m_3}{m_2^{3/2}} = \frac{\dfrac{1}{m}\sum_{i=1}^{m}(x_i - \overline{x})^3}{\left[\dfrac{1}{m}\sum_{i=1}^{m}(x_i - \overline{x})^2\right]^{3/2}} \tag{2-5}$$

其中，$\overline{x}$ 为样本均值，m_3 为样本三阶中心距，m_2 为样本二阶中心距。

根据偏度取值，分布分为三种，包括：对称分布（偏度=0），右偏分布（也叫正偏分布，其偏度>0），左偏分布（也叫负偏分布，其偏度<0）。

当数据变得更加对称时，它的偏度值会更接近 0。图 2-1(a)显示正态分布的数据，沿这个正态数据直方图的中间绘制一条线，可以看到两侧互相构成镜像。但是，没有偏度并不表示具有正态性。图 2-1(b)中，两侧互相构成镜像，但这些数据完全不是正态分布。

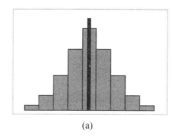 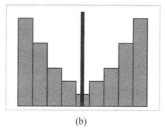

(a)　　　　　　　　　　　(b)

图 2-1　对称或非偏斜分布

正偏斜或向右偏斜的数据分布的"尾部"指向右侧，它的偏度值大于 0（或为正数），如图 2-2(a)所示。薪金数据通常按这种方式偏斜，一家企业中许多员工的薪金相对较低，而少数员工的薪金非常高。左偏斜或负偏斜的数据分布的"尾部"指向左侧，它的偏度值小于 0（或为负数），如图 2-2(b)所示。故障率数据通常就是左偏斜的。以灯泡为例，极少数灯泡会立即就烧坏，但大部分灯泡会持续相当长的时间。

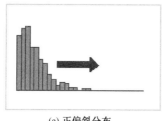 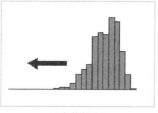

(a) 正偏斜分布　　　　　　　　(b) 负偏斜分布

图 2-2　偏斜分布

峰度（Kurtosis），又称为峰态系数，表示分布的尾部与正态分布的区别，反映的是图像的尖锐程度，峰度越大，表现在图像上面是中心点越尖锐。峰度计算方法为

$$Ku_1 = \frac{m_4}{m_2^2} - 3 = \frac{\frac{1}{m}\sum_{i=1}^{m}(x_i - \overline{x})^4}{\left[\frac{1}{m}\sum_{i=1}^{m}(x_i - \overline{x})^2\right]^2} - 3 \tag{2-6}$$

完全服从正态分布的数据的峰度值为 0。正态分布的数据为峰度建立了基准，如果样本的峰度值显著偏离 0，就表明数据不服从正态分布。相比于正态分布，具有正峰度值的分布有更重的尾部。例如，服从 t 分布的数据具有正峰度值。分布表明，相比于正态分布，具有负峰度值的分布有更轻的尾部。例如，服从 Beta 分布（第一个和第二个分布形状参数等于 2）的数据具有负峰度值。

如在图 2-3 中，实线表示正态分布，虚线表示具有正峰度值或负峰度值的分布。

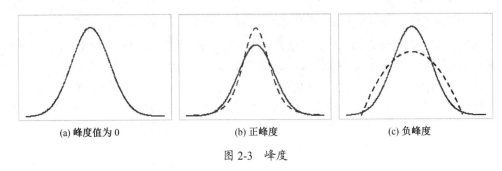

(a) 峰度值为 0   (b) 正峰度   (c) 负峰度

图 2-3　峰度

2.2.2　数据可视化

数据可视化是数据探索过程中最重要的手段之一，旨在借助图形化手段，将数据在视觉上概括在一张图中，清晰、有效地传达和沟通信息。从视觉角度把数据呈现出来，有助于轻松理解复杂数据的各变量，以及变量之间的相互关系。借助可视化手段，数据可以给人宏观的认识，同时看清数据的发展趋势。

常见的数据可视化方式有饼图、散点图、折线图、柱形图、雷达图、地理图、箱线图。

1. 饼图

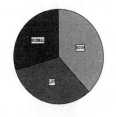

图 2-4　饼图示例

饼图广泛应用于各领域，用于表示不同分类的占比情况，通过弧度大小来对比各种分类。饼图通过将一个圆饼按照分类的占比分成多个区块，整个圆饼代表数据的总量，每个区块（圆弧）表示该分类占总体的比例大小，所有区块（圆弧）的和等于 100%，如图 2-4 所示。

2. 散点图

散点图，也叫 x-y 图，将所有数据以点的形式展现在直角坐标系上，以显示变量之间的相互影响程度，点的位置由变量的数值决定。散点图的优势是揭示数据间的关系，发掘变量与变量之间的关联。如图 2-5 中包括身高和体重两个基本维度。

为了进行分析，可以引入性别维度，通过颜色来区分。当我们想知道两个指标互相之间有没有关系时，散点图是最好的工具之一。对于大数据量，散点图会有更好的效果。

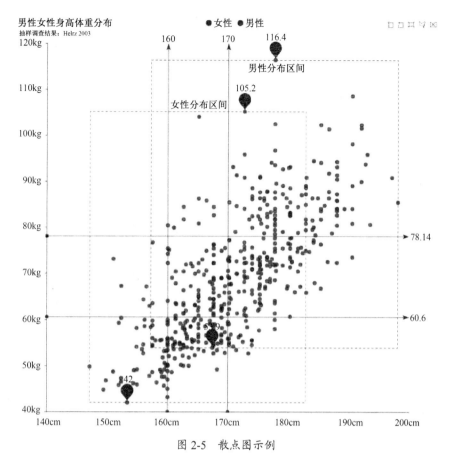

图 2-5　散点图示例

3．折线图

折线图可以显示随时间（根据常用比例设置）变化而变化的连续数据，因此非常适用于观察在相等时间间隔下数据的趋势。在折线图中，类别数据沿水平轴均匀分布，所有值数据沿垂直轴均匀分布。折线图适用于展示数据的连续变化趋势，注意自变量有顺序关系（如时间），而且因变量单位数值对于折线起伏变化的影响。折线过多会降低图表的易读性，如图 2-6 所示。

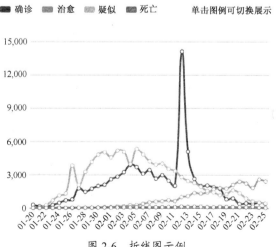

图 2-6　折线图示例

4．柱形图

柱形图常用于多个维度的比较和变化。文本维度/时间维度通常作为 X 轴，数值型维度作为 Y 轴。图 2-7 就是柱形图的对比分析，通过颜色区分类别。

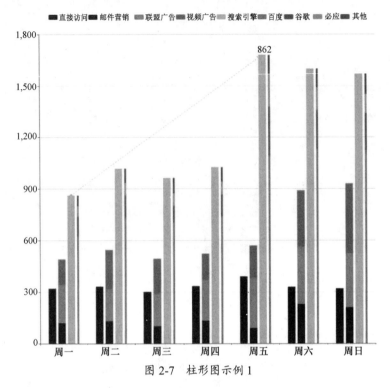

图 2-7　柱形图示例 1

柱状图是最常见的图表，也最容易解读。柱状图利用柱子的高度，反映数据的差异。肉眼对高度差异很敏感，辨识效果非常好。柱状图的局限在于只适用中小规模的数据集。通常来说，柱状图的 x 轴是时间维度，用户习惯性认为存在时间趋势。如果遇到 x 轴不是时间维度的情况，建议用颜色区分每根柱子，改变用户对时间趋势的关注。

柱形图和折线图在时间维度的分析中是可以互换的，但推荐使用折线图，因为它对趋势的变化表达更清晰。柱形图还有许多丰富的应用，如堆叠柱状图、瀑布图、堆叠条形图、横轴正负图等，如图 2-8 所示。

① 堆叠柱状图：适用于包含若干小分类的分组数据的可视化，用于比较同一分组内不同分类的数据，或者各组的总量，无法比较不同分组内相同分类的数据，同一组数据分类过多会降低图的易读性。

② 堆叠条形图：适用于包含了相同分类的多组数据的比较，可以比较同一分组内不同分类的数据，或不同分组内相同分类的数据，无法对比各分组的总量。

③ 正负条形图：使用正反向柱子表示数据的正负数值，适用于有相反含义的数据（如不同国家的男性与女性的人口数量），需要注意的是分界线需为 0 点。

④ 阶梯瀑布图：用于展示数据的组成，或者增减变化的过程，注意相邻浮动列的首尾要在同一水平线上。

⑤ 直方图：柱形图的特殊形式，数值坐标轴是连续的，表达的是数据的分布情况。

交错正负轴标签   堆叠柱状图

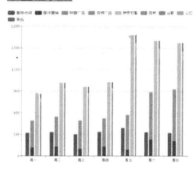

阶梯瀑布图   堆叠条形图

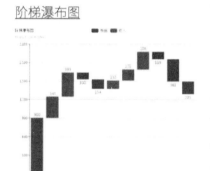 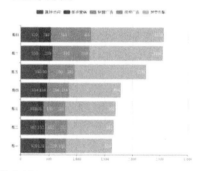

图 2-8　柱形图示例 2

5．雷达图

雷达图（Radar Chart），又称为戴布拉图或蜘蛛网图（Spider Chart），就是将比较重要的项目集中划在一个圆形的图表上，使用者能一目了然地对各项指标的变动情形，以及对其好坏趋向进行判断。坐标轴始于统一圆心径向排列，同一个分类数据的各项数值点围成一个多边形，擅长展示综合性能和突出异常数据，不适合变量或分类过多的数据，如图 2-9 所示。雷达图适用于多维数据（四维以上），且每个维度必须可以排序。数据点通常不多于 6 个，否则辨别起来有困难。

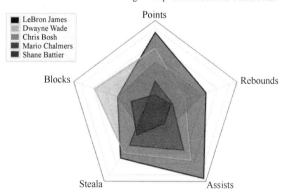

图 2-9　雷达图示例

6. 地理图

一切与空间属性有关的分析都可以用到地理图，如某商品各地区的销量情况，或者某商业区域店铺密集度等。地理图一定需要用到坐标维度。可以是经纬度，也可以是地域名称。坐标粒度既能具体到某条街道，也能宽泛到世界各国范围。

除了经纬度，地理图的绘制离不开地图数据，PoI 是很重要的要素。PoI（Point of Information，信息点）包含名称、类别、经纬度、地址四方面。借助 PoI，才能按地理维度展现数据。

7. 箱线图

箱线图用于反映原始数据分布的特征，还可以进行多组数据分布特征的比较。箱线图的绘制方法是先找出一组数据的上边缘、下边缘、中位数和两个四分位数，再连接两个四分位数画出箱体，然后将上边缘和下边缘与箱体相连接，中位数在箱体中间。图 2-10 就是箱线图的典型应用。线的上下两端表示某组数据的最大值和最小值，箱的上下两端表示这组数据中排在前 25% 位置和 75% 位置的数值，箱中间的横线表示中位数。

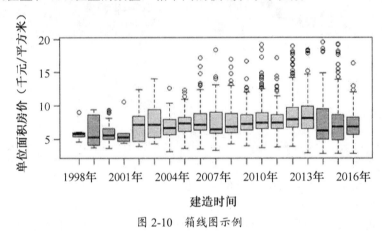

图 2-10　箱线图示例

例如，想知道某商品每天的卖出情况，如该商品被用户最多购买了几个，大部分用户购买了几个等，箱线图就能清晰地表示。

2.2.3 辛普森悖论

辛普森悖论（Simpson's Paradox）由英国统计学家辛普森（E.H.Simpson）于 1951 年提出。当人们尝试探究两种变量是否具有相关性时，如新生录取率与性别、报酬与性别等，会对其进行分组研究。在这种研究中，在某些前提下有时会产生的一种诡异现象，即在分组比较中占优势的一方，在总评中反而处于劣势。辛普森悖论与其他一些统计概念不同，并非人为发明的纯理论概念，而是在现实生活中实实在在发生的。合并数据有时很有用，但有些情况下对真实情况的解读产生了干扰。

下面通过三个案例来说明。

【例 2-2】 关于两种肾结石治疗效果的数据比较。

单独看治疗效果方面的数据，A 疗法对治疗两种大小的肾结石的效果都更好，但是将数据合并后发现，B 疗法针对所有情况的疗效更优，如表 2-3 所示。

表 2-3 两种治疗方案的康复率对比

肾结石大小	A 疗法	B 疗法
小结石	Group 1 93%（81/87）	Group 2 87%（234/270）
大结石	Group 3 73%（192/263）	Group 4 69%（55/80）
大小混杂	78%（273/350）	83%（289/350）

这怎么可能呢？这个悖论可以用涉及相关专业知识的数据生成过程，或者说因果模型来解决。若小结石被视为不严重的病症，那么 A 疗法相较 B 疗法开的创口更大。因此，对于小结石，医生们常推荐 B 疗法，由于病情本身也不严重，因此病人康复率也较高，但对于严重的大结石，医生们常选用创口更大、疗效也更好的 A 疗法，虽然 A 疗法在针对这些病症时表现得更好，但由于病情更严重，整体的康复率比小结石的情况要差很多。

在本例中，肾结石的大小，或者说病症的严重性，被称为混淆因子，对自变量（治疗方法）和因变量（康复率）都有影响。我们在数据表里看不到混淆因子的影响，但它们可以体现在如图 2-11 所示的因果关系中。

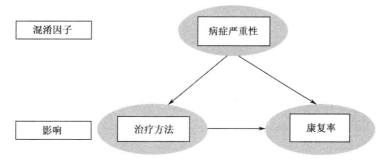

图 2-11 含混淆因子的因果关系

在这个案例中，康复率受到治疗方法和病症严重性（结石大小）的双重影响。此外，治疗方法的选择取决于结石的大小，从而结石大小是一个混淆因子。要找到究竟哪种治疗方法效果更好，我们需要控制混淆因子，进行分组对比康复率，而不是对不同的群组数据进行简单合并。对小结石而言，A 疗法更优；严重一些的大结石，依然是 A 疗法更优。因此，不论结石的大小，A 疗法总是最优——悖论解决。

【例 2-3】 数据能证明一个观点，又能证明其相反的观点。

本例展示了辛普森悖论是如何证明两个相反的政治观点的，也是政客们的常用技巧。

如表 2-4 所示，美国的福特总统在 1974 至 1978 年的任期中，他对每个收入人群都进行了减税，但期间的国家税收有明显上涨。

1974 至 1978 年，每个纳税区间的税率都有所下降，但整体税率上升了。现在我们已经知道如何解决悖论了，寻找影响整体税率的其他因素。整体税率不仅受每个纳税区间影响，还取决于每个纳税区间的可征税收入总值。因通货膨胀影响（名义工资上涨），1978 年有更多人的收入落入更高税率的税收区间，而收入落入较低税率的税收区间有所下降，因此整体税率有所上涨。

是否要合并数据，取决于在数据生成过程之外，还包括我们想了解什么问题，或者我们的政治观点是什么。从个人角度，我们只是一个个体，关心的是在个人的税收区间内的税率。要搞清楚从 1974 至 1978 年个人所得税到底有没有增长，必须弄清楚税收区间的税率是否

表 2-4 1974 年、1978 年美国税收统计

纳税区间	1974 年			1978 年		
	收入	税收	税率	收入	税收	税率
Under $5 000	41 651 643	2 244 467	0.054	19 879 622	689 318	0.035
$5 000 to $9 999	146 400 740	13 646 348	0.093	122 853 315	8 819 461	0.072
$10 000 to $14 999	192 688 922	21 449 597	0.111	171 858 024	17 155 758	0.100
$15 000 to $99 999	470 010 790	75 038 230	0.160	865 037 814	137 860 951	0.159
$100 000 or more	29 427 152	11 311 672	0.384	62 806 159	24 051 698	0.383
Total	880 179 427	123 690 314		1 242 434 934	188 577 186	
Overall Tax Rate			0.141			0.152

发生了变化,以及税收区间是否到了一个新的区间。个人所得税受两个因素影响,但这张表格的数据只展示了其中一个。

【例 2-4】 高校录取数据的理解。

人们怀疑,一所美国高校的法学院和商学院在招生时有性别歧视,如表 2-5 所示。女生在两个学院的录取比率都比男生高。而将两学院的数据汇总后,在总评中,女生的录取比率反而比男生低。我们应该采信哪个结论呢?

表 2-5 不同性别考生录取情况统计

学院	性别	录取	拒收	总数	录取比例
法学院	男生	8	45	53	15.10%
	女生	51	101	152	33.60%
	总数	59	146	205	28.78%
商学院	男生	201	50	251	80.10%
	女生	92	9	101	91.10%
	总数	293	59	352	83.24%
汇总	男生	209	95	304	68.80%
	女生	143	110	253	56.50%
	总数	352	205	557	63.20%

导致这种现象有两个原因,两个分组的录取率相差很大(法学院录取率很低,而商学院很高),同时两种性别的申请者分布比重相反(女性申请者大部分在法学院,而男性申请者大部分在商学院)。结果在数量上,拒收率高的法学院拒收了很多的女生,男生虽然有更高的拒收率,但被拒的数量相对女生而言不算多。而录取率很高的商学院录取了很多男生,使得最后两个学院汇总的时候,男生的数量反而占优势。

辛普森悖论就像是欲比赛 100 场篮球,以总胜率评价好与坏,于是有人专找高手挑战 20 场,而胜 1 场,另外 80 场找平手挑战而胜 40 场,结果胜率为 41%,另一人则专挑高手挑战 80 场而胜 8 场,而剩下 20 场平手打个全胜,结果胜率为 28%,比 41% 小很多,但仔细观察挑战对象,后者明显实力较强。量与质是不等价的,无奈的是量比质容易测量,所以人们总是习惯用量来评定好与坏,而数据的质显得不那么重要。

辛普森悖论的重要性在于,它揭示了我们看到的数据并非全貌。我们不能满足于展示的数字或图表,需要考虑整个数据生成的过程和因果模型。如果理解了数据产生的机制,就能

从图表之外的角度来考虑问题，找到其他影响因素。因果思考模式对数据统计和数据科学至关重要，因为能防范我们从数据中得出错误的结论。除了使用数据，我们还需要运用经验和业务知识，或者向专家学习，来更好地进行决策。

此外，虽然我们的直觉常常很准，但在信息不全的情况下，直觉还是会不准。我们倾向于只关注眼前的东西（所见即所得），而不是用理性而迟缓的思考去挖掘更深层的东西。我们需要对数字本身持怀疑态度，尤其是当别人想向我们营销产品或项目计划时。

数据是一个有力的武器，既能被用来澄清现实，也能被用来混淆是非。

这三个案例说明，简单地将分组数据汇总是不能反映出真实情况的。当有多个差异大的类别的数据混合在一起时，对数据挖掘的结论可能需要从多角度评估，需要对分组数据进行深度分析。大量统计数据、统计资料由于主、客观的原因被滥用或误用，有时很难起到描述事实、传递信息的作用，反而会造成误导。我们需要全方位理解数据，避免错误。

2.3 数据预处理

数据挖掘方法的效果受到源数据质量的直接影响，最有效的数据挖掘算法也不可能在尚未准备的数据中发现重要的模式，因为低质量的数据会导致低质量的甚至错误的挖掘结果，高质量的数据是进行有效数据挖掘的前提，高质量的决定必须建立在高质量的数据上。数据预处理的目的是提供干净、简洁、准确的数据，以达到简化模型和提高算法泛化能力的目的，使挖掘过程更有效、更容易，提高挖掘效率和准确性。

数据质量的检测和纠正是数据挖掘前期非常重要的环节。数据的质量主要受噪声数据、缺失数据、不一致数据和冗余数据等方面的影响，而且原有数据特征有时不能足够好地体现隐藏在其背后的规律，需要基于原有特征构建新的特征，以更好地表现对象的行为规律。

这里将讨论数据预处理的形式，包括数据清理、数据集成、数据变换、数据归约，如图 2-12 所示。

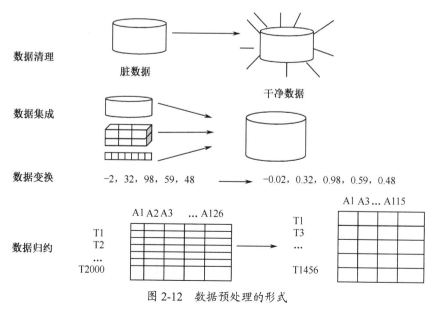

图 2-12　数据预处理的形式

2.3.1 数据清理

由于人工录入数据时出现的失误、测量设备的限制或数据收集过程的漏洞等因素，现实世界的数据通常是不完整的、有噪声的和不一致的。数据清理的目的是试图填充缺失值、去除噪声，并识别离群点，纠正数据中的不一致值。

1. 缺失值的处理方法

缺失值是指本该有却没有的数据。一个对象遗漏一个或多个属性值并不少见，缺失值并不意味着数据有错误。缺失值产生的原因是多方面的，下面列举一些可能产生缺失值的情形。

① 有些信息暂时无法获取。例如，在医疗数据库中，并非所有病人的临床检验结果都能在给定的时间内得到，致使一部分属性值空缺出来；在某些情况下，信息收集时可能被人认为是涉嫌窥探他人隐私而不能获取，如年龄、体重、收入等。

② 某些属性并不能用于所有对象。也就是说，对于某对象来说，该属性值是不存在的。例如，在申请信用卡时，可能要求申请人提供驾驶证号，没驾驶证的申请者自然使该字段为空。再如，在做市场调查时，常会碰到有条件的选择部分，仅当被调查者以特定方式回答前面的问题时，条件部分才需要填写，但在存储时可能将所有数据全部存储。

③ 有些信息是被遗漏的。可能因为输入时忘记填写了，或对数据理解错误而被遗漏，也可能因为数据采集设备、存储介质、传输媒体的故障，也可能因为人为因素丢失了。

④ 有些信息（被认为）是不重要的。一个属性的取值与给定语境是无关的，或训练数据库的设计者并不在乎某个属性的取值，如网络用户注册时许多信息是空缺的。

⑤ 要求统计的时间窗口并非对所有数据都适合。例如，我们希望计算出"客户在以前6个月内的最大存款余额"，对于那些建立账户尚不满6个月的客户来说，统计的数值与想得到的就存在差距。

在许多情况下，缺失值在数据源中用 NULL（空值）来表示。然而，NULL 有时是可接受的数值，在这种情况下，我们说数值为空，而不是缺失，尽管在源数据中两者看起来相同。例如，账户的停止代码可能是 NULL，表明账户仍然是活跃的。如果仅有数据库的数据模型而缺乏相关说明，就常常需要花费更多的精力来发现这些数值的特殊含义。如果忽略这些数值的特殊性，直接进行挖掘，那很可能得到错误的结论。若 NULL 是可接受的数值，则可以利用重叠数据描述用户和潜在用户的人口统计学特征和其他特征。在这种情况下，NULL 时常有下列两种意思之一。

① 没有充足的证据表明该字段对个体是否为真。例如，没有订阅高尔夫球杂志意味着可能此人不是打高尔夫球的人，但不能证明。

② 在重叠的数据中，此人没有与之匹配的记录。

区分这些情形是有用的。一种方法是分开记录不匹配的数据，创建两个不同的数据集；另一种方法是用其他值代替 NULL，指出匹配失败是在记录层次还是在字段层次。

在分析数据时，应考虑对有缺失的不完整数据进行处理，可以采用如下方法。

① 忽略元组：当缺少类标号时，通常这样处理（在分类任务中）。除非同一记录中有多个属性缺失值，否则该方法不是很有效。当每个属性缺失值的百分比变化很大时，它的性能特别差。

② 忽略属性列：若该属性的缺失值太多，如超过80%，则在整个数据集中忽略该属性。

③ 数据填充：用一定的值去填充缺失值，通常基于统计学原理，根据决策表中其余对象取值的分布情况来对一个空值进行填充，如用其余属性的平均值或最常见值来进行补充等。缺失值填充策略有三种。

策略一：使用一个全局常量填充缺失值，将缺失的属性值用同一个常数替换。如所有的空值都用"unknown"或"-9999"填充。这样可能导致严重的数据偏离，由于它的不合理性，数据挖掘算法将恰当地使用这些看似真实的数值，从而导致不正确的结果。因此，一般不推荐使用这种策略。

策略二：使用与给定记录属同一类的所有样本的均值或众数填充缺失值。假如某数据集的一条属于 a 类的记录在 A 属性上存在缺失值，那么我们可以用该属性上属于 a 类全部记录的平均值来代替该缺失值。

策略三：用可能值来代替缺失值，可以用回归、基于推理的工具、聚类、最近邻方法或决策树归纳确定。例如，利用数据集中其他用户的属性，可以构造一棵决策树来预测相同属性的默认值。

策略三使用已有数据的大部分信息来预测缺失值，效果相对较好，但代价大；策略二实现简单、效率高，效果相对不错。无论以哪种方式填充，都无法避免主观因素对原系统的影响，任何一个替换值会改变变量的分布，并且可能导致产生拙劣的模型。

④ 将数据集拆分成几部分。很多情况，数据缺失是系统原因，较好的办法是将数据集拆分成几部分，从一个数据集中消去缺失字段。虽然一个数据集有多个字段，但都不再有缺失值。

考虑有 12 个月账单数据的客户标识特征，在过去 12 个月中开始的客户已经失去较早几个月的数据。在这种情况下，用某任意值代替缺失值不是一个好主意。最好的办法是把模型集拆分为两部分，即一个模型集包含 12 个月保有期的用户，另一个包含最近的用户。

2. 噪声数据的平滑方法

噪声是数据观测中随机误差产生的，包括孤立点和错误点。有很多原因可导致噪声数据的产生。噪声数据是看起来正确但实际不正确的属性值，是测量变量的随机错误或偏差，产生的原因有多种，可能是数据收集的设备故障，也可能是数据录入过程中人为的疏忽或数据传输过程中的错误等。多数情况下，这些数据可以被标记，因为它们往往是离群值。例如，有一家公司认为，呼叫中心的接线员收集用户的出生日期非常重要，所以他们将屏幕上相应输入栏设置为强制性的。当他们观察数据时，惊讶地发现超过 5%的用户生于 1911 年 11 月 11 日。然而，事实上并不是所有的用户都在这一日期出生。接线员很快总结出打 6 个"1"是填充该字段（日、月、年每个填两个字符）的最快方法。结果导致了许多用户拥有恰好相同的生日。

看起来像噪声数据的数据实际上提供了对商业的深入了解。例如，一家公司使用媒体代码决定如何获得用户，以 W 表示用户来自网络，以 D 表示直接邮寄，其他字符用来区分特别的标语广告和特别的电子邮件活动。当观察数据的时，人们惊讶地发现，网络用户都始于20 世纪 80 年代。这明显不是早期用户，因为媒体代码的方案在 1997 年 10 月才创建。较早的代码本质上是错的，解决方法是创建新的渠道用于分析，即"1998 年之前"的渠道。

在平滑噪声处理数据时，通常采用分箱、回归、离群点分析等方法。

① 分箱：通过考察属性值的周围值来平滑属性的值。属性值被分布到一些等深或等宽

的"箱"中，用"箱"中属性值的平均值或边界值来替换"箱"中的属性值。图2-13展示了几种分箱技术。price数据进行排序，并被划分到大小为4的等频的箱中（即每个箱包含4个值）。若采用用箱均值平滑，则箱中每个值都被替换为箱中的均值，如箱1中的值2、7、12、15的均值是9，因此该箱中的每个值都被替换为9。若采用用箱边界平滑，则给定箱中的最大和最小值被视为箱边界，而箱中的每个值都被替换为最近的边界值。定积分的近似计算通常采用类似策略。一般而言，宽度越大，平滑效果越明显。箱也可以是等宽的，每个箱的区间范围均相同。分箱也是一种离散化技术。

```
排序后的数据: 2，7，12，15，19，19，24，28，34，35，37，46
              划分为（等频的）箱
箱1: 2，7，12，15
箱2: 19，19，24，28
箱3: 34，35，37，46
              用箱均值光滑
箱1: 9，9，9，9
箱2: 22.5，22.5，22.5，22.5
箱3: 38，38，38
              用箱边界光滑
箱1: 2，2，15，15
箱2: 19，19，28，28
箱3: 34，34，34，46
```

图2-13 采用分箱方法后的数据

② 回归：通过观测数据拟合某函数来平滑数据。线性回归涉及找出拟合两个属性的"最佳"直线，使得一个属性可以用来预测另一个属性。多元线性回归是线性回归的扩充，其中涉及的属性多于两个，并且数据拟合到一个多维曲面上。

③ 离群点分析：通常采用聚类来检测离群点，将类似的值组织成"簇"。图2-14显示了3个数据簇，直观地，落在簇集合之外的值被视为离群点。

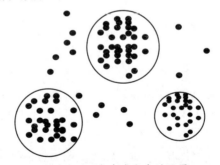

图2-14 顾客在城市中的位置

3．特殊字段的处理

有两种极端的字段需要特殊处理，分别是取值几乎相同和几乎都不同的字段。

① 只有一个取值或几乎只有一个取值的字段，包含的信息量非常少，数据挖掘应忽略这些字段。但在忽略这些字段之前，应该了解为什么会出现如此倾斜的分布，该字段反映了什么事情。经验表明，如果字段中95%～99%的数值相同，在孤立状态下，不进行一些处理就可能毫无用处。

② 每行或几乎每行取不同值的分类属性字段，这些字段可唯一（或非常接近）识别每一行（每位用户），如用户名字、地址、电话号码、身份证号码、学号、车牌号等。这些字

段不会在数据挖掘中被直接使用，但可能包含丰富的信息，如学号包含入学年份和专业信息，这时需要从中提取重要特征作为衍生变量（后续进一步说明），这类信息需借助领域知识发现并进行提取。

2.3.2　数据集成

数据集成是把不同来源、格式、特点的数据在逻辑上或物理上有机地集中起来，从而为数据挖掘提供完整的数据源，建立数据仓库的过程实际上就是数据集成的过程。数据集成有助于减少结果数据集的冗余和不一致，提高后续挖掘过程的准确性和效果。数据语义的多样性和非结构化对数据集成带来了巨大的挑战。如何匹配多个数据源的模式和对象？数据一致性和冗余是数据集成时需要考虑的两个最重要的问题。

数据不一致的一个原因是它们所指的是不同的对象。来自多个信息源的现实世界的实体如何才能"匹配"？这涉及实体识别问题。不同表中可能使用不同名称来指示同一属性或对象，正如一个人有不同的别名或不同的人拥有相同的名字。例如，一个数据库中的 customer_id 和另一个数据库中的 cust_number 指的是相同的属性。再如，在 Google 中查询名字"张建国"，发现有多个同名的人，如何有效地区分呢？数据不一致的另一种表现形式是数据值冲突，因为表示方法、比例或编码的不同，现实世界的同一实体在不同数据源中的属性值可能不同。例如，重量属性可能在一个系统中以公制单位存放，而在另一个系统中以英制单位存放。对于连锁旅馆，不同城市的酒店价格不仅可能涉及不同货币，还可能涉及不同的服务（如免费早餐）和税费。

冗余是另一个重要问题。如果一个属性能由其他属性"导出"，或其信息能被其他属性包含，那么该属性是冗余的。属性命名的不一致也可能导致数据的冗余。例如，一个数据源中用"年龄"描述个人基本信息，另一个数据源中用"出生日期"描述个人基本信息。数据重复存放、数据冗余也可能导致数据不一致。例如，对于教师工资的调整，如果人事处的工资数据已经改动了，而财务处的工资数据未改变，就会产生矛盾的工资数。有些冗余通过人为分析各属性的含义就能判断，有些冗余则需要通过相关性分析来检测。

数据仓库带来的一个问题是如何区分初始载入和后来逐渐增加的数据。通常，初始载入没有丰富的信息，因此按时间追溯回去时存在空白。例如，初始日期可能是正确的，但是没有任何关于此日期的产品或账单计划。

不一致通常出现在不同的副本之间，由于不正确的数据输入，或者由于只更新了数据的部分来源。例如，订单数据库包含订货人的姓名和地址属性，但这些信息在订货人数据库中的不是主码，则差异可能出现，如同一订货人的名字可能以不同地址出现在订单数据库中。

2.3.3　特征变换

特征变换是将数据转换成有利于挖掘的形式。特征变换一般涉及如下内容。

① 平滑：去除数据中的噪声，包括分箱、回归和聚类等算法，前面已经讨论。

② 聚集：对数据进行汇总或聚集，如可以聚集电信客户的日消费数据，计算月和年消费数据。通常，聚集用来为多粒度数据分析构建数据立方体。

③ 数据泛化：指使用概念分层，用高层概念替换低层概念或"原始"数据。例如，苹

果、香蕉和桔子可以泛化成"水果"；实际的价格可以映射到"便宜、适中和昂贵"来实现泛化；客户地址（街道）可以泛化为较高层的概念，如"城市"或"省份"；IP 地址可以通过使用不同 IP 分段实现泛化；年龄可以通过高层概念"儿童、少年、青年、中年和老年"实现泛化；百分制的考试成绩可以用高层概念"优、良、中、及格、不及格"实现泛化。

④ 数据规范化：将属性数据按比例缩放，使之落入一个小的特定区间，如[-1.0, 1.0]或[0.0, 1.0]。

⑤ 特征构造（属性构造）：利用已知的多个属性构造新的属性，以便更好地刻画数据的特性，帮助挖掘过程。

⑥ 数据离散化：利用少数分类值替换连续属性的数值，从而减少和简化原来的数据，决定选择多少个分割点和确定分割点位置。因此，离散化可以看成数据泛化手段。

下面重点介绍数据泛化、数据规范化、特征构造、数据离散化。

1. 数据泛化

概念分层可用来规约数据，一个较高层的概念通常包含若干从属的较低层概念。与低层概念属性（如 Street）相比，高层概念属性（如 Country）通常包含较少数目的值。这种泛化尽管丢失了细节，但泛化后的数据更有意义、更容易理解。

对于数值属性，概念分层可以根据数据的分布自动地构造，如用分箱、直方图分析、聚类分析、基于熵的离散化和自然划分分段等技术生成数据概念分层。

分类属性有时可能具有很多个不同值。减少大量分类值的一个方法是使用代码属性，而不是代码本身。这时领域知识通常会有帮助，如果领域知识不能提供有用的指导，或者这样的方法会导致很差的性能，就需要使用更为经验性的方法，仅当分组结果能提高挖掘任务性能或实现某种其他数据挖掘目标时，才将值聚集到一起。以下是 3 种常见的处理策略。

① 如果分类属性是序数属性，可以容易地定义概念分层。例如，数据库的维（location）可能包含 street、city、province 和 country 属性组，通过属性的全序可以定义分层结构，如 street < country < city < province。

② 如果分类属性是标称的或无序的，就需要使用其他方法。例如，一所大学由许多系组成，因而系名属性可能具有数十个不同的值。在这种情况下，可以使用系之间的学科联系，将系合并成较大的学科，如工学、理学、人文与社会科学、医学、农学等。

③ 如果几个属性值占有主导优势，但有很多其他取值，那么可以将较稀有的取值分到"其他"类中。当然，用户也可以说明一个属性集形成概念分层，但并不说明它们的顺序，然后系统可以尝试自动地产生属性的序，构造有意义的概念分层，可以根据给定属性集中每个属性不同值的个数自动产生概念分层。不同值的属性越多，所产生的概念分层所处的层次越低，属性的不同值越少则所处的层次越高。在许多情况下，这种启发式规则很有用。在考察了所产生的分层之后，如有必要，局部层次交换或调整可以由用户或专家来做。下面是进一步考察这种方法的案例。

【例 2-5】 根据每个属性的不同值的个数产生概念分层。

据统计资料显示，全国行政区划共有省级 34 个、地级 333 个、县级 2862 个，乡镇、街道级 41636 个，由此可得到一个数据库 location，它的属性集为 province、city、county、street。

location 的概念分层可以自动产生，如图 2-15 所示。

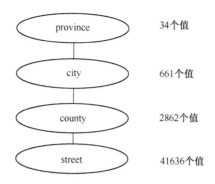

province   34个值

city   661个值

county   2862个值

street   41636个值

图 2-15　基于不同属性值个数的概念分层

首先，根据每个属性的不同值个数，将属性按升序排列，其结果是（其中每个属性的不同值数目在括号中）province（34）、city（333）、county（2862）、street（41 636）；其次，按照排好的次序，自顶向下产生分层，第一个属性在顶层，最后一个属性在底层；最后，考察所产生的分层，必要时修改它，以反映属性之间期望的语义联系。本例显然不需要修改所产生的分层。

2．数据规范化

利用距离度量对象间的相关性时，数据规范化特别有用。对于不同量纲的属性值，数据规范化可以帮助平衡具有较大初始值域的属性与具有较小初始值域的属性可比性。

给定一个属性（变量）f 和 f 的 n 个观测值 $x_{1f}, x_{2f}, \cdots, x_{nf}$，常用数据规范化方法有如下 3 种。

（1）最小-最大规范化

做线性变换

$$z_{if} = \frac{x_{if} - \min_f}{\max_f - \min_f}(b-a) + a$$

将值转换到 $[a,b]$。这里，$\min_f$ 和 $\max_f$ 分别为 f 的 n 个观测值的最小值和最大值。最常用的情况是取 $a=0$，$b=1$。

最小-最大规范化保持原有数据之间的联系，如果今后的输入落在原始数据值域之外，该方法将面临"越界错误"。例如，假定电信客户的年龄属性（year）的最小值和最大值分别为 10 岁和 85 岁。用最小-最大规范化将年龄属性映射到区间 $[0.0,1.0]$，那么 year 值 52 将变换为 $(52-10)/(85-10)=0.56$。

（2）z-score 规范化

① 计算平均值 EX_f、标准差 σ_f，即

$$EX_f = \frac{1}{n}\left(x_{1f} + x_{2f} + \cdots x_{nf}\right)$$

$$\sigma_f = \sqrt{\frac{1}{n}\left(\left|x_{1f} - EX_f\right|^2 + \left|x_{2f} - EX_f\right|^2 + \cdots \left|x_{nf} - EX_f\right|^2\right)} \tag{2-7}$$

② 计算规范化的度量值（z-score），即

$$z_{if} = \frac{x_{if} - EX_f}{\sigma_f} \tag{2-8}$$

当属性 f 的实际最大值和最小值未知，或离群点左右了最小-最大规范化时，该方法是有用的。

假定属性 year 的均值和标准差分别为 28 和 16，使用 z-score 规范化，则值 52 被转换为 (52−28)/16=1.5。

（3）小数定标规范化

小数定标规范化通过移动属性 f 的小数点位置进行规范化。小数点的移动位数依赖于 f 的最大绝对值。f 的值 v 被规范化为 v'，则

$$v' = \frac{v}{10^j}$$

其中，j 是使 $\max(|v'|) \leqslant 1$ 的最小整数。

假定 f 的取值为-986～917，f 的最大绝对值为 986，为了使用小数定标规范化，我们用 1000（即 j=3）除每个值，这样-986 被规范化为-0.986。

注意：规范化将原来的数据改变很多，因此有必要保留规范化参数（如 EX_f、σ_f、$\min_f$、$\max_f$），以便将来的数据可以用一致的方式规范化。

3．特征构造

数据集的特征维数太高容易导致维灾难，而维度太低不能有效地捕获数据集中重要的信息。在实际应用中，通常需要对数据集中的特征进行处理来创建新的特征，以便更好地体现对象的行为规律。由原始特征创建新的特征也被称为特征构造或衍生变量构造，目的是提高原有特征的表达能力，将原来的表示空间变换为可以更好地实现数据挖掘目标的新空间，以提高分类准确性和对高维数据结构的理解。例如，根据电信客户在一个季度内每个月的消费金额特征，构造季度消费金额特征（将每个月的消费金额相加）。有时，原始特征集具有必要的信息，但其形式不适合数据挖掘算法。在这种情况下，一个或多个由原来特征构造的新特征可能比原特征更有用。例如，要判断电信客户的消费倾向和忠诚度，就必须构造能够反映这两种行为的特征，因为收集的原始特征集中不可能直接包含这类特征，所以需要进行构造。衍生变量使领域知识纳入数据挖掘过程成为可能。

衍生变量的构造是成功实施数据挖掘的重要方面。数据挖掘的技巧很大程度上体现为衍生变量的构造。当数据挖掘用于相对较新的领域时，关键任务是如何构造新的特征。特征的构造需要对领域知识和数据进行深入理解。以下是几种常见的构造衍生变量的方法。

（1）提取来自单个属性的特征

① 从日期计算其是星期几。

② 获得 IP 地址、邮政编码前两段或三段。

③ 从信用卡号码提取信用卡发行商的代码。

④ 从车辆识别码（VIN）中确定车辆制造商的代码。

前 2 种情况是典型的取值很多又潜在有用的变量的例子，通过将数据粒度加大来减少属性值数目，这也是数据泛化的一种情况。

（2）在记录中合并数值

合并来自几个数值型属性的数值，如增加比率、求和、求平均值等。

（3）查找辅助信息

查找辅助信息相对前面两种计算要复杂些。查找是将两张表合并在一起（使用关系型数

据库术语）。如表 2-6 所示，当查找表足够小时，描述了信用卡前几位数字与信用卡类型之间的映射，一个简单的公式对于查找就足够了。

表 2-6　信用卡前缀

卡类型	前缀	长度	卡类型	前缀	长度
MasterCard	51	16	Diners Club	302	14
MasterCard	52	16	Diners Club	303	14
MasterCard	53	16	Diners Club	304	14
MasterCard	54	16	Diners Club	305	14
MasterCard	55	16	Discover	6011	16
Visa	4	13	enRoute	2014	15
Visa	4	16	enRoute	2149	15
American Express	34	15	JCB	3	16
American Express	37	15	JCB	2131	15
Diners Club	300	14	JCB	1800	15
Diners Club	301	14	/		

（4）转轴正则时间序列

客户消费数据通常按月存储，每个月有独立的数据行，如电信公司每月发放一次账单。如果数据按照固定的、定义好的区间发生，这笔数据就是正则时间序列的例子。表 2-7 和表 2-8 说明了把这笔数据放入客户特征标识的过程，数据进行了转轴，将以行组织的数值变为以列组织的数值。

表 2-7　原始数据格式

客户	月份	数量
客户 1	1 月	65.7
客户 1	2 月	60.2
客户 1	3 月	80.4
客户 1	4 月	69.5
客户 2	3 月	115.3
客户 2	4 月	193.4

表 2-8　转换后的数据表格式

客户	1 月数量	2 月数量	3 月数量	4 月数量
客户 1	65.7	60.2	80.4	69.5
客户 2			115.3	193.4

（5）汇总交易记录

交易记录是非正则时间序列的例子，即记录会在任何时间点随时发生。这种记录由客户交互作用而发生，如自动柜员交易机、电话呼叫、网站访问、零售等。为便于数据挖掘方法的处理，这种非正则时间序列需要转换为正则时间序列，然后转轴序列。

（6）基于行为变量

以下是通过客户行为构造有用衍生变量的一些例子：相邻两个月的消费比率；负债/收益；信贷额度-贷款余额；网页访问量/购买总量。又如，RFM 变量，R 变量（Recency）即客户最近一次进行交易活动的时间与目标时间的时间间距，F 变量（Frequency）即客户在限定的期间内进行交易的次数，M 变量（Monetary）即客户在限定的期间内花费在服务上的总金额。

4. 数据离散化

聚类、分类或关联分析中的某些算法要求数据是分类属性，因此需要对数值属性进行离散化（Discretization）。

连续属性离散化为分类属性涉及两个子任务，分别是决定需要多少个分类值和确定如何将连续属性值映射到这些分类值中。第一步，将连续属性值排序后，通过指定 $k-1$ 个分割点（Split Point），把它们分成 k 个区间。第二步，将每个区间的所有值映射为相同的分类值。因此，离散化问题就是决定选择多少个分割点和确定分割点位置的问题，利用少数分类值标记替换连续属性的数值，从而减少和简化了原来的数据。

离散化技术根据是否使用类别信息可分为两类。如果离散化过程使用类别信息，就被称为有监督（有指导）离散化（Supervised Discretization）；反之，就被称为无监督（无指导）离散化（Unsupervised Discretization）。

等宽和等频（等深）离散化是两种常用的无监督离散化方法。等宽（Equal Width）方法是将属性的值域划分成具有相同宽度的区间，而区间的个数由用户指定。等宽离散化方法经常会造成实例分布非常不均匀（有的区间包含许多记录，有的却非常少），这样会严重削弱属性帮助构建较好决策结果的能力。

等频（Equal Frequncy）或等深（Equal Depth）方法试图将相同数量的对象放进每个区间，区间个数由用户指定。等频方法还存在一种变体，称为近似等频离散化方法（Approximate Equal Frequncy Discretization method，AEFD），其基本思想是基于数据近似服从正态分布的假设，对连续属性进行离散化。若一个变量服从正态分布，则其观测值落在一个区间的频率与变量在一个区间取值的概率应该相同，利用正态分布变量的分位点将取值区间划分为若干区间，使每个区间的取值概率相同，得到初始离散区间；然后根据每个区间所实际包含实例的情况，合并包含实例少于一定比例的区间而得到最终的离散区间。初始划分区间数

$$k = \min\left\{[\log(n) - \log(\log(n))] + 1,\ 20\right\}$$

这里，n 是待离散化的数据数量。

另一种重要的无监督离散化方法就是基于聚类分析的离散化方法。聚类分析是一种流行的数据离散化方法，可以用来将数据划分成簇或群。每个簇形成概念分层的一个结点，而所有结点在同一概念层。每个簇可以进一步分成若干子簇，形成较低的概念层。多个簇也可以聚集在一起，以形成分层结构中较高的概念层。

下面用一个案例来解释在实际数据集中如何使用这些技术。图 2-16(a) 中包括属于 4 个不同组的数据点和 2 个离群点——位于两边的大点。使用上述提到的技术，这些数据点的 x 值被离散化成 4 个分类值（数据集中的点具有随机的 y 分量，使得容易看出每组有多少个点）。尽管目测检查该数据的效果很好，但不是自动的，因此我们主要讨论其他三种方法。使用等宽、等频和 k 均值技术产生的分割点分别如图 2-16(b)、(c)、(d)所示，分割点用虚线表示。如果使用不同组的不同对象被指派到相同分类值的程度来度量离散化技术的性能，那么 k 均值性能最好，其次是等频，最后是等宽。

使用附加的类信息通常能产生更好的离散化结果。这并不奇怪，因为未使用类信息知识所构造的区间常常包含混合的类信息。一种简单的方法是以极大化区间纯度来确定分割点。基于熵（entropy）的离散化方法是常用的有监督离散化方法，采用自顶向下的分裂技术，用

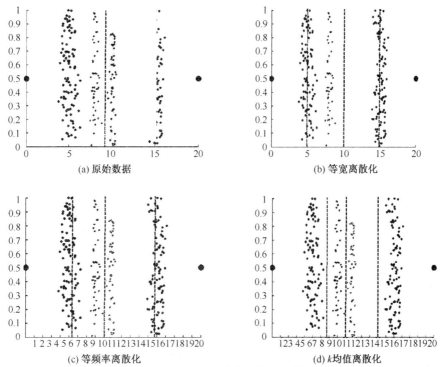

图 2-16　不同的离散化技术比较

于计算和确定分裂点。基于熵的离散化方法使用类信息，更有可能将区间边界定义在准确位置，有助于提高分类的准确性。

首先，给出熵的定义。设 m 是不同类标号数，m_i 是某个划分的第 i 个区间中值的个数，m_{ij} 是区间 i 中类 j 的值的个数。第 i 个区间的熵 e_i 由下式得出

$$e_i = -\sum_{j=1}^{m} p_{ij} \log_2 p_{ij}$$

其中，$p_{ij} = m_{ij} / m_i$ 是第 i 个区间中包含类 j 的比例。划分的总熵 e 是每个区间熵的加权平均，即

$$e = \sum_{i=1}^{k} w_i e_i$$

其中，n 是值的总数，$w_i = m_i / n$ 是第 i 个区间包含值的比例，而 k 是区间个数。直观地，区间的熵是区间纯度的度量。若一个区间只包含一个类的值（该区间非常纯），则其熵为 0，并且不影响总熵。若一个区间中的值类出现的频率相等（该区间尽可能不纯），则其熵最大。

为了离散连续属性 A，选择 A 的具有最小熵的值作为分裂点，并递归地划分结果区间，得到分层离散化。这种离散化形成 A 的概念分层。

设 D 是由数据集和类标号属性定义的数据元组组成的，类标号属性提供每个元组的类信息，则该集合中属性 A 的基于熵的离散化方法的基本步骤如下。

① A 的每个值都可以看作一个划分 A 的值域的潜在的区间边界或分裂点（split point）。也就是说，A 的分裂点可以将 D 中的元组划分成分别满足条件 $A \leqslant$ split point 和 $A >$ split point 的两个子集，这样就创建了一个二元离散化。

② 分别计算可能的分裂点的熵值，并选择具有最小熵的点作为 A 的最初分裂点。

③ 确定分裂点的过程递归地用于所得到的每个划分，直到满足某个终止标准。

【例2-6】 用基于熵的离散化方法离散化如图2-17所示的二维数据的属性 x 和 y。

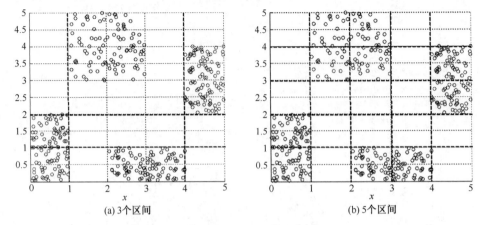

(a) 3个区间　　　　　　　　　(b) 5个区间

图 2-17　离散化4个点组（类）的属性 x 和 y

在如图2-17(a)所示的第一个离散化中，属性 x 和 y 都被划分成3个区间（虚线表示分割点）。在如图2-17(b)所示的第二个离散化中，属性 x 和 y 都被划分成5个区间。

本例解释了离散化的两个特点。首先，在二维中，点类是很好分开的，但在一维中，情况并非如此。一般地，分别离散化每个属性通常只能保证次最优的结果。其次，5个区间比3个区间好，因而需要有一个终止标准，自动发现划分的正确个数。

尽管上面的离散化方法对于数值分层的产生是有用的，但是许多用户希望看到数据区域被划分为相对一致的、易于阅读、看上去直观或"自然"的区间。例如，人们更希望看到年薪被划分成像[5000 美元, 6000 美元]的区间，而不像由某种复杂的聚类技术得到的区间[5634.79 美元,6289.14 美元]，因此采用直观的方法划分区间。

3-4-5 规则可以用来将数值数据分割成相对一致、看上去自然的区间，是一种根据直观划分的离散化方法。一般，该规则根据最高有效位的取值范围，递归逐层地将给定的数据区域划分为3、4 或5 个相对等宽的区间。下面用一个案例来解释这个规则的用法。

① 如果一个区间最高有效位上包含3、6 或9 个不同的值，就将该区间划分为3 个等宽子区间；而对于7，按2-3-2 分组，划分成3 个区间。

② 如果一个区间最高有效位上包含2、4 或8 个不同的值，就将该区间划分为4 个等宽子区间。

③ 如果一个区间最高有效位上包含1、5 或10 个不同的值，就将该区间划分为5 个等宽子区间。

该规则可以递归地用于每个区间，为给定的数据属性创建概念分层。现实世界的数据通常包含特别大的正或负的离群值，基于最小数据值和最大数据值的自顶向下离散化方法可能导致扭曲的结果。

2.3.4 数据归约

对海量数据进行复杂的数据分析和挖掘将需要很长时间，从而使得这种分析不现实或不可行，这就需要对数据进行压缩或简化表示。数据归约就是从特征、样本和特征值三方面考虑，通过删除列、删除行、减少特征取值来达到压缩数据规模的目的。数据归约技术可以得到数据集的简约表示，但仍接近保持原始数据的完整性，包含的信息和原始数据差不多。这样，对归约后的数据进行挖掘将更有效，并产生相同（或几乎相同）的分析结果。数据归约的策略包括如下。

① 数据立方体聚集：聚集操作用于数据立方体结构中的数据。

② 特征选择：检测并删除不相关、弱相关或冗余的特征。

③ 维度归约：通过主成分分析、小波变换等特征变换方式减少特征数目。

④ 抽样：选取数据集中部分对象。

⑤ 特征值归约：通过数据泛化，用高层概念取代低层概念，缩小特征取值的范围。

1. 数据立方体聚集

对数据进行汇总或聚集，用来为多粒度数据分析构建数据立方体。

假定由 AE 数据仓库选择数据用于分析，已经为分析收集了数据，这些数据由 AE 的 2008 至 2010 年每季度的销售数据组成。然而，我们感兴趣的是年销售（每年的总和），而不是每季度的总和。通过数据聚集，结果数据用于汇总每年的总销售，而不是每季度的总销售。如图 2-18 所示，左边为销售数据按季度显示，右边通过数据聚集来提供年销售额数据立方体。结果数据集小得多，但并不丢失分析任务所需的信息。

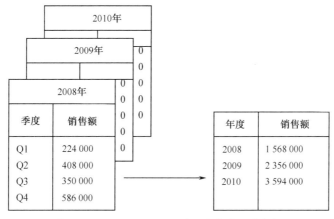

图 2-18　ALLElectronics 的给定分店销售数据

每个属性可能存在概念分层，允许在多个抽象层进行数据分析。例如，branch 的分层使得分店可以按地址聚集成地区。数据立方体提供对预计算的汇总数据进行快速访问，因此适合联机数据分析处理和数据挖掘。

AE 的销售数据立方体在最低抽象层创建的立方体称为基本方体（Base Cuboid），如图 2-19 所示。基本方体应对应感兴趣的个体实体，如 sales 或 customer。换言之，最低层应当是对于分析可用的或有用的。最高层抽象的立方体称为顶点方体（Apex Cuboid）。对于如图 2-19 所示的销售数据，顶点立方体将给出一个汇总值，即所有商品类型、所有分店三年的总销售额。对不同抽象层创建的数据立方称为方体（Cuboid），因此数据立方体可以看作方体的格（Lattice of Cuboids）。每个较高层抽象将进一步减少结果数据的规模。当回答数据挖掘查询时，应当使用与给定任务相关的最小可用方体。

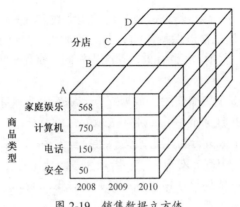

图 2-19　销售数据立方体

2. 特征选择

高维数据容易带来维灾难，随着数据维度的增加，有用数据在它所占的空间中越来越稀疏。对于分类，这可能意味着没有足够的数据对象来创建模型；对于聚类，对象之间的密度和距离的定义变得没有意义。这使得许多分类和聚类等学习算法的效果不理想。降低特征维度带来的好处主要有两点：① 使许多数据挖掘算法效果更好、效率更高；② 使产生的模型更容易理解。特征选择是减少维度最常用的方法。尽管领域专家可以挑选出有用的特征，但这可能是一项困难又费时的任务，特别是当数据的行为不清楚时。遗漏相关特征或留下不相关特征都是有害的，这可能导致发现质量很差的模式。此外，不相关或冗余特征的增加会减慢挖掘进程，从而需要花费大量的时间和精力来检查模型究竟应该包含哪些字段或变量，也就是确定哪些字段来参与模型，哪些与要预测的特征并没有什么关系，或者关系不大的特征没有必要参与建模过程，如作为主键的"样本号"字段。

特征选择（feature selection）是指从一组已知特征集合中选择最具有代表性的特征子集，使其保留原有数据的大部分信息，即所选择的特征子集可以像原来的全部特征一样，用来正确区分数据集中的数据对象。特征选择的目标是找出最小特征子集，使得数据类的概率分布尽可能地接近使用所有特征得到的原分布。通过特征选择，一些与任务无关或者冗余的特征被删除，从而提高后续数据挖掘的效率，简化学习模型。

如何找出原特征集合的一个"好的"子集？n 个特征有 2^n 个可能的子集，穷举搜索找出特征的最佳子集可能是不现实的，特别是当 n 和数据类别的数目增加时。因此，对于特征子集的选择，通常采用压缩搜索空间的启发式算法。在搜索特征空间时，总是做看上去最佳的选择。在实践中，这种贪心方法是有效的，并可以逼近最优解。

尽管使用常识或领域知识可以消除一些不相关的或冗余的特征，但是选择最佳的特征子集通常需要系统性方法。特征选择的理想方法是，将所有可能的特征子集作为输入，然后选取产生最好结果的子集，其优点是反映了最终使用的数据挖掘算法的目的和偏爱。不幸的是，由于涉及 n 个属性的子集多达 2^n 个，这种方法在大部分情况下行不通，因此需要其他策略。根据特征选择过程与后续数据挖掘算法的关联，特征选择方法可分为过滤、封装和嵌入方法。

① 过滤方法（filter approach）：使用某种独立于数据挖掘任务的方法，在数据挖掘算法运行之前进行特征选择，即先过滤特征集，并产生一个最有价值的特征子集。

② 封装方法（wrapper approach）：将学习算法的结果作为特征子集评价准则的一部分，

根据算法生成规则的分类精度选择特征子集。该方法的优点是生成规则分类精度高，但特征选择效率较低。

③ 嵌入方法（Embedded Approach）：特征选择作为数据挖掘算法的一部分，在数据挖掘算法运行期间，算法本身决定使用哪些特征和忽略哪些特征，如决策树 C4.5 分类算法。

根据特征选择过程是否用到类信息的指导，特征选择可分为有监督特征选择、无监督特征选择和半监督特征选择。

① 有监督特征选择（supervised feature selection）：使用类信息进行指导，通过度量类信息与特征之间的相互关系来确定子集大小。

② 无监督特征选择（unsupervised feature selection）：在没有类信息的指导下，使用样本聚类或特征聚类对聚类过程中的特征贡献度进行评估，根据贡献度的大小进行特征选择。

③ 半监督特征选择（semi-supervised feature selection）：有类信息的数据是“昂贵”的，通常没有足够的有类信息的数据。如果有类信息的数据太少，以致不能提供足够的信息的时候，我们可以使用少量的有类信息的数据和无类信息的大量数据组合成数据集，从而进行特征选择。

特征选择过程由 4 部分组成，包括子集评估度量、控制新的特征子集产生的搜索策略、停止策略和验证过程。下面讨论特征选择方法的具体细节，如图 2-20 所示。

满足
选择的特征
停止标准
评估
验证过程
不满足
特征
搜索策略
特征子集

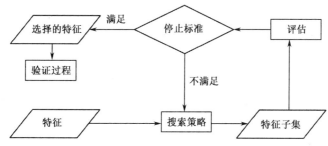

图 2-20　特征子集选择过程流程

从概念上，特征子集选择是一个搜索所有可能的特征子集的过程。搜索策略有很多，但是搜索策略的计算花费应当较低，并且能找到最优或近似最优的特征子集。通常不可能同时满足这两个要求，因此需要折中权衡。

特征子集选择的搜索策略主要包括以下技术（如图 2-21 所示）。

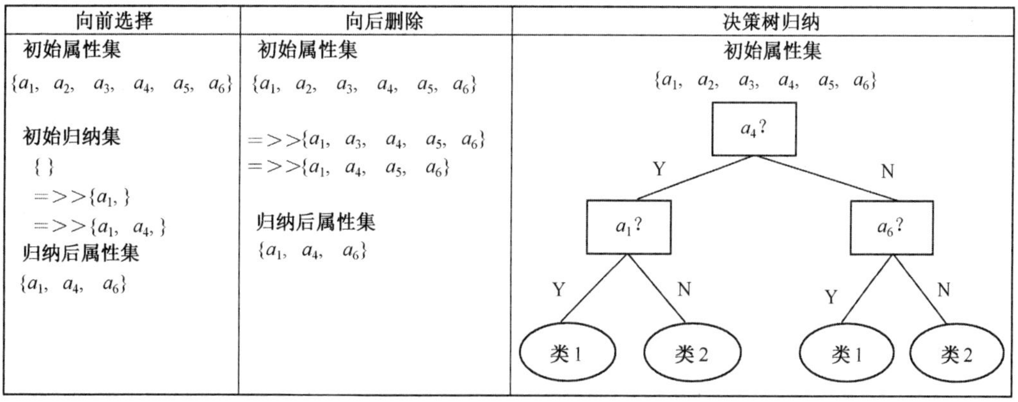

向前选择
初始属性集
{a_1, a_2, a_3, a_4, a_5, a_6}
初始归纳集
{ }
=>>{a_1,}
=>>{a_1, a_4,}
归纳后属性集
{a_1, a_4, a_6}
向后删除
初始属性集
{a_1, a_2, a_3, a_4, a_5, a_6}
=>>{a_1, a_3, a_4, a_5, a_6}
=>>{a_1, a_4, a_5, a_6}
归纳后属性集
{a_1, a_4, a_6}
决策树归纳
初始属性集
{a_1, a_2, a_3, a_4, a_5, a_6}
a_4?
Y
N
a_1?
a_6?
Y
N
Y
N
类 1
类 2
类 1
类 2

图 2-21　不同搜索策略选择特征的比较

① 逐步向前选择：从空属性集作为归约集开始，确定原属性集中最好的属性，并将它添加到归约集中。在其后的每次迭代中，将剩下的原属性集中最好的属性添加到该集合中。

② 逐步向后删除：由整个属性集开始，每一步均删除尚在属性集中最差的属性。

③ 向前选择和向后删除的结合：将逐步向前选择和向后删除方法结合在一起，每步选择一个最好的属性，并在剩余属性中删除一个最差的属性。

④ 决策树归纳：构造一个类似流程图的结构，其中每个内部结点表示一个属性的测试，每个分支对应测试的一个输出；每个外部结点表示一个类预测；对于每个结点，算法选择"最好"的属性，将数据划分成类。

在特征搜索过程中，一个不可或缺的环节是评估步骤，与已经考虑的其他子集相比，评价当前的特征子集。评价策略需要一种评估度量，针对数据挖掘任务，确定特征子集的质量。对于过滤方法，这种度量试图预测实际的数据挖掘算法在给定的属性集上执行的效果。常用的度量方法有相关性度量、关联规则、粗糙集等。对于封装方法，评估包括实际运行目标数据挖掘算法，子集评估函数通常用于度量数据挖掘结果的标准。

在大规模数据集中，由于特征数目很多，可能的子集数量也会很大，考察所有的子集可能不现实，因此需要某种停止搜索标准。其策略通常涉及一个或多个条件，如：迭代次数，子集评估的度量值是否最优或超过给定的阈值；一个特定大小的子集是否已经达到最优，其子集大小和评估标准是否同时达到最优；使用搜索策略的选择是否可以得到改进等。这些都是特征选择过程中需要考虑的问题。

特征子集一旦选定，就需要根据数据挖掘任务进行目标验证，最直接的方法是将特征全集的结果与该子集上得到的结果进行比较（一般从分类性能上进行比较）。如果理想，特征子集产生的结果将比使用特征全集产生的结果要好，或者几乎一样好。类似的验证方法还可以将不同特征选择算法得到的特征子集性能进行综合比较。

综上所述，特征选择的目的是去除不相关和冗余的特征。直观地，理想的特征子集应该是，每个有价值的非目标特征与目标特征强相关，而非不相关或者弱相关。因此，一般的特征选择算法主要涉及去掉与目标特征不相关的特征和删除冗余特征两方面。例如，在电信客户消费数据集中，客户的姓名与客户的消费总金额是不相关的，因此可以去除，而客户的性别、年龄和籍贯等与身份证号码之间会存在一定的冗余，通过计算，可以删除部分冗余特征。

3．维度归约

维度（数据特征的数目）归约就是使用特征变换或特征选择得到原始数据的归约或"压缩"表示。如果原始数据可以由压缩数据重新构造而不丢失任何信息，那么该数据归约是无损的；如果只能重新构造原始数据的近似表示，那么该数据归约是有损的。维度归约的好处很多，最大的好处是，如果维度较低，许多数据挖掘算法效果会更好。部分原因是因为维归约可以删除不相关的特征并降低噪声，另一部分原因是维灾难。同时，维度归约使模型涉及更少的特征，因而可以产生更容易理解的模型。此外，维度归约可以降低数据挖掘算法的时间和空间复杂度。

数据的不同视角反映的信息可能是不同的。例如，考虑时间序列数据，它们常包含周期模式。若只有单个周期模式，并且噪声不多，则容易检测到该模式；若有大量的周期模式且存在大量的噪声，则很难检测到这些模式。所以需要用空间变换将原始空间映射到新的特征空间。例如，傅里叶变换或小波变换可以将数据转换成频率，就能检测出这些模式。下面简单介绍两种有效的有损的维度归约方法，即离散小波变换和主成分分析。

（1）离散小波变换（Discrete Wavelet Transform，DWT）

离散小波变换是一种线性信号处理技术，有许多实际应用，包括手写体图像压缩、计算机视觉、时间序列数据分析和数据清理。当用于数据向量 D 时，它将 D 转换成不同的数值向量小波系数 D'，这两个向量具有相同的长度。

小波变换后的数据可以裁减，仅存放一小部分最强的小波系数，就能保留近似的压缩数据。例如，保留大于用户设定的某个阈值的小波系数，其他系数设置为 0，这样数据将变得非常稀疏，在小波空间利用数据稀疏特点进行数据操作时，计算将变得非常快。离散小波变换也能用于消除噪声，而不会平滑掉数据的主要特性，因此能有效地用于数据清理。给定一组系数，离散小波变换的逆可以构造原数据的近似。离散小波变换与离散傅里叶变换（Discrete Fourier Transform，DFT）有密切关系，后者是一种涉及正弦和余弦的信号处理技术。相比而言，离散小波变换是一种更好的有损压缩，对于给定的数据向量，如果保留相同数目的系数，离散小波变换比离散傅里叶变换提供原数据更精确的近似。因此，对于等价的近似，离散小波变换需要的空间更小，空间局部性相当好，有助于保留局部细节。

离散小波变换有多种，如图 2-22 所示。

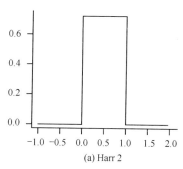 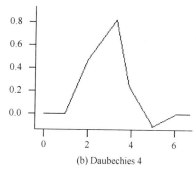

(a) Harr 2   (b) Daubechies 4

图 2-22　离散小波变换

流行的小波变换包括 Haar_2、Daubechies_4 和 Daubechies_6 变换。

离散小波变换一般使用分层金字塔算法，在每次迭代中将数据减半，因此计算速度很快，步骤如下。

① 输入数据向量的长度 L 必须是 2 的整数幂。必要时，通过在数据向量后添加 0 来满足这个条件。

② 每个变换涉及应用两个函数。第一个使用某种数据平滑，如求和或加权平均；第二个进行加权差分，产生数据的细节特征。

③ 两个函数作用于输入数据对，产生两个长度为 $L/2$ 的数据集，一般分别代表输入数据平滑后的低频内容和高频内容。

④ 两个函数递归地作用于前面循环得到的数据集，直到结果数据集的长度为 2。

⑤ 在以上迭代得到的数据集中选择值，指定其为数据变换的小波系数。

等价地，矩阵乘法可以用于输入数据，以得到小波系数。所用的矩阵依赖于给定的 DWT。矩阵必须是标准正交的，即它们的列是单位向量并相互正交，这使得矩阵的逆就是它的转置。这种性质允许由平滑和平滑 - 差数据集重构数据。通过将矩阵分解成几个稀疏矩阵，对于长度为 n 的输入向量，快速 DWT 算法的复杂度为 $O(n)$。

小波变换可以用于多维数据，如数据立方。可以按以下方法做，先将变换用于第一个维，然后第二个维，以此类推。计算复杂性对于立方中单元的个数是线性的。对于稀疏或倾斜数据、具有有序属性的数据，小波变换会得到很好的结果。相关研究表明，小波变换的有损压缩比当前的商业标准 JPEG 压缩性能好。

（2）主成分分析（Principal Components Analysis，PCA）

主成分分析是一种用于连续属性的线性变换技术，找出新的属性（主成分），这些属性是原属性的线性组合，是相互正交的，使原数据投影到较小的集合中，并且捕获数据的最大变差。主成分分析常常能揭示先前未曾察觉的联系或解释不寻常的结果，步骤如下。

① 对输入数据规范化，使得每个属性都落入相同的区间。

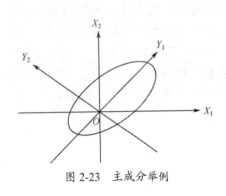

图 2-23　主成分举例

② 计算 k 个标准正交单位向量，作为规范化输入数据的基。这些向量被称为主成分，输入数据是主成分的线性组合。

③ 对主成分按"重要性"或强度降序排列。主成分基本上充当数据的新坐标轴，提供关于方差的重要信息。也就是说，对坐标轴进行排序，使得第一个坐标轴显示数据的最大方差，第二个显示次大方差，以此类推。例如，图 2-23 对于原来映射到轴 X_1 和 X_2 的给定数据集的两个主要成分 Y_1 和 Y_2，有助于识别数据中的分组或模式。

④ 既然主成分是根据"意义"降序排列的，那么可以通过去掉较弱的成分来归约数据。使用最强的主要成分，应当可以重构原数据的很好的近似值。

主成分分析计算花费低，可以处理稀疏和倾斜数据。多于二维的数据可以通过将问题归约为二维来处理，可以用作多元回归和聚类分析的输入。与数据压缩的小波变换相比，主成分分析能较好地处理稀疏数据，而小波变换更适合高维数据。

4．抽样

在统计学中，抽样长期用于数据的事先调查和最终的数据分析。在数据挖掘领域中，抽样是选择数据子集进行分析的常用方法。但是，在统计学和数据挖掘中，抽样的动机和目的并不相同。统计学使用抽样是因为获取感兴趣的整个数据集的费用太高、时间太长，而数据挖掘使用抽样是因处理所有数据的费用太高、时间太长。在某些情况下，抽样可以压缩数据量，从而可以使用效率更好的算法。

有效抽样的关键原则是，如果样本是有代表性的，就使用样本与使用整个数据集的效果几乎一样。样本集是有代表性的，近似具有与原数据集相同的性质。例如，如果样本是有代表性的，就可以用样本均值估计总体均值。由于抽样是一个统计过程，特定样本的代表性是变化的，因此我们能做的是选择一个确保以很高的概率得到有代表性的样本的抽样方案。抽样效果由样本规模和选取的抽样方法所决定。

假设数据集为 D，其中包括 N 个数据行。几种主要抽样方法如下。

① 无放回简单随机抽样方法：从 N 个数据行中随机（每个数据被选中的概率为 $1/N$）抽取出 n 个数据行，以构成抽样数据子集。

② 有放回简单随机抽样方法：也是从 N 个数据行中每次随机抽取一数据行，但该数据

行被选中后仍留在数据集 D 中，这样最后获得由 n 个数据行组成的抽样数据子集中可能出现相同的数据行，如图 2-24 所示。

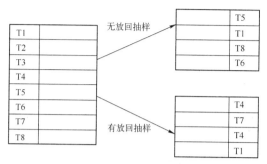

图 2-24　无放回随机抽样方法和有放回随机抽样方法

③ 分层抽样方法。先将数据集 D 划分为若干不相交的"层"，再分别从这些"层"中随机抽取数据对象，从而获得具有代表性的抽样数据子集。例如，可以对一个数据集按照年龄进行分层，再在每个年龄组中进行随机选择，从而确保最终获得分层抽样数据子集中的年龄分布具有代表性，如图 2-25 所示。分层可以根据实际领域中的概念进行手工分层，也可以使用聚类的方法进行自动分层。

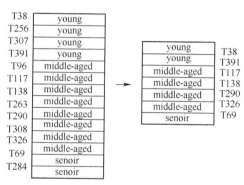

图 2-25　分层抽样方法

如果数据的类别分布不均衡，那么简单随机抽样可能导致某些类别中最终没有被抽取到样本。因此在实际应用中通常采用分层抽样，以保证每个类别中都有一定量的样本。

一个以抽样为基础的结论如果要有价值，就必须使用有代表性的样本，以排除各种误差。抽样的原理很简单，理论上有很多策略来保障样本的代表性，但在民意调查等实际领域容易出现有偏差的样本，而出现无形或有形的偏差。一般的问卷有 5%～10% 的回收率就非常可观了，回收的样本能代表总体吗？难度显然是很大的。例如，问及收入时，有些人出于虚荣或天生乐观而夸大数据，有些人却故意缩小数字；一位心理医生基于他的病人得出"所有人都是神经质的"结论（看病的样本不能代表所有人的总体）；企业基于产品评论区得出产品好评率是 95% 的结论（评论区的样本不能代表用户总体）。所以，对于一些信息，我们应多思考，以免接受许多似是而非的结论，以偏概全。

2.4　相似性度量

相似性度量是衡量变量间相互关系强弱、联系紧密程度的重要手段，因此经常被许多数据挖掘技术使用，如聚类、最近邻分类和离群点检测等。

2.4.1 属性之间的相似性度量

1. 标称和区间属性

考虑由一个标称属性描述的对象，两个这样的对象相似意味什么？由于标称属性只携带了对象的相异性信息，因此我们只能说两个对象有相同的值，或者没有。因而在这种情况下，若属性值匹配，则相似度定义为 1，否则为 0；相异度用相反的方法定义，若属性值匹配，相异度为 0，否则为 1。

对于区间属性，两对象间的相异性的自然度量是它们的值之差的绝对值。例如，我们可以将现在的体重与一年前的体重相比较，说"我重了 5 千克"。在这种情况下，相异度通常在 0 至 ∞ 之间而不是在 0 至 1 之间取值。

表 2-9 汇总了不同属性情况下的相似性度量方法。x 和 y 是两个属性值，它们具有指定的类型，$d(x, y)$ 和 $s(x, y)$ 分别是 x 与 y 之间的相异度和相似度（分别用 d 和 s 表示）。

表 2-9　简单属性的相似度和相异度

属性类型	相 异 度	相 似 度
标称型	$d = \begin{cases} 0, & x = y \\ 1, & x \neq y \end{cases}$	$s = 1 - d = \begin{cases} 1, & x = y \\ 0, & x \neq y \end{cases}$
区间或比率型	$d = \lvert x - y \rvert$	$s = \dfrac{1}{1+d}$，$s = e^{-d}$，$s = 1 - \dfrac{d - min\_d}{max\_d - min\_d}$

2. 序数和比例数值属性

（1）序数属性

序数属性变量（Ordinal Variable）有分类的和连续的两种。分类序数属性与标称属性类似，不同的是，M（对应 M 个状态）个顺序值是按一定次序排列的，有助于记录一些不便于客观度量的主观评价。例如，职称就是一个分类的序数属性，是按照助教、讲师、副教授、教授的顺序排列的。一个连续的序数属性看上去就像一组未知范围的连续数据，但它的相对位置比它的实际数值要有意义，顺序是主要的，而实际的大小是次要的。例如，比赛的名次，通常名次比排名的具体位置更有意义。一个序数属性的集合可以映射到一个等级（rank）集合上。例如，若序数属性 f 有 M_f 个状态，那么这些有序的状态就可映射为 1, 2, …, M_f 的等级，从而通过等级来描述差异。序数属性 f 的差异程度计算方法如下。

① 属性 f 有 M_f 个有序状态，将属性值 x_f 替换为相应的等级 r_f（$r_f \in \{1, 2, \cdots, M_f\}$）。

② 将序数属性等级 r_f 做变换 $z_f = \dfrac{r_f - 1}{M_f - 1}$，映射到区间[0, 1]上。

③ 利用有关间隔数值属性的任一种距离计算公式来计算差异程度。

考虑一个在标度{poor, fair, ok, good, wonderful}上测量产品（如糖块）质量的属性。一个评定为 wonderful 的产品 p_1 与一个评定为 good 的产品 p_2 应当比它与一个评定为 ok 的产品 p_3 更接近。为了量化这种观察，我们把这样一个序数属性映射到等级，{poor=1, fair=2, ok=3, good=4, wonderful=5}，于是 p_1 与 p_2 之间的相异度为 $d(p_1, p_2)$=(5-4)/4=0.25，p_1 与 p_3 之间的相异度为 $d(p_1, p_3)$=(5-3)/4=0.5；相异性计算结果与观察相符。

序数属性相异度（相似度）的这种定义可能会让读者担心，因为这里假定了相等的区间间隔，而事实并非如此，否则我们将得到区间或比率属性。值 fair 与 good 的差真和 ok 与 wonderful 的差相同吗？可能不相同，但是在实践中，我们的选择是有限的，并且在缺乏更多信息的情况下，这是定义序数属性之间相似度的标准方法。

（2）比例数值属性

比例数值变量（Ratio-scaled Variable）是在非线性尺度上取得的测量值。例如，指数比例可以近似描述为 Ae^{Bt} 或 Ae^{-Bt}，其中 A 和 B 为正的常数。典型的案例包括细胞繁殖增长的数目描述、放射性元素的衰变。

在计算比例数值变量所描述对象间的距离时，有以下 3 种处理方法。

① 将比例数值变量当作区间间隔数值变量来进行计算处理，可能导致非线性的比例尺度被扭曲。

② 将比例数值变量当作连续的序数属性进行处理。

③ 利用变换（如对数转换 $y_f = \log(x_f)$）来处理属性 f 的值 x_f 得到 y_f，将 y_f 当作间隔数值变量进行处理。这里的变换需要根据具体定义或应用需求而选择 log、log-log 或其他变换。相对来说，该方法效果较好。

2.4.2　对象之间的相似性度量

在现实生活中，一个对象通常由多个属性来描述，本节讨论对象之间的相似性度量，即多个属性的相似性度量方法。针对不同类型的应用和数据类型，相似度的定义方法也不同。传统的相似性度量有距离度量和相似系数两种方法。使用距离度量时，往往将数据对象看成多维空间中的一个点（向量），并在空间中定义点与点之间的距离。对象之间的相似度计算涉及描述对象的属性类型，需要将不同属性上的相似度整合成一个总的相似度来表示。

假定使用 m 个属性来描述数据记录，将每条记录看成 m 维空间中的一个点，距离越小，相似系数越大的记录之间的相似程度越大。我们分三种情况来描述，一是所有属性是数值型的，二是所有属性都是二值属性的，三是同时包含分类属性和数值属性的混合属性。

1．数值属性相似性度量

（1）距离度量

① 闵可夫斯基（Minkowski）距离

对于任意样本对象 $p = [p_1, p_2, \cdots, p_m]$ 与 $q = [q_1, q_2, \cdots, q_m]$，它们之间的闵可夫斯基距离定义为

$$d_x(p,q) = \left(\sum_{i=1}^{m} \left| p_i - q_i \right|^x \right)^{1/x} \qquad (x > 0) \qquad (2\text{-}9)$$

x 取 1，2，∞ 时，分别对应曼哈顿（Manhattan）距离 $d_1(p,q) = \sum_{i=1}^{m} |p_i - q_i|$、欧式（Euclidean）

距离 $d_2(p,q) = \sqrt{\sum_{i=1}^{m} |p_i - q_i|^2}$、切比雪夫（Chebyshev）距离 $d_{\infty}(p,q) = \max_{1 \leq i \leq m} |p_i - q_i|$。

直接使用闵可夫斯基距离的缺点是量纲或度量单位对聚类结果有影响，为避免不同量纲的影响，通常需要对数据进行规范化。另外，闵可夫斯基距离没有考虑属性之间的多重相

关性。克服多重相关性的一种方法是根据领域知识或者采用特征选择方法选择合适的属性，另一种方法是采用马氏距离。

② 马氏（Mahalanobis）距离

马氏距离是由印度统计学家 Mahalanobis 于 1936 年提出的，考虑了属性之间的相关性，可以更准确地衡量多维数据之间的距离。其定义为

$$d_A = (p-q)^T A^{-1} (p-q) \tag{2-10}$$

其中，A 为 $m \times m$ 的协方差矩阵，A^{-1} 为协方差矩阵的逆。

马氏距离是对闵可夫斯基距离的改进，对于一切线性变换是不变的，克服了其受量纲影响的缺点，也部分克服了多重相关性。马氏距离在分类算法中比较常用。马氏距离的不足是协方差矩阵难以确定，计算量比较大，不适合大规模数据集。

③ 堪培拉（Canberra）距离

堪培拉距离，又称为兰氏（Lance）距离，是由 Lance 和 Williams 最早提出的，定义为

$$d_{\text{canb}}(p,q) = \sum_{i=1}^{m} \frac{|p_i - q_i|}{|p_i| + |q_i|} \tag{2-11}$$

Canberra 距离可以看成一种相对马氏距离，克服了闵可夫斯基距离受量纲影响的缺点，但同样没有考虑多重相关性。堪培拉距离对默认值是稳健的，当两个坐标都接近 0 时，堪培拉距离对微小的变化很敏感。

与堪培拉距离类似的有布雷柯蒂斯（Bray Curtis）距离，又称为 Sorensen 距离，通常用于植物学、生态学、环境科学领域，其定义为

$$d_{\text{BC}}(p,q) = \frac{\sum_{i=1}^{m} |p_i - q_i|}{\sum_{i=1}^{m} (|p_i| + |q_i|)} \tag{2-12}$$

（2）相似系数

① 余弦相似度

$$\cos(p,q) = \frac{\sum_i p_i \times q_i}{\sqrt{(\sum_i p_i^2) \times (\sum_i q_i^2)}} \tag{2-13}$$

余弦相似度忽略各向量的绝对长度，着重从形状方面考虑它们之间的关系。当两个向量方向相近时，夹角余弦值较大，反之则较小。当两个向量平行时，夹角余弦值为 1，而正交时余弦值为 0。

② 相关系数

$$\text{corr}(p,q) = \frac{\sum_i (p_i - \bar{p}) \times (q_i - \bar{q})}{\sqrt{(\sum_i (p_i - \bar{p})^2 \times \sum_i (q_i - \bar{q})^2)}} \tag{2-14}$$

相关系数是对向量标准化后的夹角余弦，表示两个向量的线性相关程度。

③ 广义杰卡德（Jaccard）系数

广义杰卡德系数用 EJ 表示，广泛用于信息检索和生物学分类中，在二元属性情况下简化为 Jaccard 系数，即

$$EJ(p,q) = \frac{\sum_i p_i \times q_i}{\sum_i p_i^2 + \sum_i q_i^2 - \sum_i p_i \times q_i} \qquad (2\text{-}15)$$

2. 二值属性的相似性

二值属性变量（binary variable）只有 0 和 1 两种状态，表示属性存在与否。差异计算方法就是根据二值数据计算。假设二值属性对象 p 和 q 的取值情况如表 2-10 所示，n_{11} 表示对象 p 和 q 同时取 1 的属性个数，n_{10} 表示对象 p 取 1 而 q 取 0 的属性个数，n_{01} 表示对象 p 取 0 而 q 取 1 的属性个数，n_{00} 表示对象 p 和 q 均取 0 的属性个数。

表 2-10　二值属性对象 p 和 q 的取值情况

对象 p	对象 q		合　计
	1	0	
1	n_{11}	n_{10}	$n_{11}+n_{10}$
0	n_{01}	n_{00}	$n_{01}+n_{00}$
合计	$n_{11}+n_{01}$	$n_{10}+n_{00}$	/

二值属性存在对称的和不对称的两种。如果一个二值属性的两个状态值所表示的内容同等重要，那么它是对称的，否则为不对称的。

【例 2-7】　二值属性举例。

属性变量 smoker 描述一个病人是否吸烟的情况。smoker 是对称变量，因为究竟是用 0 还是用 1 来（编码）表示一个病人吸烟状态同等重要。基于对称二值变量所计算的相似度称为不变相似性（即变量编码的改变不会影响计算结果）。对于不变相似性，简单匹配系数常用来描述对象 p 和 q 之间的差异程度，其定义为

$$d(p,q) = \frac{n_{01}+n_{10}}{n_{00}+n_{01}+n_{10}+n_{11}} \qquad (2\text{-}16)$$

$n_{01}+n_{10}$ 为取值不同的属性个数，$n_{00}+n_{11}$ 表示取值相同的属性个数。

属性变量 disease 描述检测结果是 positive（阳性、肯定）或 negative（阴性、否定）。显然，这两个检测（输出）结果的重要性是不一样的。通常，将少见（重要）的情况用 1 来表示（如 HIV 阳性），而将其他（不重要）情况用 0 表示（如 HIV 阴性）。对于不对称的二值变量，如果认为取值 1 比取值 0 更重要、更有意义，那么这样的二值变量就好像只有一种状态。在这种情况下，对象 p 和 q 之间的差异程度评价通常采用杰卡德系数，其定义为

$$d(p,q) = \frac{n_{01}+n_{10}}{n_{01}+n_{10}+n_{11}} \qquad (2\text{-}17)$$

不同于对称相似性，对象 p 和 q 均取 0 的情况被认为不重要，因而忽略了 n_{00}。这种二值型的杰卡德系数经常用于商业零售数据的处理。

3. 混合属性相似性度量

在实际应用中，数据对象往往用混合类型的属性描述，即同时包含多种类型的属性。这需要将不同类型的属性组合在一个差异度矩阵中，把所有属性间的差异转换到区间[0, 1]中。假设数据集包含 m 个不同类型的属性，对象 p 与 q 之间的差异度推广为闵可夫斯基距离，定义为

$$d_x(p,q) = \left(\frac{\sum_{f=1}^{m} \delta_{pq}{}^{(f)} d_f(p,q)^x}{\sum_{f=1}^{m} \delta_{pq}{}^{(f)}} \right)^{1/x} \tag{2-18}$$

其中，若 x_{pf} 或 x_{qf} 数据不存在（对象 p 或对象 q 的属性 f 无测量值），或 $x_{pf} = x_{qf} = 0$ 且属性 f 为非对称二值属性，则记为 $\delta_{pq}{}^{(f)} = 0$，否则 $\delta_{pq}{}^{(f)} = 1$。$\delta_{pq}{}^{(f)}$ 表示属性 f 为对象 p 和对象 q 之间差异（或距离）程度所做的贡献，对象 p 与对象 q 在属性 f 上的相异度 $d_f(p,q)$ 可以根据其属性类型进行相应计算。

① 若属性 f 为二元属性或标称属性，$x_{pf} = x_{qf}$，则 $d_f(p,q) = 0$，否则 $d_f(p,q) = 1$。

② 若属性 f 为序数型属性，计算对象 p 与对象 q 在属性 f 上的秩（或等级）r_{pf} 和 r_{qf}，则

$$d_f(p,q) = \frac{\left| r_{pf} - r_{qf} \right|}{M_f - 1}$$

③ 若属性 f 为区间标度属性，则

$$d_f(p,q) = \frac{\left| x_{pf} - x_{qf} \right|}{\max x_{hf} - \min x_{hf}}$$

其中，h 取遍属性 f 的所有非空缺对象，$\max x_{hf}$、$\min x_{hf}$ 分别表示属性 f 的最大值和最小值。

④ 若属性 f 为比例数值属性，则通过变换转换为区间标度属性来处理。

这样，当描述对象的属性是不同类型时，对象之间的相异度也能计算，且取值区间是 [0, 1]。

4．由距离度量转换而来的相似性度量

通过一个单调递减函数，距离可以转换成相似性度量，相似性度量的取值一般为区间 [0,1]，值越大，说明两个对象越相似。例如：

① 采用负指数函数，将距离转换为相似性度量 s，即

$$s(p,q) = \mathrm{e}^{-d(p,q)} \tag{2-19}$$

② 采用距离的倒数作为相似性度量，为了避免分母为 0 的情况，在分母上加 1，即

$$s(p,q) = \frac{1}{1 + d(p,q)} \tag{2-20}$$

③ 若距离为 0～1，则可采用与 1 的差作为相似系数，即

$$s(p,q) = 1 - d(p,q) \tag{2-21}$$

本章小结

在进行数据挖掘前，我们需要了解、分析挖掘对象的特性，并进行相应的预处理，使之达到挖掘算法进行知识获取所要求的最低标准。本章介绍了数据挖掘领域中的数据类型，以及每种数据类型的特点、数据的统计特征、数据可视化；重点介绍了数据预处理中的数据清理（缺失值和噪声数据处理）、数据集成、数据变换（特征构造、数据泛化、离散化、规范化、数据平滑）、数据归约（特征变换、特征选择、抽样）的主要方法及其使用前提；针对

不同类型的数据对象，介绍了度量数据相似性和距离的方法。

本章介绍的内容是数据质量保障的前提，是进行有效数据挖掘的基础。从整个教材体系来看，数据预处理所占篇幅不大，但在实际领域的数据挖掘任务中，数据预处理的工作量通常会占到整个工程的 60% 以上。

习 题 2

1．将下列属性分类成二元的、分类的或连续的，并将它们分类成定性的（标称的或序数的）或定量的（区间的或比率的），如年龄。回答：分类的、定量的、比率的。

（1）用 AM 和 PM 表示的时间。

（2）根据曝光表测出的亮度。

（3）根据人的判断测出的亮度。

（4）医院中的病人数。

（5）图书的 ISBN。

（6）用每立方厘米表示的物质密度。

2．你能想象一种情况，标识号对于预测是有用的吗？

3．在现实世界的数据中，元组在某些属性上缺失值是常有的。请描述处理该问题的各种方法。

4．以下规范方法的值域是什么？

（1）min-max 规范化。

（2）z-score 规范化。

（3）小数定标规范化。

5．假定用于分析的数据包含属性 age，数据元组中 age 的值如下（按递增序）：13，15，16，16，19，20，20，21，22，22，25，25，25，25，30，33，33，33，35，35，35，35，36，40，45，46，52，70。

（1）使用按箱平均值平滑对以上数据进行平滑，箱的深度为 3。解释你的步骤，评论对于给定的数据和该技术的效果。

（2）对于数据平滑，还有哪些方法？

6．使用习题 5 给出的 age 数据，回答以下问题。

（1）使用 min-max 规范化，将 age 值 35 转换到[0.0,1.0]区间。

（2）使用 z-score 规范化，转换 age 值 35，其中 age 的标准偏差为 12.94 年。

（3）使用小数定标规范化转换 age 值 35。

（4）指出对于给定的数据，你愿意使用哪种方法？并陈述理由。

7．使用习题 5 给出的 age 数据。

（1）制作一个宽度为 10 的等宽的直方图。

（2）为以下抽样技术勾画例子：有放回简单随机抽样、无放回简单随机抽样、聚类抽样、分层抽样。使用大小为 5 的样本和层"青年""中年"和"老年"。

8．以下是一个商场所销售商品的价格清单（按递增顺序排列，括号中的数表示出现次数）：1（2），5（5），8（2），10（4），12，14（3），15（5），18（8），20（7），21（4），25（5），28，30（3）。请分别用等宽的方法和等高的方法对数据集进行划分。

9．讨论数据聚合需要考虑的问题。

10．假定对一个比率属性 x 使用平方根变换，得到一个新属性 x^*。作为分析的一部分，识别出区间 $[a, b]$，在该区间内，x^* 与另一个属性 y 具有线性关系。

（1）换算成 x，则 $[a, b]$ 的对应区间是什么？

（2）给出 y 关联 x 的方程。

11．讨论使用抽样减少需要显示的数据对象个数的优缺点。简单随机抽样（无放回）是一种好的抽样方法吗？为什么？

12．给定 m 个对象的集合，这些对象划分成 K 组，其中第 i 组的大小为 m_i。如果目标是得到容量为 $n<m$ 的样本，下面两种抽样方案有什么区别？（假定使用有放回抽样）

（1）从每组随机地选择 $n \times m_i/m$ 个元素。

（2）从数据集中随机地选择 n 个元素，而不管对象属于哪个组。

13．一个销售主管相信自己已经设计出了一种评估顾客满意度的方法。他这样解释他的方案："这太简单了，我简直不敢相信，以前竟然没有人想到，我只是记录顾客对每种产品的抱怨次数，我在数据挖掘的书中读到计数具有比率属性，因此我的产品满意度度量必定具有比率属性。但是，当我根据顾客满意度度量评估产品并拿给老板看时，他说我忽略了显而易见的东西，说我的度量毫无价值。我想，他简直是疯了，因为我们的畅销产品满意度最差，所以对它的抱怨最多。你能帮助我摆平他吗？"

14．考虑一个文档-词矩阵，tf_{ij} 是第 i 个词（术语）出现在第 j 个文档中的频率，而 m 是文档数。考虑由下式定义的变量变换

$$\text{tf}'_{ij} = \text{tf}_{ij} \cdot \log \frac{m}{\text{df}_i}$$

其中，df_i 是出现 i 个词的文档数，称为词的文档频率（document frequency）。该变换称为逆文档频率变换（inverse document frequency）。

（1）如果出现在一个文档中，该变换的结果是什么？如果术语出现在每个文档中呢？

（2）该变换的目的可能是什么？

15．对于向量 x 和 y，计算指定的相似性或距离度量。

（1）$x=(1,1,1,1)$，$y=(2,2,2,2)$ 余弦相似度、相关系数、欧几里得距离。

（2）$x=(0,1,0,1)$，$y=(1,0,1,0)$ 余弦相似度、相关系数、欧几里得距离、Jaccard 系数。

（3）$x=(2,-1,0,2,0,-3)$，$y=(-1,1,-1,0,0,-1)$ 余弦相似度、相关相似度。

16．简单描述如何计算由以下类型的变量描述的对象间的相异度。

（1）不对称的二元变量。

（2）分类变量。

（3）比例标度型（ratio-scaled）变量。

（4）数值型变量。

17．给定两个向量对象，分别表示为 $p_1(22,1,42,10)$ 和 $p_2(20,0,36,8)$。

（1）计算两个对象之间的欧几里得距离。

（2）计算两个对象之间的曼哈顿距离。

（3）计算两个对象之间的切比雪夫距离。

（4）计算两个对象之间的闵可夫斯基距离，$x=3$。

18. 表 2-11 包含了属性 name、gender、trait-1、trait-2、trait-3 及 trait-4，这里的 name 是对象的 id，gender 是一个对称的属性，剩余的 trait 属性是不对称的，描述了希望找到的笔友的个人特点。假设有一个服务是试图发现合适的笔友。

表 2-11　习题 18 表

name	gender	trait-1	trait-2	trait-3	trait-4
Keavn	M	N	P	P	N
Caroline	F	N	P	P	N
Erik	M	P	N	N	P

对不对称的属性的值，值 P 被设为 1，值 N 被设为 0。

假设对象（潜在的笔友）间的距离是基于不对称变量来计算的。

（1）计算对象间的简单匹配系数。

（2）计算对象间的杰卡德系数。

（3）你认为，哪两个人将成为最佳笔友？哪两个会是最不能相容的？

（4）假设将对称变量 gender 包含在分析中，基于杰卡德系数，谁将是最和谐的一对？为什么？

19. 给定一个在区间[0, 1]取值的相似性度量，描述两种将该相似度变换成区间[0,∞]中的相异度的方法。

20. 试分析如何利用网上信息自动生成个人简历？

拓展阅读

数据陷阱之"幸存者偏差"

现实数据通常含有系统偏差，通常需要人们仔细考量，才有可能找到并纠正这些系统偏差。大数据，看起来包罗万象，但"n=All"往往不过是一个颇有诱惑力的假象而已，是对数据的一种假设，而不是现实。

幸存者偏差又叫"幸存者谬误"，反驳的是一种常见逻辑谬误，即只看到经过某种筛选之后的结果，却没有意识到筛选的过程，因此忽略了被筛选掉的关键信息。

"幸存者偏差"的统计概念来自第二次世界大战期间。当时，为了加强对战机的防护，英美军方调查了作战后幸存飞机上弹痕的分布，决定哪里弹痕多就加强哪里，然而统计学家沃德力排众议，指出更应该注意弹痕少的部位，因为这些部位受到重创的战机，很难有机会返航，而这部分数据被忽略了。事实证明，沃德是正确的。

"越是认真观察眼前的真相，你离真相越远"。军方只看到了一部分幸存飞机，却没有意识到这些幸存者只是极个别的数据。

很多时候，统计的数据与要调查的结果没有任何联系，甚至与要调查的结果正好相反。例如：

案例 1：有记者在春运的候车厅里，采访乘客的买票情况，得出结论：虽然春运票难买，但大家都买到了票。

案例 2：大学里有个全校出勤率第一的老师，她的诀窍就是每次点名都说："没来的同学举个手。"

案例 3：在淘宝上卖降落伞的商家都没有收到差评。

没买到票的人不会待在候车厅，没来上课的同学不会举手，想要给卖降落伞的商家差评的人再也没有机会打开淘宝。以上案例说明了"幸运者偏差"在统计上的本质：统计结果是经过筛选的，并不是随机的，因此也不具备普适性，所以不要轻易相信那些营销者的话。

耳听不一定是真，眼见也不一定为实。我们需要打破惯性思维，躲开显性证据，看到背后的隐性证据。

第3章 分类和回归

  分类和回归是数据挖掘中应用极其广泛的重要技术。分类和回归是预测的两种形式,分类预测输出的是离散类别值,而回归预测输出的是连续取值。预测银行中某贷款客户是否会拖欠贷款属于分类任务,而预测某银行未来一年的营业额属于回归分析问题。例如,根据银行客户信用贷款的历史数据,分类技术可以构造"拖欠贷款"和"非拖欠贷款"两类客户模型,对于将申请信用贷款的客户,可以根据分类模型和该客户的特征来预测该客户是否会拖欠贷款,从而决定是否同意给该客户贷款。本章将重点讨论分类的基础技术,如基于决策树的分类方法、贝叶斯分类方法、基于实例的最近邻分类方法,以及其他分类方法,如支持向量机、神经网络方法、集成分类方法等;并介绍分类模型的性能评价方法,简要介绍线性回归、特殊的非线性回归及二元逻辑回归等常用回归分析方法。

3.1 分类概述

分类过程一般包括三个环节。

① 将数据集划分为两部分，一部分作为训练集，一部分作为测试集。

② 通过分析训练集的特点来构建分类模型（模型可以是决策树或分类规则等形式）。

③ 对测试集用建立的分类模型进行分类，评估该分类模型的分类准确度等指标，通常使用分类性能好的分类模型对类标号未知的样本进行分类。

为建立模型而被分析的数据集称为训练集，其中单个元组称为训练样本。每个训练样本包括多个属性，其中有一个属性决定该元组属于一个预定义的类，该属性被称为类标号属性（class label attribute）或目标属性，其他属性称为预测属性。按性质，预测属性可以分为分类型属性和数值型属性。分类的目的就是对训练样本进行分析，根据其预测属性特征，得出一个分类模型，据此对目标属性未知的元组进行类归属判断。

目前，分类方法已被广泛应用于各行各业，如金融市场预测、信用评估、医疗诊断、市场营销等。在证券市场中，分类器被用于预测股票未来的走向；在银行、保险等领域中，利用已有数据建立分类模型，评估客户的信用等级；在医疗诊断中，分类模型用于预测放射学实验室医疗癌症的诊断、精神病的诊断、医疗影像的诊断等；在市场营销中，利用历史的销售数据，分类器被用于预测某些商品是否可以销售、预测广告应该投放到哪个区域、预测某些客户是否会成为商场客户，从而实施定点传单投放等；在大型图像数据库中，分类模型用于识别未知的图像类别等。

分类常用方法有以下几种。

① 基于决策树的分类方法。决策树分类方法的特点是对训练样本集进行训练，生成一棵形如二叉或多叉的决策树。树的叶子节点代表某类别值，非叶子节点代表某一般属性（非类别属性）的一个测试，测试的输出构成该非叶节点的多个分支。从根节点到叶子节点的一条路径形成一条分类规则，一棵决策树能够方便地转化为若干分类规则。人们可以依据分类规则直观地对未知类别的样本进行预测。其中，选择测试属性和划分样本集是构建决策树的关键环节，不同的决策树算法对此使用的技术不尽相同。到目前为止，已经出现多种决策树学习算法，包括 ID3、C4.5、CART、SLIQ、SPRINT、PUBLIC、Random Forests 等。其中，C4.5、CART 算法将在 3.2 节详细介绍。

② 贝叶斯分类方法。贝叶斯分类方法的特点是有一个明确的基本概率模型，用于给出某样本属于某类标号的概率值，主要有朴素贝叶斯分类器和贝叶斯网络等。朴素贝叶斯分类器是基于贝叶斯定理的统计分类方法，假定属性之间相互独立，其特点是分类速度快，且分类准确度较高。但实际数据集中很难保证属性之间没有关联，属性之间往往具有一定的依赖关系，基于贝叶斯网络的分类方法利用贝叶斯网络描述了属性之间的依赖关系。朴素贝叶斯分类器、贝叶斯网络分类器将在 3.3 节详细介绍。

③ k-最近邻分类方法。k-最近邻分类方法是一种基于实例的学习算法，不需要事先使用训练样本构建分类器，而是直接用训练集对数据样本进行分类，确定其类别标号。其关键技术是搜索模式空间，找出最接近的 k 个训练样本，即 k 个最近邻，如果这 k 个最近邻的多数样本属于某类别，那么未知样本被分配为该类别。k-最近邻分类算法将在 3.4 节详细介绍。

④ 神经网络（Neural Network）方法。神经网络是大量的简单神经元按一定规则连接构

成的网络系统，能够模拟人类大脑的结构和功能，采用某种学习算法从训练样本中学习，并将获取的知识存储在网络各单元之间的连接权中。神经网络常见的有 BP（Back-Propagation，反向传播）神经网络、RBF（径向基）神经网络、Hopfield 神经网络、随机神经网络（Boltzmann机）、竞争神经网络（Hamming 网络，自组织映射网络）等。神经网络概念及其学习方法将在 3.5 节详细介绍。

⑤ 支持向量机（Support Vector Machine，SVM）。根据结构风险最小化准则，以最大化分类间隔，构造最优分类超平面，来提高学习机的泛化能力，较好地解决了非线性、高维数、局部极小点等问题。在没有更多背景信息给出时，如果追求预测的准确度，常用支持向量机。

⑥ 集成分类方法。实际应用的复杂性和数据的多样性往往使得单一分类方法不够有效。集成分类是一种机器学习范式，通过调用多个分类算法，获得不同的基分类器，然后根据规则组合这些分类器来解决问题。集成分类可能减少单个分类器的误差，获得对问题空间模型更加准确的表示，从而提高分类器的准确度，可以显著地提高分类系统的泛化能力。组合多个基分类器主要采用（加权）投票的方法，常见的策略有装袋（Bagging）、提升/推进（Boosting）等。

3.2　决策树分类方法

3.2.1　决策树的基本概念

决策树（Decision Tree）是一种树结构，包括决策结点（内部结点）、分支和叶子结点三部分。其中，决策结点代表某个测试条件，通常对应待分类对象的某属性，在该属性上的不同测试结果对应一个分支。每个叶子结点存放某个类标号值，表示一种可能的分类结果。图 3-1 有 5 个叶子结点和 4 个决策结点，在决策结点"outlook"的测试中，属性"outlook"有 3 个不同取值{sunny,overcast,rain}，因此该决策结点测试结果有 3 个分支。决策树用来对未知样本进行分类，其分类过程是，从决策树的根结点开始，沿着某分支从上往下搜索，直到叶子结点，以叶子结点的类标号作为该未知样本的类标号。

【例 3-1】　如表 3-1 所示，数据集 weather 记录了某网球俱乐部两周时间内每天的天气信息、顾客是否光顾俱乐部的信息的天气状况（outlook）、用华氏温度表示的气温（temperature）、用百分比表示的相对湿度（humidity）、是否有风（windy）、是否有顾客光顾俱乐部（play——目标属性）。以该训练集构造出的决策树如图 3-1 所示。当获得天气预报信息后，俱乐部工作人员可以利用建好的决策树判断是否会有顾客来打球，以决定是否需要安排临时工作人员。

表 3-1　网球顾客的历史数据

No.	outlook	temperature	humidity	windy	play
1	sunny	85	85	no	no
2	sunny	80	90	yes	no
3	overcast	83	78	no	yes
4	rain	70	96	no	yes
5	rain	68	80	no	yes

No.	outlook	temperature	humidity	windy	play
6	rain	65	70	yes	no
7	overcast	64	65	yes	yes
8	sunny	72	95	no	no
9	sunny	69	70	no	yes
10	rain	75	80	no	yes
11	sunny	75	70	yes	yes
12	overcast	72	90	yes	yes
13	overcast	81	75	no	yes
14	rain	71	80	yes	no

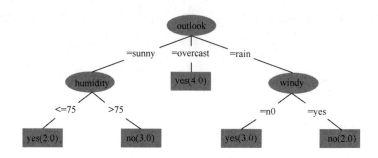

图 3-1 预测是否有顾客光顾俱乐部

下面利用该决策树对类标号未知的新样本{sunny, 80, 72, yes; ?}进行预测，过程如下。

① 从根结点开始，该样本在属性 outlook 取值为 sunny，即测试输出左分支。

② 对决策节点属性 humidity 进行判断，该样本测试取值为 72，进入左分支并到达叶子结点，该叶子结点类标号值为 yes，表明决策树预测该天的目标属性 play 的取值为 yes（即将有顾客来打球）。

如何从训练数据集构造决策树是本节要讨论的主要内容。图 3-1 的构造过程将在 3.2.4 节中介绍。

3.2.2 构建决策树的要素

决策树的构建过程是对训练集反复划分的过程，需重点解决两个关键问题：① 如何从多个属性中选择当前最佳划分属性，从而划分训练样本；② 如何在适当位置停止划分，从而得到大小合适的决策树。

1. 属性"纯度"度量方法

决策树根据数据"纯度"来构建，如何量化属性"纯度"呢？纯度有基于信息熵和基于 Gini 系数两类度量方法。

假定 S 为训练集，S 的目标属性 C 具有 m 个可能的类标号值，$C=\{C_1,C_2,\cdots,C_m\}$，在训练集 S 中，C_i 在所有样本中出现的频率为 p_i（$i=1,2,3,\cdots,m$）。

① 熵（Entropy，也称信息熵）。训练集 S 的熵定义为

$$\text{Entropy}(S) = \text{Entropy}(p_1, p_2, \cdots, p_m) = -\sum_{i=1}^{m} p_i \log_2 p_i \tag{3-1}$$

熵度量了一个属性的信息量或确定性，越小，表示样本对目标属性的分布越纯。反之，熵越大，表示样本对目标属性的分布越混乱。当 S 只包含一类记录时，取得最小值 0，当 S 中不同类别的记录数相当时，取得最大值 $\log_2 m$，对于两个类别来说，最大值为 1。

② Gini 系数。训练集 S 的 Gini 系数定义为

$$G(S) = 1 - \sum_{i=1}^{m} p_i^2$$

$G(S)$ 越小，意味着该节点中所包含的样本越集中在某类上，即该节点越纯，否则说明越不纯。当 S 只包含一类记录时，Gini 系数取得最小值 0，当 S 中不同类别的记录数相当时，Gini 系数取得最大值 $1 - 1/m$，对于两个类别来说，最大值为 0.5。

【例 3-2】 考虑如图 3-2 所示性别变量。一个班有 40 人，男女生各 20 人。现将其划分为两组，第一组 18 个男生、4 个女生；第二组 2 个男生、16 个女生。按照性别，计算分组前后单个节点熵和总的熵，以及单个节点 Gini 系数和总的 Gini 系数。

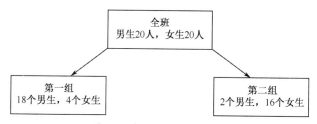

图 3-2　按性别变量的划分

解： ① 对于信息熵。

划分前，单个节点的熵为

$$\text{Entropy}(S) = -1 \times \left[p(\text{男生}) \log_2 p(\text{男生}) + p(\text{女生}) \log_2 p(\text{女生}) \right]$$

本例中，男生和女生都是 20 人，各占一半，即 $p(\text{男生}) = p(\text{女生}) = 0.5$，将其代入上述公式，得

$$\text{Entropy}(S) = -1 \times (0.5 \log_2 0.5 + 0.5 \log_2 0.5) = 1$$

划分成两组后，对于第一组有

$$\begin{aligned}
\text{Entropy}(S1) &= -1 \times \left[p(\text{男生}) \log_2 p(\text{男生}) + p(\text{女生}) \log_2 p(\text{女生}) \right] \\
&= -\frac{18}{22} \log_2 \frac{18}{22} - \frac{4}{22} \log_2 \frac{4}{22} = 0.684
\end{aligned} \tag{3-2}$$

对于第二组有

$$\begin{aligned}
\text{Entropy}(S2) &= -1 \times \left[p(\text{男生}) \log_2 p(\text{男生}) + p(\text{女生}) \log_2 p(\text{女生}) \right] \\
&= -\frac{2}{18} \log_2 \frac{2}{18} - \frac{16}{18} \log_2 \frac{16}{18} = 0.503
\end{aligned} \tag{3-3}$$

用划分后两个结点熵的加权平均表示划分后总的熵，每个结点的权重为结点记录的比例。因此划分后总的熵为

$$\frac{22}{40} \times 0.684 + \frac{18}{40} \times 0.503 = 0.603$$

② 对于 Gini 系数。

划分前，结点的 Gini 系数为 $1-[0.5^2+0.5^2]=0.5$。

用划分后两个结点 Gini 系数的加权平均表示划分后总的 Gini 系数，每个节点的权重为节点记录的比例。

划分后，第一组的 Gini 系数为

$$1-\left[\left(\frac{18}{22}\right)^2+\left(\frac{4}{22}\right)^2\right]=0.298$$

第二组的 Gini 系数为

$$1-\left[\left(\frac{2}{18}\right)^2+\left(\frac{16}{18}\right)^2\right]=0.198$$

总的 Gini 系数为

$$\frac{22}{40}\times0.298+\frac{18}{40}\times0.198=0.253$$

2. 决策属性重要性度量方法

（1）信息增益

信息增益是指划分前样本数据集的信息熵和划分后样本数据集的信息熵的差值。假设划分前样本数据集为 S，并用属性 A 来划分样本集 S，则按属性 A 划分 S 的信息增益 $\text{Gain}(S,A)$ 为样本集 S 的熵减去按属性 A 划分 S 后的样本子集的熵为

$$\text{Gain}(S,A)=\text{Entropy}(S)-\text{Entropy}_A(S) \tag{3-4}$$

假定属性 A 有 k 个不同的取值，从而将 S 划分为 k 个样本子集 $\{S_1,S_2,\cdots,S_k\}$，则按属性 A 划分 S 后的样本子集的信息熵定义为

$$\text{Entropy}_A(S)=\sum_{i=1}^{k}\frac{S_i}{S}\text{Entropy}(S_i) \tag{3-5}$$

其中，$|S_i|$（$i=1,2,\cdots,k$）为 S_i 中包含的样本数，$|S|$ 为 S 中包含的样本总数。

信息增益越大，说明使用属性 A 划分后的样本子集越纯，越有利于分类。

（2）信息增益率

使用信息增益选择分裂属性时，容易倾向于选择具有大量不同取值的属性，从而产生许多小而纯的子集，那么产生的决策树将具有非常多的分支，且每个分支产生的子集的熵均接近于 0。显然，这样的决策树是没有实际意义的。一种改进的策略是使用信息增益率来选择划分属性。

假设划分前样本数据集为 S，并用属性 A 来划分样本集 S，则按属性 A 划分 S 的信息增益率定义为

$$\text{GainRatio}(S,A)=\frac{\text{Gain}(S,A)}{\text{SplitE}(S,A)} \tag{3-6}$$

按属性 A 划分 S 后的样本子集的 $\text{SplitE}(S,A)$ 定义如下：假定属性 A 有 k 个不同的取值，从而将 S 划分为 k 个样本子集 $\{S_1,S_2,\cdots,S_k\}$，则 $\text{SplitE}(S,A)$ 定义为

$$\text{SplitE}(S,A)=-\sum_{i=1}^{k}\frac{|S_i|}{|S|}\log_2\frac{|S_i|}{|S|} \tag{3-7}$$

SplitE(S,A)用来衡量属性 A 划分数据集的广度和均匀性。样本在属性 A 上的取值分布越均匀，属性 A 分裂数据集的广度越大，削弱了选择那些值较多且分布较均匀的属性作为分裂属性的倾向性。

【例3-3】 对于如表3-1所示的数据集 S，计算按照 windy 属性进行分裂的信息增益率。

解： ① 计算样本集 S 的信息熵

$$\text{Entropy}(S) = -\frac{9}{14}\log_2\frac{9}{14} - \frac{5}{14}\log_2\frac{5}{14} = 0.940 \tag{3-8}$$

② windy 属性将数据集 S 划分为两个子集，与取值 no、yes 对应的两个子集的目标属性取值（yes/no）分布为 6/2 和 3/3。

$$\text{Entropy}(S_{\text{no}}) = -\frac{6}{8}\log_2\frac{6}{8} - \frac{2}{8}\log_2\frac{2}{8} = 0.811 \tag{3-9}$$

$$\text{Entropy}(S_{\text{yes}}) = -\frac{3}{6}\log_2\frac{3}{6} - \frac{3}{6}\log_2\frac{3}{6} = 1 \tag{3-10}$$

$$\text{Entropy}_{\text{windy}}(S) = \frac{8}{14}\text{Entropy}(S_{\text{no}}) + \frac{6}{14}\text{Entropy}(S_{\text{yes}}) = 0.892 \tag{3-11}$$

$$\text{Gain}(S,\text{windy}) = \text{Entropy}(S) - \text{Entropy}_{\text{windy}}(S) = 0.048 \tag{3-12}$$

$$\text{SplitE}(S,\text{windy}) = -\frac{8}{14}\log_2\frac{8}{14} - \frac{6}{14}\log_2\frac{6}{14} = 0.985 \tag{3-13}$$

$$\text{GainRatio}(S,\text{windy}) = \frac{\text{Gain}(S,\text{windy})}{\text{SplitE}(S,\text{windy})} = \frac{0.048}{0.985} = 0.049 \tag{3-14}$$

（3）差异性损失

划分前样本数据集为 S，并用属性 A 将样本集 S 划分为左分支 S_L 和右分支 S_R，则按属性 A 划分 S 的差异性损失（划分前后 Gini 系数的增益）定义为样本集 S 的 Gini 系数减去按属性 A 划分 S 后的样本子集的 Gini 系数

$$\Delta G(S,A) = G(S) - \left[\frac{|S_R|}{|S_L|+|S_R|}G(S_R) + \frac{|S_L|}{|S_L|+|S_R|}G(S_L)\right] \tag{3-15}$$

其中，$G(S)$ 为划分前 S 的 Gini 系数，$|S_L|$ 和 $|S_R|$ 分别表示划分后左右分支的样本数，方括号中的部分为划分后的 Gini 系数。为使数据集划分尽可能的纯，我们需选择属性 A 的某个分支条件 ξ，使该节点的差异性损失尽可能大。用 $\xi(A)$ 表示所考虑的分支条件 ξ 的全体，则选择分支条件应为

$$\xi_{\max} = \arg\max_{\xi\in\xi(A)}\Delta G(S,A) \tag{3-16}$$

（4）连续属性的信息熵和 Gini 系数计算

以上关于信息熵和 Gini 系数的计算都是使用分类属性作为划分属性进行说明。对于连续属性，信息熵和 Gini 系数的计算方法与分类属性有很大不同。首先，对连续属性取值进行递增排序，将每对不同相邻值的平均值看作可能的分裂点；然后，将数据集分为两组，对于每个可能的分裂点，计算相应的信息熵和 Gini 系数；最后，选取信息熵或 Gini 系数最小的分裂点为最佳分裂点。

【例3-4】 计算表 3-2 中 temperature 属性为划分属性所得到的信息熵和 Gini 系数。

解： ① 信息熵的计算。

对于 temperature 属性，先进行升序排序，将两个相邻不同属性值的平均值看成可能的

分裂点。对于每个分裂点，计算信息熵和信息增益，结果如表 3-2 所示。

表 3-2　对 temperature 属性候选划分结点的信息熵计算

play	yes	no	yes	yes	yes	no	no	yes	yes	yes	no	yes	yes	no
temperature	64	65	68	69	70	71	72	72	75	75	80	81	83	85
相邻值的加权平均值	64.5	66.5	68.5	69.5	70.5	71.5	73.5		77.5		80.5	82	84	
Entropy	0.893	0.93	0.94	0.925	0.90	0.939	0.939		0.915		0.94	0.93	0.827	
Gain 系数	0.047	0.01	0	0.015	0.04	0.001	0.001		0.025		0	0.01	0.113	

以分裂点 77.5 为例说明 Entropy 计算过程。

分裂点 77.5 将 temperature 分为两部分。第一部分，其值小于 77.5；第二部分，其值大于 77.5。第一部分 play 取值 yes 的有 7 条记录，取值 no 的有 3 条记录；第二部分 play 取值 yes 的有 2 条记录，取值 no 的有 2 条记录。因此信息熵为

$$\text{Entropy}(S,\text{temperature}) = \frac{10}{14}\left(-\frac{7}{10}\log_2\frac{7}{10} - \frac{3}{10}\log_2\frac{3}{10}\right) + \frac{4}{14}\left(-\frac{2}{4}\log_2\frac{2}{4} - \frac{2}{4}\log_2\frac{2}{4}\right) = 0.915$$

根据表 3-2 所示结果，选择使 Gain 系数值最大的点 84 作为最佳分裂点，分裂点 84 将 temperature 分裂为两个区间，小于 84 的有 13 条记录，大于或等于 84 的有 1 条记录。

$$\text{Splite}(S,\text{temperature}) = -\frac{13}{14}\log_2\frac{13}{14} - \frac{1}{14}\log_2\frac{1}{14} = 0.371 \tag{3-17}$$

$$\text{GainRatio}(S,\text{temperature}) = \frac{0.113}{0.371} = 0.305 \tag{3-18}$$

② Gini 系数的计算

首先，计算样本集 S 的 Gini 系数

$$\text{Gini}(S) = 1 - \left(\frac{9}{14}\right)^2 - \left(\frac{5}{14}\right)^2 = 0.868 \tag{3-19}$$

对于 temperature 属性，先进行升序排序，将两个相邻不同属性值的平均值看作可能的分裂点。对于每个分裂点，计算 Gini 系数及其增益，结果如表 3-3 所示。

表 3-3　对 temperature 属性候选划分结点的 Gini 系数计算

play	yes	no	yes	yes	yes	no	no	yes	yes	yes	no	yes	yes	no
temperature	64	65	68	69	70	71	72	72	75	75	80	81	83	85
相邻值的加权平均值	64.5	66.5	68.5	69.5	70.5	71.5	73.5		77.5		80.5	82	84	
Gini 系数	0.440	0.345	0.459	0.45	0.432	0.458	0.458		0.443		0.491	0.452	0.395	
Gini 系数增益	0.428	0.523	0.409	0.418	0.436	0.41	0.41		0.425		0.377	0.416	0.473	

以分裂点 70.5 为例说明 Gini 系数计算过程。

分裂点 70.5 将 temperature 分为两部分。第一部分其值小于 70.5，第二部分其值大于 70.5。第一部分，play 取值 yes 的有 4 条记录，取值 no 的有 1 条记录；第二部分，play 取值 yes 的有 5 条记录，取值 no 的有 4 条记录。因此，Gini 系数为

$$\text{Gini}(S,\text{temperature}) = \frac{5}{14}\left(1 - \left(\frac{1}{5}\right)^2 - \left(\frac{4}{5}\right)^2\right) + \frac{9}{14}\left(1 - \left(\frac{5}{9}\right)^2 - \left(\frac{4}{9}\right)^2\right) = 0.432 \tag{3-20}$$

根据表 3-3 所示结果，选择使 Gini 系数增益最大的点 66.5 作为最佳分裂点。

3. 获得大小合适的树

决策树的构建过程是一个递归的过程，需要确定停止条件。一种方法是当子结点只有一种类型的记录时停止该结点的划分，另一种方法是当前结点对应的记录数低于最小阈值时，停止该结点的划分。

在决策树创建时，由于数据中有噪声和离群点，许多分枝或子树反映的是训练数据中的细枝末节或异常，而会导致过度拟合现象，发现的规律或规则不具有足够的普遍性。也就是说，该决策树对训练数据可以得到很低的错误率，但在测试数据上会得到较高的错误率。针对过度拟合，通过使用统计度量，剪掉最不可靠的分枝（Prune Tree）来获得大小合适的树。剪枝后的树更小、更简单，因此更容易理解。通常，它们独立地对检验集分类时比未剪枝的树更快、更好。剪枝的原则是去除对未知样本预测准确度低的子树，通常有前剪枝（prepruning）和后剪枝（postpruning）两种基本方法。后剪枝所需要的计算比前剪枝多，但通常产生更可靠的树。

前剪枝的目标是控制决策树充分生长，通过事先指定一些控制参数来提前停止树的构建，如：决策树最大深度，树中父结点和子结点所包含的最少样本量或比例，结点中测试输出结果的最小差异减少量。

后剪枝就是在决策树充分生长的基础上根据一定的规则，剪去那些不具有代表性的叶子结点或子树，以创建更稳定的模型，是一个边剪枝边检验的过程。后剪枝可以采用两种方法，一种是用单一叶子结点代替整个子树，此时叶子结点的类别采用子树中出现最多的类别；第二种是将一个子树完全替代另一棵子树。剪枝过程中每个结点都有可能成为叶子结点，对每个结点都分配类别。分配类别的方法可以用当前结点中出现最多的类别，也可以参考当前结点的分类错误或者其他更复杂的方法。

如图3-3所示，在一个复杂的树内部有许多较简单的子树，每棵子树代表在模型复杂性和训练集误分类率之间的一种折中。

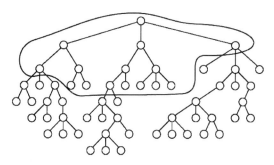

图 3-3　复杂树的内部有更简单、稳定的树

3.2.3　Hunt 算法

决策树算法通过将训练记录相继划分为较纯的子集，并以递归方式来建立决策树。Hunt算法是许多经典决策树算法如 ID3、C4.5、CART 的基础。假定 D_t 是与结点 t 相关联的训练记录集，$C=\{C_1,C_2,\cdots,C_m\}$ 是类标号，Hunt 算法递归建立决策树的过程描述如下。

① 如果 D_t 中所有记录都属于同一个类 C_i（$1\leqslant i\leqslant m$），那么 t 是叶子结点，用类标号 C_i 进行标记。

② 如果 D_t 包含属于多个类别的记录，那么选择一个属性测试条件，将记录划分为更小的子集。对于测试条件的每个输出，创建一个子结点，并根据测试结果将 D_t 中的记录划分到子结点中，然后对每个子结点递归调用该算法。

C4.5 和 CART 可以看成 Hunt 算法的具体实现，其根本区别在于"属性测试条件"和"划分子集"的策略不同。

3.2.4　C4.5 算法

1．划分属性选择

C4.5 以信息增益率作为属性选择的标准，降低信息增益倾向于属性取值数目多的属性所带来的影响（习题 3.11 说明信息增益率与信息增益作为属性选择标准结果可能不同）。

2．对缺失数据的处理

由于决策树中节点的测试输出取决于单个属性的不同取值，当训练集或测试集中的某个样本数据的测试属性值未知，就无法得到当前节点的测试输出。C4.5 算法采用概率的方法改进对信息增益、分裂信息的计算，能够继续依据信息增益率来选择决策树中非叶子结点的划分属性。

属性 A 信息增益计算方法修改如下，当训练集 S 在属性 A 中存在缺失值时，以没有缺失值的样本子集计算信息增益 $\text{Entropy}(S) - \text{Entropy}_A(S)$，相对训练集 S 来说，其信息增益有所增加，利用参与计算的样本比例进行调节。于是属性 A 的信息增益计算方法修改为

$$\text{Gain}(S,A) = \text{属性 } A \text{ 在样本集中不空值的比率} \times [\text{Entropy}(S) - \text{Entropy}_A(S)]$$

属性 A 的分裂信息计算方法修改如下，将其中缺失值的样本子集作为额外的子集 S_{unkown}，即将缺失值看成一个特殊类别，分裂信息按照如下公式计算。

$$\text{SplitE}(S,A) = -\sum_{i=1}^{k} \frac{|S_i|}{|S|} \log_2 \frac{|S_i|}{|S|} - \frac{|S_{\text{unknow}}|}{|S|} \log_2 \frac{|S_{\text{unknow}}|}{|S|} \tag{3-21}$$

3．对数值属性的处理

与分类属性不同，对于数值属性的信息增益率的处理过程如下。

① 对属性的取值按升序排序。

② 以相邻两个不同属性值的平均值作为可能的分裂点，将数据集分成两部分，计算每个可能分裂点的信息增益。

③ 选择信息增益最大的分裂点作为该属性的最佳分裂点。

④ 对最佳分裂点的信息增益进行修正。将信息增益减去 $\log_2(N-1)/|D|$，其中 N 是当前结点下不同属性值的个数，$|D|$ 表示当前结点下训练集的大小。

⑤ 计算最佳分裂点的信息增益率，并作为该属性的信息增益率。

4．算法描述

C4.5 决策树的建立过程分为两个阶段，首先使用训练集数据构建一棵决策树，然后对树进行剪枝，最后得到一棵最优决策树。C4.5 决策树的生长算法描述如下。

① 若训练集属于同一个类别或满足预剪枝结束条件，则创建一个叶子结点，结束。

② 否则计算训练集中每个属性的信息增益率，选择增益率最大的属性为决策属性并创

建结点。

③ 对决策属性结点的每个取值添加一个分支。

④ 对于每个分支对应的训练集，转①。

C4.5 采用预剪枝和后剪枝相结合的方式进行剪枝。预剪枝通过指定决策树每个节点包含的最少记录数来控制决策树的充分生长。后剪枝采用一种称为悲观剪枝的方法，使用训练集估计错误率来对子树剪枝做出决定。需要注意的是，基于训练集评估准确率或错误率过于乐观，因此具有较大的偏倚，所以悲观剪枝方法通过加上一个惩罚来调节从训练集得到的错误率，以抵消所出现的偏倚。C4.5 决策树的后剪枝处理过程描述如下。

① 计算待剪枝子树中叶子结点的加权估计误差。

② 若待剪枝子树是一个叶子结点，则结束。

③ 否则，计算其子树误差和所有的分支误差。

④ 若叶子结点误差小于子树误差和最大的分支误差，则剪枝，设置待剪子树的根结点为叶子结点。

⑤ 若最大的分支误差小于叶子结点误差和子树误差，则剪枝，以误差最大的分支替换待剪子树。

⑥ 否则，不剪枝。

C4.5 只适合能够驻留于内存的数据集，当训练集大到内存无法被容纳时，程序将无法运行。为适应大规模数据集，在 C4.5 后出现了 SLIQ 和 SPRINT 算法。C4.5 后续发展成为商用的 C5.0，在 C4.5 的基础上做了改进，如使用提升技术，生成一系列决策树，然后集体投票决定分类结果，从而提高预测精度；规则集没有先后顺序，而用所有匹配规则进行投票，更易解释；C4.5 在进行属性选择时，上一层次用过的属性不再考虑，而 C5.0 在进行属性选择时每次都要考虑所有属性。

5．C4.5 算法示例

【例 3-5】表 3-1 记录了某网球俱乐部两周时间内每天的天气信息，以及顾客是否光顾俱乐部的信息。天气状况（outlook）有 sunny、overcast 和 rain，气温（temperature）用华氏温度表示，相对湿度（humidity）用百分比，是否有风（windy），是否有顾客光顾俱乐部（play——目标属性）。试根据表 3-1 建立一棵 C4.5 决策树，以帮助判断在什么情况下会有人来打网球。

解： ① 计算样本集 S 的信息熵

$$\text{Entropy}(S) = -\frac{9}{14}\log_2\frac{9}{14} - \frac{5}{14}\log_2\frac{5}{14} = 0.940 \tag{3-22}$$

② 计算各属性对样本集的信息熵、信息增益和信息增益率。

outlook 属性将数据集 S 划分为 3 个子集，与取值 sunny、overcast、rain 对应的 3 个子集的目标属性取值（yes/no）分布为 2/3、4/0、3/2。

$$\text{Entropy}(S_{\text{sunny}}) = -\frac{2}{5}\log_2\frac{2}{5} - \frac{3}{5}\log_2\frac{3}{5} = 0.971 \tag{3-23}$$

$$\text{Entropy}(S_{\text{overcast}}) = -\frac{4}{4}\log_2\frac{4}{4} = 0 \tag{3-24}$$

$$\text{Entropy}(S_{\text{rain}}) = -\frac{2}{5}\log_2\frac{2}{5} - \frac{3}{5}\log_2\frac{3}{5} = 0.971 \tag{3-25}$$

$$\text{Entropy}_{\text{outlook}}(S) = \frac{5}{14}\text{Entropy}(S_{\text{sunny}}) + \frac{4}{14}\text{Entropy}(S_{\text{overcast}}) + \frac{5}{14}\text{Entropy}(S_{\text{rain}}) = 0.694 \quad (3\text{-}26)$$

$$\text{Gain}(S, \text{outlook}) = \text{Entropy}(S) - \text{Entropy}_{\text{outlook}}(S) = 0.246 \quad (2\text{-}27)$$

$$\text{SplitE}(S, \text{outlook}) = -\frac{5}{14}\log_2\frac{5}{14} - \frac{4}{14}\log_2\frac{4}{14} - \frac{5}{14}\log_2\frac{5}{14} = 1.577 \quad (3\text{-}28)$$

$$\text{GainRatio}(S, \text{outlook}) = \frac{\text{Gain}(S, \text{outlook})}{\text{SplitE}(S, \text{outlook})} = \frac{0.246}{1.577} = 0.156 \quad (3\text{-}29)$$

对于 windy 属性，由例 3-3 可知

$$\text{GainRatio}(S, \text{windy}) = \frac{\text{Gain}(S, \text{windy})}{\text{SplitE}(S, \text{windy})} = \frac{0.048}{0.985} = 0.049 \quad (3\text{-}30)$$

对于 temperature 属性，先对其进行升序排列，将两个相邻不同属性值的平均值看成可能的分裂点。对于每个分裂点，计算信息熵和信息增益，结果如表 3-4 所示。

表 3-4 对 temperature 属性候选划分结点的信息熵计算

play	yes	no	yes	yes	yes	no	no	yes	yes	yes	no	yes	yes	no
temperature	64	65	68	69	70	71	72	72	75	75	80	81	83	85
相邻值的加权平均值	64.5	66.5	68.5	69.5	70.5	71.5	73.5		77.5		80.5	82	84	
Entropy	0.893	0.93	0.94	0.925	0.90	0.939	0.939		0.915		0.94	0.93	0.827	
Gain	0.047	0.01	0	0.015	0.04	0.001	0.001		0.025		0	0.01	0.113	

根据表 3-5，选择使 Gain 值最大的点 84 作为最佳分裂点，分裂点 84 将 temperature 分裂为两个区间，小于 84 的有 13 条记录，大于或等于 84 的有 1 条记录。

$$\text{Splite}(S, \text{temperature}) = -\frac{13}{14}\log_2\frac{13}{14} - \frac{1}{14}\log_2\frac{1}{14} = 0.371 \quad (3\text{-}31)$$

调节因子为

$$\frac{\log_2 11}{14} = 0.247 \quad (3\text{-}32)$$

$$\text{GainRatio}(S, \text{temperature}) = \frac{0.113 - 0.247}{0.371} = -0.361$$

对于 humidity 属性，先对其进行升序排序，将相邻两个不同属性值的平均值看成可能的分裂点。对于每个可能的分裂点，计算信息熵和信息增益，结果如表 3-5 所示。

表 3-5 对连续属性候选划分结点的信息熵计算

play	yes	no	yes	yes	yes	yes	yes	no	yes	no	no	yes	no	yes
humidity	65	70	70	70	75	78	80	80	80	85	90	90	95	96
相邻值的加权平均值	67.5		72.5		76.5	79	82.5			87.5		92.5		95.5
Entropy	0.893		0.925		0.895	0.85	0.838			0.915		0.93		0.893
Gain	0.047		0.015		0.045	0.09	0.102			0.025		0.01		0.047

根据表 3-6，选择使 Gain 最大的 82.5 作为 humidity 属性的最佳分裂点。82.5 将 humidity 划分为两个区间，小于 82.5 的有 9 条记录，大于 82.5 的有 5 条记录。

$$\text{Splite}(S, \text{humidity}) = -\frac{9}{14}\log_2\frac{9}{14} - \frac{5}{14}\log_2\frac{5}{14} = 0.940 \quad (3\text{-}33)$$

调节因子为

$$\frac{\log_2 8}{14} = 0.214 \tag{3-34}$$

$$\text{GainRatio}(S, \text{humidity}) = \frac{0.102 - 0.214}{0.94} = -0.119$$

于是，信息增益率最大的属性是 outlook，决策树根节点为 outlook，包含 3 个分支，如图 3-4 所示。

图 3-4　首次划分的决策树

overcast 分支对应 4 条记录，play 取值都为 yes，不需再划分，而 sunny 和 rain 分支需要继续划分。

③ 对于 sunny 分支，计算各属性对应的信息熵、信息增益和信息增益率

$$\text{Entropy}(S_{\text{sunny}}) = -\frac{2}{5}\log_2\frac{2}{5} - \frac{3}{5}\log_2\frac{3}{5} = 0.971$$

对于 windy 属性，取值为 no 的有 3 条记录，取值为 yes 的有 2 条记录。

$$\text{Entropy}(S_{\text{sunny}}, \text{windy}) = \frac{2}{5}\left(-\frac{1}{2}\log_2\frac{1}{2} - \frac{1}{2}\log_2\frac{1}{2}\right) + \frac{3}{5}\left(-\frac{1}{3}\log_2\frac{1}{3} - \frac{2}{3}\log_2\frac{2}{3}\right) = 0.951$$

$$\text{Splite}(S_{\text{sunny}}, \text{windy}) = -\frac{2}{5}\log_2\frac{2}{5} - \frac{3}{5}\log_2\frac{3}{5} = 0.971$$

$$\text{GainRatio}(S_{\text{sunny}}, \text{windy}) = \frac{0.971 - 0.951}{0.971} = 0.021$$

对于 temperature 属性，先进行升序排序，将相邻两个不同属性值的平均值看成可能的分裂点。对于每个可能的分裂点，计算信息熵和信息增益，如表 3-6 所示。

表 3-6　temperature 属性信息增益计算过程

play	yes	no	yes	no	no
temperature	69	72	75	80	85
相邻值的加权平均值	71.5		73.5	77.5	82.5
Entropy	0.649		0.951	0.551	0.8
Gain	0.322		0.020	0.420	0.171

最佳分裂点是 77.5，则

$$\text{Splite}(S_{\text{sunny}}, \text{temperature}) = -\frac{2}{5}\log_2\frac{2}{5} - \frac{3}{5}\log_2\frac{3}{5} = 0.971$$

调节因子为

$$\frac{\log_2 4}{5} = 0.4$$

$$\text{GrainRatio} = \frac{0.42 - 0.4}{0.971} = 0.021$$

对于 humidity 属性，先进行升序排序，将两个相邻不同属性值的平均值看成可能的分

裂点。对于每个可能的分裂点，计算信息熵和信息增益，如表 3-7 所示。

表 3-7 humidity 属性信息增益计算过程

play	yes	yes	no	no	no
humidity	70	70	85	90	95
相邻值的加权平均值	77.5		87.5		92.5
Entropy	0		0.551		0.8
Gain	0.971		0.420		0.171

最佳分裂点是 77.5，即

$$\text{Splite}(S_{\text{sunny}}, \text{humidity}) = -\frac{2}{5}\log_2\frac{2}{5} - \frac{3}{5}\log_2\frac{3}{5} = 0.971$$

调节因子为

$$\frac{\log_2 3}{5} = 0.317$$

$$\text{GrainRatio} = \frac{0.971 - 0.317}{0.971} = 0.674$$

可见，humidity 的信息增益率最大，选取其作为划分属性，分为 2 个分支，play 的取值被完全分开，不需再划分。

④ 对于 rain 分支，计算各属性对应的信息熵、信息增益和信息增益率

$$\text{Entropy}(S_{\text{rain}}) = -\frac{2}{5}\log_2\frac{2}{5} - \frac{3}{5}\log_2\frac{3}{5} = 0.971$$

对于 windy 属性

$$\text{Entropy}(S_{\text{rain}}, \text{windy}) = \frac{2}{5}\log_2 1 + \frac{3}{5}\log_2 1 = 0$$

$$\text{Splite}(S_{\text{rain}}, \text{windy}) = -\frac{2}{5}\log_2\frac{2}{5} - \frac{3}{5}\log_2\frac{3}{5} = 0.971$$

$$\text{GrainRatio} = \frac{0.971 - 0}{0.971} = 1$$

对于 temperature 属性，先进行升序排列，将两个相邻不同属性值的平均值看成可能的分裂点。对于每个可能的分裂点，计算信息熵和信息增益，如表 3-8 所示。

表 3-8 temperature 属性信息增益计算过程

play	no	yes	yes	no	yes
temperature	65	68	70	71	75
相邻值的加权平均值	66.5	69		70.5	73
Entropy	0.649	0.951		0.951	0.8
Gain	0.322	0.020		0.020	0.171

$$\text{Splite}(S_{\text{rain}}, \text{humidity}) = -\frac{1}{5}\log_2\frac{1}{5} - \frac{4}{5}\log_2\frac{4}{5} = 0.722$$

调节因子为

$$\frac{\log_2 4}{5} = 0.4$$

$$\text{GrainRatio} = \frac{0.322 - 0.4}{0.722} = 0.108$$

对于 humidity 属性，先进行升序排列，将相邻两个不同值的平均值看成可能的分裂点。对于每个可能的分裂点，计算信息熵和信息增益，如表 3-9 所示。

表 3-9　humidity 属性信息增益计算过程

play	no	yes	No	yes	yes
humidity	70	80	80	80	96
相邻值的加权平均值	75			88	
Entropy	0.649			0.8	
Gain	0.322			0.171	

$$\text{Splite}(S_{\text{rain}}, \text{humidity}) = -\frac{1}{5}\log_2\frac{1}{5} - \frac{4}{5}\log_2\frac{4}{5} = 0.722$$

调节因子为

$$\frac{\log_2 2}{5} = 0.2$$

$$\text{GrainRatio} = \frac{0.322 - 0.2}{0.722} = 0.167$$

可见，windy 的信息增益率最大，选取其作为划分属性，分为 2 个分支，play 的取值被完全分开，不需再划分。

最终得到的决策树如图 3-5 所示。

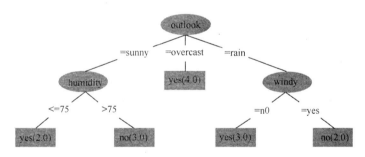

图 3-5　例 3-5 生成的决策树

3.2.5　CART 算法

CART（Classification and Regression Tree）算法采用二元递归划分方法，生成的决策树的每个非叶子结点都有两个分支，能够处理连续属性和分类属性，作为预测变量或输出变量（或目标变量）下的分类。当输出变量是分类属性时，建立的决策树称为分类树（Classification Tree），用于分类的预测；当输出变量是数值属性时，建立的决策树称为回归树（Regression Tree），用于数值的预测。分类回归树的构建同样包括决策树生长和决策树剪枝两个过程。

1．CART 算法的基本概念

设训练样本集 $S=\{A_1, A_2, \cdots, A_m, Y\}$，其中 $A_1 \sim A_m$ 是预测属性，Y 是目标属性。当 Y 是数值型数据时，称为回归树；当 Y 是离散型数据时，称为分类树。

在分类回归树的建树过程中，在确定最佳划分属性时，分类树和回归树的差异性损失度量方法有所不同。

（1）分类树的属性选择

对于分类树利用 Gini 系数增益来度量使用某属性输出的差异性损失。由于 CART 只能建立二叉树，对于取多个值的分类属性变量，需要将多类别合并成两个类别，形成"超类"，然后计算两"超类"下样本测试输出取值的差异性损失。

对于数值型属性，先将数据按升序排序，再从小到大依次以两个相邻的不同数值的平均值作为可能的分割点，将样本分为两组，并计算所得组中样本输出取值的差异性损失，以差异性损失最大的点作为最佳分割点。

选择差异性损失最大的属性作为当前的最佳划分属性。

（2）回归树的属性选择

回归树确定当前最佳分裂属性的策略与分类树相同，主要不同为度量节点输出值差异性的指标。由于回归树的输出为数值型，以均值作为每个值的预测，则方差度量了这种预测的整体效果，因此以方差作为差异性的指标，其定义为

$$R(t) = \frac{1}{N-1} \sum_{i=1}^{N} \left[y_i(t) - \overline{y}(t) \right]^2$$

其中，t 为结点，N 为结点 t 所含的样本个数，$y_i(t)$ 为节点 t 中输出变量的值，$\overline{y}(t)$ 为结点 t 中输出变量的平均值。方差度量了以均值作为每个值的预测值所产生的偏差，回归的目标就是使得预测偏差最小化。于是，差异性损失为方差的减少量或增益，其定义为

$$\Delta R(t) = R(t) - \left[\frac{|S_R|}{|S_L| + |S_R|} R(t_R) + \frac{|S_L|}{|S_L| + |S_R|} R(t_L) \right]$$

其中，$R(t)$ 为分组前输出变量的方差，$R(t_R)$、$|S_R|$ 和 $R(t_L)$、$|S_L|$ 分别为分组后右子树的方差和样本量，以及左子树的方差和样本量。

使 $\Delta R(t)$ 达到最大的属性变量为当前最佳划分属性变量。

2．CART 算法描述

CART 算法的决策树生长过程如下。

① 若训练集属于同一个类别或满足预剪枝结束条件，则创建一个叶节点，结束。

② 否则，计算训练集中每个属性划分的差异性损失，以差异性损失最大的属性为决策属性，并创建节点。

③ 以第②步中的决策属性将训练集划分为两个子集，分别以这两个子集为训练集，递归调用第①步。

在算法的第②步，当属性 A 有多于两个取值时，将有多个可能的两组划分，此时取差异性损失最大的那个划分 S_1 和 S_2。

CART 也是采用预剪枝和后剪枝相结合的方式进行剪枝。预剪枝通过指定决策树最大深度来控制决策树的充分生长。后剪枝采用的策略是最小代价复杂度剪枝方法，基于这样的考虑：复杂的决策树虽然对训练样本有很好的分类精度，但在测试样本和未知样本中分类效果不是太好，另一棵复杂的决策树通常不太好理解和解释。CART 把树的复杂度看成树中叶子结点的个数和树的错误率的函数，从树的底部开始。对于每个内部结点 N，计算 N 的子树的代价复杂度和该子树剪枝后 N 的子树的代价复杂度，若剪去结点 N 的子树导致较小的代价复杂度，则剪掉该子树，否则保留该子树。

3. CART 算法示例

【例 3-6】 以表 3-1 所示数据集 weather 为例，分析 CART 构建分类树的详细过程。

解：① 对数据集的预测属性{outlook,temperature,humidity,windy}，分别计算它们的差异性损失，将差异性损失最大的属性作为决策树的根结点。

假定创建的根节点为 r，则该根结点的 Gini 系数为

$$G(r) = 1 - \sum_{j=1}^{k} p^2(j|r)$$

$$= 1 - \left(\frac{9}{14}\right)^2 - \left(\frac{5}{14}\right)^2 = 0.4592$$

（a）对 outlook 属性

outlook 属性有 3 个取值，取值集合为{sunny,rain,overcast}，分别计算划分后的超类 {sunny}/{rain,overcast}、{rain}/{sunny,overcast}和{overcast}/{sunny,rain}的差异性损失。

当分组为{sunny}/{rain,overcast}时，用 S_L 表示 outlook = sunny 的分组，用 S_R 表示 outlook = rain 或 outlook = overcast 的分组。此时，按 outlook 取值划分的差异性损失结果为

$$\Delta G(\text{outlook}, r) = G(r) - \left[\frac{|S_L|}{|S_L| + |S_R|} G(r_L) + \frac{|S_R|}{|S_L| + |S_R|} G(r_R)\right]$$

$$= 0.4592 - \frac{5}{14}\left(1 - \left(\frac{2}{5}\right)^2 - \left(\frac{3}{5}\right)^2\right) - \frac{9}{14}\left(1 - \left(\frac{7}{9}\right)^2 - \left(\frac{2}{9}\right)^2\right)$$

$$= 0.0655$$

当分组为{rain}/{sunny,overcast}时，用 S_L 表示 outlook = rain 的分组，用 S_R 表示 outlook = sunny 或 outlook = overcast 的分组。此时，按 outlook 取值划分的差异性损失结果为

$$\Delta G(\text{outlook}, r) = G(r) - \frac{|S_L|}{|S_L| + |S_R|} G(r_L) - \frac{|S_R|}{|S_L| + |S_R|} G(r_R)$$

$$= 0.4592 - \frac{5}{14}\left(1 - \left(\frac{3}{5}\right)^2 - \left(\frac{2}{5}\right)^2\right) - \frac{9}{14}\left(1 - \left(\frac{6}{9}\right)^2 - \left(\frac{3}{9}\right)^2\right)$$

$$= 0.0021$$

当分组为{overcast}/{sunny,rain}时，用 S_L 表示 outlook = overcast 的分组，用 S_R 表示 outlook = sunny 或 outlook = rain 的分组。此时，按 outlook 取值划分的差异性损失结果为

$$\Delta G(\text{outlook}, r) = G(r) - \frac{|S_L|}{|S_L| + |S_R|} G(r_L) - \frac{|S_R|}{|S_L| + |S_R|} G(r_R)$$

$$= 0.4592 - \frac{4}{14}\left(1 - \left(\frac{4}{4}\right)^2 - \left(\frac{0}{4}\right)^2\right) - \frac{10}{14}\left(1 - \left(\frac{5}{10}\right)^2 - \left(\frac{5}{10}\right)^2\right)$$

$$= 0.1021$$

（b）对 temperature 属性

由于 temperature 为数值型属性，首先需要对该属性值集合按升序排序，然后依次以不同相邻值的平均值作为可能的分割点，将集合分隔为两组。取最大的差异性损失值对应的分隔点作为该属性的分组，如表 3-10 所示。

表 3-10　temperature 属性差异性损失计算过程

play	yes	no	yes	yes	yes	no	no	yes	yes	yes	no	yes	yes	no
temperature	64	65	68	69	70	71	72	72	75	75	80	81	83	85
相邻值均值		64.5	66.5	68.5	69.5	70.5	71.5	73.5			77.5	80.5	82	84
差异性损失		0.0196	0.0068	0.0003	0.0092	0.0275	0.0009	0.0009			0.0163	0.0003	0.0068	0.0636

当把 64.5 作为分隔点时，S_L 表示 temperature 值小于 64.5 的样本集，S_R 表示 temperature 值大于等于 64.5 的样本集。计算当前分隔点的差异性损失为

$$\Delta G(\text{temperature}, r) = G(r) - \frac{|S_L|}{|S_L| + |S_R|} G(r_L) - \frac{|S_R|}{|S_L| + |S_R|} G(r_R)$$

$$= 0.4592 - \frac{1}{14}\left(1 - \left(\frac{1}{1}\right)^2 - \left(\frac{0}{1}\right)^2\right) - \frac{13}{14}\left(1 - \left(\frac{8}{13}\right)^2 - \left(\frac{5}{13}\right)^2\right)$$

$$= 0.0196$$

当把 66.5 作为分隔点时，S_L 表示 temperature 值小于 66.5 的样本集，S_R 表示 temperature 值大于等于 66.5 的样本集。计算当前分隔点的差异性损失为

$$\Delta G(\text{temperature}, r) = G(r) - \frac{|S_L|}{|S_L| + |S_R|} G(r_L) - \frac{|S_R|}{|S_L| + |S_R|} G(r_R)$$

$$= 0.4592 - \frac{2}{14}\left(1 - \left(\frac{1}{2}\right)^2 - \left(\frac{1}{2}\right)^2\right) - \frac{12}{14}\left(1 - \left(\frac{8}{12}\right)^2 - \left(\frac{4}{12}\right)^2\right)$$

$$= 0.0068$$

当把 68.5 作为分隔点时，S_L 表示 temperature 值小于 68.5 的样本集，S_R 表示 temperature 值大于等于 68.5 的样本集。计算当前分隔点的差异性损失为

$$\Delta G(\text{temperature}, r) = G(r) - \frac{|S_L|}{|S_L| + |S_R|} G(r_L) - \frac{|S_R|}{|S_L| + |S_R|} G(r_R)$$

$$= 0.4592 - \frac{3}{14}\left(1 - \left(\frac{2}{3}\right)^2 - \left(\frac{1}{3}\right)^2\right) - \frac{11}{14}\left(1 - \left(\frac{7}{11}\right)^2 - \left(\frac{4}{11}\right)^2\right)$$

$$= 0.0003$$

当把 69.5 作为分隔点时，S_L 表示 temperature 值小于 69.5 的样本集，S_R 表示 temperature 值大于等于 69.5 的样本集。计算当前分隔点的差异性损失为

$$\Delta G(\text{temperature}, r) = G(r) - \frac{|S_L|}{|S_L| + |S_R|} G(r_L) - \frac{|S_R|}{|S_L| + |S_R|} G(r_R)$$

$$= 0.4592 - \frac{4}{14}\left(1 - \left(\frac{3}{4}\right)^2 - \left(\frac{1}{4}\right)^2\right) - \frac{10}{14}\left(1 - \left(\frac{6}{10}\right)^2 - \left(\frac{4}{10}\right)^2\right)$$

$$= 0.0092$$

当把 70.5 作为分隔点时，S_L 表示 temperature 值小于 70.5 的样本集，S_R 表示 temperature 值大于等于 70.5 的样本集。计算当前分隔点的差异性损失为

$$\Delta G(\text{temperature}, r) = G(r) - \frac{|S_{\mathrm{L}}|}{|S_{\mathrm{L}}| + |S_{\mathrm{R}}|} G(r_{\mathrm{L}}) - \frac{|S_{\mathrm{R}}|}{|S_{\mathrm{L}}| + |S_{\mathrm{R}}|} G(r_{\mathrm{R}})$$

$$= 0.4592 - \frac{5}{14}\left(1 - \left(\frac{4}{5}\right)^2 - \left(\frac{1}{5}\right)^2\right) - \frac{9}{14}\left(1 - \left(\frac{5}{9}\right)^2 - \left(\frac{4}{9}\right)^2\right)$$

$$= 0.0275$$

当把 71.5 作为分隔点时，S_{L} 表示 temperature 值小于 71.5 的样本集，S_{R} 表示 temperature 值大于等于 71.5 的样本集。计算当前分隔点的差异性损失为

$$\Delta G(\text{temperature}, r) = G(r) - \frac{|S_{\mathrm{L}}|}{|S_{\mathrm{L}}| + |S_{\mathrm{R}}|} G(r_{\mathrm{L}}) - \frac{|S_{\mathrm{R}}|}{|S_{\mathrm{L}}| + |S_{\mathrm{R}}|} G(r_{\mathrm{R}})$$

$$= 0.4592 - \frac{6}{14}\left(1 - \left(\frac{4}{6}\right)^2 - \left(\frac{2}{6}\right)^2\right) - \frac{8}{14}\left(1 - \left(\frac{5}{8}\right)^2 - \left(\frac{3}{8}\right)^2\right)$$

$$= 0.0009$$

当把 73.5 作为分隔点时，S_{L} 表示 temperature 值小于 73.5 的样本集，S_{R} 表示 temperature 值大于等于 73.5 的样本集。计算当前分隔点的差异性损失为

$$\Delta G(\text{temperature}, r) = G(r) - \frac{|S_{\mathrm{L}}|}{|S_{\mathrm{L}}| + |S_{\mathrm{R}}|} G(r_{\mathrm{L}}) - \frac{|S_{\mathrm{R}}|}{|S_{\mathrm{L}}| + |S_{\mathrm{R}}|} G(r_{\mathrm{R}})$$

$$= 0.4592 - \frac{8}{14}\left(1 - \left(\frac{5}{8}\right)^2 - \left(\frac{3}{8}\right)^2\right) - \frac{6}{14}\left(1 - \left(\frac{4}{6}\right)^2 - \left(\frac{2}{6}\right)^2\right)$$

$$= 0.0009$$

当把 77.5 作为分隔点时，S_{L} 表示 temperature 值小于 77.5 的样本集，S_{R} 表示 temperature 值大于等于 77.5 的样本集。计算当前分隔点的差异性损失为

$$\Delta G(\text{temperature}, r) = G(r) - \frac{|S_{\mathrm{L}}|}{|S_{\mathrm{L}}| + |S_{\mathrm{R}}|} G(r_{\mathrm{L}}) - \frac{|S_{\mathrm{R}}|}{|S_{\mathrm{L}}| + |S_{\mathrm{R}}|} G(r_{\mathrm{R}})$$

$$= 0.4592 - \frac{10}{14}\left(1 - \left(\frac{7}{10}\right)^2 - \left(\frac{3}{10}\right)^2\right) - \frac{4}{14}\left(1 - \left(\frac{2}{4}\right)^2 - \left(\frac{2}{4}\right)^2\right)$$

$$= 0.0163$$

当把 80.5 作为分隔点时，S_{L} 表示 temperature 值小于 80.5 的样本集，S_{R} 表示 temperature 值大于等于 80.5 的样本集。计算当前分隔点的差异性损失为

$$\Delta G(\text{temperature}, r) = G(r) - \frac{|S_{\mathrm{L}}|}{|S_{\mathrm{L}}| + |S_{\mathrm{R}}|} G(r_{\mathrm{L}}) - \frac{|S_{\mathrm{R}}|}{|S_{\mathrm{L}}| + |S_{\mathrm{R}}|} G(r_{\mathrm{R}})$$

$$= 0.4592 - \frac{11}{14}\left(1 - \left(\frac{7}{11}\right)^2 - \left(\frac{4}{11}\right)^2\right) - \frac{3}{14}\left(1 - \left(\frac{2}{3}\right)^2 - \left(\frac{1}{3}\right)^2\right)$$

$$= 0.0003$$

当把 82 作为分隔点时，S_{L} 表示 temperature 值小于 82 的样本集，S_{R} 表示 temperature 值大于等于 82 的样本集。计算当前分隔点的差异性损失为

$$\Delta G(\text{temperature}, r) = G(r) - \frac{|S_{\mathrm{L}}|}{|S_{\mathrm{L}}| + |S_{\mathrm{R}}|} G(r_{\mathrm{L}}) - \frac{|S_{\mathrm{R}}|}{|S_{\mathrm{L}}| + |S_{\mathrm{R}}|} G(r_{\mathrm{R}})$$

$$= 0.4592 - \frac{12}{14}\left(1 - \left(\frac{8}{12}\right)^2 - \left(\frac{4}{12}\right)^2\right) - \frac{2}{14}\left(1 - \left(\frac{1}{2}\right)^2 - \left(\frac{1}{2}\right)^2\right)$$

$$= 0.0068$$

当把 84 作为分隔点时，S_L 表示 temperature 值小于 84 的样本集，S_R 表示 temperature 值大于等于 84 的样本集。计算当前分隔点的差异性损失

$$\Delta G(\text{temperature}, r) = G(r) - \frac{|S_L|}{|S_L| + |S_R|} G(r_L) - \frac{|S_R|}{|S_L| + |S_R|} G(r_R)$$

$$= 0.4592 - \frac{13}{14}\left(1 - \left(\frac{9}{13}\right)^2 - \left(\frac{4}{13}\right)^2\right) - \frac{2}{14}\left(1 - \left(\frac{0}{1}\right)^2 - \left(\frac{1}{1}\right)^2\right)$$

$$= 0.0636$$

（c）对 humidity 属性

由于 humidity 为数值型属性，先需要对该属性值集合按升序排序，再依次以不同相邻值的平均值作为可能的分割点，将集合分隔为两组。由于相邻两个值相等时，无法通过阈值区分，该位置不设中间值。取最大的差异性损失值对应的分隔点作为该属性的分组，如表 3-11 所示。

表 3-11　humidity 属性差异性损失计算过程

play	yes	yes	no	yes	yes	yes	yes	no	yes	no	no	yes	no	yes
humidity	65	70	70	70	75	78	80	80	80	85	90	90	95	96
相邻值均值		67.5		72.5		76.5	79		82.5		87.5		92.5	95.5
差异性损失		0.0196		0.0092		0.0275	0.0544		**0.0655**		0.0163		0.0068	0.0196

当把 67.5 作为分隔点时，S_L 表示 humidity 值小于 67.5 的样本集，S_R 表示 humidity 值大于等于 67.5 的样本集。计算当前分隔点的差异性损失为

$$\Delta G(\text{humidity}, r) = G(r) - \frac{|S_L|}{|S_L| + |S_R|} G(r_L) - \frac{|S_R|}{|S_L| + |S_R|} G(r_R)$$

$$= 0.4592 - \frac{1}{14}\left(1 - \left(\frac{1}{1}\right)^2 - \left(\frac{0}{1}\right)^2\right) - \frac{13}{14}\left(1 - \left(\frac{8}{13}\right)^2 - \left(\frac{5}{13}\right)^2\right)$$

$$= 0.0196$$

当把 72.5 作为分隔点时，S_L 表示 humidity 值小于 72.5 的样本集，S_R 表示 humidity 值大于等于 72.5 的样本集。计算当前分隔点的差异性损失为

$$\Delta G(\text{humidity}, r) = G(r) - \frac{|S_L|}{|S_L| + |S_R|} G(r_L) - \frac{|S_R|}{|S_L| + |S_R|} G(r_R)$$

$$= 0.4592 - \frac{4}{14}\left(1 - \left(\frac{3}{4}\right)^2 - \left(\frac{1}{4}\right)^2\right) - \frac{10}{14}\left(1 - \left(\frac{6}{10}\right)^2 - \left(\frac{4}{10}\right)^2\right)$$

$$= 0.0092$$

当把 76.5 作为分隔点时，S_L 表示 humidity 值小于 76.5 的样本集，S_R 表示 humidity 值大于等于 76.5 的样本集。计算当前分隔点的差异性损失为

$$\Delta G(\text{humidity}, r) = G(r) - \frac{|S_L|}{|S_L| + |S_R|} G(r_L) - \frac{|S_R|}{|S_L| + |S_R|} G(r_R)$$

$$= 0.4592 - \frac{5}{14}\left(1 - \left(\frac{4}{5}\right)^2 - \left(\frac{1}{5}\right)^2\right) - \frac{9}{14}\left(1 - \left(\frac{5}{9}\right)^2 - \left(\frac{4}{9}\right)^2\right)$$

$$= 0.0275$$

当把 79 作为分隔点时，S_L 表示 humidity 值小于 79 的样本集，S_R 表示 humidity 值大于等于 79 的样本集。计算当前分隔点的差异性损失为

$$\Delta G(\text{humidity}, r) = G(r) - \frac{|S_L|}{|S_L| + |S_R|} G(r_L) - \frac{|S_R|}{|S_L| + |S_R|} G(r_R)$$

$$= 0.4592 - \frac{6}{14}\left(1 - \left(\frac{5}{6}\right)^2 - \left(\frac{1}{6}\right)^2\right) - \frac{8}{14}\left(1 - \left(\frac{4}{8}\right)^2 - \left(\frac{4}{8}\right)^2\right)$$

$$= 0.0544$$

当把 82.5 作为分隔点时，S_L 表示 humidity 值小于 82.5 的样本集，S_R 表示 humidity 值大于等于 82.5 的样本集。计算当前分隔点的差异性损失为

$$\Delta G(\text{humidity}, r) = G(r) - \frac{|S_L|}{|S_L| + |S_R|} G(r_L) - \frac{|S_R|}{|S_L| + |S_R|} G(r_R)$$

$$= 0.4592 - \frac{9}{14}\left(1 - \left(\frac{7}{9}\right)^2 - \left(\frac{2}{9}\right)^2\right) - \frac{5}{14}\left(1 - \left(\frac{2}{5}\right)^2 - \left(\frac{3}{5}\right)^2\right)$$

$$= 0.0655$$

当把 87.5 作为分隔点时，S_L 表示 humidity 值小于 87.5 的样本集，S_R 表示 humidity 值大于等于 87.5 的样本集。计算当前分隔点的差异性损失为

$$\Delta G(\text{humidity}, r) = G(r) - \frac{|S_L|}{|S_L| + |S_R|} G(r_L) - \frac{|S_R|}{|S_L| + |S_R|} G(r_R)$$

$$= 0.4592 - \frac{10}{14}\left(1 - \left(\frac{7}{10}\right)^2 - \left(\frac{3}{10}\right)^2\right) - \frac{4}{14}\left(1 - \left(\frac{2}{4}\right)^2 - \left(\frac{2}{4}\right)^2\right)$$

$$= 0.0163$$

当把 92.5 作为分隔点时，S_L 表示 humidity 值小于 92.5 的样本集，S_R 表示 humidity 值大于等于 92.5 的样本集。计算当前分隔点的差异性损失为

$$\Delta G(\text{humidity}, r) = G(r) - \frac{|S_L|}{|S_L| + |S_R|} G(r_L) - \frac{|S_R|}{|S_L| + |S_R|} G(r_R)$$

$$= 0.4592 - \frac{12}{14}\left(1 - \left(\frac{8}{12}\right)^2 - \left(\frac{4}{12}\right)^2\right) - \frac{2}{14}\left(1 - \left(\frac{1}{2}\right)^2 - \left(\frac{1}{2}\right)^2\right)$$

$$= 0.0068$$

当把 95.5 作为分隔点时，S_L 表示 humidity 值小于 95.5 的样本集，S_R 表示 humidity 值大于等于 95.5 的样本集。计算当前分隔点的差异性损失为

$$\Delta G(\text{humidity}, r) = G(r) - \frac{|S_L|}{|S_L| + |S_R|} G(r_L) - \frac{|S_R|}{|S_L| + |S_R|} G(r_R)$$

$$= 0.4592 - \frac{13}{14}\left(1 - \left(\frac{8}{13}\right)^2 - \left(\frac{5}{13}\right)^2\right) - \frac{1}{14}\left(1 - \left(\frac{1}{1}\right)^2 - \left(\frac{0}{1}\right)^2\right)$$

$$= 0.0196$$

（d）对 windy 属性

$$\Delta G(\text{windy}, r) = G(r) - \frac{|S_{\text{windy=yes}}|}{|S_{\text{windy=yes}}| + |S_{\text{windy=no}}|} G(r_{\text{windy=yes}}) - \frac{|S_{\text{windy=no}}|}{|S_{\text{windy=yes}}| + |S_{\text{windy=no}}|} G(r_{\text{windy=no}})$$

$$= 0.4592 - \frac{6}{14}\left(1 - \left(\frac{3}{6}\right)^2 - \left(\frac{3}{6}\right)^2\right) - \frac{8}{14}\left(1 - \left(\frac{6}{8}\right)^2 - \left(\frac{2}{8}\right)^2\right)$$

$$= 0.0306$$

通过计算发现，当将 outlook 属性划分为分组为{overcast}/{sunny,rain}超类时，差异性损失取得了最大值 0.1021。因此将 outlook 属性作为根节点的决策属性，得到第一次划分，结果如图 3-6 所示。

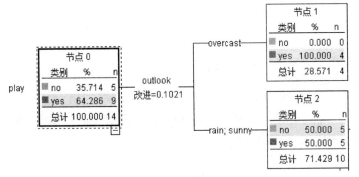

图 3-6　第一次划分得到的结果

② 对于结点 1 及结点 2 采用类似方法进一步划分，最终得到的 CART 树如图 3-7 所示。

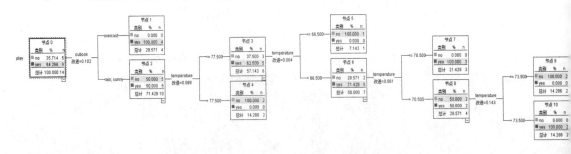

图 3-7　CART 算法得到的决策树

【例 3-7】 以表 3-12 中的 CPU 数据集的部分数据（目标变量为连续属性）为例，分析 CART 构建回归决策树的详细过程。

表 3-12 CPU 数据集

序　号	vendor	MYCT	CACH	class
1	ibm	57	64	171
2	ibm	26	0	113
3	ibm	400	0	45
4	ibm	25	16	65
5	magnuson	50	12	80
6	magnuon	50	24	88
7	nas	50	64	119
8	nas	40	32	126
9	nas	56	0	26
10	nas	38	32	80

解： ① 分别计算数据集预测属性{vendor, MYCT, CACH}的差异性损失，取差异性损失最大的属性作为决策树的根节点属性。

一开始创建的结点为根结点 r，由数据集计算出目标属性 class 的均值为 91.3，该根结点的方差为

$$R(r) = \frac{1}{10-1}\Big[(171-91.3)^2 + (113-91.3)^2 + (45-91.3)^2 + (65-91.3)^2 + $$
$$(88-91.3)^2 + (119-91.3)^2 + (126-91.3)^2 + (26-91.3)^2 + (80-91.3)^2\Big]$$
$$= 1795.567$$

（a）对 vendor 属性

vendor 有 3 个可能的取值{ibm, magnuson, nas}，分别计算划分后的超类{ibm}/{magnuson, nas}、{magnuson}/{ibm, nas}、{nas}/{ibm, magnuson}的差异性损失。

当分组为{ibm}/{magnuson, nas}时，S_L 表示 vendor 取值为 ibm 的分组，S_R 表示 vendor 取值为 magnuson 或 nas 的分组，此时按属性 vendor 划分的差异性损失计算如下。

$$\Delta R(\text{vendor}, r) = R(r) - \frac{4}{10}\left\{\frac{1}{4-1}\Big[(171-98.5)^2 + (113-98.5)^2 + (45-98.5)^2 + (65-98.5)^2\Big]\right\} -$$
$$\frac{6}{10}\left\{\frac{1}{6-1}\Big[(80-86.5)^2 + (88-86.5)^2 + (119-86.5)^2 + \right.$$
$$\left. (126-86.5)^2 + (26-86.5)^2 + (80-86.5)^2\Big]\right\}$$
$$= 1795.567 - 2023.753$$
$$= -228.186$$

当分组为{magnuson}/{ibm, nas}时，S_L 表示 vendor 取值为 magnuson 的分组，S_R 表示 vendor 取值为 ibm 或 nas 的分组，此时按属性 vendor 划分的差异性损失计算如下。

$$\Delta R(\text{vendor}, r) = R(r) - \frac{2}{10}\left\{\frac{1}{2-1}\Big[(80-84)^2 + (88-84)^2\Big]\right\} -$$

$$\frac{8}{10}\left\{\frac{1}{8-1}\Big[(171-93.125)^2 + (113-93.125)^2 + (45-93.125)^2 + (65-93.125)^2 + \right.$$

$$\left.(119-93.125)^2 + (126-93.125)^2 + (26-93.125)^2 + (80-93.125)^2\Big]\right\}$$

$$=1795.567 - 3202.632$$

$$=-1407.07$$

当分组为 {nas}/{ibm, magnuson} 时，S_L 表示 vendor 取值为 nas 的分组，S_R 表示 vendor 取值为 ibm 或 magnuson 的分组，此时按属性 vendor 划分的差异性损失计算如下。

$$\Delta R(\text{vendor}, r)$$

$$= R(r) - \frac{4}{10}\left\{\frac{1}{4-1}\Big[(119-87.75)^2 + (126-87.75)^2 + (26-87.75)^2 + (80-87.75)^2\Big]\right\} -$$

$$\frac{6}{10}\left\{\frac{1}{6-1}\Big[(171-93.667)^2 + (113-93.667)^2 + (45-93.667)^2 + \right.$$

$$\left.(65-93.667)^2 + (80-93.667)^2 + (88-93.667)^2\Big]\right\}$$

$$=1795.567 - 2059.308$$

$$=-263.741$$

根据计算结果，以属性 vendor 划分根节点时差异性损失最大的分组作为划分结果，即 {ibm}/{magnuson, nas}。

（b）对 MYCT 属性

由于 MYCT 属性为数值型属性，先对数据进行升序排序，再从小到大依次以相邻不同值的平均值作为分隔将样本分为两组，取差异性损失值最大的分隔作为该属性的分组，如表 3-13 所示。

表 3-13　CPU 对 MYCT 属性候选划分结点的计算

class	65	113	80	126	80	88	119	26	171	45
MYCT	25	26	38	40	50	50	50	56	57	400
相邻值中点	25.5		32	39	45		53		56.5	228.5
差异性损失		-148.533	56.868	-158.053		-447.266		-652.0187	245.571	

下面仅介绍以 32 作为分隔点为例，说明属性 MYCT 划分结点分组的差异性损失计算过程，其他分割点的分组划分计算留给读者自己完成。当前 S_L 表示 MYCT 小于 32 的样本，S_R 表示 MYCT 大于等于 32 的样本。

$$\Delta R(\text{MYCT}, r) = R(r) - \frac{2}{10}\left\{\frac{1}{2-1}\Big[(65-89)^2 + (113-89)^2\Big]\right\} -$$

$$\frac{8}{10}\left\{\frac{1}{8-1}\Big[(80-91.875)^2 + (126-91.875)^2 + (80-91.875)^2 + (88-91.875)^2 + \right.$$

$$\left.(119-91.875)^2 + (26-91.875)^2 + (171-91.875)^2 + (45-91.875)^2\Big]\right\}$$

$$=1795.567 - 1944.1$$

$$=-148.533$$

（c）对 CACH 属性

由于 CACH 属性为数值型属性，先对数据进行升序排序，再从小到大依次以不同相邻值的平均值作为分隔将样本分为两组，取差异性损失值最大的分隔作为该属性的分组，如表 3-14 所示。

表 3-14　CPU 对 CACH 属性候选划分结点的计算

class	113	45	26	80	65	88	126	80	171	119
CACH	0	0	0	12	16	24	32	32	64	64
相邻值中点		3			14	20	29.3		48	
差异性损失		219.7337			309.147	588.367	656.134		656.724	

下面以 48 作为分隔点为例，说明属性 CACH 划分结点分组的差异性损失计算过程，其他分割点的分组划分计算留给读者自己完成。当前 S_L 表示 CACH 小于 48 的样本，S_R 表示 CACH 大于等于 48 的样本。

$$\Delta R(\text{CACH}, r) = R(r) - \frac{8}{10}\left\{\frac{1}{8-1}\left[(113-77.875)^2 + (45-77.875)^2 + (26-77.875)^2 + (80-77.875)^2 + \right.\right.$$

$$\left.\left.(65-77.875)^2 + (88-77.875)^2 + (126-77.875)^2 + (80-77.875)^2\right]\right\} -$$

$$\frac{2}{10}\left\{\frac{1}{2-1}\left[(171-145)^2 + (119-145)^2\right]\right\}$$

$$= 1795.567 - 1138.843$$

$$= 656.7241$$

根据计算，知道三个属性划分当前节点差异性损失最大值为 656.7241，即选择 CACH 为当前节点划分的决策属性，此时得到第一次划分，结果如图 3-8 所示。

② 类似①的方法，计算 3 个属性对剩下数据子集的划分，取差异性损失最大的划分属性作为当前结点的决策属性，最后的 CART 决策树如图 3-9 所示。(2,84)表示该叶子结点对应两条记录，目标变量预测值为 84。

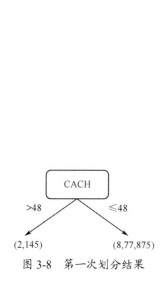

图 3-8　第一次划分结果

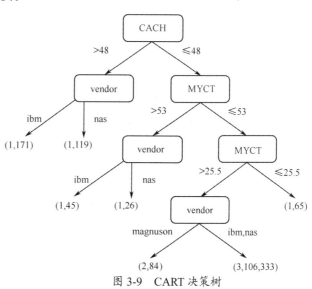

图 3-9　CART 决策树

使用回归决策树预测未知样本目标属性值的过程如下，从回归决策树的根结点开始，沿着某分支从上往下搜索，直到叶子结点，以叶子结点的属性值作为该未知样本目标属性的值。如表 3-15 所示，$C_class 为使用图 3-9 所示的回归决策树得到的预测结果。

表 3-15　回归决策树预测示例

序号	vendor	MYCT	CACH	class	$C_class
1	ibm	115	16	35	45
2	magnuson	50	24	88	84
3	nas	72	64	120	119

C4.5 与 CART 的主要区别如下。

① C4.5 构造的是多叉树，而 CART 构造的是二叉树。

② C4.5 使用信息增益率度量属性的重要性，而 CART 使用差异性损失（Gini 系数或方差增益）度量属性的重要性。

③ C4.5 的目标变量只能是离散型的，而 CART 的目标变量既可以是离散型的也可以是数值型的。

3.2.6　决策树算法的特点

决策树算法的优点如下。

① 原理简单易懂。

② 效率高，每次预测的最大计算次数不超过决策树的深度。

③ 对缺失值不敏感。

④ 可以处理不相关特征数据。

决策树算法的缺点如下。

① 容易出现过度拟合。

② 当类别太多时，错误可能增加得比较快。

③ 在处理特征关联性比较强的数据时，表现得不是太好。

3.3　贝叶斯分类方法

当人们要从几个选项中决策选择哪一项时，潜意识中会借助以往的经验趋利避害，做出好的决策。贝叶斯（Bayes）分类方法是一类利用概率统计知识（即先验知识）进行分类的方法，利用贝叶斯定理来预测一个未知类别的样本属于各类别的可能性，选择可能性最大的类别作为该样本的最终类别。贝叶斯分类具有以下特点。

① 贝叶斯分类并不把一个对象绝对地指派给某一类，而是充分利用领域知识和其他先验信息计算得出属于某一类的概率，具有最大概率的类便是该对象所属的类。

② 利用有向图的表示方式，用弧表示变量之间的依赖关系，用概率分布表示依赖关系的强弱。表示方法非常直观，有利于对领域知识的理解。

③ 所有的属性都潜在地起作用，即并不是一个或几个属性决定分类，而是所有属性都参与分类；贝叶斯分类对象的属性可以是离散的、连续的，也可以是混合的。

④ 能进行增量学习，数据样本可以增量地提高或降低某种假设的估计，并且方便地处理不完整数据。

3.3.1 贝叶斯定理

假定 X 为类标号未知的数据样本（可以看成"证据"），H 为样本 X 属于类别 C，分类问题就是计算概率 $P(H|X)$ 的问题，即给定"证据"或观测数据 X 时，假设 H 成立的概率。换言之，给定样本 X，确定样本 H 属于类 C 的概率。

条件如下：$P(H)$ 表示假设 H 的先验概率（prior probability）；$P(X)$ 表示样本数据 X 的先验概率；$P(H|X)$ 表示在条件 X 下，假设 H 的后验概率（posterior probability）；$P(X|H)$ 表示在给定假设 H 的前提条件下，样本 X 的后验概率。

如何估计这些概率呢？$P(H)$、$P(X)$、$P(X|H)$ 可以由训练集的数据估计，而 $P(H|X)$ 利用贝叶斯定理由 $P(H)$、$P(X)$、$P(X|H)$ 计算得到。

条件概率是指一随机事件在另一随机事件发生的情况下发生的概率。$P(A|B)$ 表示在事件 B 发生的情况下事件 A 发生的概率。贝叶斯定理用来描述两个条件概率之间的关系，如 $P(A|B)$ 和 $P(B|A)$。按照概率乘法法则，有

$$P(A \cap B) = P(A) * P(B|A) = P(B) * P(A|B)$$

可以导出

$$P(B|A) = P(A|B) * P(B) / P(A)$$

这就是贝叶斯定理。

对应样本 X 和假设 H，根据贝叶斯定理，则

$$P(H \mid X) = \frac{P(X \mid H)P(H)}{P(X)}$$

【例 3-8】 考虑 A 和 B 两队之间的足球比赛，假设在过去的比赛中，65% 的比赛 A 队取胜，35% 的比赛 B 队取胜。A 队胜的比赛中只有 30% 是在 B 队的主场，B 队取胜的比赛中75% 是在 B 队的主场。如果下一场比赛在 B 队的主场进行，请预测哪支球队最有可能胜出？

解：根据贝叶斯定理，设随机变量 X 代表东道主，X 取值范围为 $\{A, B\}$，随机变量 Y 代表比赛的胜利者，取值范围为 $\{A, B\}$。

已知条件如下：A 队取胜的概率为 0.65，表示为 $P(Y=A)=0.65$；B 队取胜的概率为 0.35，表示为 $P(Y=B)=0.35$；B 队取胜时作为东道主的概率是 0.75，表示为 $P(X=B|Y=B)=0.75$；A 队取胜时 B 队作为东道主的概率是 0.3，表示为 $P(X=B|Y=A)=0.3$。

那么

$$P(X=B) = P(X=B, Y=A) + P(X=B, Y=B) （全概率公式）$$
$$= P(Y=A|X=B) \times P(X=B) + P(Y=B|X=B) \times P(X=B)$$
$$= P(X=B|Y=A) \times P(Y=A) + P(X=B|Y=B) \times P(Y=B)$$
$$= 0.3 \times 0.65 + 0.75 \times 0.35 = 0.195 + 0.2625 = 0.4575$$

下一场比赛在 B 队主场，同时 A 队胜出的概率表示为

$$P(Y=A \mid X=B) = P(X=B \mid Y=A) \times P(Y=A) / P(X=B)$$
$$= (0.3 \times 0.65) / 0.4575 = 0.4262$$

下一场比赛在 B 队主场，同时 B 队胜出的概率表示为

$$P(Y=B \mid X=B) = P(X=B \mid Y=B) \times P(Y=B) / P(X=B)$$
$$= (0.75 \times 0.35) / 0.4575 = 0.5737$$

根据计算结果可以推断出，下一场最有可能是 B 队胜出。

注意，这里需要的不是概率值的绝对大小而是相对大小，$P(X=B)$ 的计算可以省略。

以贝叶斯定理为基础的分类器（Classifier）主要有以下几种。

① 朴素贝叶斯（Naive Bayes，NB）分类器：最简单、有效的贝叶斯分类，在实际使用中较为成功。其性能可以与神经网络、决策树分类器相比，在某些场合优于其他分类器。朴素贝叶斯分类器的特征是假定每个属性的取值对给定类的影响独立于其他属性的取值，即给定类变量的条件下各属性之间条件独立。

② 树扩展的朴素贝叶斯（Tree-Augmented Naive Bayes，TANB）分类器：在朴素贝叶斯分类器的基础上，在属性之间添加连接弧，在一定程度上消除朴素贝叶斯分类器的条件独立性假设。这样的弧被称为扩展弧，说明树约束。

③ BAN（Bayesian network Augmented Naive Bayes）分类器：一种增强的朴素贝叶斯分类器，改进了朴素贝叶斯分类器的条件独立假设，并且取消了 TANB 分类器中属性之间必须符合树结构的要求，假定属性之间存在贝叶斯网络关系而不是树关系，从而能够表达属性的各种依赖关系。

④ 贝叶斯多网（Bayesian Multi-Net，BMN）分类器：TANB 或 BAN 分类器的扩展。BAN 或 TANB 分类认为对不同的类别，各属性之间的关系是不变的，即对于不同的类别具有相同的网络结构，而 BMN 分类认为，对类变量的不同取值，各属性之间的关系可能是不一样的。

⑤ GBN（General Bayesian Network）分类器：如果抛开条件独立假设，就可以用该分类器。GBN 分类器是一种无约束的贝叶斯网络分类器，前 4 类分类器均将类变量作为一个特殊结点，类结点在网络结构中是各属性的父结点，而 GBN 分类器把类结点作为一个普通结点。

朴素贝叶斯分类器在以上分类器中应用最频繁，下面详细介绍朴素贝叶斯分类器。

3.3.2　朴素贝叶斯分类算法

朴素贝叶斯分类算法是利用贝叶斯定理来预测一个未知类别的样本，属于各类别的可能性，选择可能性最大的一个类别作为该样本的最终类别。

为方便讨论算法，先介绍朴素贝叶斯分类算法相关的概念。

① 设数据集为 D，其对应的属性集为 $U=\{A_1, A_2, \cdots, A_n, C\}$，其中 $A_1, A_2, \cdots, A_n$ 是样本的预测属性，C 是有 m 个值 $C_1, C_2, \cdots, C_m$ 的类标号属性。数据集 D 中的每个样本 X 可以表示为 $X=\{x_1, x_2, \cdots, x_n, C_i\}$，描述 n 个属性 $A_1, A_2, \cdots, A_n$ 的 n 个度量值，以及所属的类标号值。

② 给定一个类标号未知的数据样本 X，朴素贝叶斯分类将预测 X 属于具有最大后验概率 $P(C_k \mid X)$ 的类（C_k 是 $C_1, C_2, \cdots, C_m$ 中的某个值）。

③ 根据贝叶斯定理

$$P(C_i \mid X) = \frac{P(X \mid C_i) P(C_i)}{P(X)}$$

由于 $P(X)$ 对所有类为常数，只需要 $P(X \mid C_i) P(C_i)$ 最大，即最大化后验概率 $P(C_i \mid X)$

可转化为最大化概率 $P(X|C_i)P(C_i)$ 的计算。一般类的先验概率 $P(C_i)$ 可以用 $|s_i|/|s|$ 来估计，其中 $|s_i|$ 是数据集 D 中属于类 C_i 的样本个数，$|s|$ 是数据集 D 的样本总数。

④ 给定具有多属性的数据集，计算 $P(X|C_i)$ 的开销可能非常大。为降低计算 $P(X|C_i)$ 的开销，朴素贝叶斯做了类条件独立性假设，即假定一个属性对给定类的影响独立于其他属性，属性之间不存在依赖关系，这样

$$P(X|C_i) = P(x_1, x_2, \cdots, x_n | C_i)$$
$$= \prod_{k=1}^{n} P(x_k | C_i) = P(x_1 | C_i) \times P(x_2 | C_i) \times \cdots \times P(x_n | C_i)$$

可以从数据集中求得概率 $P(x_1 | C_i) \times P(x_2 | C_i) \times \cdots \times P(x_n | C_i)$。这里 x_k 表示样本 X 在属性 A_k 下的取值。对于每个属性，考查该属性是分类属性还是连续属性。

若属性 A_k 是分类属性，则 $P(x_{ik} | C_i) = |s_{ik}|/|s_i|$，其中 $|s_{ik}|$ 是 D 中属性 A_k 的值为 x_k 的 C_i 类的样本个数，$|s_i|$ 是 D 中属于 C_i 类的样本个数。

若属性 A_k 是连续属性，则朴素贝叶斯分类方法假设其服从正态分布 $N(\mu, \sigma^2)$。类别 C_i 下属性 x_k 的类条件概率近似为

$$P(x_k | C_i) \approx g(x_k, \mu_{C_i}, \sigma_{C_i}) \Delta x = \frac{1}{\sqrt{2\pi}\sigma_{C_i}} e^{-\frac{(x_k - \mu_{C_i})^2}{2\sigma_{C_i}^2}} \Delta x$$

即 $P(x_k | C_i)$ 的最大值点等价于 $g(x_k, \mu_{C_i}, \sigma_{C_i})$ 的最大值点

$$P(x_k | C_i) = \frac{1}{\sqrt{2\pi}\sigma_{C_i}} e^{-\frac{(x_k - \mu_{C_i})^2}{2\sigma_{C_i}^2}}$$

其中，μ_{C_i} 和 $\sigma_{C_i}^2$ 分别是数据集中属于 C_i 类的样本属性 A_k 的平均值和方差。

⑤ 为对未知样本 X 分类，对每个类 C_i，计算 $P(X|C_i)P(C_i)$，样本 X 被指派到类别 C_i 中，当且仅当

$$P(C_i | X) \geqslant P(C_j | X) \quad (1 \leqslant j \leqslant m, j \neq i)$$

即 X 被指派到 $P(X|C_i)P(C_i)$ 最大的类别 C_i 中。

根据朴素贝叶斯分类的原理，算法基本描述如下。

算法：NaiveBayes

输入：类标号未知的样本 $X=\{x_1, x_2, \cdots, x_n\}$

输出：未知样本 X 所属类标号

① for j=1 to m

② 计算 X 属于每个类别 C_j 的概率 $P(X|C_j) = P(x_1 | C_j) \times P(x_2 | C_j) \times \cdots \times P(x_n | C_j)$。

③ 计算训练集中每个类别 C_j 的概率 $P(C_j)$。

④ 计算概率值 $P = P(X|C_j) \times P(C_j)$。

⑤ end for

⑥ 选择计算概率值 P 最大的 C_i（$1 \leqslant i \leqslant m$）作为类别输出。

朴素贝叶斯分类算法在计算概率的时候存在概率为 0 或概率值可能很小的情况，因此在某些情况下需要考虑条件概率的 Laplace（拉普拉斯）估计和小概率相乘的溢出问题。

1．条件概率的 Laplace 估计

在后验概率的计算过程中，若有一个属性的条件概率等于 0，则整个类的后验概率就等于 0，简单地使用记录比例来估计类条件概率的方法显得太脆弱，尤其在训练样本很少而属性数目很大的情况下尤为突出。一种更极端的情况是，当训练样例不能覆盖那么多的属性值时，我们可能无法分类某些测试记录。例如，P(outlook=overcast | play=no)为 0，那么具有属性集 X=(outlook=overcast, temperature=hot, humidity=normal, wind=weak)的记录的类条件概率为

$$P(X \mid \text{play} = \text{yes}) = 0 \times 2/9 \times 6/9 \times 6/9 = 0$$
$$P(X \mid \text{play} = \text{no}) = 0 \times 2/5 \times 1/5 \times 2/5 = 0$$

为避免这种问题，条件概率为 0 时一般采用 Laplace 估计来解决这个问题。Laplace 估计定义为

$$P(X_i \mid Y_j) = \frac{n_c + l \times p}{n + l}$$

其中，n 是类 Y_j 中的实例总数，n_c 是类 Y_j 的训练样例中取值为 X_i 的样例数，l 称为等价样本大小，而 p 是用户指定的参数。若没有训练集（即 n=0），则 $P(X_i|Y_j)=p$。因此，p 可以看成在类 Y_j 的记录中观察属性值 X_i 的先验概率。等价样本大小 l 决定先验概率 p 和观测概率 n_c/n 之间的概率，通常取 $p = 1/l$。

在前面的案例中，条件概率 P(outlook=overcast | play=no)=0。使用 Laplace 估计方法，l=5, p=1/5，有 5 个样本，则条件概率不再是 0，而是

$$P(\text{outlook=overcast} \mid \text{play=no}) = (0+5 \times 1/5)/ (5+5)=0.1$$

2．将乘积的计算问题转换为对数求和解决溢出问题

对于概率值 $P(X \mid C_i) = P(x_1, x_2, \cdots, x_n \mid C_i) = \prod_{k=1}^{n} P(x_k \mid C_i)$，即使每个乘积因子都不为 0，当 n 较大时，$p(X \mid C_i)$ 也可能为 0，此时将难以区分不同类别。注意，以下两个表达式取极大值的条件相同。

$$P(X \mid C_i)P(C_i) = P(C_i)\prod_{k=1}^{n} P(x_k \mid C_i)$$

$$\log P(X \mid C_i) = \log\left[P(C_i)\prod_{k=1}^{n} P(x_k \mid C_i) \right] = \log P(C_i) + \sum_{k=1}^{n} \log P(x_k \mid C_i)$$

为解决这种问题，将乘积的计算问题转化为加法计算问题，可以避免"溢出"。

【例 3-9】以表 3-1 所示数据集 weather 为例，使用朴素贝叶斯算法预测未知样本 X={Overcast,83,80,yes;?}属性 play 为 yes 还是为 no。

解：

$$p\left(\text{play} = \text{yes}\big|X\right) = p\left(X\big|\text{play} = \text{yes}\right) p\left(\text{play} = \text{yes}\right)$$

$$p\left(\text{play} = \text{yes}\right) = \frac{9}{14}$$

$$p\left(X\big|\text{play} = \text{yes}\right) = p\left(\text{outlook} = \text{overcast}\big|\text{play} = \text{yes}\right) \times p\left(\text{temperature} = 83\big|\text{play} = \text{yes}\right) \times$$
$$p\left(\text{humidity} = 80\big|\text{play} = \text{yes}\right) \times p\left(\text{windy} = \text{yes}\big|\text{play} = \text{yes}\right)$$

$$p\left(\text{outlook} = \text{overcast}\middle|\text{play} = \text{yes}\right) = \frac{4}{9}$$

temperature 是连续变量，假定服从正态分布，它的均值 $\mu_{C_1}^t$ 和标准差 $\sigma_{C_1}^t$ 分别为

$$\mu_{C_1}^t = \frac{\sum\limits_{i=1}^{n} x_i}{n} = 73$$

$$\sigma_{C_1}^t = \sqrt{\frac{1}{n}\sum_{i=1}^{n}\left|x_i - \mu_{C_1}^t\right|^2} = 6.1644$$

其中，n 是数据集中目标属性 play=yes 的样本数目。

$$p\left(\text{temperature} = 83\middle|\text{play} = \text{yes}\right) = 0.0174$$

humidity 是连续变量，假定服从正态分布，它的均值 $\mu_{C_1}^h$ 和标准差 $\sigma_{C_1}^h$ 分别为

$$\mu_{C_1}^h = \frac{\sum\limits_{i=1}^{n} x_i}{n} = 78.222$$

$$\sigma_{C_1}^h = \sqrt{\frac{1}{n}\sum_{i=1}^{n}|x_i - \mu_{C_1}^h|^2} = 9.8841$$

从而

$$p\left(\text{humidity} = 80\middle|\text{play} = \text{yes}\right) = 0.0397$$

$$p\left(\text{wind} = \text{yes}\middle|\text{play} = \text{yes}\right) = \frac{3}{9}$$

$$p\left(\text{play} = \text{yes}\middle|X\right) = \frac{4}{9} \times 0.0174 \times 0.0397 \times \frac{3}{9} \times \frac{9}{14} = 0.000066$$

$$p\left(\text{play} = \text{no}\middle|X\right) = p\left(X\middle|\text{play} = \text{no}\right) p\left(\text{play} = \text{no}\right)$$

$$p\left(\text{play} = \text{no}\right) = \frac{5}{14}$$

$$p\left(\text{outlook} = \text{overcast}\middle|\text{play} = \text{no}\right) = (0+1)/(5+5) = 0.1 (\text{Laplace估计})$$

temperature 是连续变量，假定服从正态分布，它的均值 $\mu_{C_2}^t$ 和标准差 $\sigma_{C_2}^t$ 分别为

$$\mu_{C_2}^t = \frac{\sum\limits_{i=1}^{n} x_i}{n} = 74.6000$$

$$\sigma_{C_2}^t = \sqrt{\frac{1}{n}\sum_{i=1}^{n}|x_i - \mu_{C_2}^t|^2} = 7.8930$$

其中，n 是数据集中目标属性 play=no 的样本数目。

$$p\left(\text{temperature} = 83\middle|\text{play} = \text{no}\right) = 0.0287$$

humidity 是连续变量，假定服从正态分布，它的均值 $\mu_{C_2}^h$ 和标准差 $\sigma_{C_2}^h$ 分别为

$$\mu_{C_2}^h = \frac{\sum\limits_{i=1}^{n} x_i}{n} = 84.0000$$

$$\sigma_{C_2}^h = \sqrt{\frac{1}{n}\sum_{i=1}^{n}|x_i - \mu_{C_2}^h|^2} = 9.6177$$

从而

$$p\left(\text{humidity} = 80\middle|\text{play} = \text{no}\right) = 0.0380$$

$$p\left(\text{wind} = \text{yes}\middle|\text{play} = \text{no}\right) = \frac{3}{5}$$

$$p\left(\text{play} = \text{no}\middle|X\right) = 0.1 \times 0.0287 \times 0.038 \times \frac{3}{5} = 0.00006544$$

根据计算结果 $p\left(\text{play} = \text{yes}\middle|X\right) > p\left(\text{play} = \text{no}\middle|X\right)$，样本 X={Overcast,83,80,yes;?}目标属性 play 的值为 yes。

朴素贝叶斯分类算法的优点在于容易实现，且在大多数情况下获得的结果比较好。但是，算法有效的前提是假设各属性之间互相独立，当数据集满足这种独立性假设时，分类准确度较高。而实际应用中，数据集可能并不完全满足独立性假设，因而其分类准确性会下降。此时可以使用贝叶斯信念网络来进行学习，它允许一部分属性的子集条件独立。

3.3.3 贝叶斯信念网络

朴素贝叶斯分类假定样本的属性相互独立，然而，在实际应用中，变量之间可能存在依赖关系。贝叶斯信念网络（Bayesian Belief Network，BBN）说明联合条件的概率分布，允许在变量的子集间定义类条件，提供了一种因果关系的网络图形。这种网络也被称为信念网络、贝叶斯网络或概率网络。信念网络作为一种不确定性的因果推理模型，在医疗诊断、信息检索、电子技术与工业工程等诸多方面被广泛应用。

1. 信念网络的构建

（1）构建有向无环图

其每个结点代表一个随机变量，而每条弧代表一个概率依赖。若一条弧由结点 Y 到 Z，则 Y 是 Z 的双亲或直接前驱，而 Z 是 Y 的后继。给定其双亲，每个变量条件独立于图中的非后继。变量可以是离散型的或连续型的。

如图 3-10(a)给出了一个带有 6 个布尔变量的简单信念网络，弧表示因果知识。例如，得肺癌受家族肺癌史的影响，也受其是否吸烟影响。该弧还表明：给定其双亲 FamilyHistory 和 Smoker，变量 LC（LangCancer）条件独立于 Emphysema。这意味着，一旦 FamilyHistory 和 Smoker 的值已知，变量 Emphysema 并不提供关于 LC 的附加信息。

（2）为每个属性构建一个条件概率表（CPT）

变量 Z 的 CPT 说明条件分布 $P(Z|\text{Parents}(Z))$，其中 Parents(Z)是 Z 的双亲。图 3-10(b)给出了 LangCancer 的条件概率表。对于其双亲值的每个可能组合，给出了 LC 的每个值的条件概率。例如，由左上角和右下角可知

P(LangCancer="yes" | FamilyHistory="yes"，Smoker="yes")=0.8

P(LangCancer="no" | FamilyHistory="no"，Smoker="no")=0.9

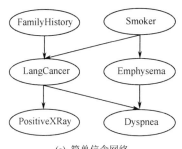

	FH, S	FH, ¬S	¬FH, S	¬FH, ¬S
LC	0.8	0.5	0.7	0.1
¬LC	0.2	0.5	0.3	0.9

(a) 简单信念网络　　　　　　　(b) 变量 LC 值的条件概率

图 3-10　贝叶斯信念网络

对应属性 $Z_1, Z_2, \cdots, Z_n$ 的任意元组 $(z_1, z_2, \cdots, z_n)$ 的联合概率为

$$P(z_1, \cdots, z_n) = \prod_{i=1}^{n} P[z_i \mid \mathrm{parents}(z_i)]$$

其中，$P[z_i \mid \mathrm{parents}(z_i)]$ 的值对应于 Z_i 中的条件概率表中的表目。

网络节点可以选作"输出"节点，代表类标号属性。可以有多个输出节点。学习推理算法可以用于网络。分类过程不是返回单个类标号，而是返回类标号属性的概率分布，即预测每个类的概率。

2．信念网络的特点

如果贝叶斯信念网络的网络结构和所有数值都是给定的，那么可以直接进行计算。但是，数据是隐藏的，如图 3-10 中（FH, S）到 LC 的条件概率是未知的，只是知道存在这样的依存关系，这时就需要进行条件概率的估算。贝叶斯网络的数据结构可能是未知的，这时就需要根据已知数据启发式学习贝叶斯网络结构。

3.4　k-最近邻分类方法

当人们面对新的环境、新的形势，自然会被过去经历的类似情形的记忆所引导，基于过去的经验进行判断。例如，你听到某人说话，立刻就会猜测她来自广东，因为她的口音使你回想起你曾经遇见的其他广东人；公安人员在侦破案件时，会思考过去是否发生过类似的案件。

k-最近邻（k Nearest Neighbors，kNN）分类方法正是基于这种"相似性"概念，是基于已有样本进行推理的算法，是最简单、实用的分类方法之一，是局部性原理的典型应用。与其他分类方法显著不同，k-最近邻分类方法并不在训练集上建立模型（因而也被称为懒惰的学习方法），当需要对未知样本进行分类时，通过对训练集中样本和新的未知样本进行比较，得出与新的未知样本最相似的 k 个样本（k 是由用户指定的最近邻邻居数），最后通过对这 k 个样本的类标号投票得出该未知样本的类别。

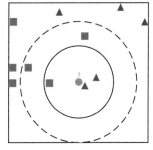

如图 3-11 所示，圆要被决定赋予哪个类，如果 $k=3$，由于三角形所占比例为 2/3，圆将被赋予三角形类，如果 $k=5$，由于正方形比例为 3/5，因此圆被赋予正方形类。

图 3-11　kNN 算法的决策过程

3.4.1 *k*-最近邻分类的基本问题

1. 选择距离函数

距离是 *k*-最近邻分类方法测量相似性的手段。欧氏距离是最常用的距离度量，距离测量的介绍详见 2.4 节。

2. 选择组合函数

距离函数用来决定哪条记录可以包含在邻居中。这里介绍通过组合不同邻居的数据做出预测的方法。

（1）民主投票

最常用的情况是由 *k* 个最近邻居简单投票得到最终的类别。每个邻居都把票投给自己的类，从赞成每个类的票数比例估计新记录属于某个类的可能性。当任务是分配一个单一类别时，新记录就属于得票最多的那个类。

（2）加权投票

加权投票与民主投票类似，不过邻居并不是完全平等的，选票的比重与距新样本的距离成反比关系。因此，近的邻居比远的邻居应有更大的权重，正如与某人关系越密切的人，对其影响也越大。加权投票能够避免出现平局现象。

3. 选择邻居的数目

选择合适的 *k* 值很重要。若 *k* 太小，则容易受到训练数据中噪声的影响而产生过度拟合；若 *k* 太大，则最近邻列表中可能包含远离其近邻的对象，导致误分类测试样本。

当只有两个类时，所选的邻居数应为奇数以避免出现平局。有一个经验法则，当有 *c* 个类时，至少要使用 *c*+1 个邻居，以保证某类有一个相对多数。

3.4.2 *k*-最近邻分类算法描述

令 D 为训练集，Z 为测试集，k 为最近邻数目，其中每个样本可以表示为 (x, y) 的形式，即 $(x_1, x_2, \cdots, x_n, y)$，其中 $x_1, x_2, \cdots, x_n$ 表示样本的 n 个属性的取值，y 表示样本的类标号，则 kNN 分类算法的基本描述如下。

算法：kNN

输入：最近邻数目 k，训练集 D，测试集 Z

输出：对测试集 Z 中所有测试样本预测其类标号值

① for 每个测试样本 $z = (x', y') \in Z$ do

② 计算 z 和每个训练样本 $(x, y) \in D$ 之间的距离 $d(x', x)$

③ 选择离 z 的 k-最近邻集合 $D_z \subseteq D$

④ 返回 D_z 中样本的多数类的类标号

⑤ end for

---

kNN 算法根据得到的最近邻列表中样本的多数类进行分类，实现方法是通过投票进行多数表决得到最终类标号 y'

$$y' = \arg\max_v \sum_{(x_i, y_i) \in D_z} I(v = y_i)$$

其中，v 为类标号的所有可能取值，y_i 是测试样本 z 的一个最近邻类标号，$I(\cdot)$ 是指示函数，若参数为真，则返回 1，否则返回 0。

使用距离加权表决后的类标号可以由下面的公式确定。

$$y' = \arg\max_{v} \sum_{(x_i, y_i) \in D_z} w_i \times I \ (v = y_i)$$

例如，在某测试集中类标号 v 有 3 个取值，分别为 {0,1,2}，现在利用 kNN 对某测试样本 z 进行分类，该测试样本有 7 个最近邻，这些最近邻的类标号分别为 {1, 0, 1, 1, 0, 2, 2}，根据投票公式得出

当 v 取 0 时，$\sum_{(x_i, y_i) \in D_z} I(v = y_i) = 0 + 1 + 0 + 0 + 1 + 0 + 0 = 2$

当 v 取 1 时，$\sum_{(x_i, y_i) \in D_z} I(v = y_i) = 1 + 0 + 1 + 1 + 0 + 0 + 0 = 3$

当 v 取 2 时，$\sum_{(x_i, y_i) \in D_z} I(v = y_i) = 0 + 0 + 0 + 0 + 0 + 1 + 1 = 2$

$$\arg\max_{v} \sum_{(x_i, y_i) \in D_z} I(v = y_i) = 3$$

所以测试样本 z 被预测为类标号 1，即多数类的类标号。

【例 3-10】 数据集 weather 如表 3-16 所示，测试样本 X={overcast,83,80,yes；?}，k 取 3，下面根据 k-最近邻方法预测该样本的类标号。temperature_1 和 humidity_1 分别是 temperature 和 humidity 规范化后的结果，距离计算采用规范化后的属性值。

表 3-16 数据集 weather 数据

no.	outlook	temperature	temperature_1	humidity	humidity_1	windy	play
1	sunny	85	1	85	0.65	no	no
2	sunny	80	0.76	90	0.81	yes	no
3	overcast	83	0.9	78	0.42	no	yes
4	rain	70	0.29	96	1	no	yes
5	rain	68	0.19	80	0.48	no	yes
6	rain	65	0.05	70	0.16	yes	no
7	overcast	64	0	65	0	yes	yes
8	sunny	72	0.38	95	0.97	no	no
9	sunny	69	0.24	70	0.16	no	yes
10	rain	75	0.52	80	0.48	no	yes
11	sunny	75	0.52	70	0.16	yes	yes
12	overcast	72	0.38	90	0.81	yes	yes
13	overcast	81	0.81	75	0.32	no	yes
14	rain	71	0.33	80	0.48	yes	no

解： ① 计算样本 X 到 14 个记录的距离（取定义 4-3 的曼哈顿距离）

Distance(X, p_1)=2.26，Distance(X, p_2)=1.47，Distance(X, p_3)=1.06，Distance(X, p_4)=3.14，Distance(X, p_5)=2.71，Distance(X, p_6)=2.18，Distance(X, p_7)=1.39，Distance(X, p_8)=3.01，Distance(X, p_9)=2.99，Distance(X, p_{10})=2.38，Distance(X, p_{11})=1.70，Distance(X, p_{12})=0.85，Distance(X, p_{13})=1.26，Distance(X, p_{14})=1.57；

② 取离样本 X 最近的 3 个近邻 p_{12}, p_3, p_{13}。

③ 3 个最近邻对应的类标号都为 yes，因此样本 X 的类标号被预测为 yes。

3.4.3 k-最近邻分类算法的优缺点

kNN 的优点是原理简单，实现起来比较方便。kNN 是一种非参数化方法，适合概率密度函数参数形式未知的场合，能对超多边形的复杂决策空间建模，最近邻分类器可以生成任意形状的决策边界。由于 kNN 算法主要靠周围有限的邻近样本，而不是靠判别类域的方法来确定所属类别，因此对于类域的交叉或重叠较多的待分类样本集来说，kNN 算法较其他方法更适合。

其缺点为：① 当 k 很小时，对噪声非常敏感，很难找到最优的 k 值，通常采用试探法对不同的 k 值进行实验，以决定取哪个值较好；② 对大规模数据集的分类效率低。由于 kNN 存放所有的训练样本，不需要事先建模，直到有新的样本需要分类时才进行分类，因此当训练样本数量很大时，算法时间开销也非常大。

3.5 神经网络分类方法

神经网络（Neural Network）是模拟人脑思维方式的数学模型，是在现代生物学研究人脑组织成果的基础上提出的，用来模拟人类大脑神经网络的结构和行为。神经网络反映了人脑功能的基本特征，如并行信息处理、学习、联想、模式分类、记忆等。

3.5.1 人工神经网络的基本概念

1. 人工神经网络的组成

人工神经网络（Artificial Neural Network，ANN）是由大量处理单元经广泛互连而组成的人工网络，用来模拟脑神经系统的结构和功能。这些处理单元被称为人工神经元。

人工神经网络可以看成以人工神经元为节点，用有向加权弧连接起来的有向图，人工神经元就是对生物神经元的模拟，而有向弧则轴突—突触—树突对的模拟。有向弧的权值表示相互连接的两个人工神经元间相互作用的强弱，如图 3-12 所示。

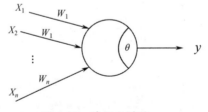

图 3-12　神经元模型

2. 人工神经元的工作过程

对于某处理单元（神经元）来说，假设来自其他处理单元（神经元）的信息为 x_i，它们与本处理单元的互相作用强度即连接权值为 w_i（$i=0,1,\cdots,n-1$），处理单元的内部阈值为 θ，则本处理单元（神经元）的输入为

$$\sum_{i=0}^{n-1} w_i x_i$$

输出为

$$y = f\left(\sum_{i=0}^{n-1} w_i x_i - \theta\right)$$

其中，x_i 为第 i 个元素的输入，w_i 为第 i 个处理单元与本处理单元的互连权重。f 称为激活函数或作用函数，决定节点（神经元）的输出。

激活函数一般具有非线性特性，常用的非线性激活函数如图 3-13 所示。

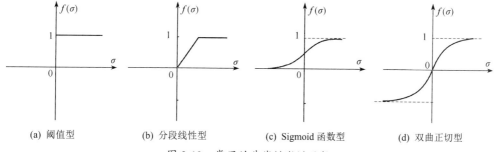

| (a) 阈值型 | (b) 分段线性型 | (c) Sigmoid 函数型 | (d) 双曲正切型 |

图 3-13　常用的非线性激活函数

阈值型函数，又称为阶跃函数，表示激活值 σ 与其输出 $f(\sigma)$ 之间的关系。线性分段函数可以看成一种最简单的非线性函数，其特点是将函数的值域限制在一定的范围内，其输入、输出在一定范围内满足线性关系，一直延续到输出为最大域值为止，但当达到最大值后，输出就不再增大。Sigmoid 型函数是一个有最大输出值的非线性函数，其输出值是在某范围内连续取值的，以它为激活函数的神经元也具有饱和特性。双曲正切型函数实际只是一种特殊的 Sigmoid 型函数，其饱和值是-1 和 1。

3. 人工神经网络的分类

按照神经元的连接方式，神经网络分为不同网络连接模型，如前向网络、反馈网络、层内有互联的网络和互联网络。

前向网络（Feedforward Networks）的神经元分层排列，即组成输入层、隐含层和输出层。每层的神经元只接受前一层神经元的输入。输入模式经过各层的顺次变换后，由输出层输出。各神经元之间不存在反馈。感知器和误差反向传播网络采用前向网络形式，如图 3-14 所示。从学习观点来看，前向网络是一种强有力的学习系统，结构简单而易于编程。大部分前向网络的分类能力和模式识别能力一般都强于反馈网络，典型的前向网络有感知器网络、BP（反向传播）网络等。

反馈网络（Recurrent Networks）在输出层到输入层存在反馈，即每个输入节点都有可能接受来自外部的输入和来自输出神经元的反馈，如图 3-15 所示。这种神经网络是一种反馈动力学系统，需要工作一段时间才能达到稳定。霍普菲尔德神经网络（Hopfield Neural Network）是反馈网络中最简单且应用广泛的模型。

按学习方法分类，神经网络分为有监督的学习网络和无监督的学习网络。无监督的学习网络基本思想是当输入的实例模式进入神经网络后，网络按预先设定的规则自动调整权值。有监督的学习网络基本思想是对实例 k 的输入，由神经网络根据当前的权值分布计算网络的输出，把网络的计算输出与实例 k 的期望输出进行比较，根据两者之间的差的某函数的值来调整网络的权值分布，最终使差的函数值达到最小。

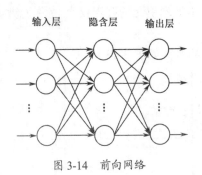

图 3-14　前向网络

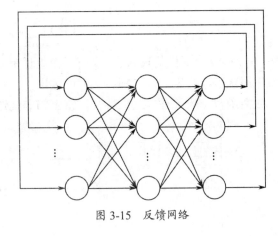

图 3-15　反馈网络

3.5.2　典型神经网络模型介绍

神经网络模型性能主要由以下因素决定：① 神经元的特性；② 神经元之间相互连接的形式，即拓扑结构；③ 为适应环境而改善性能的学习规则。

目前，神经网络模型的种类相当丰富，已有 40 余种，如感知器模型、多层前向传播网络、BP 模型、Hopfield 网络、ART 网络、SOM 自组织网络、学习矢量量化（LVQ）网络、Blotzman 机网络等。下面介绍感知器模型和 BP 模型。

1．感知器（Perception）模型

感知器神经网络是一个具有单层计算神经元的神经网络，网络的传递函数是线性阈值单元。原始的感知器神经网络只有一个神经元，主要用来模拟人脑的感知特征，由于采取阈值单元作为传递函数，因此只能输出两个值，适合简单的模式分类问题。当感知器用于两类模式分类时，相当于在高维样本空间中用一个超平面将两类样本分开，但是单层感知器只能处理线性问题，对于非线性或者线性不可分问题无能为力，如图 3-16 所示。

单层感知器可将外部输入分为两类。当感知器的输出为+1 时，输入属于 L_1 类，当感知器的输出为-1 时，输入属于 L_2 类，从而实现两类目标的识别。在多维空间中，单层感知器进行模式识别的判决超平面由下式决定。

$$\sum_{i=1}^{m} w_i x_i + b = 0$$

对于只有两个输入的判别边界是直线，选择合适的学习算法可训练出满意的 w_1 和 w_2，当它用于两分类时，相当于用一个超平面将两类样本分开，即 $w_1 x_1 + w_2 x_2 + b = 0$，如图 3-17 所示。

感知器模型简单易于实现，缺点是仅能解决线性可分问题。解决线性不可分问题可以采用多层感知器（Multi-Layer Perception，MLP）模型或功能更加强大的神经网络模型。

2．BP 模型（Back-Propagation model）

BP（反向传播）模型是一种前向多层反向传播学习算法。之所以称它是一种学习算法，是因为用它可以对组成前向多层网络的各人工神经元之间的连接权值进行不断的修改，从而使该前向多层网络能够将输入信息变换成所期望的输出信息。

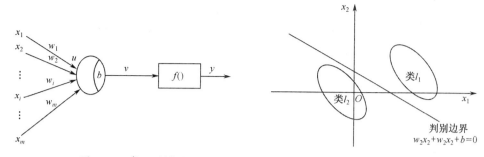

图 3-16 感知器模型 　　　　　图 3-17 用一个超平面划分两类样本

之所以将其称为反向学习算法，是因为在修改各人工神经元的连接权值时，所依据的是该网络的实际输出与期望输出之差，将这一差值反向一层一层地向回传播，来决定连接权值的修改，如图 3-18 所示。

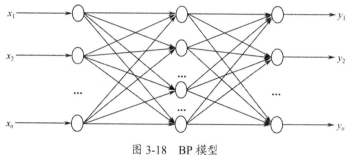

图 3-18 BP 模型

BP 模型的算法描述如下。

① 选择一组训练用例，每个用例由输入信息和期望的输出结果两部分组成。

② 从训练用例集中取一样例，把输入信息输入网络。

③ 分别计算经神经元处理后的各层节点的输出。

④ 计算网络的实际输出与期望输出的误差。

⑤ 从输出层反向计算到第一个隐含层，并按照某种能使误差向减小方向发展的原则，调整网络中各神经元的连接权值。

⑥ 对训练样例集中的每个用例重复③～⑤的步骤，直到对整个训练用例集的误差达到要求为止。

BP 模型的优点是理论基础牢固，推导过程严谨，物理概念清晰，通用性好等，所以是目前用来训练前向多层网络的较好算法。

其缺点是：① 收敛速度慢；② 网络中隐含节点个数的选取尚无理论上的指导；③ 从数学角度，是一种梯度最速下降法，这就可能出现局部极小的问题，所以是不完备的。

3.5.3　神经网络的特点

（1）神经网络的优点

① 对噪声数据有较好的适应能力，并且对未知数据具有较好的预测分类能力。

② 能逼近任意非线性函数。理论证明，任意非线性函数映射关系可由某多层神经网络以任意精度加以逼近。

③ 对信息的并行分布式综合优化处理能力。神经网络的大规模互连结构使其能快速地并行实现全局性的实时信息处理，并很好地协调多种输入信息之间的关系。

④ 高强的容错能力。神经网络的并行处理机制和冗余结构特性使其具有较强的容错特性，提高了信息处理的可靠性和健壮性。

⑤ 对学习结果有很好的泛化能力和自适应能力。经过适当训练的神经网络具有潜在的自适应模式匹配功能，能对所学信息进行分布式存储和泛化。

⑥ 便于集成实现和模拟。

⑦ 可以实现多输入和多输出。

（2）神经网络的缺点

① 当处理问题的规模很大时，计算开销变大，因此仅适用于时间允许的应用场合。

② 神经网络可以硬件实现，但不如软件灵活。

③ 神经网络对于输入数据预处理有一定要求。

④ 神经网络对处理结果不能解释，相当于一个黑盒。

⑤ 实际应用中，神经网络需要设置一些关键参数，如网络结构等，神经网络的设计缺乏充分的理论指导，这些参数通常需要经验才能有效确定。

3.5.4　深度网络和深度学习算法

深度学习（Deep Learning，DL）算法能够用至少两个称为深度网络的隐藏层训练多层感知机（MLP）网络。近年来，基于深度网络的深度学习已经在图像识别、语音识别、自然语言处理、游戏、药物设计等领域取得了非常好的效果。

深度学习成功的原因之一在于将网络划分为两个阶段：第一阶段包括第一层，通常是预先训练好的，采用无监督方式；第二阶段的训练通常是有监督的。

第一阶段通过训练从原始数据集中提取相关特征。带预训练的深度学习的主要贡献之一是通过通用学习算法自动提取相关特征，因此预训练被频繁地用于在复杂的分类任务中提取特征。

第一个网络层从原始数据中提取简单的特征，后续层在前一层提取的特征基础上提取更复杂的特征。因此，从第一层到最后一层，训练过程会创建越来越复杂的数据表示层。每个表示层可以视为执行简单非线性处理的模块或层，每个模块转换前一个模块提取的内容。

当前深度学习技术的流行导致了不同架构和学习算法的出现，深度学习的一个简单方法是使用反向传播训练多层的 MLP 网络。近期，在使用 BP（反向传播）算法进行 MLP 训练时，最常用的激活函数是 S 形或双曲正切函数。

为了提高多层模型的学习性能，提出了 ReLU（Rectified Linear Unit，线性整流函数）。当 ReLU 函数应用于一个值时，若该值为负，则返回 0，否则返回值本身。ReLU 函数使用梯度下降法更新权值，计算速度比其他的非线性激活函数要快，加速了学习。

卷积神经网络（Convolutional Neural Network，CNN）是最受欢迎的预训练深度学习技术之一，使用无监督学习从原始数据中提取特征（预测属性）。第一个网络层从原始数据中提取简单特征，后续层利用前一层提取的特征提取更复杂的特征。预训练可以提高表示层的复杂度。每个表示层可以看成执行简单非线性处理的模块或层，每个模块转换前一模块提取的内容。

CNN 将不同类型的层分成两个处理阶段。第一阶段有两层，卷积层使用过滤器从输入中提取特征，池化层只保留特征中最相关的信息，结果就是输入数据表示形式变得越来越抽象。随着更多模块的使用，会发现更复杂的表现形式。第二阶段通常是传统的 MLP 网络及其激活层，第一阶段提取的特征可以作为有监督学习的预测属性。

深度网络和深度学习算法的超参数与用于定义 MLP 网络和 BP 等学习算法如何工作的超参数非常类似。根据所使用的深度网络，还可以选择其他超参数。CNN 可以调整以下超参数：

① CNN（卷积和池化）层的数量。

② 全连接层的数量。

③ 全连接层中的神经元数量。

④ 卷积层中的过滤器大小。

⑤ 池化层中最大池大小。

⑥ 训练算法。

⑦ 学习率，定义了权重更新的大小，该值必须大于 0，且该值越大，学习过程越快，但在局部最优处停止的风险也越高。

⑧ 动量项，使用以前的权重更新来改进搜索。

⑨ 迭代次数的大小，训练集会出现多少次。

⑩ 激活码函数，定义了神经网络中每个神经元的输出（对于输出层，则是神经网络的输出）和结果的范围。不同的激活函数可用于分类和回归任务，包括线性函数、阶跃函数、S 形函数、双曲正切函数、修正的线性函数等。

不管是浅层还是深度，MLP 网络都有两个缺点：其一是需要选择良好的超参数值，通常通过试错或使用优化元启发式进行选择，但是很耗时；其二是对归纳的模型的解释能力差。

3.6　支持向量机

支持向量机（Support Vector Machine，SVM）分类器的特点是能够同时最小化经验误差与最大化几何边缘区，因此也被称为最大边缘区分类器。支持向量机将向量映射到一个更高维的空间，从中建立一个最大间隔超平面，在超平面的两边建有两个互相平行的超平面。平行超平面间的距离或差距越大，分类器的总误差越小。

支持向量机通过某种事先选择的非线性映射（核函数）将输入向量映射到一个高维特征空间，在高维空间中构造最优分类超平面。如图 3-19 所示，在将低维映射到高维后，在高维空间中有可能对训练数据实现超平面的分割，避免了在原输入空间中进行非线性曲面分割。

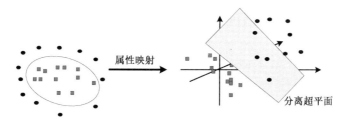

图 3-19　非线性映射将输入向量映射到高维特征空间

SVM 数据的分类函数是一组以支持向量为参数的非线性函数的线性组合，因此分类函数的表达式只与支持向量的数量有关，而独立于空间的维度。在处理高维输入空间的分类时，这种方法尤其有效。其工作原理如图 3-20 所示。

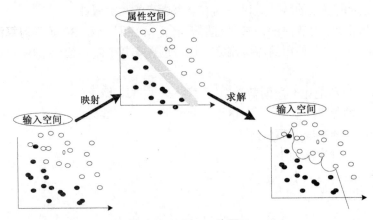

图 3-20　SVM 工作原理

假设样本属于两个类，用该样本训练 SVM 得到的最大间隔超平面，在超平面上的样本点称为支持向量，如图 3-21 所示。

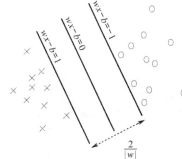

图 3-21　SVM 算法数学模型

我们考虑以下形式的样本点 $\{(x_1,c_1),(x_2,c_2),\cdots,(x_n,c_n)\}$。其中，$c_i$ 为 1 或-1，表示数据点属于哪个类，x_i 是一个 n 维向量，其每个元素都被缩放到[0,1]或[-1,1]，缩放的目的是防止方差大的随机变量主导分类过程。我们可以把这些数据称为训练数据，希望支持向量机能够通过一个超平面正确地把它们分开。超平面的数学形式为

$$wx - b = 0$$

根据几何知识，w 向量垂直于分类超平面，加入位移 b 的目的是增加间隔，如果没有 b，那么超平面将不得不通过原点，这样就限制了这个方法的灵活性。

由于我们要求最大间隔，因此需要知道支持向量及（与最佳超平面）平行的且离支持向量最近的超平面。这些平行超平面可以由以下一组方程来表示。

$$\begin{cases} wx - b = 1 \\ wx - b = -1 \end{cases}$$

如果这些训练数据是线性可分的，就可以找到这样两个超平面，在它们之间没有任何样本点，并且这两个超平面之间的距离最大。不难得到，这两个超平面之间的距离是 $2|w|^{-1}$，因此需要最小化 $|w|$，同时为了使得样本数据点都在超平面的间隔区以外，需要保证对于所有的 i 满足其中的一个条件

$$wx_i - b \geqslant 1 \quad \text{or} \quad wx_i - b \leqslant -1$$

可以统一写为

$$c_i(wx_i - b) \geqslant 1 \quad (1 \leqslant i \leqslant n)$$

现在寻找最佳超平面这个问题就变成了在这个约束条件下最小化 $|w|$，这是一个二次规划中的最优化问题。更清楚地，它可以表示为最小化 $(2|w|^2)^{-1}$，满足 $c_i(wx_i - b) \geqslant 1$ $(1 \leqslant i \leqslant n)$。

因子 1/2 是为了数学表达的方便加上的。

目前，用 SVM 构造分类器来处理海量数据面临以下两个困难。

① SVM 算法对大规模训练样本难以实施。由于 SVM 是借助二次规划来求解支持向量，而求解二次规划将涉及 m 阶矩阵的计算（m 为样本的个数），当 m 数目很大时，该矩阵的存储和计算将耗费大量的机器内存和运算时间。

② 用 SVM 解决多分类问题存在困难。经典的支持向量机算法只支持二类分类问题，实际应用中一般要解决多类分类问题，可以通过多个二类支持向量机的集成来解决，主要有一对多集成模式、一对一集成模式和 SVM 决策树，或者通过构造多个分类器的集成来解决。主要原理是克服 SVM 固有的缺点，结合其他算法的优势，解决多类问题的分类精度。

3.7 集成分类方法

集成分类方法是通过将多个分类方法聚集在一起来提高分类准确率和模型的稳定性，解决单个分类方法泛化能力弱的缺点，类似"三个臭皮匠赛过诸葛亮"，是一种群体智慧策略。分类方法使用一系列独立的模型对未知样本进行预测，然后把它们综合起来，集成为一个更好的模型。鉴于单个模型有时只得到局部最优结果或发生过度拟合，把多个模型综合起来的做法能够提高模型准确度和稳定性。实践证明，有些情况下，分类模型的预测能力比独立模型更强，因为单独的模型通常只捕获了数据的部分特性。因此，集成分类模型已经成为许多分类问题的重要方法，类似公司董事会、立法机构的各种代表委员会采用的决策模式。鉴于单独的成员总有一些偏见或个人意见，集体的仲裁比个人更准确些。同理，集成分类模型也能减少误差，克服单独模型的偏差。集成分类器是由训练数据构建的一组基分类器，通过对每个基分类器的预测进行投票来实现分类，如图 3-22 所示。其基本思想是，在原始数据集上构建多个分类器，然后在分类未知样本时，以投票策略集成它们的预测结果。集成分类器克服了单一分类器的诸多缺点，如对样本的敏感性，难以提高分类精度等。

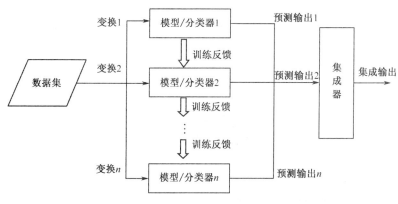

图 3-22　集成分类方法

构建集成分类器的一般过程可以描述如下。

令 D 表示原始训练数据集，k 表示基分类器的个数，Z 表示测试数据集

① for $i=1$ to k do

② 由 D 创建训练集 D_i

③ 由 D_i 创建基分类器 C_i

④ end for

⑤ for 每个测试样本 $x \in Z$ do

⑥ $C^*(x)=\text{Vote}[C_1(x),C_2(x),\cdots,C_k(x)]$

⑦ end for

集成分类器并不是简单地将数据集在多个不同分类器上重复训练，而是对数据集进行扰动，并且一个分类训练中的错误可以被下一个分类器利用。分类器预测错误原因之一就是未知的实例与所学习的实例的分布有所区别，通过扰动，分类器能学习到更一般的模型，从而消除单个分类器产生的偏差，得到更精准的模型。

构建集成分类器的常用方法如下。

① 通过处理训练数据集：根据某种抽样分布，通过对原始数据进行再抽样来得到多个训练集，然后使用特定的分类算法为每个训练集建立一个分类器。典型的处理训练数据集的组合方法有装袋（Bagging）和提升（Boosting）。

② 通过处理输入特征：通过选择输入特征的子集来形成每个训练集，对那些含有大量冗余特征的数据集的性能非常好。随机森林（Random Forest）就是一种处理输入特征组合与装袋相结合的方法。

③ 通过处理类标号：适用于类数足够多的情况。通过将类标号随机划分成两个不相交的子集 A_0 和 A_1，把训练数据变换为二类问题。类标号属于子集 A_0 的训练样本指派到类 0，而那些类标号属于子集 A_1 的训练样本指派到类 1。然后，使用重新标记过的数据来训练一个基分类器。重复重新标记类和构建模型步骤多次，就得到一组基分类器。当遇到一个检验样本时，使用每个基分类器 C_i 预测它的类标号。若检测样本被预测为类 0，则所有属于 A_0 的类都得到一票。若它被预测为类 1，则所有属于 A_1 的类都得到一票。最后统计选票，将检验样本指派到得票最高的类。

④ 通过处理学习算法：在同一个训练集上执行不同分类算法，而得到不同的分类模型。

下面详细介绍装袋（Bagging）、提升（Boosting）和随机森林（Random Forest）三类集成学习方法。

1．装袋（Bagging）

装袋，又称为自助投票，是一种根据均匀概率分布从数据中重复抽样（有放回）的技术。每个自助样本集都与原数据集一样大。由于抽样过程是有放回的，因此一些样本可能在同一个训练集中出现多次，而其他可能被忽略。在每个抽样生成的自助样本集上训练一个基分类器，对训练过的 k 个基分类器投票，将测试样本指派到得票最高的类。

装袋算法的基本描述如下。

算法：装袋算法

输入：大小为 N 的原始数据集 D，自助样本集的数目 k

输出：集成分类器 $C^*(x)$

① for $i=1$ to k do

② 通过对 D 有放回抽样，生成一个大小为 N 的自助样本集 D_i

③ 在自助样本集体 D_i 上训练一个基分类器 C_i

④ end for

⑤ $C^*(x) = \arg\max_y \sum_i \delta(C_i(x) = y)$ {若参数为真，则 $\delta(\cdot) = 1$，否则 $\delta(\cdot) = 0$}

为了说明装袋如何进行，下面以表 3-17 所示的 weather 数据集为例，分析装袋算法是如何对该数据集进行建模的。对{overcast, 83, 80, yes; ?}预测目标属性，即根据天气预报信息预测是否会有顾客来打球。这里基分类器选择 CART 算法。

表 3-17　网球顾客的历史数据

No.	outlook	Temperature	humidity	windy	play
1	sunny	85	85	no	no
2	sunny	80	90	yes	no
3	overcast	83	78	no	yes
4	rain	70	96	no	yes
5	rain	68	80	no	yes
6	rain	65	70	yes	no
7	overcast	64	65	yes	yes
8	sunny	72	95	no	no
9	sunny	69	70	no	yes
10	rain	75	80	no	yes
11	sunny	75	70	yes	yes
12	overcast	72	90	yes	yes
13	overcast	81	75	no	yes
14	rain	71	80	yes	no

解：生成 5 个随机数序列（1～14），然后进行 5 轮装袋，即相当于通过 Boostrap（自助抽样）有放回的抽样 5 次（以序号展示）。

第 1 轮：{1,2,2,3,8,8,8,10,12,12,12,13,13,14}。

第 2 轮：{5,7,8,8,8,10,11,12,12,12,13,13,13,14}。

第 3 轮：{2,2,3,4,4,5,5,7,8,9,10,14,14}。

第 4 轮：{2,3,3,4,4,8,8,9,10,10,10,11,11,12}。

第 5 轮：{2,2,3,3,3,5,7,8,8,10,11,12,13,14}。

以第 1 轮的数据集为例，装袋得到的数据集如表 3-18 所示。

表 3-18　第 1 轮装袋的数据集

No.	outlook	Temperature	humidity	windy	play
1	sunny	85	85	no	no
2	sunny	80	90	yes	no
2	sunny	80	90	yes	no
3	overcast	83	78	no	yes
8	sunny	72	95	no	no
8	sunny	72	95	no	no

No.	outlook	Temperature	humidity	windy	play
8	sunny	72	95	no	no
10	rain	75	80	no	yes
12	overcast	72	90	yes	yes
12	overcast	72	90	yes	yes
12	overcast	72	90	yes	yes
13	overcast	81	75	no	yes
13	overcast	81	75	no	yes
14	rain	71	80	yes	no

基于 5 轮装袋构建的 5 棵决策树如图 3-23 所示。

利用构建的决策树，集成 5 个模型的结果，最终预测 {overcast,83,80,yes;?} 的目标属性为 yes。

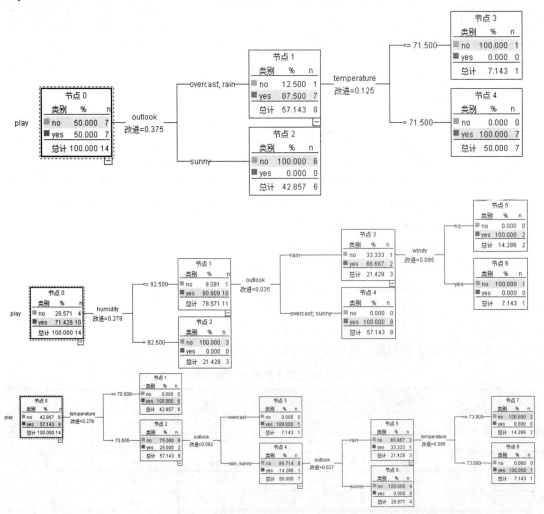

图 3-23　随机装袋方法生成的 5 棵树

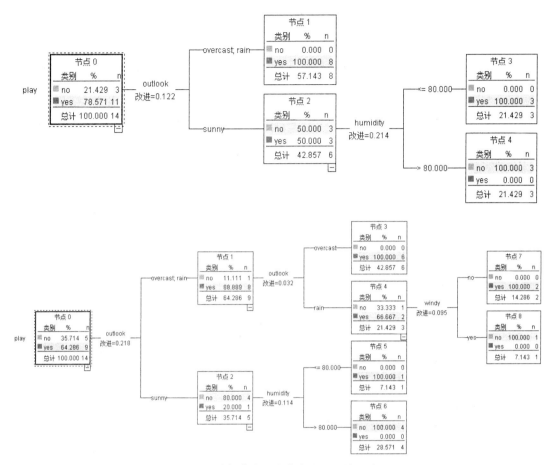

图 3-23　随机装袋方法生成的 5 棵树（续）

　　装袋通过降低基分类器的方差改善了泛化误差。装袋的性能依赖于基分类器的稳定性，若基分类器是不稳定的，则装袋会降低训练数据的随机波动导致的误差；若基分类器是稳定的，则集成分类器的误差主要是由基分类器的偏倚所引起的。另外，由于每个样本被选中的概率相同，因此装袋并不侧重于训练数据集中的任何特定实例。对于噪声数据，装袋受过度拟合的影响较小。

2．提升（Boosting）

　　提升是一个迭代的过程，用于自适应地改变训练样本的分布，使得基分类器聚焦在那些很难分的样本上。不像装袋，提升给每个训练样本赋予一个权值，而且可以在每轮提升过程结束时自动调整权值。训练样本的权值可以用于以下两方面：① 用作抽样分布，从原始数据集中提取出自主样本集；② 基分类器可以使用权值学习，有利于高权值样本的模型。

　　这里的算法利用样本的权值来确定其训练集的抽样分布。开始时，所有样本都赋予相同的权值 $1/N$，从而使得它们被选作训练的可能性都一样。根据训练样本的抽样分布来抽取样本，得到新的样本集。然后，由该训练集归纳一个分类器，并用它对原数据集中的所有样本进行分类。每轮提升结束时，更新训练集样本的权值。增加被错误分类的样本的权值，减小被正确分类的样本的权值，这迫使分类器在随后迭代中关注那些很难分类的样本。

　　装袋是一类最重要的集成分类方法，包括 AdaBoost（Adaptive Boosting）、GBDT（Gradient

Boosting Decision Tree）、XGBoost（eXtreme Gradient Boosting）等算法，具有可靠的理论基础、很好的分类精度、广泛和成功的应用。

3. 随机森林

什么是随机森林？打个比喻，森林中召开会议，讨论某个动物到底是老鼠还是松鼠，每棵树都要独立地发表自己对这个问题的看法，也就是每棵树都要投票。该动物到底是老鼠还是松鼠，要依据投票情况来确定，获得票数最多的类别就是森林的分类结果。这就是随机森林分类的基本思想。

随机森林就是将多棵决策树集成的算法，对于一个输入样本，k 棵树会有 k 个分类结果，将投票次数最多的类别指定为最终的输出类别。随机森林将若干弱分类器的分类结果进行投票选择，从而组成一个强分类器，使模型有更强的泛化能力（不用单棵决策树来做预测，具体哪个变量起到重要作用变得未知，所以改进了预测准确率，但损失了解释性）。随机森林只是对装袋的一些细节做了自己的规定和设计。相对于一般的装袋算法，随机森林会选择与训练集样本数 n 一致的样本量。经典的随机森林使用了 CART 决策树作为弱分类器，泛化的随机森林可以使用其他分类器（如 SVM、Logistics）作为弱分类器。

在生成每棵树的时候，每棵树的特征都是随机选出的少数特征，一般默认选取的特征量为特征总数 M 的开方。因此，不但记录是随机的，而且特征是随机的。由于样本随机性、特征随机性的引入，生成随机森林的决策树之间关联性比较弱，随机森林不容易陷入过度拟合，具有一定的抗噪声能力。

随机森林的优点：① 可以处理非线性数据，也不需要额外做剪枝；② 能够处理很高维度的数据，并且不用做特征选择；③ 对数据集的适应能力强，既能处理离散型数据，也能处理连续型数据，连续型数据不需规范化；④ 训练速度快，可以运用在大规模数据集上；⑤ 可以处理默认值（单独作为一类），不用额外处理；⑥ 由于每棵树可以独立生成，因此容易做成并行化方法。

随机森林算法描述

① 随机选择样本：从样本集中用有放回策略随机选取 n 个样本。

② 随机选择特征：从所有特征中随机选取 m 个不同属性，建立 CART 决策树。

③ 生成森林：重复以上两步 k 次，即建立 k 棵 CART 决策树，以形成随机森林。

④ 分类新对象：k 棵树通过投票表决结果，决定待分类对象数据属于哪一类（投票机制有一票否决制、少数服从多数、加权多数）。

注意： 在 n 个样本中有放回地抽取 n 个样本，会得到 $1-(1-1/n)^n$ 个无重复样本。如果 n 足够大，无重复样本存在的比例约为 $1-1/e=63.2\%$。

【例 3-11】 以表 3-1 所示的 weather 数据集为例，使用随机森林方法进行分类。总特征个数 $M=4$，取 $m=1$（假设每棵 CART 树对应一个不同的特征），构建 4 棵 CART 树。根据这 4 棵 CART 树的分类结果，对 {overcast, 83, 80, yes; ?} 预测目标属性，即根据天气预报信息预测是否会有顾客来打球。

解： 对 4 个属性分别构建 CART 树，设定最大深度为 4，如图 3-24 所示。

现在对 {overcast, 83, 80, yes; ?} 预测目标属性

tree1 预测结果为 yes。tree2 预测结果为 yes。tree3 预测结果为 yes。

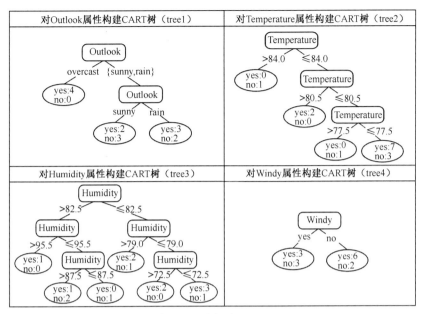

图 3-24　随机森林示例

tree4 预测结果为 yes（实际上 tree4 预测的结果是随机选一个，因为叶节点的 yes 和 no 的数目相等，这里选了在整体样本上出现概率较大的 yes）。

因此，对样本{overcast, 83, 80, yes; ?}的预测值为 yes。

集成分类器方法优点是：克服了单一分类器的诸多缺点，如对样本的敏感性，提高分类精度等。集成分类器方法缺点是：性能优于单个分类器的前提必须满足基分类器之间完全独立，但在实际应用中很难保证基分类器之间完全独立。

3.8　分类问题拓展

3.8.1　不平衡分类问题

所谓不平衡数据，是指在同一数据集中某些类的样本数远大于其他类的样本数，其中样本少的类为少数类（以下称为正类），样本多的类为多数类（以下称为负）。具有不平衡类分布的数据集出现在许多实际应用中，很多重要信息隐藏在少数类中。找出数据中相应的最有价值部分（如识别网络安全中的入侵行为，银行交易中的欺诈行为或洗钱行为，企业客户中的高风险客户与高价值客户等），可能给企业带来更多商业机会，或让企业规避风险和危机，避免或减少不必要的损失。

准确率经常被用来比较分类器的性能，然而在不平衡数据分类中，少数类的正确分类比多数类的正确分类更有价值，仅用准确率评价从不平衡数据集得到的分类模型并不合适。例如，若 1%的信用卡交易是欺诈行为，则预测每个交易都合法的模型具有 99%的准确率，尽管它检测不到任何欺骗交易。

由于准确率度量将每个类看得同等重要，因此可能不适合分析不平衡数据。为说明问题，这里仅考虑两类的不平衡分类问题。针对不平衡分类问题，重要的类别为"+"类，不重要的类为"-"类。表 3-19 通过混淆矩阵描述对象分类情况。在混淆矩阵中，主对角线上分别是被正确分类的正例个数（TP 个）和被正确分类的负例个数（TN 个），次对角线上依次是被错误分类的负例个数（FN 个）和被错误分类的正例个数（FP 个）。实际正例数 $P=TP+FN$，实际负例数 $N=FP+TN$，实例总数 $C=P+N$。这类问题并不关注正确分类的负例。

表 3-19　两类问题的混合矩阵

		预测类别	
		+	−
实际类别	+	正确的正例（TP）	错误的负例（FN）
	−	错误的正例（FP）	正确的负例（TN）

① 分类准确度（Accuracy）：表示对测试集分类时分类正确样本的百分比，即

$$Accuracy = \frac{正确预测数}{样本总数} = \frac{TP + TN}{C}$$

② 错误率（error rate）：错误分类的测试样本个数占测试样本总数的比例，即

$$Errorrate = 1 - Accuracy = 1 - \frac{TP + TN}{C} = \frac{FN + FP}{C}$$

③ 精度（precision）或真负率：定义为正确分类的正例个数占分类为正例的样本个数的比例，即

$$p = \frac{TP}{TP + FP}$$

④ 召回率（recall）或真正率：定义为正确分类的正例个数占实际正例个数的比例，即

$$r = \frac{被正确分类的正例样本个数}{实际正例样本个数} = \frac{TP}{TP + FN}$$

⑤ F_1 度量：表示精度和召回率的调和平均值，即

$$F_1 = \frac{2rp}{r + p}$$

F_1 度量趋向于接近精度和召回率中的较小者。

精度和召回率是评价不平衡数据分类模型的两个常用度量。可以构造一个基线模型，它最大化其中一个度量，而不管另一个。例如，将每个记录都声明为正类的模型具有完美的召回率，但精度很差；相反，将匹配训练集中任何一个正记录都指派为正类的模型具有很高的精度，但召回率很低。F_1 度量可以起到平衡两个度量的效果，高的 F_1 度量值确保精度和召回率都比较高。

许多数据挖掘方法在不平衡数据集上的性能不佳，因为少数类中的规律会被多数类中的规律所掩盖。一般的分类方法认为所有的错误分类代价是相同的，但在实际应用中不同类别的错分代价往往是不同的。针对不平衡数据的分类方法主要有两类：其一是通过抽样改变两个类别的记录比例，或插入合成新的小类样本，以平衡数据，如 SMOTE 方法；其二是引入代价敏感机制，通过代价最小化来分类数据，如 PNrule 方法。

3.8.2　半监督学习

标记大型训练集的成本很高，降低标记成本的方法是使用半监督学习，在少量标记数据的基础上建立分类模型，对未标记数据进行标记，多次迭代获得更多数据的标记。这里通过

一个简单案例来说明。假设一个包含 200 个对象的数据集，其中只有 30 个对象有类标记。第一轮，使用 30 个带标记的记录建立一个分类模型，然后将这个分类模型应用于 170 个未标记的记录，以预测它们的类标记，同时测量 170 个类标记预测的置信度水平，将置信度高的 30 个对象合并到带标签的训练集中，得到 60 个带标记的数据。第二轮，使用 60 个带标记的记录建立一个分类模型，然后将这个分类模型应用于 140 个未标记的记录，以预测其类标记，将置信度高的 40 个对象合并到带标签的训练集中，得到 100 个带标记的数据。重复操作，一直到所有训练对象都有一个类标记。

3.8.3　单类分类

一些分类任务的主要目标是识别特定类中的对象，通常称为"正常"类，这些任务称为单类或一元分类任务，在训练阶段只使用一个类的对象归纳分类模型。在测试阶段，不属于正常类的对象应该被模型标记为"不正常"或离群点。当从"不正常"类中获得的实例很少或获取实例比较困难、成本较高时，就会使用一元分类任务，如入侵监测、信用卡交易欺诈检测等。这与离群点检测任务非常类似。

3.8.4　多标签分类

所谓多标签分类，就是一个对象可以同时属于多个类，如新闻文本分类、音乐类型分类、视频情感分类。一篇文章既可以属于"经济"也可以属于"文化"。传统的分类算法无法处理多标签分类，需要转换处理，可以采用两类方法。第一类是将原来的多标签分类任务分解为单标签分类任务，这种转换既可以独立于所使用的分类算法，也可以依赖于分类算法；第二类方法需要修改单标签分类器的内部过程或设计新的算法。

3.8.5　层次分类

绝大多数分类任务是平面分类任务，但有些分类任务的类别之间具有层次关系，这些类构成了包含子类和超类的分级结构，如文本分类、歌曲风格分类、网页分类、图像分类等。

层次分类方法有两大类。第一类方法要求类别间的层次关系是显式的，层次分类器中除根结点外的每个结点分别对应原始类别中的一个类，在文本分类和生物系统分类等特定问题中较常见；第二类分类方法要求类别间的层次关系是隐式的，类别标签只出现在层次分类器的叶子结点层，中间结点上对应的类别由原始类别集合的子集组成。

层次分类器的定义包括类别层次和分类器两部分。类别层次决定多类问题的分解，层次分类器在类别层次的基础上进行组织，类别层次一般使用树或有向无环图（Directed Acyclic Graph，DAG）结构存储。

3.9　分类模型的评价

分类过程一般分为两步：第一步是利用分类算法对训练集进行学习，建立分类模型；第二步是利用建好的分类模型对类标号未知的测试数据进行分类。由于不同的分类方法可以得到不同的分类模型，我们需要知道，评价分类模型性能的标准有哪些？如何比较这些分类模型的好坏？后面详细介绍这些内容。

3.9.1 分类模型性能评价指标

比较不同的分类器时，需要参照的关键性能指标如下。

① 分类准确率：指模型正确地预测新的或先前未见过的数据的类标号的能力。通常，分类算法寻找的是分类准确率高的分类模型，一般可以满足分类器模型的比较。影响分类准确率的因素有训练数据集、记录的数目、属性的数目、属性中的信息、测试数据集记录的分布情况等。

② 计算复杂度：决定算法执行的速度和占用的资源，依赖于具体的实现细节和软/硬件环境。由于数据挖掘中的操作对象是海量的数据库，因而空间和时间复杂度将是非常重要的问题。

③ 可解释性：分类结果只有可解释性好，容易理解，才能更好地用于决策支持。结果的可解释性越好，算法受欢迎的程度越高。

④ 健壮性（或鲁棒性）：指在数据集中含有噪声和缺失值的情况下，仍具有较好的正确分类数据的能力。

⑤ 累积增益图：在给定的类别中显示，通过把个案总数的百分比作为目标"增益"的个案总数的百分比。对角线是"基线"曲线，曲线离基线的上方越远，增益越大，如图 3-25 所示。累积增益图通过选择对应于大量收益的百分比选择分类标准值，然后将百分比与适当分界值映射。

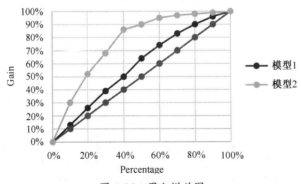

图 3-25　累积增益图

可以认为，模型的适当性是以上指标的一种综合衡量，而侧重点往往因具体领域和具体用户而异。例如，对于数据量特别大甚至不能存放入内存的数据集，分类算法的计算复杂度可伸缩性变得尤其重要，SLIQ、Raint 判定树归纳框架就是为了改善算法的可伸缩性而设计的。事实上，对于一个特定问题，如何在众多分类器中选择目前还没有统一标准，必须依赖于问题、数据和目标的特征。

3.9.2 分类模型的过度拟合

分类模型的误差大致分为两种：训练误差（Training Error）和泛化误差（Generalization

Error）。训练误差是在训练记录上错误预测分类样本的比例；泛化误差是模型在未知样本上的期望误差。

通常，我们希望通过分类算法学习后建立的分类模型能够很好地拟合输入数据中类标号与属性集之间的联系，还能正确地预测未知样本的类标号，就是分类准确率要高。所以，我们对分类算法的要求是，其建立的分类模型应该具有低训练误差和低泛化误差。

模型的过度拟合是指对训练数据拟合太好，即训练误差很低，但泛化误差很高，这将导致对分类模型未知记录分类的误差较高。

3.9.3 评估分类模型性能的方法

为了使分类结果更好地反映数据的分布特征，已经提出了许多评估分类准确率的方法，评估准确率的常用技术包括保持、随机子抽样、交叉验证和自助法等，都是基于给定数据的随机抽样划分来评估准确率的技术。

1. 保持方法

保持（Hold Out）方法是目前讨论准确率时默认的方法：以无放回抽样方式把数据集分为训练集和测试集（两个相互独立的子集）。其中，训练集用于构建分类器，而测试集用于评估分类器的性能。通常情况下，指定 2/3 的数据作为训练集，其余 1/3 的数据作为测试集，如图 3-26 所示。

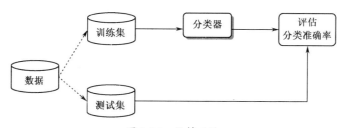

图 3-26 保持方法

2. 随机子抽样

随机子抽样（Random Subsampling）方法可以看成保持方法的多次迭代，并且每次都要把数据集分开，随机抽样形成测试集和训练集。

① 以无放回抽样方式从数据集 D 中随机抽取样本，这些样本形成新的训练集 D_1，其余样本形成测试集 D_2。通常，D 中的 2/3 数据作为 D_1，而剩下的 1/3 数据作为 D_2。

② 用 D_1 来训练分类器，用 D_2 来评估分类准确率。

③ 步骤①和②循环 k 次，k 越大越好。

总准确率估计取 k 次迭代准确率的平均值。

随机子抽样方法与保持方法有同样的问题，因为在训练阶段没有利用尽可能多的数据。并且，由于它没有控制每个记录用于训练和测试的次数，因此有些样本用于训练可能比其他样本更加频繁。

3. k-折交叉验证

k-折交叉验证（k-fold Cross-Validation）方法是将初始数据集随机划分成 k 个互不相交的子集 $D_1, D_2, \cdots, D_k$，每个子集的大小大致相等，然后进行 k 次训练和检验过程。

第 1 次，使用子集 $D_2, D_3, \cdots, D_k$ 一起作为训练集来构建模型，并在 D_1 子集上检验。

第 2 次，使用子集 $D_1, D_3, \cdots, D_k$ 一起作为训练集来构建模型，并在 D_2 子集上检验。

······

在第 i 次迭代，使用子集 D_i 检验，其余子集一起用于训练模型。

以此类推，直到每个划分都用于一次检验。

k-折交叉验证方法的一种特殊情况是令 $k=N$（N 为样本总数），这样每个检验集只有一个记录，被称为留一方法（leave-one-out）。留一方法的优点是使用尽可能多的训练记录，而且检验集之间是互斥的，有效地覆盖了整个数据集。留一方法的缺点是整个过程重复 N 次，计算开销很大；因为每个检验集只有一个记录，性能估计度量的方差偏高。

与保持和随机子抽样方法不同，这里每个样本用于训练的次数都为 $k-1$ 次，并且用于检验一次。较常用的是 10-折交叉验证，因为具有相对较低的偏倚和方差。k-折交叉验证方法通常应用于数据集规模不太大的场合。

3.10 回归分析

回归分析（Regression Analysis）是指研究一个变量关于另一个（些）变量的具体依赖关系的计算方法和理论，是进行数据分析以解释关联和因果关系的统计方法。回归分析基于一个变量或更多其他变量的变化，来解释另一个变量的变化。其中，被解释的变量称为因变量（Dependent Variable）或目标变量，用于解释因变量变化的变量称为自变量（Independent Variable）或回归变量。运用回归分析，从一组样本数据出发，确定变量之间的函数关系式，对这些关系式的可信程度进行统计检验，并从影响某一特定变量的诸多变量中找出哪些变量的影响显著，哪些不显著；判别自变量能够在多大程度上解释因变量；利用所求的关系式，根据一个或几个变量的取值来预测或控制另一个特定变量的取值，并给出这种预测或控制的精确程度。

回归分析是进行定量分析、统计预测的一种重要手段，依据事物内部因素变化来预测事物未来的发展趋势，在社会经济各领域有着广泛应用，可用于解释市场占有率、销售额、品牌偏好及市场营销效果。在许多实际问题当中，需要研究多个变量之间的相关关系，如产出往往受各种投入要素——资本、劳动力、技术等的影响；某种产品的销售额不仅受到投入的广告费用的影响，还与产品的价格、消费者的收入状况、社会保有量和其他可替代产品的价格等诸多因素有关系。

依据描述自变量与因变量之间关系的函数表达式是线性的还是非线性的，回归分析分为线性回归分析和非线性回归分析。线性回归分析是最基本的分析方法，遇到非线性回归问题可以借助数学手段化为线性回归问题处理。这里主要介绍线性回归、特殊的非线性回归和二元逻辑回归，并通过简化的案例说明原理的应用。其中，线性回归的目标属性是数值型的，用于预测目标属性的取值；逻辑回归的目标属性是分类型的，用于对目标属性的分类。

3.10.1 多元线性回归模型

1. 多元线性回归模型的表示

假设连续随机变量 y（因变量）和自变量 $x_1, x_2, \cdots, x_k$。我们的目的是已知自变量的值，

要用关于自变量的线性方程预测因变量的值。模型可以表示为

$$y = \beta_0 + \beta_1 x_1 + \beta_2 x_2 + \cdots + \beta_k x_k + \varepsilon$$

其中，ε 是"噪声"变量，称为随机误差项，是均值为 0、标准差为 δ（值未知）的正态随机变量，这些系数的值也是未知的，需要从得到的数据估计这 $k+2$ 个未知参数的值。

对于已知的 n 行观测数据 $y_i, x_{i1}, x_{i2}, \cdots, x_{ik}$（$i = 1, 2, \cdots, n$），使用最小二乘法估计参数，即通过使得预测值和观测值之间的偏差平方和最小化来对系数 β 进行估计。偏差平方和表示为

$$\sum_{i=1}^{n} [y_i - (\beta_0 + \beta_1 x_{i1} + \beta_2 x_{i2} + \cdots + \beta_k x_{ik})]^2$$

使上式最小化的系数记为 $\hat{\beta}_0, \hat{\beta}_1, \cdots, \hat{\beta}_k$。得到这些估计值后，就可根据已知自变量的值 $x_1, x_2, \cdots, x_k$ 预测因变量的值 $\hat{y}$。预测值的公式为

$$\hat{y} = \hat{\beta}_0 + \hat{\beta}_1 x_1 + \hat{\beta}_2 x_2 + \cdots + \hat{\beta}_k x_k$$

计算出 δ^2 的无偏估计 $\hat{\delta}^2$

$$\hat{\delta}^2 = \frac{1}{n - (k+1)} [y_i - (\beta_0 + \beta_1 x_{i1} + \beta_2 x_{i2} + \cdots + \beta_k x_{ik})]^2$$

$$= \frac{\text{残差平方和}}{\text{观测记录数} - \text{参数个数}}$$

多元线性回归模型基于如下假设：① 自变量 x_i 之间互不相关，即无多重共线性；② 随机误差项不存在序列相关关系；③ 随机误差项与自变量之间不相关；④ 随机误差项服从 0 均值、同方差的正态分布。

在多元线性回归方程中，由于各自变量的单位不同，得到的回归系数也就有不同的量纲，因此回归系数的大小只能表明自变量与因变量在数量上的关系，而不能表示各自变量在回归方程中的重要性。要比较各自变量的重要性，必须消除度量单位的影响。为此，在做线性回归时需要对变量做标准化变换，由此得到的回归系数被称为标准化系数。

标准化的回归模型为

$$\frac{y - \bar{y}}{\sigma_y} = \beta_1' \frac{x_1 - \bar{x}_1}{\sigma_{x_1}} + \beta_2' \frac{x_2 - \bar{x}_2}{\sigma_{x_2}} + \cdots + \beta_k' \frac{x_k - \bar{x}_k}{\sigma_{x_k}} + \varepsilon$$

其中，σ_y 是因变量 y 的标准差，σ_{x_i} 是自变量 x_i 的标准差。

标准化系数的含义是当自变量增加一个单位时，因变量应增加或减少的单位数。它与原来未标准化的系数之间的关系为

$$\hat{\beta}_i' = \hat{\beta}_i \frac{\sigma_{x_i}}{\sigma_y} \quad (i = 1, 2, \cdots, k)$$

2. 多元线性回归模型的检验

回归方程的显著性检验用来考察所选用的自变量 $x_1, x_2, \cdots, x_k$ 的线性函数是否的确对因变量 y 起到了解释作用，包括拟合优度检验、线性关系检验和回归参数 t 检验。

先引入一组记号，$\text{TSS} = \sum_{i=1}^{n} (y_i - \bar{y})^2$ 表示总的偏差平方和，$\text{ESS} = \sum_{i=1}^{n} (\hat{y}_i - \bar{y})^2$ 表示回归平方和，$\text{RSS} = \sum_{i=1}^{n} (y_i - \hat{y}_i)^2$ 表示残差平方和，三者之间的关系是 $\text{TSS} = \text{RSS} + \text{ESS}$。

（1）拟合优度检验

拟合优度检验量 $R^2 = 1 - \dfrac{\text{RSS}}{\text{TSS}} = \dfrac{\text{ESS}}{\text{TSS}}$，该统计量越接近于 1，模型的拟合优度越高。

（2）线性关系的显著性检验

线性关系检验，也称为总体显著性检验，主要是检验因变量同多个自变量的线性关系是否显著。采用检验统计量 $F = \dfrac{\text{ESS}/k}{\text{RSS}/(n-k-1)}$ 来度量，服从 F 分布 $F(k, n-k-1)$。F 值越大，因变量与自变量之间的线性关系在总体上越显著。

（3）回归参数的显著性检验

对于参数 β_i，采用统计量 $t_i = \dfrac{\hat{\beta}_i}{s_{\hat{\beta}_i}}$，其中 $s_{\hat{\beta}_i}$ 是回归参数 $\hat{\beta}_i$ 的抽样分布的标准差。

$$s_{\hat{\beta}_i} = \frac{\sqrt{\dfrac{\text{RSS}}{n-k-1}}}{\sqrt{\displaystyle\sum_{i=1}^{n} x_i^2 - \frac{1}{n}\left(\sum_{i=1}^{n} x_i\right)^2}}$$

统计量 t_i 服从自由度为 $n-k-1$ 的 t 分布，t_i 越大对应参数越显著。

【例 3-12】 一家皮鞋零售店将其连续 18 个月的库存占用资金情况、广告投入的费用、员工薪酬及销售额等方面的数据做了一个汇总，如表 3-20 所示。

表 3-20 皮鞋销售相关数据

月份	库存资金额 x_1（万元）	广告投入 x_2（万元）	员工薪酬总额 x_3（万元）	销售额 y（万元）
1	75.2	30.6	21.1	1090.4
2	77.6	31.3	21.4	1133.0
3	80.7	33.9	22.9	1242.1
4	76.0	29.6	21.4	1003.2
5	79.5	32.5	21.5	1283.2
6	81.8	27.9	21.7	1012.2
7	98.3	24.8	21.5	1098.8
8	67.7	23.6	21.0	826.3
9	74.0	33.9	22.4	1003.3
10	151.0	27.7	24.7	1554.6
11	90.8	45.5	23.2	1199.0
12	102.3	42.6	24.3	1483.1
13	115.6	40.0	23.1	1407.1
14	125.0	45.8	29.1	1551.3
15	137.8	51.7	24.6	1601.2
16	175.6	67.2	27.5	2311.7
17	155.2	65.0	26.5	2126.7
18	174.3	65.4	26.8	2256.5

该皮鞋店的管理人员试图根据这些数据找到销售额与其他三个变量之间的关系，以便进行销售额预测，并为未来的预算工作提供参考。试根据这些数据建立回归模型。如果未来某月库存资金额为 150 万元，广告投入预算为 45 万元，员工薪酬总额为 27 万元，试根据建立的回归模型预测该月的销售额。

解：利用回归分析的进入法得到的回归方程为

$$y = 162.1 + 7.274x_1 + 13.957x_2 - 4.4x_3$$

用逐步法得到的回归方程为 $y = 36.95 + 7.109x_1 + 13.68x_2$

再使用 18 条记录作为验证数据，应用得到的回归方程于验证数据中，给出的预测值和误差如表 3-21 所示。

表 3-21 验证数据的预测结果

月份	库存资金额 x_1（万元）	广告投入 x_2（万元）	员工薪酬总额 x_3（万元）	销售额 y（万元）	进入法 y 的预测值	进入法预测偏差	逐步法 y 的预测值	逐步法预测偏差
1	75.2	30.6	21.1	1090.4	1043.312	−47.088	1040.155	−50.245
2	77.6	31.3	21.4	1133.0	1069.2195	−63.7805	1066.792	−66.208
3	80.7	33.9	22.9	1242.1	1121.4571	−120.643	1124.398	−117.702
4	76.0	29.6	21.4	1003.2	1033.8542	30.6542	1032.162	28.962
5	79.5	32.5	21.5	1283.2	1099.3485	−183.852	1096.716	−186.485
6	81.8	27.9	21.7	1012.2	1050.9965	38.7965	1050.138	37.938
7	98.3	24.8	21.5	1098.8	1128.6308	29.8308	1125.029	26.229
8	67.7	23.6	21.0	826.3	891.498	65.198	891.077	64.777
9	74.0	33.9	22.4	1003.3	1074.9213	71.6213	1076.768	73.468
10	151.0	27.7	24.7	1554.6	1538.3659	−16.2341	1539.345	−15.255
11	90.8	45.5	23.2	1199.0	1355.5057	156.5057	1354.887	155.887
12	102.3	42.6	24.3	1483.1	1393.8414	−89.2586	1396.969	−86.131
13	115.6	40.0	23.1	1407.1	1459.5774	52.4774	1455.950	48.850
14	125.0	45.8	29.1	1551.3	1582.5036	31.2036	1602.119	50.819
15	137.8	51.7	24.6	1601.2	1777.7571	176.5571	1773.826	172.626
16	175.6	67.2	27.5	2311.7	2256.2878	−55.4122	2254.586	−57.114
17	155.2	65.0	26.5	2126.7	2081.5928	−45.1072	2079.467	−47.233
18	174.3	65.4	26.8	2256.5	2224.789	−31.711	2220.721	−35.779
平均值					1399.081	−0.0134	1398.950	−0.1441
标准差					432.310	91.102	432.231	91.263

两个预测模型的平均误差都很小，因此预测可以看成无偏的。方差分析的结论说明在指定水平下回归方程是显著的。

如果未来某月库存资金额为 150 万元，广告投入预算为 45 万元，员工薪酬总额为 27 万元，那么进入法可以预测销售额为 $y=162.1+7.274×150+13.957×45-4.4×27=1762.465$ 万元。

逐步法可以预测销售额为 $y=86.95+7.109×150+13.68×45=1768.9$ 万元。

从建立的回归方程来看，员工薪酬总额 x_3 与库存资金额 x_1、广告投入 x_2 之间存在相关性，建立回归方程时可以不使用该变量（逐步法就过滤了该变量）。

3.10.2 非线性回归

在实际中经常遇到变量之间的关系不能用线性关系来描述，此时有三种策略来处理这类问题。

策略一，知道变量之间的函数关系，直接利用偏差平方和最小化的思想建立非线性回归方程。通过研究对象的物理背景或散点图可帮助我们选择适当的非线性回归方程类型。

策略二，通过函数变换把非线性回归问题转化为线性回归问题来解决。例如，对于指数函数 $y = \alpha e^{\beta x}$、幂函数 $y = \alpha x^{\beta}$、双曲线函数 $y = \dfrac{x}{\alpha x + \beta}$、对数函数 $y = \alpha + \beta \lg x$、S 型曲线 $y = \dfrac{1}{\alpha + \beta e^{-x}}$、多项式 $y = b_0 + b_1 x + b_2 x^2 + \cdots + b_n x^n$ 等关系，都可以通过适当变换将模型转为多元线性回归来分析。一般的函数可以利用多项式近似转化为多元线性回归，这就产生了多项式回归（Polynomial Regression）。

注意，并非所有的非线性模型都可以化为线性模型。

策略三，通过将自变量划分成多个不相交的区域，在每个区域上建立线性回归方程，在需要预测时，先确定预测变量所在区域，再选取对应的回归方程进行预测。正如高等数学中的分段函数。

常用的非线性回归方程的好坏评价标准有两个。

① 拟合优度 $R^2 = 1 - \dfrac{\sum (y_i - \hat{y}_i)^2}{\sum (y_i - \overline{y})^2}$，越大越好。

② 剩余标准差 $s = \sqrt{\dfrac{\sum (y_i - \hat{y}_i)^2}{n-2}}$，越小越好。

这两个评价标准是一致的，只是从两个侧面进行评价。下面通过一个案例来说明。

【例 3-13】 对于一组变量 (y, x) 的观测值如表 3-22 所示，求 y 关于 x 的回归方程。

表 3-22　例 3-13 实验数据

序　号	x	y	序　号	x	y
1	−1	0.60	11	3.55	5.40
2	−0.95	0.84	12	4.05	6.51
3	−0.45	0.24	13	4.55	6.14
4	0.05	0.54	14	5.05	11.23
5	0.55	0.93	15	5.55	14.73
6	1.05	2.06	16	6.05	19.27
7	1.55	0.66	17	6.55	26.35
8	2.05	4.40	18	7.05	35.30
9	2.55	1.32	19	7.55	45.93
10	3.05	2.24	/		

解：策略一，根据表中数据作散点图如 3-27 所示。

可知，y 与 x 之间有类似 $y = ae^{bx}$ 的函数关系。作变换 $z = \ln y = \ln a + bx$，则 z 与 x 之间是线性关系。求得线性回归方程为 $z = -0.4054 + 0.5456x$，再换回原变量，得 $\hat{y} = e^{-0.4054 + 0.5466x} = 0.67 e^{0.5466x}$

策略二，逐步法建立多项式回归方程：
$$y = 1.62 - 0.409x^2 + 0.1539x^3 \text{ 或 } y = 1.424 + 0.01369x^4$$

策略三，将自变量分成两段，在每段上作线性回归方程，结果如下。

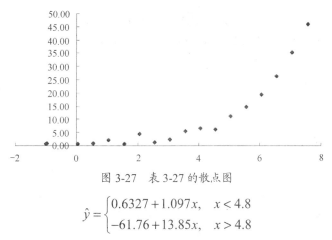

图 3-27 表 3-27 的散点图

$$\hat{y} = \begin{cases} 0.6327 + 1.097x, & x < 4.8 \\ -61.76 + 13.85x, & x > 4.8 \end{cases}$$

4 个方程的拟合优度和剩余标准差如表 3-23 所示。可见，这里多项式回归的效果略好。

表 3-23　例 3-13 的 4 个回归方程的性能对比

方　程	偏差平方和	拟合优度 R^2	剩余标准差 s
$\hat{y} = 0.67e^{0.5466x}$	55.948	0.982	1.814
$y = 1.62 - 0.409x^2 + 0.1539x^3$	28.158	0.991	1.297
$y = 1.424 + 0.01369x^4$	20.436	0.993	1.096
$\hat{y} = \begin{cases} 0.6327 + 1.097x, & x < 4.8 \\ -61.76 + 13.85x, & x > 4.8 \end{cases}$	52.485	0.983	1.757

【例 3-14】　表 3-24 列出了某城市 18 位 35～44 岁经理的年平均收入为 x_1 千元，风险偏好度 x_2 和人寿保险费 y 千元的数据，其中风险偏好度是根据每个经理的问卷调查表综合评估得到的，它的数值越大就越偏爱高风险。研究人员想研究此年龄段中的经理所投保的人寿保险额与年收入及风险偏好度之间的关系。研究者预计，经理的年收入和人寿保险费之间存在着二次关系，并有把握地认为风险偏好度对人寿保险费有线性效应，但风险偏好度对人寿保险费是否有二次效应，以及两个自变量是否对人寿保险费有交互效应，无法判断。

试根据表中数据建立合适的回归模型，验证上面的看法，并给出进一步的分析。

表 3-24　例 3-14 实验数据

序　号	y	x_1	x_2	序　号	y	x_1	x_2
1	196	66.29	7	10	49	37.408	5
2	63	40.964	5	11	105	54.376	2
3	252	72.996	10	12	98	46.186	7
4	84	45.01	6	13	77	46.13	4
5	126	57.204	4	14	14	30.366	3
6	14	26.852	5	15	56	39.06	5
7	49	38.122	4	16	245	79.38	1
8	49	35.84	6	17	133	52.766	8
9	266	75.796	9	18	133	55.916	6

解：构建新变量 x_1^2，$x_1 * x_2$，x_2^2，采用逐步回归最终得到的回归方程为

$$\hat{y} = -62.35 + 0.8396 x_1 + 5.685 x_2 + 0.03708 x_1^2, \quad R^2 = 1, \quad F = 11070.294, \quad s^2 = 3.252$$

从建立的回归方程结果表明经理的年收入和人寿保险之间存在着二次关系，风险偏好度对人寿保险费有线性效应；风险偏好度对人寿保险费不存在二次效应，两个自变量对人寿保险费没有交互效应。

3.10.3　逻辑回归

逻辑回归（Logistic Regression），也称为定性变量回归，是根据输入值域对记录进行分类的统计方法。逻辑回归拓展了多元线性回归的思想，但是目标变量使用分类型字段，而不是数值型字段。自变量 $x_1, x_2, \cdots, x_m$ 可以是分类变量、连续变量或者二者的混合类型。

逻辑回归建立一组方程，把输入值域与目标变量每类的概率联系起来。一旦生成模型，便可用于估计新数据的概率。对于每个记录，计算其从属于每种可能输出类的概率，概率最大的目标类被指定为该记录的预测类，类似朴素贝叶斯分类方法。逻辑回归有两种：一种是二元逻辑回归，即目标变量的值只有两种类别，这种类型比较常见；另一种是多元逻辑回归，即目标变量的值可以有多于两种类别。逻辑回归模型的用途主要有两个：其一是寻找对目标变量某一类别影响最大的输入变量；其二是进行预测，若已经建立了逻辑回归模型，则可以根据模型预测在不同的自变量情况下，发生某种情况的概率有多大，进而判定其类别。本节主要讨论二元逻辑回归。

1. 二无逻辑回归模型

设目标变量 y 是 $0 \sim 1$ 型随机变量，$x_1, x_2, \cdots, x_k$ 是 k 个自变量，$p = p(y = 1 | x_1, x_2, \cdots, x_k)$，那么，变量 y 关于变量 $x_1, x_2, \cdots, x_k$ 的逻辑回归模型是

$$p = p(y = 1 | x_1, x_2, \cdots, x_k) = \frac{e^{\beta_0 + \beta_1 x_1 + \cdots + \beta_k x_k}}{1 + e^{\beta_0 + \beta_1 x_1 + \cdots + \beta_k x_k}}$$

另一种表示形式为

$$z = \text{logit}(p) = \ln\left(\frac{p}{1-p}\right) = \beta_0 + \beta_1 x_1 + \cdots + \beta_k x_k$$

其中，$\beta_0, \beta_1, \cdots, \beta_k$ 是待估参数。它给出变量 $z = \text{logit}(p)$ 关于 $x_1, x_2, \cdots, x_k$ 的线性函数。

注意：对于二无逻辑回归模型，$y = 0$ 的模型是

$$p(y = 0 | x_1, x_2, \cdots, x_k) = 1 - p(y = 1 | x_1, x_2, \cdots, x_k)$$

对于单变量 x 的逻辑回归模型为

$$P(y = 1 | x) = \pi(x) = \frac{e^{\alpha + \beta x}}{1 + e^{\alpha + \beta x}} = \frac{1}{1 + e^{-(\alpha + \beta x)}}$$

其曲线是 S 型，如图 3-28 所示。

2. 逻辑回归模型的系数估计

（1）分组数据情形

在对因变量进行的 n 次观测 y_j $(j = 1, 2, \cdots, n)$ 中，若在相同的 $(x_{i1}, x_{i2}, \cdots, x_{ik})$ 处进行多次重复观测，则可用样本比例对 p_i 进行估计，这种结构的数据称为分组数据，分组个数记为 c。将 p_i 的估计值 $\hat{p}_i$ 代替 p_i，并记

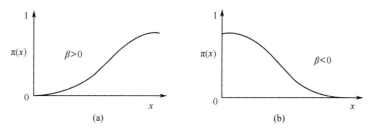

图 3-28　逻辑回归模型对应的曲线

$$y_i^* = \ln\left(\frac{p_i}{1-p_i}\right) \quad (i=1,2,\cdots,c)$$

则线性模型为

$$y_i^* = \beta_0 + \sum_{j=1}^{k}\beta_j x_{ij} + \varepsilon_i \quad (i=1,2,\cdots,c)$$

利用线性回归得到参数的最小二乘估计 $\hat{\beta} = (\hat{\beta}_0, \hat{\beta}_1, \hat{\beta}_2, \cdots, \hat{\beta}_m)$。

（2）非分组数据情形

设 y 是 $0\sim 1$ 型随机变量，$x_1, x_2, \cdots, x_k$ 是对 y 的取值有影响的自变量。在 $(x_{i1}, x_{i2}, \cdots, x_{ik})$ $(i=1,2,\cdots,n)$ 处分别对 Y 进行了 n 次独立观测 Y_i $(i=1,2,\cdots,n)$，即第 i 次观测值为 y_i。显然，Y_i $(i=1,2,\cdots,n)$ 是相互独立的贝努利随机变量，其概率分布为

$$P(Y_i = y_i) = p_i^{y_i}(1-p_i)^{1-y_i} \quad (y_i = 0 \text{ 或 } 1)$$

于是 $y_1, y_2, \cdots, y_n$ 的似然函数为

$$L(Y,p) = \prod_{i=1}^{n} P(Y_i = y_i)$$

$$= \prod_{i=1}^{n} p_i^{y_i}(1-p_i)^{1-y_i}$$

对数似然函数为

$$\ln L(Y,p) = \sum_{i=1}^{n}[y_i \ln p_i + (1-y_i)\ln(1-p_i)]$$

$$= \sum_{i=1}^{n}[y_i \ln \frac{p_i}{1-p_i} + \ln(1-p_i)]$$

根据逻辑回归模型，p_i 与 $(x_{i1}, x_{i2}, \cdots, x_{ik})$ $(i=1,2,\cdots,n)$ 之间的关系为

$$p_i = \frac{\exp(\beta_0 + \beta_1 x_{i1} + \cdots + \beta_k x_{ik})}{1 + \exp(\beta_0 + \beta_1 x_{i1} + \cdots + \beta_k x_{ik})}$$

其中，β_j $(j=0,1,\cdots,k)$ 是待估计参数。于是

$$\ln L(Y,p) = \sum_{i=1}^{n}[y_i(\beta_0 + \sum_{j=1}^{k}\beta_j x_{ij}) - \ln(1 + \exp(\beta_0 + \sum_{j=1}^{k}\beta_j x_{ij}))]$$

使得 $\ln L(Y,p)$ 达到最大值的 $\hat{\beta}_0, \hat{\beta}_1, \cdots, \hat{\beta}_k$ 就是 $\beta_0, \beta_1, \cdots, \beta_k$ 的极大似然估计，其计算比较复杂，使用统计软件中的逻辑回归过程可以求得极大似然估计。

3. 显著性检验

逻辑回归方程的显著性检验包括线性关系检验和回归系数检验两方面。下面讨论逻辑

回归模型中自变量是否与目标变量间显著相关的显著性检验问题。

（1）回归系数的显著性检验

逻辑回归参数显著性检验的目的是检验模型中的各自变量是否与 $\ln\left(\dfrac{p}{1-p}\right)$ 有显著线性关系，即对解释 $\ln\left(\dfrac{p}{1-p}\right)$ 是否有重要贡献。对回归系数进行显著性检验时，通常使用 Wald 检验。

参数 $\beta_i\,(i=1,2,\cdots,k)$ 的 Wald 统计量定义为 $W=\left[\hat{\beta}_j/S_{\hat{\beta}_j}\right]^2$。其中，$S_{\hat{\beta}_j}$ 为 $\hat{\beta}_j$ 的标准误差。这个单变量 Wald 统计量服从自由度为 1 的 χ^2 分布。

Wald 统计量越大，自变量 β_i 与 $\ln\left(\dfrac{p}{1-p}\right)$ 之间的关系显著，应该保留在回归方程中。

（2）线性关系的显著性检验

逻辑回归方程线性关系的显著性检验是检验全体自变量与 $\ln\left(\dfrac{p}{1-p}\right)$ 的线性关系是否显著。

由于逻辑回归方程求解参数是采用最大似然估计方法，因此对回归方程的显著性也通过似然函数来判断。似然函数值是在假设拟合模型成立的条件下，能够观测到这一特定样本的概率。最大似然函数值 L 是一个 $[0,1]$ 很小的数，对 L 取对数后得到的 $\ln(L)$ 必然小于 0。所以，通常将 L 取对数后再乘 -2，即 $-2\ln(L)$，值越大，意味着回归模型的似然值越小，模型的拟合程度越差；值越小，意味着回归模型的似然值越大，似然值越接近于 1，模型的拟合程度越好；若似然值等于 1，则表示模型完全拟合了观测值。

在检验逻辑回归模型时，通常将回归模型与截距模型相比较。截距模型是指如下形式的模型

$$\ln\frac{p}{1-p}=\beta_0 \quad （\beta_0\text{为常数}）$$

该模型没有引入任何自变量，它的似然值最小，是一个"不好"的模型。以截距模型作为"基准"，比较当模型中引入了自变量后新的模型与数据的拟合水平是否差别显著。差别越大，说明新的模型越有效。

线性关系的显著性检验步骤如下。

① 定义截距模型，用 L_0 表示截距模型的似然值。

② 构造对数似然比（Likelihood Ratio Test）统计量 G^2 为

$$G^2=2\ln\left(\frac{L}{L_0}\right)=(-2\ln L_0)-(-2\ln L)$$

③ G^2 近似服从自由度为 k 的 χ^2 分布。

④ 统计量 G^2 越大说明自变量全体与 $\ln\left(\dfrac{p}{1-p}\right)$ 之间的线性关系越显著。

【例 3-15】 在一次住房展销会上，与房地产商签订初步购房意向书的共 n 名顾客，在随后的 3 个月的时间内只有一部分顾客确实购买了房屋。购买了房屋的顾客记为 1，没有购

买的顾客记为 0。以顾客的家庭年收入为自变量 x，按照家庭年收入分成 9 组，如表 3-25 所示。房地产商希望能建立签订意向的顾客最终真正买房的概率与家庭年收入间的关系式，以便分析家庭年收入的不同对最终购买住房的影响（设 $n=325$）。

表 3-25 签订购房意向和最终买房的客户数据

序号	年家庭收入 x（万元）	签订意向书人数 n_i	实际购房人数 m_i	实际购房比例 $p_i = \dfrac{m_i}{n_i}$
1	1.5	25	8	0.32
2	2.5	32	13	0.4063
3	3.5	58	26	0.4483
4	4.5	52	22	0.4231
5	5.5	43	20	0.4651
6	6.5	39	22	0.5641
7	7.5	28	16	0.5714
8	8.5	21	12	0.5714
9	9.5	15	10	0.6667

解： 以顾客家庭年收入为自变量 x，建立逻辑回归模型。逻辑回归方程为

$$p_i = \frac{\exp(\beta_0 + \beta_1 x_i)}{1 + \exp(\beta_0 + \beta_1 x_i)} \quad (i = 1, 2, \cdots, c)$$

其中，c 为分组数据的组数，本例中 $c = 9$。

做逻辑变换 $p_i' = \ln\left(\dfrac{p_i}{1 - p_i}\right)$，变换后得到线性模型 $p_i' = \beta_0 + \beta_1 x_i + \varepsilon_i$。

利用表 3-25 的数据，最终得到线性回归方程 $\hat{p}' = -0.8863 + 0.1558x$。

判定系数 $R^2 = 0.924$，显著性检验 p 值接近于 0，线性回归方程高度显著。

最终得到逻辑回归方程为

$$\hat{p} = \frac{1}{1 + \exp(0.8863 - 0.1558x)}$$

由回归方程可知，家庭年收入 x 越高，$\hat{p}$ 越大，即签订意向后真正购买的概率就越大。对于一个家庭年收入为 9 万元的客户，将 $x = 9$ 代入回归方程，得

$$\hat{p} = \frac{1}{1 + \exp(0.8863 - 0.1558 * 9)} = 0.6309$$

即家庭年收入为 9 万的客户，签订意向后约有 63.09% 的人会真正买房。

3.11 综合案例：信用风险分析

本案例数据来自德国某银行的客户贷款业务的消费数据。该银行频繁发生客户长期拖欠贷款、因企业破产而无法交还贷款和贷款欺诈等众多不良贷款现象，致使该银行在贷款业务中蒙受巨大损失，从而使其财务风险和营运风险大大增加，因此银行急需利用技术手段对未来申请贷款的客户进行信用风险评估，若评估的结果为该客户的信用等级良好，则批准该申请，否则拒绝该申请，以免日后遭到不良贷款引起的损失。

1. 业务理解

从其商业背景可知，银行需要对未来申请贷款的客户进行相应的信用风险分析，从而决定是否批准该客户的贷款申请。

信用风险分析需要建立在一个具有较高预测准确度的分类预测模型基础上，以便使信用风险分析的结果更加让人信服，进而用它进行决策支持。分类预测模型要以历史数据作为依据，并且该历史数据已经有分类标号。本案例已经有历史客户的贷款等级数据，该分类标号将作为预测的目标特征。由于该银行的客户数据库中存储了大量的历史客户信息，包括客户基本信息和客户行为信息，因此可以利用这些历史客户信息来发现和研究与信用等级相关的客户行为模式或规律，这样银行就可以利用这些模式或规律去评估未来客户的信用风险等级，以决定是否批准贷款申请。

针对这种情况，本案例尝试对数据库中的部分历史客户信息进行分析和处理，然后基于这些数据构建多种分类预测模型，如决策树、贝叶斯网络、逻辑回归模型和集成分类模型；通过对比这些模型的预测性能，选择最优模型作为对现有客户或未来客户的风险评估预测模型，为决策者对当前和日后的贷款业务的处理提供一定的参考依据。

2. 数据理解

本案例数据包括 1000 条记录（每个记录代表一个客户）和 31 个特征（如表 3-26 所示）。

由于目标是评估现有客户和未来客户的信用状况，把特征 RESPONSE（值为 0 代表信用状况好，值为 1 代表信用状况不好）作为目标特征，其他特征值则用来训练模型的输入变量。该数据的特征大致包含客户的财务状况、贷款状况、婚姻状态和工作状况四方面，构建分类模型的目的是找出信用等级在这四方面的一般规律，根据现有客户和未来客户提供的这四方面的信息，就能利用所建立的模型对他们进行信用评估。

3. 数据准备

（1）数据特性分析

对原始数据的基本特征和分布状况进行统计分析，可见目标特征 RESPONSE 取值为 0（信用等级是好）的记录占了 30%，取值为 1（信用等级是不好）的记录占了 70%。表 3-27 为目标特征 RESPONSE 的值在各类贷款目的分布情况，可见在信用等级不好的客户中，贷款目的是购买新车（29.6%）、电器（20.6%）和家具（19.3%）的客户比较多，这些商品都属于高档消费品。表 3-28 为目标特征 RESPONSE 的值在婚姻状况的分布情况，可见在信用等级不好和好的客户中，单身男子占的比例都是较多（分别是 48.6 和%57.4%），也就是说，贷款客户大多数都是单身男子。这些都是数据审核对数据特征的初步展示，但也提供了基本的信息量，能为后续分析提供一定的参考。

（2）特征选择

在构建模型时，常会因为特征数量较多或特征冗余，导致模型训练时间较长或对最终模型分类准确度造成一定的负面影响，因此需要进行特征选择。剔除冗余特征，选择重要的特征参与模型的训练，会使训练时间变短，并有可能改善模型的性能。本案例的数据集包含 30 个输入特征、1 个输出特征。在处理中，选择重要性系数大于 0.95 的特征参与模型的建立，包括 CHK_ACCT、HISTORY、DURATION、SAV_ACCT、AMOUNT、OWN_RES、PROP_UNKN_NONE、REAL_ESTATE、OTHER_INSTALL、RADIO/TV、EMPLOYMENT、USED_CAR、NEW_CAR、RENT、AGE、MALE_SINGLE、INSTALL_RATE 等 17 个特征，

表 3-26 信用数据集的特征及其含义

特征名	特征说明	特征取值
OBS#	观察号	
CHK_ACCT	支票账户状态	0: = 0 DM 1: 0 < ··· < 200 DM 2: => 200 DM 3: 没有存款账户
DURATION	每月贷款期限	
HISTORY	贷款历史	0: 以前没有贷款 1: 按时偿还该银行的所有贷款金额 2: 到现在还存在没有偿还的金额 3: 以前延迟偿还金额 4: 临界的账户
NEW_CAR	贷款目的	Car（new） 0: No，1: Yes
USED_CAR	贷款目的	Car（used） 0: No，1: Yes
FURNITURE	贷款目的	furniture/equipment 0: No，1: Yes
RADIO/TV	贷款目的	radio/television 0: No，1: Yes
EDUCATION	贷款目的	education 0: No，1: Yes
RETRAINING	贷款目的	retraining 0: No，1: Yes
AMOUNT	贷款数量	
SAV_ACCT	在储蓄账户的平均余额	0: <100 DM 1: 100<= ··· < 500 DM 2: 500<= ··· < 1000 DM 3: =>1000 DM 4: 不知道/没有存款账户
EMPLOYMENT	当前工作持续的年数	0: 失业 1: < 1 year 2: 1 <= ··· < 4 years 3: 4 <= ··· < 7 years 4: >= 7 years
INSTALL_RATE	分期付款率作为可支配收入的%	
MALE_DIV	申请者是离婚男子	0: No，1: Yes
MALE_SINGLE	申请者是单身男子	0: No，1: Yes
MALE_MAR_WID	申请者是结婚男子或者失去配偶的男子	0: No，1: Yes
CO-APPLICANT	申请者有一个共同申请人	0: No，1: Yes
GUARANTOR	申请者有一个保证人	0: No，1: Yes
PRESENT_RESIDENT	当前居住的年数	0: <= 1 year 1: 1< ··· <=2 years 2: 2< ··· <=3 years 3: >4years
REAL_ESTATE	申请者拥有房地产	0: No，1: Yes
PROP_UNKN_NONE	申请者没有财产（或未知）	0: No，1: Yes
AGE	年龄	
OTHER_INSTALL	申请者有分期付款贷款	0: No，1: Yes
RENT	申请者有租金	0: No，1: Yes
OWN_RES	申请者有住宅	0: No，1: Yes
NUM_CREDITS	该银行存在贷款数量	
JOB	工作类型	0: 失业/没有技术的非居民 1: 没有技术的居民 2: 有技术的雇员/官员 3: 经理/ 自雇/高素质雇员/ 官员

特征名	特征说明	特征取值
NUM_DEPENDENTS	可信任的人数	
TELEPHONE	是否有电话	0: No， 1: Yes
FOREIGN	外国工人	0: No， 1: Yes
RESPONSE	信用等级是好的	0: No， 1: Yes

表 3-27 RESPONSE 各值的分布情况（一）

贷款目的	值 0 的比例	值 1 的比例
NEW_CAR	29.6%	20.7%
USED_CAR	5.6%	.2%
FURNITURE	19.3%	17.5%
RADIO/TV	20.6%	72.6%
EDUCATION	11.3%	9.3%
RETRAINING	7.3%	9%
None	6%	5.2%

表 3-28 RESPONSE 各值的分布情况（二）

婚姻状况	值 0 的比例	值 1 的比例
离婚男子	6.6%	4.2%
单身男子	48.6%	57.4%
结婚男子或者失去配偶的男子	8.3%	9.5%
其他	36.3%	28.7%

其中重要性的计算是基于各特征与候选预测值之间相关性上的 P 值。P 值越小，特征的重要性越高。

（3）训练集和测试集

在建立分类模型时，需要将原始数据划分为训练集和测试集，其中训练集主要用来训练模型，测试集则用来测试模型的性能。本案例对银行客户数据集进行随机抽样，抽取 66%的数据作为训练集，而剩下 34%的数据作为测试集。

4．数据建模与评估

选择 C5.0 和 CART 决策树、贝叶斯网络、逻辑回归和集成分类器 5 种分类模型进行训练和评估。表 3-29 为对各模型评估后的预测准确度和绩效评估结果，可以看出，各模型的预测准确度比较接近，其中 Logistic 模型的预测准确度较高，达到 77.81%，且在 RESPONSE取值为 0 的绩效评估也是最高的，有 80.7%，能较为准确地预测出信用等级不好的客户。

表 3-29 各模型的评估结果

模型	预测准确度（%）	绩效评估	
		0	1
C5.0	73.88	0.649	0.135
CART	76.69	0.783	0.098
贝叶斯网络	75.56	0.774	0.142
Logistic 回归	77.81	0.807	0.123
集成模型	76.4	0.726	0.162

因此，本案例选择效果最优的 Logistic 模型作为信用风险的评估模型，银行可以根据该模型产生的规则来分析处理贷款业务，为管理者提供决策支持。评估出的最优分类 Logistic模型可以对现有客户和未来客户进行信用风险评估，一旦发现其信用风险不好，就要对现有客户采取实时追踪考察的措施，或拒绝未来客户的贷款申请。若发现模型运用在实际情况的

效果不理想，可以回到数据准备阶段，重新进行处理、分析和构建模型，以得出实际业务中分析效果最好的模型。

本章小结

社会经济领域与自然科学领域中的诸多现象之间存在着相互联系和相互制约的普遍规律，分类与回归就是在掌握大量观察数据的基础上，发掘这些联系与制约的相关关系。本章介绍了分类与回归中的经典算法，包括决策树分类方法（C4.5 和 CART 算法）、贝叶斯分类方法、k-最近邻分类方法、神经网络分类方法、支持向量机分类方法、集成分类方法、线性回归、逻辑回归等。文中尽量对每个经典算法用详细的案例讲解，来阐述算法的实现过程和原理，并详细介绍了不平衡分类问题、分类模型的评价。

习 题 3

1．简述决策树分类的主要步骤。

2．给定决策树，选项有：① 将决策树转换成规则，然后对结果规则剪枝；② 对决策树剪枝，然后将剪枝后的树转换成规则。那么，两者各自的优点是什么？

3．计算决策树算法在最坏情况下的时间复杂度是重要的。给定数据集 D，具有 m 个属性和 $|D|$ 个训练记录，证明决策树生长的计算时间最多为 $m \times |D| \times \log(|D|)$。

4．如表 3-30 所示二元分类问题的数据集。

（1）计算按照属性 A 和 B 划分时的信息增益。决策树归纳算法将会选择哪个属性？

（2）计算按照属性 A 和 B 划分时 Gini 系数。决策树归纳算法将会选择哪个属性？

5．证明：将结点划分为更小的后续结点后，结点熵不会增加。

6．为什么朴素贝叶斯被称为"朴素"？简述朴素贝叶斯分类的主要思想。

7．考虑如表 3-31 所示的数据集，请完成以下问题。

表 3-30 习题 4 数据集

A	B	类标号
T	F	+
T	T	+
T	T	+
T	F	−
T	T	+
F	F	−
F	F	+
F	F	−
T	T	−
T	F	−

表 3-31 习题 7 数据集

记录号	A	B	C	类
1	0	0	0	+
2	0	0	1	−
3	0	1	1	−
4	0	1	1	−
5	0	0	1	+
6	1	0	1	+
7	1	0	1	−
8	1	0	1	+
9	1	1	1	+
10	1	0	1	+

（1）估计条件概率 $P(A|+)$，$P(B|+)$，$P(C|+)$，$P(A|-)$，$P(B|-)$，$P(C|-)$。

（2）根据（1）中的条件概率，使用朴素贝叶斯方法预测测试样本（$A=0$，$B=1$，$C=0$）

的类标号。

（3）使用 m 估计方法，其中 $p=1/2$，$m=4$，估计条件概率 $P(A|+)$、$P(B|+)$、$P(C|+)$、$P(A|-)$、$P(B|-)$、$P(C|-)$。

（4）同（2），使用（3）中的条件概率。

（5）比较估计概率的两种方法，哪一种更好？为什么？

8．考虑如表 3-32 所示的一维数据集。

表 3-32　习题 8 数据集

X	0.5	3.0	4.5	4.6	4.9	5.2	5.3	5.5	7.0	9.5
Y	−	−	+	+	+	−	−	+	−	−

根据 1-最近邻、3-最近邻、5-最近邻、9-最近邻，对数据点 x=5.0 分类，使用多数表决。

9．表 3-33 的数据集包含两个属性 X 与 Y，两个类标号"+"和"−"。每个属性取 3 个不同值策略：0、1 或 2。"+"类的概念是 $Y=1$，"−"类的概念是 $X=0$ and $X=2$。

表 3-33　习题 9 数据集

X	Y	实例数	
		+	−
0	0	0	100
1	0	0	0
2	0	0	100
1	1	10	0
2	1	10	100
0	2	0	100
1	2	0	0
2	2	0	100

（1）建立该数据集的决策树。该决策树能捕捉到"+"和"−"的概念吗？

（2）决策树的准确率、精度、召回率和 F_1 各是多少？（注意，精度、召回率和 F_1 量均是对"+"类定义）

（3）使用下面的代价函数建立新的决策树，新决策树能捕捉到"+"的概念吗？

$$C(i,j) = \begin{cases} 0, & i=j \\ 1, & i=+, j=- \\ \dfrac{-实例个数}{+实例个数}, & i=-, j=+ \end{cases}$$

（提示：只需改变原决策树的结点。）

10．什么是提升？它为何能提高决策树归纳的准确性？

11．某银行拖欠贷款训练数据见表 3-34，采用 C4.5 和 CART 方法，以该训练集构造出决策树。

12．举例说明线性回归与逻辑回归的应用。

13．逻辑回归和线性回归分析的异同点是什么？

14．经研究发现，学生用于购买书籍及课外读物的支出与本人受教育年限和家庭收入水平有关，对 18 名学生进行调查的统计资料如表 3-35 所示。

表 3-34 某银行拖欠贷款数据

序号	是否有房	婚姻状况	年收入	拖欠贷款
1	yes	single	125K	no
2	no	married	100K	no
3	no	single	70K	no
4	yes	married	120K	no
5	no	divorced	95K	yes
6	no	married	60K	no
7	yes	divorced	220K	no
8	no	single	85K	yes
9	no	married	75K	no
10	no	single	90K	yes

表 3-35 学生购买书籍支出数据

序号	购买书籍支出 y（元/年）	受教育年限 x_1（年）	家庭可支配收入 x_2（元/月）
1	450.5	4	171.2
2	507.7	4	174.2
3	613.9	5	204.3
4	563.4	4	218.7
5	501.5	4	219.4
6	781.5	7	240.4
7	541.8	4	273.5
8	611.1	5	294.8
9	1222.1	10	330.2
10	793.2	7	333.1
11	660.8	5	366
12	792.7	6	350.9
13	580.8	4	357.9
14	612.7	5	359
15	890.8	7	371.9
16	1121	9	435.3
17	1094.2	8	523.9
18	1253	10	604.1

（1）试求出学生购买书籍及课外读物的支出 y 与受教育年限 x_1 和家庭收入水平 x_2 的估计的回归方程 $\hat{y} = \hat{\beta}_0 + \hat{\beta}_1 x_1 + \hat{\beta}_2 x_2$

（2）假设有一学生受教育年限 $x_1 = 10$ 年，家庭收入水平 $x_2 = 480$ 元/月，试预测该学生全年购买书籍和课外读物的支出。

15．为研究生产率与废品率之间的关系，记录数据如表 3-36 所示。试分别用线性模型 $y = \beta_0 + \beta_1 x$ 和用指数模型 $y = \alpha \beta^x$ 拟合数据，并比较两种模型的质量。

表 3-36　习题 15 数据集

生产率（周/单位）x	1000	2000	3000	3500	4000	4500	5000
废品率（%）y	5.2	6.5	6.8	8.1	10.2	10.3	13.0

16．一项调查降价折扣券对顾客消费行为影响的研究，商家对 1000 个顾客发放了商品折扣券和宣传资料，折扣券的折扣比例分别为 5%、10%、15%、20%、30%，每种比例的折扣券均发放给了 200 人。他们在一个月内使用折扣券购物的人数和比例数据如表 3-37 所示。

表 3-37　习题 16 数据

折扣比例/%	持折扣券人数	使用折扣券人数	使用折扣券人数比例
5	200	32	0.16
10	200	51	0.255
15	200	70	0.35
20	200	103	0.515
30	200	148	0.74

试建立使用折扣券人数比例与折扣比例的 logit 模型，并估计若想使用折扣券人数比例为 25%，则折扣券的折扣比例应该为多大？

17．设有住房及收入情况的统计资料如表 3-38 所示，$y=1$ 表示有房，$y=0$ 表示无房。试建立住房和收入之间的回归模型。

表 3-38　住房及收入数据

住房 y	收入 x	住房 y	收入 x	住房 y	收入 x
0	10	0	10	0	11
1	17	1	17	0	8
1	18	0	13	1	17
0	14	1	21	1	16
0	12	1	16	0	7
1	9	0	12	1	17
1	20	0	11	1	15
0	13	1	16	1	10
0	9	0	11	1	25
1	19	1	20	0	15
0	12	1	18	0	12
0	4	1	16	1	17
1	14	0	10	0	17
1	20	0	8	1	16
0	6	0	18	1	18
1	19	1	22	0	11
0	11	1	20		/

数据陷阱之"观测数据与现实的差距"

在与数据相关的工作中，由于各种原因，人们容易把数据与现实画上等号。但是现实世界中的数据通常是不完整、有缺失的，难以完整反映真实的状况。这里举一个关于陨石撞击地球表面的案例。

陨石学会（The Meteoritical Society）提供了 34513 颗撞击地球表面的陨石的数据，时间跨度为公元前 2500 至 2012 年。有人基于这一数据集，做了陨石撞击地球分布图。

通过地图上的数据，我们注意到，陨石似乎更容易撞击到陆地，而不是占地球表面达 71% 的海洋。为什么？而像南美的亚马孙河、北欧的格陵兰或中非的部分地区，怎么没有陨石到达呢？是因为这些区域有什么护盾吗，或者有什么神可以保护这些区域不受伤害？

其实标题已经解开了谜底，"每一次有记录的陨石撞击"。为了让一块陨石撞击的信息进入数据库，就必须有人来观察并记录。但不是所有人都能观察到，也不是哪里都有人观察。显然，这在经济相对发达和人口密度较高的地区更有可能发生。这张地图没有告诉我们陨石更可能撞击地球的位置，而是被记录的陨石落在哪里，并由某人观察、报告并记录了。如果认为这个数据集包含的是所有的客观数据，就大错特错了。由于地理原因而无法被观测到的陨石数量，与那些由于缺乏历史记录的相比，要少得多。毕竟约 71% 的地球表面被水覆盖，而且部分土地本身完全无人居住。

在调查报告中，不是人们对该话题的看法，而是参加调查的人对该话题的反应记录。可见，人们真的需要在工作语言中尽量细致地刻画每一部分的信息，才能避免掉进认知错误的坑里。

第4章 聚类分析

聚类分析是一个既古老又年轻的学科分支，说它古老是因为人们研究它的时间已经很长了，说它年轻是因为在实际应用领域中不断提出新的要求，一些现有方法已经不能满足实际应用的新需要。聚类分析的方法和技术仍需不断完善和发展，需要设计新的方法。

本章讨论聚类分析的基础内容，包括聚类分析的应用、典型聚类方法、聚类算法的性能评价。目前，没有任何一种聚类算法可以普遍适用于揭示各种多维数据集所呈现的多种多样的结构。聚类分析方法可以分为划分方法、层次方法、基于密度的方法、基于网格的方法、基于模型的方法等。实际应用时，需要根据数据的类型、实际问题的特点及聚类的目的等因素来选取适合的聚类方法。

4.1 聚类分析概述

迄今为止，聚类还没有一个学术界公认的定义。简单地描述，聚类（Clustering）就是将数据集划分为由若干相似对象组成的多个组（Group）或簇（Cluster）的过程，使得同一组中对象间的相似度最大化，不同组中对象间的相似度最小化，或者说一个簇（Cluster）就是由彼此相似的一组对象构成的集合，不同簇中的对象通常不相似或相似度很低。

聚类作为数据挖掘与统计分析中的一个重要的研究领域，近年来备受关注，从机器学习的角度，聚类就是一种无监督的机器学习方法，即事先对数据集的分布没有任何的了解，是将物理或抽象对象的集合组成为由类似的对象组成的多个组的过程。聚类方法作为一种非常重要的数据挖掘技术，主要依据样本间相似性的度量标准，将数据集自动分成几个组，使同一个组内的样本相似度尽量高，而属于不同组的样本相似度尽量低。聚类中的组不是预先定义的，而是根据实际数据的特征，按照数据之间的相似性来定义的。聚类分析系统的输入是一组样本和一个度量样本间相似度（或距离）的标准，输出则是簇集，即数据集的几个组，这些簇构成一个分区或者分区结构。聚类分析的一个附加的结果是对每个簇进行综合描述，这种结果对于深入分析数据集的特性尤其重要。聚类方法尤其适合讨论样本间的相互关联，从而对样本结构进行初步评价。

聚类分析起源于分类学。在考古的分类学中，人们主要依靠经验和专业知识来实现分类。随着生产技术和科学的发展，人类的认识不断加深，分类越来越细，要求也越来越高，有时单凭经验和专业知识是难以进行确切分类的，此时就需要定性和定量分析结合起来，于是数学工具逐渐被引入分类学，形成了数值分类学。后来随着多元统计分析的引进，聚类分析逐渐从数值分类学中分离，而形成一个相对独立的分支。人类活动的一项重要内容是模式识别、聚类分析，当人们试着解释复杂问题的时候，自然的倾向是把目标分解成一个个小的组成部分，从而可以更加简单地解释其中的每一部分。聚类分析提供了一种了解复杂数据结构的方法，就像把不和谐的噪音信号分解成一个个更简单的电台信号。如人类在成长过程中不断通过观察进行学习，早在儿童时期，一个人通过学会识别不同模式来区分猫和狗，认识动物和植物，辨认出空旷和拥挤的区域。聚类分析法是一类探索性分析方法，根据相似性原则，在没有先验知识的情况下对事物进行分组，进而分析事物的内在特点和规律。通过聚类，人们能够发现数据全局的分布模式，以及数据属性之间一些有趣的相互关系。许多实际问题中只有很少先验信息（如统计模型）可用的数据，决策人员对于数据必须尽可能少做一些假定。在这种限制下，聚类方法特别适合数据点之间的内部关系的探索，以评估（也许是初步的）它们的结构。

聚类分析正在蓬勃发展，并广泛应用于一些探索性领域，如统计学与模式分析、金融分析、市场营销、决策支持、信息检索、Web挖掘、网络安全、图像处理、地质勘探、城市规划、土地使用、空间数据分析、生物学、天文学、心理学、考古学等。在商业领域中，聚类分析被用来发现不同的客户群，并且通过发现客户的购买或消费模式来刻画不同的客户群的特征；聚类分析是细分市场的有效工具，同时用于研究消费者行为，寻找新的潜在市场；在保险行业中，通过聚类分析，使用平均消费来对汽车保险单持有者分组，同时可以根据住宅类型、价值、地理位置来鉴定一个城市的房产分组；在互联网应用领域，聚类分析可以根据文档内容的相关程度对文档进行分组归并、信息组织和导航；在地理领域，聚类分析可以从地球观测数据库中识别具有相似的土地使用情况的区域；在生物领域，聚类分析可以用来获取动物或植物所存在的层次结构，根据基因功能对其进行归类，以获得对种群固有结构更深入的了解；在电子商务领域，通过分组，可以聚类出具有相似浏览行为的客户，并分析客户的共同特征，更好地帮助运营商了解自己的客户，向客户提供更合适的服务。

聚类分析既可以作为一个独立的工具来使用，获取数据分布情况、了解各数据组的特征、确定所感兴趣的数据组，也可以作为其他算法（如特征构造与分类等）的预处理步骤，对数据进行进一步处理。在许多应用中，一个簇中的数据对象可以作为一个整体来进行处理。

作为一项任务，聚类本质上是主观的。由于不同的目的，相同的数据集可能需要进行不同的划分。例如，考虑鲸、大象、金枪鱼分类，鲸和大象形成一个哺乳动物类，然而，如果是基于水中生物划分，则鲸和金枪鱼将聚集在一起。这种主观性通过在一个或多个聚类步骤中整合领域知识而被整合到聚类准则中。每个聚类算法隐含地或明确地使用了一些领域知识。领域知识隐含地使用在人工神经网络、遗传算法、模拟退火算法等方法中。领域知识的选择影响算法性能的控制、学习参数值。隐含的领域知识在如下方面起着作用：① 选择模式表示策略（如使用先验经验以选择和编码特征）；② 选择相似度度量方法；③ 选择划分策略（如知道簇是超球体时，指定 k-means 算法）。

明确地使用有用的领域知识以限制或指导聚类过程也是可能的，这种特殊的聚类算法已应用于一些领域。领域概念在聚类过程中可以在几方面发挥作用。一个极端是，有用的领域概念可以容易地作为一个额外的特征使用，而聚类的其他过程不受影响。另一个极端是，领域概念可以用来确认或否决一个由通常的聚类算法独立得到的决策，或用于影响使用亲近度的聚类算法中距离的计算。

在数据挖掘领域，一项重要的研究工作就是为大规模数据库寻找有效且高效的聚类分析方法。活跃的研究主题集中在聚类方法的可伸缩性、对复杂形状和类型的数据聚类分析、高维数据的聚类分析、针对大的数据库中混合数值和分类数据的聚类分析等。

聚类是一个富有挑战性的研究领域，潜在应用对聚类算法提出了各自特殊的要求。聚类分析主要涉及如何度量数据对象间的"相似性"，以及采用怎样的方式实施聚类（划分）。根据数据的类型和实际问题的特点，以及聚类的目的不同，聚类算法已有很多，主要包括基于划分的算法、层次聚类算法、基于密度的算法、基于图的算法、基于模型的算法、集成聚类算法等。

（1）基于划分的算法

给定一个包含 n 个对象或元组的数据库，一个划分方法构建数据的 k 个划分，每个划分表示一个"簇"或"组"，并且 $k \leq n$。也就是说，它将数据划分为 k 个组，同时满足两个要求：其一，每个簇至少包含一个对象；其二，每个对象必须属于且只属于一个簇。注意，在某些模糊划分技术中，第二个要求可以放宽。

给定 k，即要求构建簇的数目，划分方法是首先创建一个初始划分，然后采用迭代重定位技术，试图通过对象在组间移动来改进划分。一个好的划分的常用准则是，在同一个簇中对象之间的距离尽可能小，而不同簇中对象之间的距离尽可能大。

为了达到全局最优，基于划分的聚类会要求穷举所有可能的划分。但对于稍大的数据集，这种穷举方式的时间代价太大，时间复杂度是指数级的，因此绝大多数应用采用了两个比较流行的启发式方法：第一，k-means 算法，每个簇用该簇中对象的平均值来表示；第二，

k-modes 算法，每个簇用接近簇中心的一个对象来表示。这些启发式聚类方法对发现中小规模数据库中的球状簇很适用。为了实现对大规模的数据集进行聚类处理，以及处理复杂形状的聚类，基于划分的方法需要进一步的扩展。4.2 节将对基于划分的聚类方法进行深入阐述。

一趟聚类算法是基于划分的聚类方法，具有近似线性时间复杂度，但本质上是将数据划分为大小几乎相同的超球体，不能用于发现非凸形状的簇，或具有不同大小的簇。对于具有任意形状簇的数据集，算法可能将一个大的自然簇划分成几个小的簇，而难以得到理想的聚类结果。一趟聚类算法将在 4.6 节讨论。

（2）层次聚类算法

层次聚类算法是将数据对象组成一棵聚类树，根据层次分解方式的不同，可分为凝聚层次聚类方法和分裂层次聚类方法。凝聚层次聚类方法也称为自底向上的方法，开始时将每个对象作为单独的一个组，然后继续合并相近的对象或组，直到所有的组合并为一个（层次的最上层），或者达到一个终止条件。分裂层次聚类方法也称为自顶向下的方法，起初将所有的对象置于一个簇中，在迭代的每一步中，一个簇被分裂为更小的簇，直到最终每个对象在单独的一个簇中，或者达到一个终止条件。

层次聚类算法的缺陷是：一旦一个步骤（合并或分裂）完成，就不能被撤销。这个严格规定是有用的，由于不用担心组合数目的不同选择，计算代价会较小。但是，其主要问题是不能更正错误的决定。改进层次聚类结果的方法主要有两种：一种是在每层划分时仔细分析对象间的连接，如 CURE 和 Chameleon；另一种是综合层次凝聚和迭代重定位方法，先用自底向上的层次算法，再用迭代重定位来改进结果，如 BIRCH 方法。

（3）基于密度的算法

绝大多数划分方法都是基于对象之间的距离大小进行聚类，这样能发现球状的簇，而在检测任意形状的簇上遇到了困难。人们随之提出了基于密度的聚类方法，其主要思想是，只要邻近区域的密度（对象或数据点的数目）超过某个阈值，就继续聚类。也就是说，对给定簇中的每个数据点，在给定范围的区域中必须包含至少某个数目的点。这个方法可以用来过滤"噪声"数据，发现任意形状的簇。DBSCAN 是一个具有代表性的基于密度的方法，根据一个密度阈值来控制簇的增长。基于密度的算法将在 4.4 节进行讨论。

（4）基于图的算法

基于图的算法需要利用图的许多重要性质和特性，运用这些特性的不同子集进行操作：① 稀疏化邻近度图，只保留对象与其最近邻之间的连接；② 基于共享的最近邻个数定义两个对象之间的相似性度量；③ 定义核心对象并构建环绕它们的簇；④ 使用邻近度图中的信息，提供两个簇是否应当合并的更复杂的评估。

典型的基于图的算法有 Chameleon 算法和基于 SNN（Shared Nearest Neighbor，共享最近邻）密度的聚类算法。Chameleon 算法采用动态建模的层次聚类方法进行聚类，其正确性由下述事实保证，仅当合并后的结果簇类似于原来的两个簇时，这两个簇才应当合并。基于 SNN 密度的聚类算法是将 SNN 密度与 DBSCAN 结合在一起，创建出来的一种新的聚类算法，类似基于 SNN 的聚类算法，都以 SNN 相似度图开始，简单地使用 DBSCAN，而不是使用阈值稀疏化 SNN 相似度图。

（5）基于模型的方法

基于模型的方法就是试图将给定数据与某个数学模型达成最佳拟合，基于数据都有一个内在的混合概率分布的假设来进行聚类，如期望最大化方法、概念聚类方法（COBWEB）

和神经网络方法。

（6）其他聚类算法

其他聚类算法还有基于网格的方法、谱聚类算法、蚁群算法等。基于网格的方法把对象空间量化为有限数目的单元，形成一个网格结构，所有聚类操作都在这个网格结构（即量化的空间）上进行。谱聚类算法建立在图论中的谱图理论基础上，本质是将聚类问题转化为图的最优划分问题，是一种点对聚类算法，对数据聚类具有很好的应用前景。蚁群算法作为一种新型的优化方法，具有很强的健壮性和适应性，在数据挖掘聚类中的应用所采用的生物原型为蚁群的蚁穴清理行为和蚁群觅食行为。

（7）集成聚类

集成聚类算法通过合并多个"基聚类"结果来提高聚类的准确性、健壮性，其目标是产生一个整体上高质量的聚类结果，使其尽可能与各基聚类结果保持一致。集成聚类通常包括基聚类成员的生成和集成关系的获取两个阶段。在生成基聚类阶段，通常对同一数据集运行不同的聚类算法或者对相同聚类算法设置不同的参数和随机初始化，而得到不同聚类结果，也可以在原数据集的不同数据子集或者不同特征子集上进行聚类得到不同的基聚类结果。在获取集成关系阶段，往往将基聚类所提供的信息整合到一个相似度矩阵或者图上，进而划分该矩阵或图来确定最终聚类。

目前，集成聚类已经在离散型数据聚类、异构数据聚类、特征选择、孤立点检测、分布式聚类、知识重用和图像分割等方面得到了广泛的应用。

一些聚类算法集成了多种聚类方法的思想，所以有时将某给定的算法划分为属于某类聚类方法是很困难的。此外，某些应用可能有特定的聚类标准，要求综合多个聚类技术。

后续章节将详细介绍上述聚类方法，以及综合多种聚类方法思想的算法。

4.2　k-means 算法及其改进

4.2.1　基本 k-means 算法

k-means 算法是 1967 年由 MacQueen 首次提出的一种经典算法，被很多聚类任务采用。k-means 聚类算法的处理流程为：随机选择 k 个对象，每个对象代表一个簇的初始均值或中心；对剩余的每个对象，根据其与各簇中心的距离，指派到最近（或最相似）的簇，然后计算每个簇的新均值，得到更新后的簇中心；不断重复，直到准则函数收敛。通常，采用误差平方准则，即对于每个簇中的每个对象，求对象到其中心距离的平方和。这个准则试图使生成的 k 个结果簇尽可能地紧凑和独立。k-means 聚类算法的形式化描述如下。

算法：k-means

输入：数据集 D，划分簇的个数 k

输出：k 个簇的集合

① 从数据集 D 中任意选择 k 个对象作为初始簇中心

② repeat

③ 　　for 数据集 D 中每个对象 P do

④ 　　　　计算对象 P 到 k 个簇中心的距离

---

⑤　　　将对象 P 指派到与其最近（距离最短）的簇

⑥　　　end for

⑦　　　计算每个簇中对象的均值，作为新的簇的中心

⑧　until k 个簇的簇中心不再发生变化

---

k-means 算法通常使用误差平方和（Sum of Squared Error，SSE）作为度量聚类质量的目标函数。SSE 的定义为

$$\text{SSE} = \sum_{i=1}^{k} \sum_{x \in C_i} d(C_i, x)^2$$

其中，$d(C_i, x)$ 表示对象 x 到簇 C_i 间的距离。

对于相同的 k 值，更小的 SSE 说明簇中对象越集中；对于不同的 k 值，k 值越大，对应的 SSE 越小。

在 k-means 算法中，为了提高计算与存储效率。均值与方差的计算并非待所有对象划分到各自所在的簇后再计算的，而是同步计算的。其原理是数列 $\{x_1, x_2, \cdots, x_n\}$ 的前 i 项的均值 $\overline{x_i}$、方差 σ_i^2 满足以下递推公式。

$$\overline{x_1} = x_1 , \sigma_1^2 = 0$$

$$\begin{cases} \overline{x_i} = \dfrac{(i-1)\overline{x_{i-1}} + x_i}{i} \\ \sigma_i^2 = \dfrac{i-2}{i-1}\sigma_{i-1}^2 + \dfrac{(x_i - \overline{x_{i-1}})^2}{i} \end{cases} \quad (i \geqslant 2)$$

在聚类过程中，所有簇中属性的均值和方差都是动态更新的。

k-means 算法通常用形式如 $<n, \text{mean}, \sigma_i^2>$ 来表示一个簇。其中，n 表示簇中包含的对象个数，mean 表示簇中对象的平均值（质心），σ_i^2 表示簇中对象的方差。

k-means 算法描述容易、实现简单、快速，但存在如下不足：① 簇个数 k 需要预先给定，没有简单有效的方法确定；② 算法对初始值的选取依赖性较大及算法常陷入局部最优解；③ 对噪声点和离群点很敏感；④ 不能用于发现非凸形状的簇，或具有不同大小或密度的簇，即很难检测到"自然的"簇。例如，图 4-1 所示的三个图，用 k-means 划分方法不能正确识别形状，因为它们采用的簇的表示及簇间相似性度量不能反映这些自然簇的特征。⑤ 只能用于处理数值属性的数据集，不能处理包含分类属性的数据集。

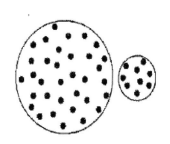　　

(a) 大小不同的簇　　　　　　　(b) 形状不同的簇　　　　　　　(c) 局部形状不规则

图 4-1　k-means 算法不能识别的数据示例

簇数可以看成数据集的有趣且重要的概括统计量。确定数据集中"正确的"簇数是非常重要的，因为合适的簇数可以控制聚类分析粒度，可以看成在聚类分析的可压缩性和准确性之间寻找好的平衡点。确定簇数并非易事，因为"正确的"簇数常常含糊不清。找出正确的簇数依赖于数据集分布的形状和尺度，也依赖于用户要求的聚类分辨率。这里介绍两种估计簇数的方法。

一种方法是对于包含 N 个对象的数据集，簇数 k 大约在 $\sqrt{\dfrac{N}{2}}$ 附近，不超过 $\sqrt{N}$ 。

另一种是肘方法（Elbow Method）。基于如下观察，增加簇数有助于降低每个簇的簇内方差之和，如果形成太多的簇，那么降低簇内方差和的边缘效应可能下降。因此，选择正确的簇数的启发式方法是，使用簇内方差和关于簇数的曲线的拐点：给定 $k>0$，可以使用像 k-means 这样的算法对数据集聚类，并计算簇内方差和 var(k)；然后绘制 var 关于 k 的曲线，曲线的第一个（或最显著的）拐点暗示"正确的"簇数。

【例 4-1】 对如表 4-1 中的二维数据，k-means 算法将其划分为两个簇，假设初始簇中心选为 $P_7(4,5)$ 和 $P_{10}(5,5)$，使用欧式距离。

表 4-1　k-means 聚类过程示例数据集 1

	P_1	P_2	P_3	P_4	P_5	P_6	P_7	P_8	P_9	P_{10}
x	3	3	7	4	3	8	4	4	7	5
y	4	6	3	7	8	5	5	1	4	5

解：对于给定的数据集，k-means 聚类算法的执行过程如图 4-2 所示。

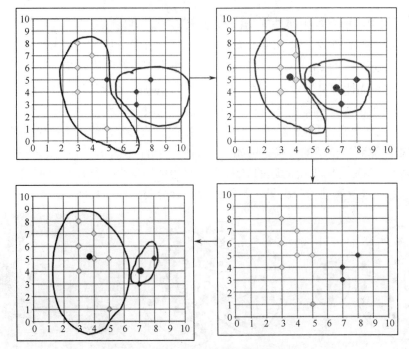

图 4-2　k-means 算法聚类过程示例

（1）假设划分的两个簇分别为 C_1 和 C_2，中心分别为(4,5)和(5,5)，下面计算 10 个样本到这两个簇中心的距离，并将 10 个样本指派到与其最近的簇。

（2）第一轮迭代计算过程如下。

划分对象到最近的簇，各记录与两个簇之间的距离如表 4-2 所示。

表 4-2 各记录与两个簇之间的距离（一）

记录号	到簇 C_1 的距离	到簇 C_2 的距离	所属簇标号
1	1.41	2.24	1
2	1.41	2.24	1
3	3.61	2.83	2
4	2.00	2.24	1
5	3.16	3.61	1
6	4.00	3.00	2
7	0.00	1.00	1
8	4.00	4.12	1
9	3.16	2.24	2
10	1.00	0.00	2

第一次划分后，2 个簇的中心更新如下。

属于簇 C_1 的样本：$\{P_7, P_1, P_2, P_4, P_5, P_8\}$。

属于簇 C_2 的样本：$\{P_{10}, P_3, P_6, P_9\}$。

重新计算新的簇的中心：C_1 的中心为(3.5,5.17)，C_2 的中心为(6.75,4.25)。

（3）继续计算 10 个样本到新的簇中心的距离，重新分配到新的簇中，第二轮迭代计算过程如下。

划分对象到最近的簇，各记录与两个簇之间的距离如表 4-3 所示。

表 4-3 各记录与两个簇之间的距离（二）

记录号	到簇 C_1 的距离	到簇 C_2 的距离	所属簇标号
1	1.27	3.76	1
2	0.97	4.14	1
3	4.12	1.27	2
4	1.9	3.89	1
5	2.87	5.3	1
6	4.5	1.46	2
7	0.53	2.85	1
8	4.2	4.26	1
9	3.69	0.35	2
10	1.51	1.9	1

属于簇 C_1 的样本：$\{P_1, P_2, P_4, P_5, P_7, P_8, P_{10}\}$。

属于簇 C_2 的样本：$\{P_3, P_6, P_9\}$。

重新计算新的簇的中心：C_1 的中心为(3.71,5.14)，C_2 的中心为(7.33,4)。

（4）继续计算 10 个样本到新的簇中心的距离，重新分配到新的簇中，第三轮迭代计算过程如下。

划分对象到最近的簇，各记录与两个簇之间的距离如表 4-4 所示。

表 4-4　各记录与两个簇之间的距离（三）

记录号	到簇 C_1 的距离	到簇 C_2 的距离	所属簇标号
1	1.34	4.33	1
2	1.12	4.77	1
3	3.92	1.05	2
4	1.88	4.48	1
5	2.95	5.89	1
6	4.29	1.2	2
7	0.32	3.48	1
8	4.15	4.48	1
9	3.48	0.33	2
10	1.3	2.54	1

发现簇中心不再发生变化，算法终止。

4.2.2　*k*-means 聚类算法的拓展

k-means 算法中，距离的计算基于数值型数据，没有明确说明对于分类型数据如何处理；此外，对于噪声和离群点数据是敏感的，因为少量的这类数据能够对均值产生极大的影响。本节介绍 *k*-means 聚类算法的一些改进策略，如初始中心、对象的选择、相似度的计算方法或簇中心的计算方法等。下面介绍 3 种 *k*-means 算法的改进方法。

（1）将分类型数据转化为数值型数据，再利用 *k*-means 算法进行聚类分析

对于具有 k 个不同取值的分类型变量，转化为 k 个 0 或 1 的序列，序列中只有一个取值为 1，其余为 0。例如，若变量 x 有 A、B、C 三个取值，则用 x_1、x_2、x_3 三个变量表示，若 x 取 A，则转换后，x_1、x_2、x_3 取值分别为 1、0、0；若 x 取 B，则转换后，x_1、x_2、x_3 取值分别为 0、1、0；若 x 取 C，则转换后，x_1、x_2、x_3 取值分别为 0、0、1。若两个对象（如 x 和 y）在一个分类型属性上的取值不同，则两个对象在这一属性上的差异可以看成 1，但转换为数值属性后，其差异变成了 $\sqrt{2}$（采用欧式距离），即离散属性转换为数值属性后距离被放大了，需要除 $\sqrt{2}$ 或乘 $\sqrt{2}/2 \approx 0.707$。这种策略的局限性在于：一是当分类属性取值个数多时，将导致转换时的计算代价和转换后的存储代价急剧增加；二是得到的对应均值没有实际意义，难以解释。Clementine 软件就采用这种策略。

（2）用于纯分类属性数据集的 *k*-modes 算法和混合属性数据集的 *k*-prototypes 算法

k-modes 算法采用 mode（取值最大频率的属性值，即众数）来表示分类属性，在聚类过程中使用简单匹配来度量分类属性的不相似性（dissimilarity），从而将 *k*-means 算法的应用范围扩展到分类属性数据集。*k*-modes 算法和 *k*-means 结合，形成了 *k*-prototypes 算法，用来处理具有混合属性的数据集。当一个分类属性中两个取值最多的属性值基本相当或相等时，用 mode 表示分类属性会产生较大误差。

（3）用于混合属性数据集的 *k*-summary 算法，使用簇的摘要信息表示簇的质心

对于聚类分析而言，簇的表示和数据对象之间相似度的定义是最基础的问题，直接影响数据聚类的效果。针对不同类型的应用和数据类型，第 2 章介绍了常见的距离或相似度定义，这些距离或相似度定义大部分不能很好地处理分类属性及混合属性数据，而实际应用中

的数据往往具有混合属性。下面介绍一种简单的聚类表示方法，并对 Minkowski（闵可夫斯基）距离进行推广，以使聚类算法可以有效处理包含分类属性的数据。

假设数据集 D 有 m 个属性，其中有 m_C 个分类属性和 m_N 个数值属性，$m = m_C + m_N$。不妨设分类属性位于数值属性之前，用 D_i 表示第 i 个属性取值的集合，由于对象与其标识（可理解为记录号）是唯一对应的，有时也将一个对象与其标识等同起来。

定义 4-1 给定簇 C，$a \in D_i$，a 在 C 中关于 D_i 的频度定义为 C 在 D_i 上的投影中包含 a 的次数 $\mathrm{freq}_{C|D_i}(a) = |\{\mathrm{object}|\mathrm{object} \in C, \mathrm{object}.D_i = a\}|$。

定义 4-2 给定簇 C，C 的摘要信息 CSI（Cluster Summary Information）定义为 $\mathrm{CSI} = \{n, \mathrm{summary}\}$，其中 $n = |C|$ 为 C 中包含对象的个数，summary 由分类属性中不同取值的频度信息和数值型属性的质心两部分构成，即

$$\mathrm{summary} = \{<\mathrm{stat}_i, \mathrm{cen}>|\mathrm{stat}_i = \{(a, \mathrm{freq}_{C|D_i}(a))|a \in D_i\}, 1 \leqslant i \leqslant m_C, \mathrm{cen} = (c_{m_C+1}, c_{m_C+2}, \cdots, c_{m_C+m_N})\}$$

在具体应用中，可以根据需要对这一定义进行扩充，如增加簇中所包含的对象标识集合或簇的类别标识。

定义 4-3 给定 D 的簇 C、C_1 和 C_2，对象 $p = [p_1, p_2, \cdots, p_m]$ 与 $q = [q_1, q_2, \cdots, q_m]$，$x > 0$。

① 对象 p，q 在属性 i 上的差异程度（或距离）$\mathrm{dif}(p_i, q_i)$ 定义如下。

对于分类属性或二值属性

$$\mathrm{dif}(p_i, q_i) = \begin{cases} 1, & p_i \neq q_i \\ 0, & p_i = q_i \end{cases} = 1 - \begin{cases} 0, & p_i \neq q_i \\ 1, & p_i = q_i \end{cases}$$

对于连续数值属性或顺序属性

$$\mathrm{dif}(p_i, q_i) = |p_i - q_i|$$

② 两个对象 p 和 q 之间的差异程度（或距离）定义为

$$d(p, q) = \left[\sum_{i=1}^{m} \mathrm{dif}(p_i, q_i)^x\right]^{1/x}$$

③ 对象 p 与簇 C 间的距离 $d(p, C)$ 定义为 p 与簇 C 的摘要之间的距离，即

$$d(p, C) = \left[\sum_{i=1}^{m} \mathrm{dif}(p_i, C_i)^x\right]^{1/x}$$

$\mathrm{dif}(p_i, C_i)$ 为 p 与 C 在属性 D_i 上的距离。对于分类属性 D_i，其值定义为 p 与 C 中每个对象在属性 D_i 上的距离的算术平均值，即

$$\mathrm{dif}(p_i, C_i) = 1 - \frac{\mathrm{freq}_{C|D_i}(p_i)}{|C|}$$

对于数值属性 D_i，其值定义为 $\mathrm{dif}(p_i, C_i) = |p_i - c_i|$。

④ 簇 C_1 与 C_2 间的距离 $d(C_1, C_2)$ 定义为两个簇的摘要间的距离

$$d(C_1, C_2) = \left[\sum_{i=1}^{m} \mathrm{dif}(C_i^{(1)}, C_i^{(2)})^x\right]^{1/x}$$

$\mathrm{dif}(C_i^{(1)}, C_i^{(2)})$ 为 C_1 与 C_2 在属性 D_i 上的距离，对于分类属性 D_i，其值定义为 C_1 中每个对象与 C_2 中每个对象的差异的平均值，即

$$\mathrm{dif}(C_i^{(1)}, C_i^{(2)}) = 1 - \frac{1}{|C_1| \times |C_2|} \sum_{p_i \in C_1} \mathrm{freq}_{C_1|D_i}(p_i) \times \mathrm{freq}_{C_2|D_i}(p_i)$$

$$=1-\frac{1}{|C_1|\times|C_2|}\sum_{q_i\in C_2}\text{freq}_{C_1|D_i}(q_i)\times\text{freq}_{C_2|D_i}(q_i)$$

对于数值属性 D_i，其值定义为

$$\text{dif}(C_i^{(1)},C_i^{(2)})=\left|C_i^{(1)}-C_i^{(2)}\right|$$

定义 4-3 中从①至④是逐步拓展的过程，而前一个是后一个的特殊情况。

在定义 4-3 的②中，当 $x=1$ 时，相当于曼哈顿（Manhattan）距离，当 $x=2$ 时，相当于欧式（Euclidean）距离。

【例 4-2】 描述学生的信息包含属性、性别、籍贯、年龄。两条记录 p、q 及两个簇 C_1、C_2 的信息如下，分别求出记录和簇彼此之间的距离。

$p=\{$男, 广州, 18$\}$

$q=\{$女, 深圳, 20$\}$

$C_1=\{$男:25, 女:5; 广州:20, 深圳:6, 韶关:4; 19$\}$

$C_2=\{$男:3, 女:12; 汕头:12, 深圳:1, 湛江:2; 24$\}$

解：按定义 4-3，取 $x=1$，得到的各距离如下

$d(p,q)=1+1+(20-18)=4$

$d(p,C_1)=(1-25/30)+(1-20/30)+(19-18)=1.5$

$d(p,C_2)=(1-3/15)+(1-0/15)+(24-18)=7.8$

$d(q,C_1)=(1-5/30)+(1-6/30)+(20-19)=79/30$

$d(q,C_2)=(1-12/15)+(1-1/15)+(24-20)=77/15$

$d(C_1,C_2)=1-(25\times3+5\times12)/(30\times15)+1-6\times1/(30\times15)+(24-19)=1003/150\approx6.69$

这个例子只是说明距离的计算过程。由定义 4-3 可知，每个分类属性上的距离在范围 [0,1] 内。为了减小数值属性不同度量单位对结果的影响，以及不同属性上的差异具有可比性，通常需要对数值属性进行规范化，使之在数值属性上的差异也为[0,1]范围。

用定义 4-3 取代相关聚类算法中的距离定义，就可使原来仅适用于数值属性或分类属性的聚类算法不受数据类型的限制而可用于任何数据类型。k-summary 算法就是采用定义 4-3 推广了 k-means 算法，算法过程如下。

算法：k-summary

输入：数据集 D，划分簇的个数 k

输出：k 个簇的集合

① 从数据集 D 中任意选择 k 个对象，并创建 k 簇的摘要信息 CSI

② repeat

③   for 数据集 D 中每个对象 P do

④   计算对象 P 到 k 个簇中心的距离

⑤   将对象 P 指派到与其最近（距离最短）的簇

⑥   end for

⑦   更新簇的摘要信息 CSI

⑧ until k 个簇的摘要信息不再发生变化

---

k-mode 和 k-prototype 对分类属性的处理方法与 k-summary 的区别是，对于每个簇，用

取值频率最高的属性值来代表整个属性的取值，表示更简洁，但偏差更大，特别是在不同取值频率差异不大的情况。

【例 4-3】 对于表 4-5 所示的数据集，用 k-summary 算法将其划分为 3 个簇。

表 4-5 聚类过程示例数据集 2

no.	outlook	Temperature	humidity	windy
1	sunny	85	85	no
2	sunny	80	90	yes
3	overcast	83	86	no
4	rainy	70	96	no
5	rainy	68	80	no
6	rainy	65	70	yes
7	overcast	64	65	yes
8	sunny	72	95	no
9	sunny	69	70	no
10	rainy	75	80	no
11	sunny	75	70	yes
12	overcast	72	90	yes
13	overcast	81	75	no
14	rainy	71	91	yes

解： ① 假定选择第 5 条记录 {rainy, 68, 80, no}、第 7 条记录 {overcast, 64, 65, yes} 和第 10 条记录 {rainy, 75, 80, no} 作为 3 个簇 C_1、C_2 和 C_3 的初始中心（摘要）。

② 划分对象到最近的簇，各记录与 3 个簇之间的距离（使用欧式距离）如表 4-6 所示。

表 4-6 各记录与 3 个簇之间的距离

记录号	到簇 C_1 的距离	到簇 C_2 的距离	到簇 C_3 的距离	所属簇标号
1	17.75	29.03	11.22	3
2	15.63	29.70	11.27	3
3	16.19	28.34	10.05	3
4	16.12	31.61	16.76	1
5	0.00	15.59	7.000	1
6	10.49	5.20	14.18	2
7	15.59	0.00	18.65	2
8	15.56	31.08	15.33	3
9	10.10	7.21	11.70	2
10	7.00	18.65	0.00	3
11	12.29	12.12	10.10	3
12	10.86	26.25	10.54	3
13	13.96	19.75	7.87	3
14	11.45	26.94	11.75	1

第 1 次划分后，3 个簇的摘要信息更新如下。

簇 C_1：{3; rainy:3;69.667; 89.000; no:2,yes:1}

簇 C_2：{3;overcast:1,rainy:1,sunny:1;66.0;68.333;no:1,yes:2}

簇 C_3：{8; overcast:3,rainy:1,sunny:4;77.875;83.875; no:5,yes:3}

③ 重新划分对象到最近的簇，第 2 次迭代结果如表 4-7 所示。

表 4-7　第 2 次迭代结果

记录号	到簇 C_1 的距离	到簇 C_2 的距离	到簇 C_3 的距离	所属簇标号
1	15.88	25.29	7.24	3
2	10.45	25.81	6.53	3
3	13.71	24.54	5.60	3
4	7.02	27.97	14.49	1
5	9.16	11.87	10.65	1
6	19.58	2.08	18.96	2
7	24.69	3.96	23.44	2
8	6.52	27.35	12.60	1
9	19.04	3.56	16.48	2
10	10.47	14.76	4.92	3
11	19.77	9.18	14.19	2
12	2.81	22.49	8.53	1
13	18.04	16.44	9.44	3
14	2.49	23.22	9.96	1

第 2 次划分后，3 个簇的摘要信息更新如下。

簇 C_1：{5; overcast:1,rainy:3,sunny:1 ;70.6;90.4; no:3,yes:2}

簇 C_2：{4; overcast:1,rainy:1,sunny:2; 68.25;68.75; no:1,yes:3}

簇 C_3：{5; overcast:2,rainy:1,sunny:2; 80.8;83.2; no:4,yes:1}

④ 重新划分对象到最近的簇，第 3 次迭代结果如表 4-8 所示。

表 4-8　第 3 次迭代结果

记录号	到簇 C_1 的距离	到簇 C_2 的距离	到簇 C_3 的距离	所属簇标号
1	15.41	23.35	4.61	3
2	9.46	24.29	6.92	3
3	13.19	22.72	3.62	3
4	5.66	27.33	16.77	1
5	10.73	11.30	13.22	1
6	21.17	3.57	20.62	2
7	26.26	5.72	24.79	2
8	4.89	26.53	14.73	1
9	20.48	1.71	17.72	2
10	11.31	13.16	6.68	3
11	20.89	6.89	14.45	2
12	1.77	21.59	11.17	1
13	18.60	14.24	8.23	3
14	1.02	22.43	12.58	1

第 3 次划分后，3 个簇的摘要信息更新如下。

簇 C_1：{5; overcast:1,rainy:3,sunny:1;70.6;90.4; no:3,yes:2}

簇 C_2：{4; overcast:1,rainy:1,sunny:2; 68.25;68.75; no:1, yes:3}

簇 C_3：{5; overcast:2,rainy:1,sunny:2; 80.8;83.2; no:4, yes:1}

⑤ 经过 3 轮划分后，3 个簇的摘要不再发生改变，聚类结束。

簇 C_1 包含的记录集合为{1,2,3,10,13}，摘要信息 C_1:{5;overcast:1,rainy:3,sunny:1;70.6; 90.4; no:3, yes:2}；簇 C_2 包含的记录集合为{4,5,8,12,14}，摘要信息 C_2:{4;overcast:1,rainy:1, sunny:2; 68.25;68.75;no:1,yes:3}；簇 C_3 包含的记录集合为{6,7,9,11}，摘要信息 C_3:{5; overcast:2, rainy:1, sunny:2; 80.8;83.2; no:4, yes:1}。

4.3 层次聚类算法

层次聚类法是一种已得到广泛使用的经典方法，是通过将数据组织为若干组并形成一个相应的树来进行聚类。层次聚类方法可分为自上向下和自下而上两种。

① 自下而上（聚合）层次聚类方法（或凝聚层次聚类）就是最初将每个对象（自身）作为一个簇，然后将这些簇进行聚合，以构造越来越大的簇，直到所有对象均聚合为一个簇，或满足一定终止条件为止。绝大多数层次聚类方法属于这一类，只是簇间相似度的定义有所不同。

② 自上向下（分裂）层次聚类方法（或分裂层次聚类）的策略与自下而上的层次聚类方法相反，首先将所有对象置于同一个簇，然后将其不断分解，而得到规模越来越小但个数越来越多的小簇，直到所有对象均独自构成一个簇，或满足一定终止条件为止。

凝聚层次聚类算法（AGglomerative NESting，AGENS）和分裂层次聚类算法 DIANA（DIvisive ANAlysis）对一个包含 5 个对象的数据集合{a,b,c,d,e}的处理过程如图 4-3 所示。

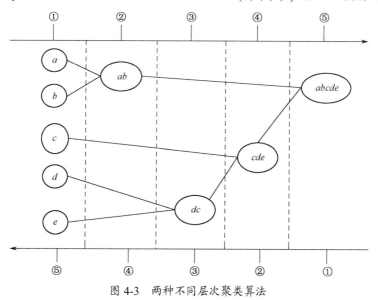

图 4-3 两种不同层次聚类算法

其中，从左往右的过程属于凝聚层次聚类方法。设置 5 个对象分别属于一个簇，分别用{a}、{b}、{c}、{d}、{e}表示。

① 簇{a}与簇{b}进行合并，结果为簇{a,b}。

② 簇{d}与簇{e}进行合并，结果为簇{d,e}。

③ 簇{d,e}与簇{c}进行合并，结果为簇{c,d,e}。

④ 簇{c,d,e}与簇{a,b}进行合并，结果为簇{a,b,c,d,e}。

同样，从右往左是一个分裂的层次聚类过程，不再赘述。

层次聚类方法尽管简单，但经常会遇到聚合或分裂点选择的困难。合并和分裂点的选择非常关键，因为一旦一组对象合并或分裂，下一步将对新生成的簇进行处理，已做的处理不能撤销，簇之间不能交换对象。如果某个合并或分裂决策在后来证明是不好的选择，由于无法退回并更正，因此将导致低质量的聚类结果。此外，层次聚类方法的可扩展性较差，因为聚合或分裂的决定需要检查和估算大量的对象或簇。

改进层次聚类质量的有效方法是集成层次聚类和其他聚类技术，形成多阶段聚类。下面介绍一种分裂层次聚类算法（二分 k-means 算法）和三种改进的凝聚层次聚类方法，分别是 BIRCH、ROCK 和 CURE 算法。后三个算法的改进体现在，BIRCH 算法首先用树结构将对象进行层次划分，其中叶节点或者低层次的非叶节点可看成由高分辨率决定的"微簇"，然后使用其他聚类算法对这些微簇进行宏聚类；ROCK 算法基于簇间的互联性进行合并；CURE 算法采用多个点而不是中心来表示一个簇。

4.3.1　二分 k-means 算法

二分 k-means 算法是基本 k-means 算法的直接扩充，基于如下思想：为了得到 k 个簇，将所有点的集合分裂成两个簇，从中选择一个继续分裂；如此重复，直到产生 k 个簇。算法详细描述如下。

算法：二分 k-means

输入：数据集 D，划分簇的个数 k，每次二分试验的次数 m

输出：k 个簇的集合

① 初始化簇表，最初簇表中只包含一个由所有样本组成的簇

② repeat

③ 　　按照某种方法从簇表中选取一个簇

④ 　　for i=1 to m do　　　　　　　　　　　// 二分试验

⑤ 　　　　使用基本 k-means 算法对选定的簇进行聚类，将其划分为两个子簇

⑥ 　　end for

⑦ 　　从 m 次二分试验所聚类的子簇中选择具有最小总 SSE 的两个簇

⑧ 　　将这两个簇添加到簇表中

⑨ until 簇表中包含 k 个簇

算法的第③步从簇表中选择待分裂的簇有多种不同的选择方法，可以选择最大的簇，选择具有最大的 SSE 的簇，或者综合考虑簇的大小和总体 SSE 的标准进行选择，不同的选择策略可能导致不同的簇划分。二分 k-means 几乎不受初始化的影响。

4.3.2 BIRCH 算法

BIRCH（Balanced Iterative Reducing and Clustering using Hierarchies，利用层次方法的平衡迭代规约和聚类，简称综合层次聚类）算法通过集成层次聚类和其他聚类算法来对大量数据进行聚类。其中，层次聚类用于初始的微聚类阶段，其他方法如迭代划分，用于后面的宏聚类阶段。BIRCH 克服了不可伸缩性和不能撤销前一步所做的工作这两个缺点。另外，BIRCH 算法采用 CF 和 CF-Tree 结构节省 I/O 成本和内存开销，使其成本与数据集的大小呈线性关系，只需扫描数据集一次就可产生较高的聚类质量，因此特别适合大数据集。

BIRCH 算法是一种基于距离的层次聚类算法，其核心是聚类特征（Cluster Feature，CF）和聚类特征树（CF-tree），它们用于概括簇描述。这些结构可以帮助聚类方法在大型数据库中取得好的速度和伸缩性，使得 BIRCH 算法对增量和动态聚类也非常有效。

1. 聚类特征

一个 CF（聚类特征）是一个包含聚类信息的三元组，其定义如下。

给定簇中 N 个 d 维的数据点 $\{\overrightarrow{X_i}\}$（$i=1,2,\cdots,N$），簇的聚类特征 CF 向量是一个三元组 $CF=(N,\overrightarrow{LS},SS)$。其中，$N$ 是簇中数据点的个数，$\overrightarrow{LS}$ 是 N 个数据点的线性和，即 $\sum_{i=1}^{N}\overrightarrow{X_i}$，而 SS 是 N 个数据点的平方和，即 $\sum_{i=1}^{N}\overrightarrow{X_i}^2$。线性和反映了聚类的重心，平方和反映了簇的直径大小。

聚类特征具有可加性，定理如下。

CF 可加性定理 设 $CF_1=(N_1,\overrightarrow{LS1},SS1)$ 和 $CF_2=(N_2,\overrightarrow{LS2},SS2)$ 分别为两个簇的聚类特征，那么合并后新簇的聚类特征为 $CF_1+CF_2=(N_1+N_2,\overrightarrow{LS1}+\overrightarrow{LS2},SS1+SS2)$。

若在簇 C_1 中有 3 个点 $(2,5)$、$(3,2)$ 和 $(4,3)$，其聚类特征为

$$CF_1=[<3,(2+3+4,5+2+3),(2^2+3^2+4^2,5^2+2^2+3^2)>]=[<3,(9,10),(29,38)>]$$

若 C_2 是与 C_1 不相交的簇

$$CF_2=[<3,(35,36),\ (417,440)>]$$

则 C_1 和 C_2 合并形成一个新的簇 C_3，其聚类特征便是 CF_1+CF_2，即

$$CF_3=[<3+3,(9+35,10+36),(29+417,38+440)>]=[<6,(44,46),(446,478)>]$$

CF 结构概括了簇的基本信息，并且是高度压缩的，存储了小于实际数据点的聚类信息。同时，CF 的三元组结构使得簇的半径、簇的直径、簇与簇之间的距离、簇与簇之间的差异等的计算变得容易。

2. 聚类特征树

聚类特征树（CF-tree）是一个高度平衡的树，具有分支因子和阈值两个参数。分支因子包括非叶子结点中 CF 条目最大个数 B 和叶子结点中 CF 条目的最大个数 L，影响结果树的大小，目标是通过参数调整，将聚类特征树保存在内存中。每个非叶子节点最多容纳 B 个形为 $[CF_i,child_i]$（$i=1,2,\cdots,B$）的 CF 条目，$child_i$ 是一个指向它的第 i 个子结点的指针，CF_i 是由 $child_i$ 指向的子结点所代表的子聚类的 CF。一个叶子结点最多容纳 L 个 CF 条目。每个叶子结点还有一个指向前面结点的指针 prev 和指向后面叶子结点的指针 next，这样所有叶子

结点形成一个链表，以便扫描。聚类特征树的结构如图 4-4 所示，当 $B=5$、$L=6$ 时的聚类特征树如图 4-5 所示。其中，每个叶子结点中的所有条目必须满足阈值 T 的要求，即所有条目的半径或直径都要小于阈值 T。

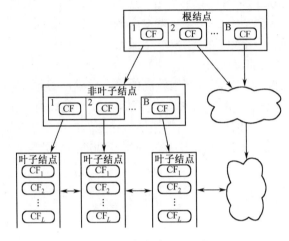

图 4-4 聚类特征树结构

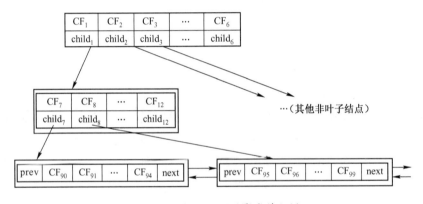

图 4-5 $B=6$、$L=5$ 的聚类特征树

聚类特征树的构造过程实际是一个数据点的插入过程。

① 从根结点开始递归往下，计算当前条目与要插入数据点之间的距离，寻找距离最小的路径，直到找到与该数据点最接近的叶子结点中的条目。

② 比较计算出的距离是否小于阈值 T，若小于，则当前条目吸收该数据点，否则转步骤③。

③ 判断当前条目所在叶子结点的条目个数是否小于 L，若是，则直接将数据点插入为该数据点的新条目，否则需要分裂该叶子结点。分裂的原则是寻找该叶子结点中距离最远的两个条目，并以这两个条目作为分裂后新的两个叶子结点的起始条目，其他条目根据距离最小原则分配到这两个新的叶子结点中，删除原叶子结点并更新整个聚类特征树。

当数据点无法插入时，需要提升阈值 T，并重建树来吸收更多的叶子结点条目，直到把所有数据点全部插入完毕。

3. BIRCH 算法描述

BIRCH 算法主要分为四个阶段。第一阶段对整个数据集进行扫描，根据给定的初始阈

值 T 建立一棵初始聚类特征树；第二阶段通过提升阈值 T 重建聚类特征树，得到一棵压缩的聚类特征树；第三、四阶段，利用全局聚类算法对已有的聚类特征树进行聚类得到更好的聚类结果。

建树阶段的步骤如下。

① 给定一个初始的阈值 T 并初始化一棵聚类特征树，即 t_1。

② 扫描数据点并插入 t_1。

③ 判断内存是否溢出，若没有溢出，则转步骤④，否则转步骤⑤。

④ 此时已经扫描完所有数据点，将存储在磁盘中的潜在离群点重新吸收到 t_1 中，结束建树。

⑤ 提升阈值 T 的值，并根据新的阈值，通过 t_1 中各节点条目重建聚类特征树即 t_2。在重建过程中，若 t_1 的叶节点条目是潜在的异常点且磁盘仍有空间，则将该异常点写入磁盘，否则使用该条目重建树 t_2。t_2 建好后，重新将 t_2 赋给 t_1。

⑥ 判断此时存储潜在异常点的磁盘是否已满，若没有满，则转步骤②，继续扫描下一个数据点；否则将存储在磁盘中的潜在异常点重新吸收到 t_1 中，并转步骤②，继续扫描下一个数据点。

BIRCH 算法利用聚类特征树概括了聚类的有用信息，并且由于聚类特征树占用空间较原数据集合小得多，可以存放在内存中，因此在给定有限内存的情况下，BIRCH 能利用可用的资源产生较好的聚类结果。另外，BIRCH 算法的计算复杂度是 $O(N)$，具有与对象数目呈线性关系的可伸缩性和较好的聚类质量。

但是，由于大小限制，聚类特征树的每个结点只能包含有限数目的条目，聚类特征树结点并不总是对应用户所考虑的一个自然簇。此外，如果簇不是球形的，BIRCH 就不能很好地工作，因为它使用半径或直径的概念来控制簇的边界。

4.3.3　CURE 算法

绝大多数聚类算法在处理球形和相似大小的簇时效果较好，然而存在离群点时，这些聚类算法就变得比较脆弱。CURE（Clustering Using Representative，使用代表点的聚类）算法通过使用多个代表点来表示一个簇，这样可提高算法挖掘任意形状簇的能力，能较好地解决非球形和非均匀大小簇聚类的问题，在处理孤立点上更加健壮。CURE 采用了一种新的层次聚类算法，选择基于质心和基于代表对象点方法之间的中间策略，不用单个质心或对象来代表一个簇，而是选择数据空间中固定数目的具有代表性的点，这些点捕获了簇的几何特性。第一个代表点选择离簇中心最远的点，而其余点选择离所有已经选取的点最远的点。这样，代表点自然地相对分散。选定代表点后，就以特定的收缩因子向簇中心"收缩"或移动它们。

每个簇有多于一个的代表点，使得 CURE 可以适应非球形的几何形状。簇的收缩或凝聚有助于控制孤立点的影响。因此，CURE 对孤立点的处理更加健壮，而且能够识别非球形和大小变化较大的簇。对于大规模数据库，CURE 采用了随机抽样和划分两种方法的组合，使它具有良好的伸缩性，而且没有牺牲聚类质量。

CURE 算法的思想主要体现如下。

① CURE 算法采用的是凝聚层次聚类。在最开始，每个对象就是一个独立的簇，然后

从最相似的对象开始进行合并。

② 为了处理大数据集，采用随机抽样和分割（Partitioning）手段。抽样可以降低数据量，提高算法的效率，在样本大小选择合适的情况下，一般能够得到比较好的聚类结果。分割是指将样本集分割为几部分，然后针对各部分中的对象分别进行局部聚类，形成子簇，再针对子簇进行聚类，形成新的簇。

③ 传统的算法常常采用一个对象来代表一个簇，而 CURE 算法由分散的若干对象在按收缩因子移向其所在簇的中心后来代表该簇，因此能够处理非球形分布的对象。

④ 分两个阶段消除异常值的影响。第一个阶段，在最开始，每个对象是一个独立的簇，然后从最相似的对象开始进行合并。由于异常值同其他对象的距离更大，因此其所在的簇中对象数目的增大就会非常缓慢，甚至不增长。第二个阶段的工作（聚类基本结束的时候）是将聚类过程中增长非常缓慢的簇作为异常值去除。

⑤ 由于 CURE 算法采用多个对象来代表一个簇，因此可以采用更合理的非样本对象分配策略。在完成对样本的聚类后，各簇中只包含有样本对象，还需要将非样本对象按一定策略分配到相应的簇中。

CURE 是一种自下向上的层次聚类算法，首先将输入的每个点作为一个簇，然后合并相似的簇，直到簇的个数为 k 时停止。算法描述如下。

算法：CURE

输入：数据集 D

输出：簇集合

① 从源数据对象中抽取一个随机样本 S

② 将样本 S 划分为大小相等的分组

③ 对每个划分进行局部聚类

④ 通过随机抽样剔除孤立点，若一个簇增长得太慢，就去掉它

⑤ 对局部的簇进行聚类。落在每个新形成的簇中的代表点根据用户定义的一个收缩因子 a 收缩或向簇中心移动，这些点描述和捕捉到了簇的形状

⑥ 用相应的簇标签来标记数据

CURE 算法的时间复杂性为 $O(N^2)$（低维数据）和 $O(N^2 \log N)$（高维数据），在处理大量数据时必须基于抽样、划分等技术。

4.3.4 ROCK 算法

CURE 和 BIRCH 算法只能处理纯数值型数据。ROCK（RObust Clustering using linK，使用链接的健壮性聚类）是针对具有分类属性的数据使用链接（指两个对象间共同的近邻数目）的层次聚类算法。实验表明，对于包含布尔或分类属性的数据，大多数聚类算法使用距离函数，这些距离度量不能产生高质量的簇；在进行聚类时，只估计点与点之间的相似度；在聚类过程中，合并那些最相似的点到一个簇中，这种"局部"方法容易导致错误。例如，两个完全不同的簇可能有少数几个点或者离群点的距离比较近，只依据点之间的相似度来做出聚类决定会导致这两个簇合并。ROCK 采用一种比较全局的观点，通过考虑成对点的

邻域情况来进行聚类，如果两个相似的点同时具有相似的邻域，那么这两个点可能属于同一个簇而被合并。

点的邻域是指两个点 p_i 和 p_j 是近邻，即 $\mathrm{sim}(p_i,p_j) \leqslant \theta$，其中 sim 是相似度函数，$\theta$ 是用户指定的阈值。如果两个点的链接数很大，那么它们可能属于相同的簇。由于在确定点对之间的关系时需要考虑邻近的数据点，ROCK 比只关注点间相似度的聚类方法更加稳定。

包含分类属性数据的一个很好的例子就是购物车数据。这种数据由事务数据库组成，其中每个事务都是商品的集合。事务可以看成具有布尔属性的记录，每个属性对应一个单独的商品，如面包或奶酪。如果一个事务包含某商品，那么该事务的记录中对应此商品的属性值就为真，否则为假。其他含有分类属性的数据集可以用类似的方式处理。两个"点"即两个事务 T_i 和 T_j 之间的相似度用 Jaccard 系数来定义，即

$$\mathrm{sim}(T_i,T_j) = \frac{|T_i \bigcap T_j|}{|T_i \bigcup T_j|}$$

【例 4-4】 同时使用点间相似度和邻域链接信息的影响分析示例。

假定一个购物车数据库包含关于商品 a, b, $\cdots$, g 的事务记录。考虑这些事务的两个簇 C_1 和 C_2。C_1 涉及商品 $\{a,b,c,d,e\}$，包含事务 $\{a,b,c\}$，$\{a,b,d\}$，$\{a,b,e\}$，$\{a,c,d\}$，$\{a,c,e\}$，$\{a,d,e\}$，$\{b,c,d\}$，$\{b,c,e\}$，$\{b,d,e\}$，$\{c,d,e\}$。C_2 涉及商品 $\{a,b,f,g\}$，包含事务 $\{a,b,f\}$，$\{a,b,g\}$，$\{a,f,g\}$，$\{b,f,g\}$。只考虑点间的相似度而忽略邻域信息，C_1 中事务 $\{a,b,c\}$ 与 $\{b,d,e\}$ 之间的 Jaccard 系数为 1/5=0.2。事实上，C_1 中任意一对事务之间的 Jaccard 系数值为 0.2～0.5（如 $\{a,b,c\}$ 和 $\{a,b,d\}$）。而属于不同簇的两个事务之间的 Jaccard 系数也可能达到 0.5（如 C_1 中的 $\{a,b,c\}$ 和 C_2 中的 $\{a,b,f\}$ 或 $\{a,b,g\}$）。明显，仅仅使用 Jaccard 系数无法得到所期望的簇。

ROCK 基于链接的方法可以成功地把这些事务划分到恰当的簇中。直观地，对于每个事务，与之链接最多的那个事务总是与它处于同一个簇中。例如，令 $\theta = 0.5$，则 C_2 中的事务 $\{a,b,f\}$ 与同样来自同一簇的事务 $\{a,b,g\}$ 之间的链接数为 5（因为它们有共同的近邻 $\{a,b,c\}$，$\{a,b,d\}$，$\{a,b,e\}$，$\{a,f,g\}$ 和 $\{b,f,g\}$）。然而，C_2 中的事务 $\{a,b,f\}$ 与 C_1 中的事务 $\{a,b,c\}$ 之间的链接数仅为 3（共同近邻为 $\{a,b,d\}$，$\{a,b,e\}$ 和 $\{a,b,g\}$）。类似地，C_2 中的事务 $\{a,f,g\}$ 与 C_2 中其他每个事务之间的链接数均为 2，而与 C_1 中所有事务的链接数都为 0。因此，这种基于链接的方法能够正确地区分出两个不同的事务簇，因为除了考虑对象间的相似度，还考虑近邻信息。

基于这些思想，ROCK 使用相似度阈值和共享近邻的概念，从一个给定的数据相似度矩阵中构建一个稀疏图，然后在这个稀疏图上执行凝聚层次聚类，使用优度（Goodness Measure）度量评价聚类，采用随机抽样处理大规模的数据集。

ROCK 算法的聚类过程描述如下。

算法：ROCK

输入：数据集 D

输出：簇集合

① 随机选择一个样本

② 在样本上用凝聚算法进行聚类，簇的合并是基于簇间的相似度，即基于来自不同簇而有相同邻居的样本的数目

③ 将其余每个数据根据它与每个簇之间的连接，判断它应归属的簇

ROCK 算法在最坏情况下的时间复杂度为 $O(n^2 + nm_mm_a + n^2\log n)$。其中，$m_m$ 和 m_a 分别是近邻数目的最大值和平均值，n 是对象的个数。

4.4 基于密度的聚类算法

绝大多数划分方法都基于对象之间的距离进行聚类，这些方法只能发现球状的簇，而在发现任意形状的簇上遇到了困难。为了能够发现如图 4-6 所示的具有任意形状的簇，人们提出了基于密度的聚类方法。这类方法通常将簇看成数据空间中被低密度区域（代表噪声）分割开的稠密对象区域。DBSCAN（Density-Based Spatial Clustering of Applications with Noise）是典型的基于密度的方法，依据基于密度的连通性分析增长簇。

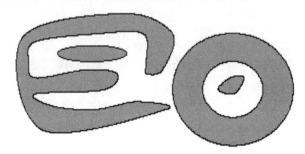

图 4-6 基于密度的聚类算法可聚类的形状

DBSCAN 是一种基于高密度连通区域的聚类方法，将具有足够高密度的区域划分为簇，并在具有噪声的空间数据库中发现任意形状的簇，将簇定义为密度相连的点的最大的集合。根据点的密度，点可分为 3 类：稠密区域内部的点（核心点），稠密区域边缘上的点（边界点），稀疏区域中的点（噪声或背景点）。

给定一个对象集合 D，对象之间的距离函数为 $d()$，邻域半径为 Eps，数据集中特定点的密度通过该点的 Eps 半径之内包含的点数（包括点本身）来估计。

Eps 邻域：给定对象半径 Eps 内的邻域称为该对象的 Eps 邻域。我们用 $N_{\text{Eps}}(p)$ 表示点 p 的 Eps 半径内的点的集合，即

$$N_{\text{Eps}}(p) = \{q \mid q \in D, d(p,q) \leqslant \text{Eps}\}$$

MinPts：给定邻域 $N_{\text{Eps}}(p)$ 包含的点的最小数目，用于决定点 p 是簇的核心部分还是边界点或噪声。

核心对象：若对象的 Eps 邻域包含至少 MinPts 个的对象，则称该对象为核心对象。

边界点：不是核心点，但落在某核心点的邻域内。

噪声点：既不是核心点也不是边界点的任何点。

直接密度可达：若 p 在 q 的 Eps 邻域内，而 q 是一个核心对象，则称对象 p 从对象 q 出发时是直接密度可达的（directly density-reachable）。

密度可达：若存在一个对象链 $p_1, p_2, \cdots, p_n$，$p_1 = q$，$p_n = p$，对于 $p_i \in D$（$1 \leqslant i \leqslant n$），$p_{i+1}$ 是从 p_i 关于 Eps 和 MinPts 直接密度可达的，则对象 p 是从对象 q 关于 Eps 和 MinPts 密度可达的（density-reachable）。

密度相连：若存在对象 $O \in D$，使对象 p 和 q 都是从 O 关于 Eps 和 MinPts 密度可达

的，那么对象 p 到 q 是关于 Eps 和 MinPts 密度相连的（density-connected）。

密度可达是直接密度可达的传递闭包，这种关系是非对称的。只有核心对象之间相互密度可达。然而，密度相连性是一个对称关系。

基于密度的簇是基于密度可达性的最大的密度相连对象的集合。不包含在任何簇中的对象被认为是噪声。DBSCAN 通过检查数据集中每点的 Eps 邻域来搜索簇。若点 p 的 Eps 邻域包含的点多于 MinPts 个，则创建一个以 p 为核心对象的簇。然后，DBSCAN 迭代地聚集从这些核心对象直接密度可达的对象，这个过程可能涉及一些密度可达簇的合并。当没有新的点添加到任何簇时，聚类过程结束。DBSCAN 算法具体描述如下。

算法：DBSCAN

输入：数据集 D，参数 MinPts 和 Eps

输出：簇集合

① 将数据集 D 中的所有对象标记为未处理状态

② for 数据集 D 中每个对象 p　do

③　　if　p 已经归入某个簇或标记为噪声 then

④　　　　continue

⑤　　else

⑥　　　　检查对象 p 的 Eps 邻域 $N_{\text{Eps}}(p)$

⑦　　　　if　$N_{\text{Eps}}(p)$ 包含的对象数小于 MinPts then

⑧　　　　　　标记对象 p 为边界点或噪声点

⑨　　　　else

⑩　　　　　　将 $N_{\text{Eps}}(p)$ 中的所有点加入 C，标记对象 p 为核心点，并建立新簇 C

⑪　　　　　　for　$N_{\text{Eps}}(p)$ 中所有尚未被处理的对象 q　do

⑫　　　　　　　　检查其 Eps 邻域 $N_{\text{Eps}}(q)$，若 $N_{\text{Eps}}(q)$ 包含至少 MinPts 个对象，则将 $N_{\text{Eps}}(q)$ 中未归入任何一个簇的对象加入 C

⑬　　　　　　end for

⑭　　　　end if

⑮　　end if

⑯ end for

【例4-5】　DBSCAN 概念示例。如图 4-7 所示，Eps 用一个相应的半径表示，设 MinPts=3。

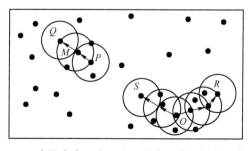

图 4-7　"直接密度可达" 和 "密度可达" 概念示意描述

解： 根据以上概念可知，由于有标记的各点 M、P、O 和 R 的 Eps 近邻均包含 3 个以上的点，因此它们都是核心对象；M 是从 P "直接密度可达"；而 Q 是从 M "直接密度可达"。

基于上述结果，Q 是从 P "密度可达"，但 P 从 Q 无法 "密度可达"（非对称）。类似地，S 和 R 从 O 是 "密度可达" 的，O、R 和 S 均是 "密度相连" 的。

【例 4-6】 表 4-9 为二维平面上的数据集（如图 4-8 所示），取 Eps=3，MinPts=3，演示 DBSCAN 算法的聚类过程（使用曼哈顿距离）。

表 4-9　聚类过程示例数据集 3

P_1	P_2	P_3	P_4	P_5	P_6	P_7	P_8	P_9	P_{10}	P_{11}	P_{12}	P_{13}
1	2	2	4	5	6	6	7	9	1	3	5	3
2	1	4	3	8	7	9	9	5	12	12	12	3

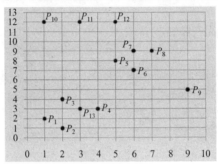

图 4-8　表 4-3 的数据分布图

解：

① 随机选择一个点，如 P_1，其 Eps 邻域包含 $\{P_1,P_2,P_3,P_{13}\}$，P_1 是核心点，其邻域中的点构成簇 1 的一部分；依次检查 P_2、P_3、P_{13} 的 Eps 邻域，进行扩展，将点 P_4 并入，P_4 为核心点。

② 检查点 P_5，其 Eps 邻域包含 $\{P_5,P_6,P_7,P_8\}$，P_5 是核心点，其邻域中的点构成簇 2 的一部分；依次检查 P_6、P_7、P_8 的 Eps 邻域，进行扩展。每个点都不是核心点，不能扩展。

③ 检查点 P_9，其 Eps 邻域包含 $\{P_9\}$，P_9 为噪声点或边界点。

④ 检查点 P_{10}，其 Eps 邻域包含 $\{P_{10},P_{11}\}$，P_{10} 为噪声点或边界点；检查 P_{11}，其 Eps 邻域包含 $\{P_{10},P_{11},P_{12}\}$，P_{11} 为核心点，其邻域中的点构成簇 3 的一部分；进一步检查，P_{10}、P_{12} 为边界点。

所有点标记完毕，P_9 没有落在任何核心点的邻域内，所以为噪声点。

最终识别出 3 个簇：P_9 为噪声点。簇 1 包含 $\{P_1,P_2,P_3,P_4,P_{13}\}$，$P_4$ 为边界点，其他点为核心点；簇 2 包含 $\{P_5,P_6,P_7,P_8\}$，其全部点均为核心点；簇 3 包含 $\{P_{10},P_{11},P_{12}\}$，P_{10}、P_{12} 为边界点，P_{11} 为核心点。

若 MinPts=4，则簇 3 中的点均被识别成噪声点。

关于参数 Eps 和 MinPts 的选择问题，即观察点到它的 k 个最近邻的距离（称为 k-距离）的特性。对于属于某个簇的点，若 k 不大于簇的大小，则 k-距离将很小。对于不在簇中的点，k-距离相对较大。若对于某个 k，计算所有点的 k-距离，以升序排列，然后绘制排序后的值，则会看到 k-距离的急剧变化，对应合适的 Eps 值。若选取该距离为 Eps 参数，而取 k 的值为 MinPts 参数，则 k-距离小于 Eps 的点将标记为核心点，其他点被标记为噪声点或边界点。

DBSCAN 算法的优点是可以识别具有任意形状和不同大小的簇，自动确定簇的数目，分离簇和环境噪声，一次扫描数据即可完成聚类。若使用空间索引，则 DBSCAN 的计算复杂度是 $O(N \log N)$，否则是 $O(N^2)$。

4.5 基于图的聚类算法

基于图的观点来分析数据，可以利用图的许多重要性质来研究聚类问题，数据对象用节点表示，对象之间的邻近度用节点之间边的权值来表示。这类算法需要用到一些重要的方法。

① 稀疏化邻近度图，只保留对象与其最近邻之间的连接。这种稀疏化有利于降低噪声和离群点的影响，可以利用为稀疏图开发的有效图划分算法来进行。

② 基于共享的最近邻个数，定义两个对象之间的相似性度量。该方法基于这样的观察，对象与它的最近邻通常属于同一个簇，有助于克服高维和变密度簇的问题。

③ 定义核心对象并构建环绕它们的簇。与 DBSCAN 算法一样，围绕核心对象构建簇，设计可以发现不同形状和大小的簇的聚类技术。

④ 使用邻近度图中的信息，提供两个簇是否应当合并的更复杂的评估。两个簇合并仅当结果簇具有相似于原来的两个簇的特性。

本节介绍基于图的 Chameleon 聚类算法和基于 SNN 密度的聚类算法。

4.5.1 Chameleon 聚类算法

Chameleon 算法是一种基于图划分的层次聚类算法，利用基于图的方法得到的初始数据划分与一种新颖的层次聚类方法相结合，使用簇间的互连性和紧密性概念，以及簇的局部建模来发现具有不同形状、大小和密度的簇。其思想是，仅当合并后的结果簇类似原来的两个簇时，这两个簇才合并。本节先介绍自相似性，再详细介绍 Chameleon 算法。

1. 确定合并哪些簇

Chameleon 算法力求合并这样的一对簇，合并后产生的簇，用互连性和紧密性来度量时，其与原来的一对簇最相似。为了理解互连性和紧密性概念，需要用邻近图的观点，并且需要考虑簇内和簇间点之间的边数和这些边的强度。

① 相对互连度（Relative Interconnectivity，RI）：簇 C_i 与 C_j 间的绝对互连度是连接簇 C_i 和 C_j 中顶点的所有边的权重之和，其本质是同时包含簇 C_i 和 C_j 的边割（Edge Cut，EC），用 $\mathrm{EC}(C_i, C_j)$ 表示。簇 C_i 的内部互连度可以通过它的最小二分边割 $\mathrm{EC}(C_i)$ 的大小（即将图划分成两个大致相等的部分的边的加权和）表示。簇 C_i 与 C_j 间的相对互连度 $\mathrm{RI}(C_i, C_j)$ 定义为用簇 C_i 和 C_j 的内部互连度规格化簇 C_i 与 C_j 间的绝对互连度，即

$$\mathrm{RI}(C_i, C_j) = \frac{\left| \mathrm{EC}(C_i, C_j) \right|}{\dfrac{\left| \mathrm{EC}(C_i) \right| + \left| \mathrm{EC}(C_j) \right|}{2}}$$

其中，$\left| \mathrm{EC}(C_i, C_j) \right|$ 为绝对互连度，其值为"跨越两个簇的所有边的权重和"，$\left| \mathrm{EC}(C_i) \right|$ 表示内部互连度，其值为"簇 C_i 内所有边的权重和"。

图 4-9 解释了相对互连度的概念。两个圆形簇 (c) 和 (d) 比两个矩形簇 (a) 和 (b) 具有更多

连接，然而，合并(c)和(d)产生的簇具有非常不同于(c)和(d)的连接性。相比之下，合并(a)和(b)产生的簇的连接性与簇(a)和(b)非常类似。

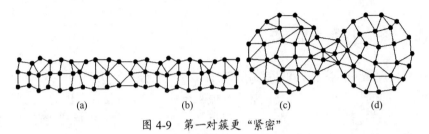

图 4-9　第一对簇更 "紧密"

② 相对紧密度（Relative Closeness，RC）：簇 C_i 与 C_j 间的相对紧密度被定义为用簇 C_i 与 C_j 的内部紧密度规格化簇 C_i 与 C_j 间的绝对紧密度。度量两个簇的紧密度的方法是取簇 C_i 与 C_j 间连接边的平均权重，即

$$RC(C_i, C_j) = \frac{\overline{S}_{EC}(C_i, C_j)}{\frac{|C_i|}{|C_i| + |C_j|} \times \overline{S}_{EC}(C_i) + \frac{|C_j|}{|C_i| + |C_j|} \times \overline{S}_{EC}(C_j)}$$

其中，$\overline{S}_{EC}(C_i, C_j)$ 为簇 C_i 与 C_j 间的绝对紧密度，通过簇 C_i 和 C_j 的连接边的平均权重来度量，即 $\overline{S}_{EC}(C_i, C_j) = \frac{|EC(C_i, C_j)|}{|C_i| \times |C_j|}$，$\overline{S}_{EC}(C_i)$ 是内部紧密度，通过簇 C_i 内连接边的平均权重来度量，即 $\overline{S}_{EC}(C_i) = \frac{|EC(C_i)|}{|C_i|^2}$。

RI 和 RC 可以用不同的方法组合，以产生自相似性（self-similarity）的总度量。Chameleon 算法使用的是合并最大化 $RI(C_i, C_j) \times RC(C_i, C_j)^{\alpha}$ 的簇对，其中 α 是用户指定的参数，通常大于 1。

2．Chameleon 算法

Chameleon 算法由稀疏化、图划分和子图合并三个关键步骤组成，如图 4-10 所示。

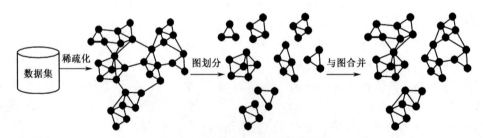

图 4-10　Chameleon 算法聚类步骤

Chameleon 算法过程如下。
① 构建稀疏图：由数据集构造成 k-最近邻图集合 G_k。
② 多层图划分：通过一个多层图划分算法将图 G_k 划分成大量的子图，每个子图代表一个初始子簇。
③ 合并子图：合并关于相对互连度和相对紧密度而言，最好地保持簇的自相似性的簇。
④ 重复步骤③，直至不再有可以合并的簇或者用户指定停止合并时的簇个数。

稀疏化：图的表示基于 k-最近邻方法，节点表示数据项，边表示数据项间的相似度，节点 v、u 之间的边表示节点 v 在节点 u 的 k 个最相似点中，或节点 u 在节点 v 的 k 个最相似点中。使用图的表示有以下优点：① 距离很远的数据项完全不相连；② 边的权重代表了潜在的空间密度信息；③ 在密集和稀疏区域的数据项都同样能建模；④ 表示的稀疏便于使用高效的算法。

图划分：基于得到的稀疏图，使用如 HMETIS 等有效的多层图划分算法来划分数据集。划分步骤如下：① 从得到的稀疏图开始；② 二分当前最大的子图；③ 直到没有一个簇多于 MIN_SIZE 个点（MIN_SIZE 是用户指定的参数）。

子图合并：采用凝聚层次聚类方法合并子图。合并子图有以下两种方法，其中第二种方法是经常使用的方法。

方法一，阈值法，即预先设定两个阈值 TRI 和 TRC，只有满足条件 $RI\{C_i, C_j\} \geqslant TRI$ 且 $RC\{C_i, C_j\} \geqslant TRC$ 时，子簇才会被合并。

方法二，簇间的相似度函数采用函数 $MAX[RI\{C_i, C_j\} \times RC\{C_i, C_j\}^\alpha]$，即取相对互连性和相对近似性之积最大者合并。

Chameleon 算法能够有效地聚类空间数据，能识别具有不同形状、大小和密度的簇，对噪声和异常数据不敏感。Chameleon 算法的时间复杂度为 $O(N^2)$，因此对中小规模数据集的聚类分析是个很好的选择，但对于大规模数据集的应用受到限制。

【例 4-7】 对如表 4-10 所示的数据集（图形化显示如图 4-11 所示）演示 Chameleon 算法聚类过程。

表 4-10　Chameleon 算法示例数据集

Point	1	2	3	4	5	6	7	8	9	10	11	12	13	14
x	2	3	3	5	9	9	10	11	1	2	1	12	11	13
y	2	1	4	3	8	7	10	8	6	7	7	5	4	4

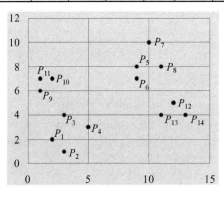

图 4-11　Chameleon 算法示例数据集

解：对于表 4-10 中的数据，采用

$$s(p_i, p_j) = \frac{1}{1 + d(p_i, p_j)} = \frac{1}{1 + \sqrt{(x_i - x_j)^2 + (y_i - y_j)^2}}$$

计算点 p_i、p_j 之间的相似度，得到的相似度矩阵如表 4-11 所示。

表 4-11　相似度矩阵

		Point	1	2	3	4	5	6	7	8	9	10	11	12	13	14
		x	2	3	3	5	9	9	10	11	1	2	1	12	11	13
	x	y	2	1	4	3	8	7	10	8	6	7	7	5	4	4
1	2	2	1.00	0.41	0.31	0.24	0.10	0.10	0.08	0.08	0.20	0.17	0.16	0.09	0.10	0.08
2	3	1	0.41	1.00	0.25	0.26	0.10	0.11	0.08	0.09	0.16	0.14	0.14	0.09	0.10	0.09
3	3	4	0.31	0.25	1.00	0.31	0.12	0.13	0.10	0.10	0.26	0.24	0.22	0.10	0.11	0.09
4	5	3	0.24	0.26	0.31	1.00	0.14	0.15	0.10	0.11	0.17	0.17	0.15	0.12	0.14	0.11
5	9	8	0.10	0.10	0.12	0.14	1.00	0.50	0.31	0.33	0.11	0.12	0.11	0.19	0.18	0.15
6	9	7	0.10	0.11	0.13	0.15	0.50	1.00	0.24	0.31	0.11	0.13	0.11	0.22	0.22	0.17
7	10	10	0.08	0.08	0.10	0.10	0.31	0.24	1.00	0.31	0.09	0.10	0.10	0.16	0.14	0.13
8	11	8	0.08	0.09	0.10	0.11	0.33	0.31	0.31	1.00	0.09	0.10	0.09	0.24	0.20	0.18
9	1	6	0.20	0.16	0.26	0.17	0.11	0.11	0.09	0.09	1.00	0.41	0.50	0.08	0.09	0.08
10	2	7	0.17	0.14	0.24	0.17	0.12	0.13	0.10	0.10	0.41	1.00	0.50	0.09	0.10	0.08
11	1	7	0.16	0.14	0.22	0.15	0.11	0.11	0.10	0.09	0.50	0.50	1.00	0.08	0.09	0.07
12	12	5	0.09	0.09	0.10	0.12	0.19	0.22	0.16	0.24	0.08	0.09	0.08	1.00	0.41	0.41
13	11	4	0.10	0.10	0.11	0.14	0.18	0.22	0.14	0.20	0.09	0.10	0.09	0.41	1.00	0.33
14	13	4	0.08	0.09	0.09	0.11	0.15	0.17	0.13	0.18	0.08	0.08	0.07	0.41	0.33	1.00

在 Chameleon 聚类算法的第一阶段，采用图划分方法得到细粒度子簇。对于所考虑的数据，得到 4 个初始的子簇，即：

簇 1：C_1={(2,2),(3,1),(3,4),(5,3)}，这些点的索引集为{1,2,3,4}。

簇 2：C_2={(9,8),(9,7),(10,10),(11,8)}，这些点的索引集为{5,6,7,8}。

簇 3：C_3={(1,6),(2,7),(1,7)}，这些点的索引集为{9,10,13}。

簇 4：C_4={(11,4),(12,5),(13,4)}，这些点的索引集为{11,12,14}。

为了便于说明，我们对数据进行重新排序，使得同一组内点的编号是连续的。

在算法的第二阶段，基于相对互连度（RI）和相对紧密度（RC）度量，寻找可以合并的簇对。

对于不同的簇 C_i 和 C_j，$|\text{EC}(C_i,C_j)|$ 为两个簇的所有点间的相似度之和，$|\text{EC}(C_i)|$（即 $|\text{EC}(C_i,C_i)|$）为 C_i 内的所有点间的相似度之和，可以通过表 4-11 中的阴影区域和非阴影区域不同块中所有元素之和而得到，结果如表 4-12 所示。

表 4-12　簇对的互连度（非对角线）和内部互连度（对角线）度量

	1	2	3	4
1	7.56	1.69	2.18	1.22
2	1.69	8.00	1.26	2.18
3	2.18	1.26	5.82	0.76
4	1.22	2.18	0.76	5.30

由 $\text{RI}(C_i,C_j)=\dfrac{\left|\text{EC}(C_i,C_j)\right|}{\dfrac{\left|\text{EC}(C_i)\right|+\left|\text{EC}(C_j)\right|}{2}}$ 计算簇 C_i 和 C_j 间的相对互连性度量，利用表 4-12 的数

据进行计算，结果如表 4-13 所示。

表 4-13　相对互连性度量

	1	2	3	4
1	—	0.22	0.32	0.19
2	0.22	—	0.18	0.33
3	0.32	0.18	—	0.14
4	0.19	0.33	0.14	—

下面以 $\mathrm{RI}(C_3, C_2)$ 为例说明计算过程。

$$\mathrm{RI}(C_3, C_2) = \frac{\left|\mathrm{EC}(C_{3,}, C_2)\right|}{\dfrac{\left|\mathrm{EC}(C_3)\right| + \left|\mathrm{EC}(C_2)\right|}{2}} = \frac{2 \times 1.26}{5.82 + 8} \approx 0.18$$

利用表 4-12 的数据及已知的每个簇包含元素的数目，计算相对紧密度

$$\mathrm{RC}(C_i, C_j) = \frac{\overline{S}_{\mathrm{EC}}(C_i, C_j)}{\dfrac{|C_i|}{|C_i| + |C_j|} \times \overline{S}_{\mathrm{EC}}(C_i) + \dfrac{|C_j|}{|C_i| + |C_j|} \times \overline{S}_{\mathrm{EC}}(C_j)}$$

下面以 $\mathrm{RC}(C_4, C_1)$ 为例说明计算过程。

$$\mathrm{RC}(C_4, C_1) = \frac{\mathrm{SEC}(C_4, C_1)}{\dfrac{|C_4|}{|C_4| + |C_1|} \times \mathrm{SEC}(C_4) + \dfrac{|C_1|}{|C_4| + |C_1|} \times \mathrm{SEC}(C_1)}$$

$$= \frac{\dfrac{1.22}{4 \times 3}}{\dfrac{3}{4+3} \times \dfrac{5.32}{3^2} + \dfrac{4}{4+3} \times \dfrac{7.56}{4^2}} \approx 0.19$$

表 4-13 给出了所有簇之间的相对紧密性度量计算结果。

接下来结合相对互连度（RI）和相对紧密度（RC）度量来决定要合并的簇。为了达到这个目的，通过把表 4-12 和表 4-13 的元素对应相乘得到如表 4-14 所示的度量积。

表 4-14　互连性和紧密性度量积（RI×RC）

	1	2	3	4
1	—	0.05	0.11	0.04
2	0.05	—	0.03	0.11
3	0.11	0.03	—	0.02
4	0.04	0.11	0.02	—

由表 4-14 可以发现，簇对(1,3)和(2,4)使得 RI×RC 最大化，因此合并相应的两个簇，现在我们只剩两个簇，分别用 C_{13} 和 C_{24} 表示。

为了画出树状图，需要计算簇之间的距离，可以从平均紧密度度量推导。$\mathrm{EC}(C_1, C_3) = 2.16$ 是簇 C_1 与 C_3 内 12 个点之间的相似度之和，因此平均值为 $\overline{S}_{\mathrm{EC}}(C_1, C_3) = \dfrac{2.16}{12} = 0.18$。我们可以利用关系 $S_{ij} = \dfrac{1}{1 + d_{ij}}$ 或者 $d_{ij} = \dfrac{1}{S_{ij}} - 1$ 将它转换为距离度量，得到 $d_{13} = 1/0.18 - 1 = 4.55$。类似地，可以得到 $d_{24} = 4.50$。

对于簇 C_{13} 和 C_{24}，进一步计算，可以得到

$$\text{EC}(C_{13}) = 17.74$$

$$\text{EC}(C_{24}) = 17.66$$

$$\text{EC}(C_{13}, C_{24}) = 4.93$$

$$\overline{S}_{\text{EC}}(C_{13}, C_{24}) = \frac{4.93}{7 \times 7} \approx 0.1$$

$$d_{13,24} = \frac{1}{0.1} - 1 = 9$$

聚类结果树状图如图 4-12 所示。

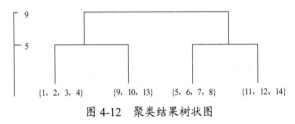

图 4-12　聚类结果树状图

4.5.2　基于 SNN 的聚类算法

1. 共享最近邻相似度

维度高、密度不同的数据集一般基于相似度和密度的聚类技术而产生的聚类结果并不理想。

在高维空间中，相似度低的情况很常见。例如，考虑包含《洛杉矶时报》不同板块的文档集合{娱乐,财经,国外,都市,国内,体育}，这些文档可以看成高维空间中的向量，向量的每个分量记录词汇表中每个词在文档中出现的次数。通常，利用余弦相似性来度量文档之间的相似性。表 4-15 给出了每个版块和整个文档集的平均余弦相似度。每个文档与其最相似的文档（第一个最近邻）之间的相似性高一些，平均为 0.39。然而在同一类中具有低相似性对象间的最近邻也常常不在同一类。在表 4-15 对应的文档集合中，约 20% 的文档有不同类中的最近邻。一般，直接相似度低，则对于聚类，特别是凝聚层次聚类，相似度将成为不可靠的指导。尽管如此，一个对象的大多数最近邻通常仍属于同一个类。

表 4-15　不同版块文档之间的相似度统计

版块	平均余弦相似度
娱乐	0.032
财经	0.030
国外	0.030
都市	0.021
国内	0.027
体育	0.036
所有版块	0.014

对于如图 4-13 所示的由多个不同密度的区域所构成的数据集，左边簇的较低密度反映在点之间的较低平均距离上，尽管左边不太稠密的簇中的点形成了同样合法的簇，通常基于全局观点的聚类方法（如 k-means、DBSCAN、BIRCH）难以发现这样的簇。

针对上述两种情况，在定义相似性度量时，考虑点的局部环境，引进共享最近邻（Shared Nearest Neighbor，SNN）的概念。当两个对象都在对方的最近邻列表中时，SNN 相似度就是它们共享的近邻个数。计算共享最近邻相似度的具体方法如下。

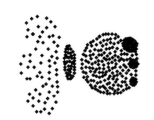

图 4-13　不同密度构成的二维
数据集

SNN 相似度是有用的，因为解决了使用直接相似度出现的一些问题，如低相似度和不同密度。由于 SNN 通过使用共享最近邻的个数，考虑了对象的局部环境，当一个对象碰巧与另一个对象相对接近但属于不同的类时，它们一般不共享许多近邻，因而它们的 SNN 相似度低。对于多个密度簇的问题，在低密度区域中，对象比高密度区域对象分开得更远。然而，一对点之间的 SNN 相似度只依赖于两个对象共享的最近邻的个数，而不是这些近邻之间的距离。SNN 相似度关于点的密度可以自动进行缩放。

2. 基于 SNN 的聚类算法

Levent Ertoz 等人基于共享最近邻相似度，提出了基于 SNN 的聚类算法，主要步骤如下。

① 构造 SNN 相似度矩阵。

② 进行 k-最近邻的稀疏处理（使用相似度阈值），并以此构造出最近邻居图，使得具有较强联系的样本间有链接。

③ 统计出所有样本点的链接强度，以此确立聚类核心点和噪声点，将噪声点从样本点中排除，再次对图中的链接进行一次过滤。

④ 依据确定的聚类核心点和剩下的最近邻居图来进行聚类处理。

SNN 聚类算法的优点是有效地实现了对时空数据集进行聚类，具有很高的可伸缩性和处理噪声的能力，同时具有对输入样本的顺序不敏感、输入参数的领域知识最小化等特点。

SNN 聚类算法的缺点如下。

① 噪声点检测的时间复杂度很高，必须对所有样本点建立了 SNN 图，并且计算出所有样本点之间的链接强度，才可以判断一个点是否为噪声点。计算相似度矩阵和构造 SNN 图的复杂度为 $O(N^2)$。

② 确定核心点、边界点、噪声点，以及用于过滤链接强度的阈值没有明确定义。

③ 虽然经过对样本数据的统计，能得出用于确定核心点、边界点、噪声点的阈值，但由于统计步骤本身具有较大的时空复杂度，这无疑增加了整个算法的复杂度。

3. 基于 SNN 密度的聚类算法

基于 SNN 密度的聚类算法是将 SNN 密度与 DBSCAN 算法结合在一起的一种聚类算法，类似基于 SNN 的聚类算法，都以 SNN 相似度图开始。然而，基于 SNN 密度的聚类算法是简单地使用 DBSCAN 算法，而不是使用阈值稀疏化 SNN 相似度图。由于 SNN 相似度反映了数据的局部特性，因此对密度的变化和空间的维度相对不太敏感。以 SNN 相似度取代 DBSCAN 算法中的距离而重新定义密度、核心点、边界点和噪声点概念。

核心点：指在给定的邻域（由 SNN 相似度和用户提供的参数 Eps 确定）内含有超过阈值 MinPts 数目的点。

边界点：不是核心点（即该点的 Eps 邻域内点的数量小于 MinPts）但在某核心点的邻域内。

噪声点：既不是核心点也不是边界点的点。

基于 SNN 密度的概念，相应的聚类算法如下。

① 计算 SNN 相似度。

② 以用户指定的参数 Eps 和 MinPts，使用 DBSCAN 算法进行聚类。

该算法可以自动地确定数据中簇的个数。在这里，并非所有的点都被聚类，一些噪声、离群点和没有很好地链接到一组点的那些点都将被丢弃。

4.6　一趟聚类算法

许多聚类算法存在以下不足：

① 对于大规模数据集，聚类时效性和准确性难以满足要求。

② 难以直接处理混合属性的数据。

③ 聚类结果依赖于参数，而参数的选择主要靠经验或试探，没有简单且通用的方法。

针对这些不足，这里介绍一种面向大规模、混合属性数据集的高效聚类算法——基于最小距离原则的聚类算法（Clustering Algorithm Based on Minimal Distance Principle，CABMDP），即一趟聚类算法。

基于最小距离原则的聚类算法采用摘要信息 CSI 表示一个簇，采用定义 4-3 来度量距离，将数据集分割为半径几乎相同的超球体（簇）。具体过程如下。

① 初始时，簇集合为空，读入一个新的对象。

② 以这个对象构造一个新的簇。

③ 若已到数据库末尾，则转步骤⑥，否则读入新对象，利用给定的距离定义，计算它与每个已有簇间的距离，并选择最小的距离。

④ 若最小距离超过给定的半径阈值 r，则转步骤②。

⑤ 否则将该对象并入具有最小距离的簇中，并更新该簇的各分类属性值的统计频度及数值属性的质心，则转步骤③。

⑥ 结束。

基于最小距离原则的聚类算法是一种特殊的一趟聚类算法，只需扫描一遍数据集即得到聚类结果。

4.6.1　阈值选择

聚类算法中，参数 r 将影响聚类的结果和算法的时间效率。r 越小，得到的簇的个数越多，算法时间开销越大；当 r 大到一定值时，只能得到极少的簇甚至一个簇；当 $r=0$ 时，每个簇只有一个元素，也就是说，r 太大或太小都不能得到有意义、有用的聚类结果。从聚类过程可以理解，阈值 r 应大于簇内的距离又小于簇间的距离。考虑到数据集很大的情况，采用抽样技术来计算阈值范围，具体描述如下。

① 在数据集 D 中随机选择 N_0 对对象。

② 计算每对对象间的距离。

③ 计算步骤②中距离的平均值 EX 和标准差 DX。

④ r 取值在 EX+0.5DX～EX-0.5DX 之间（不同的问题可能要求的范围不同）。

在许多数据集上的实验结果表明，当 r[EX-0.5DX, EX+0.5DX]区间取值时，参数 r 的改变对聚类结果精度影响不大，但簇的数量在一定范围内变化。当 r 取值在适当的范围内减小时，少部分对象将由一个簇移到另一个簇。实际使用时，根据问题的特殊要求，在范围内选取一个或多个具体值。

【例 4-8】 一趟聚类算法聚类过程示例。

对于如表 4-16 所示数据集，使用一趟聚类算法对其进行聚类（使用曼哈顿距离）。

表 4-16 聚类过程示例数据集 2

记录号	outlook	temperature	humidity	windy
1	sunny	85	85	no
2	sunny	80	90	yes
3	overcast	83	86	no
4	rainy	70	96	no
5	rainy	68	80	no
6	rainy	65	70	yes
7	overcast	64	65	yes
8	sunny	72	95	no
9	sunny	69	70	no
10	rainy	75	80	no
11	sunny	75	70	yes
12	overcast	72	90	yes
13	overcast	81	75	no
14	rainy	71	91	yes

解：聚类阈值取 r=16。经计算得出 EX=19，DX=10。

① 取第 1 条记录作为簇 C_1 的初始簇中心，其摘要信息为{1;sunny:1;85;85;no:1}。

② 读取第 2 条记录，其到簇 C_1 的距离为

$$d=0+5+5+1=11<r$$

将其归并到簇 C_1 中，簇 C_1 的摘要信息更新为{2;sunny:2;82.5;87.5;no:1,yes:1}。

③ 计算第 3 条记录到簇 C_1 的距离为

$$d=1-0/2+0.5+1.5+1-1/2=3.5<r$$

将其归并到簇 C_1 中，簇 C_1 的摘要信息更新为{3;sunny:2,overcast:1;82.67;87;no:2,yes:1}。

④ 计算第 4 条记录到簇 C_1 的距离为

$$d=1-0/3+12.67+9+1-2/3=23>16$$

以第 4 条记录构建一个新的簇 C_2，其摘要信息{1; rainy:1;70;96;no:1}。

⑤ 读取第 5 条记录，其到簇 C_1 的距离为

$$1-0/3+14.67+7+1-2/3=23>16$$

到簇 C_2 的距离为
$$0+2+16+0=18>16$$
以第 5 条记录构建一个新的簇 C_3，其摘要信息为{1; rainy:1;68; 80;no:1}。

⑥ 读取第 6 条记录，其到簇 C_1 的距离为
$$1-0/3+17.67+17+1-1/3=36.33>16$$
到簇 C_2 的距离为
$$0+5+26+1=32>16$$
到簇 C_3 的距离为
$$0+3+10+1=14<16$$
将第 6 条记录划分到簇 C_3 中，簇 C_3 的摘要信息更新为{2;rainy:2; 66.5;75;no:1,yes:1}。

⑦ 读取第 7 条记录，其到簇 C_1 的距离为
$$1-1/3+18.67+22+1-1/3=42>16$$
到簇 C_2 的距离为
$$1+6+31+1=39>16$$
到簇 C_3 的距离为
$$1+2.5+10+1-1/2=14<16$$

所以将第 7 条记录划分到簇 3 中，更新簇 C_3 的摘要信息为{3;rainy:2,overcast:1;65.67;71.67;no:1,yes:2}。

⑧ 读取第 8 条记录，其到簇 C_1 的距离为
$$1-2/3+10.67+8+1-2/3=19.33>16$$
到簇 C_2 的距离为
$$1+2+1+0=4<16$$
到簇 C_3 的距离为
$$1-0/3+6.33+23.33+1-1/3=31.33>16$$
将第 8 条记录划分到簇 C_2 中，簇 C_2 的摘要信息更新为{2;rainy:1,sunny:1;71;95.5;no:2}。

⑨ 读取第 9 条记录，其到簇 C_1 的距离为
$$1-2/3+13.67+17+1-2/3=31.33>16$$
到簇 C_2 的距离为
$$1-1/2+2+25.5+1-2/2=28>16$$
到簇 C_3 的距离为
$$1-0/3+3.33+1.67+1-1/3=6.67<16$$

将第 9 条记录划分到簇 C_3 中，簇 C_3 的摘要信息更新为{4;rainy:2,sunny:1,overcast:1;66.5;71.25; no:2, yes:2}。

⑩ 读取第 10 条记录，其到簇 C_1 的距离为
$$1-0/3+7.67+7+1-2/3=16<16$$
到簇 C_2 的距离为
$$1-1/2+4+15.5+1-2/2=20>16$$
到簇 C_3 的距离为
$$1-2/4+8.5+8.75+1-2/4=18.25>16$$
将第 10 条记录划分到簇 C_1 中，簇 C_1 的摘要信息更新为{4;rainy:1,sunny:2,overcast:1;

80.75;85.25; no:3, yes:1}。

① 读取第 11 条记录，其到簇 C_1 的距离为

$$1-2/4+5.75+15.25+1-1/4=22.25>16$$

到簇 C_2 的距离为

$$1-1/2+4+25.5+1-0/2=31>16$$

到簇 C_3 的距离为

$$1-1/4+8.5+1.25+1-2/4=11<16$$

将第 11 条记录划分到簇 C_3 中，簇 C_3 的摘要信息更新为{5;rainy:2,sunny:2,overcast:1;68.2; 71;no:2,yes:3}。

⑫ 读取第 12 条记录，其到簇 C_1 的距离为

$$1-1/4+8.75 +4.75+1-1/4=15<16$$

到簇 C_2 的距离为

$$1-0/2+1+5.5+1-0/2=8.5<16$$

到簇 C_3 的距离为

$$1-1/5+3.8+19+1-3/5=24>16$$

将第 12 条记录划分到簇 C_2 中，簇 C_2 的摘要信息更新为{3;rainy:1,sunny:1,overcast:1; 71.33;93.67;no:2,yes:1}。

⑬ 读取第 13 条记录，其到簇 C_1 的距离为

$$1-1/4+0.25+10.25+1-3/4=11.5<16$$

到簇 C_2 的距离为

$$1-1/3+9.67+18.67+1-2/3=29.34>16$$

到簇 C_3 的距离为

$$1-1/5+12.8+ 4+1-2/5=18.2>16$$

将第 13 条记录划分到簇 C_1 中，簇 C_1 的摘要信息更新为{5;rainy:1,sunny:2,overcast:2; 80.8;83.2; no:4,yes:1}。

⑭ 读取第 14 条记录，其到簇 C_1 的距离为

$$1-1/5+9.8+7.8+1-1/5=19.2>16$$

到簇 C_2 的距离为

$$1-1/3+0.33+2.67+1-1/3=4.33<16$$

到簇 C_3 的距离为

$$1-2/5+2.8+20+1-3/5=23.8>16$$

将第 14 条记录划分到簇 C_2 中，簇 C_2 的摘要信息更新为{4;rainy:2,sunny:1,overcast:1; 71.25;93;no:2,yes:2}。

⑮ 全部记录处理完之后，得到 3 个簇。簇 C_1 包含的记录集合为{1,2,3,10,13}，摘要信息为{5;rainy:1,sunny:2,overcast:2;80.8;83.2;no:4,yes:1}；簇 C_2 包含的记录集合为{4,8,12,14}，摘要信息为 {4;rainy:2,sunny:1,overcast:1;71.25;93;no:2,yes:2}；簇 C_3 包含的记录集合为 {5,6,7,9,11}，摘要信息为{5;rainy:2,sunny:2,overcast:1;68.2;71;no:2,yes:3}。

注：实际聚类时需要对数值属性进行规范化处理。

一趟聚类算法有以下 4 个特点。

① 一趟聚类算法的时间复杂度与数据集大小呈线性关系，与属性个数和最终的聚类个

数成近似线性关系，这使得算法具有好的扩展性。

② 一趟聚类算法对噪声不敏感，噪声或离群点将被划分到一些小的簇中。

③ 类似 k-means 算法，其本质上是将数据划分为大小几乎相同的超球体，不能用于发现非凸形状的簇，或具有各种不同大小的簇。对于具有任意形状簇的数据集，一趟聚类算法可能将一个大的自然簇划分成几个小的簇，而难以得到理想的聚类结果。

④ 与 k-means 算法不同，一趟聚类算法对数据样本的顺序比较敏感，通过聚类阈值的改变来影响聚类得到的簇个数。

4.6.2 算法应用

由于具有高效性，一趟聚类算法可以作为预处理步骤，选取较小的阈值，产生初始聚类，将得到的簇作为整体看成对象，再利用 DBSCAN、Chameleon、SNN 等可以识别任意形状数据的算法进行聚类，即可得到能识别任意形状簇的混合聚类算法；与 kNN 结合，可得到高效的分类算法。以一趟聚类算法为基础，可以设计高效的特征选择算法和离群点检测方法。

（1）基于投票机制的集成聚类算法

以一趟聚类算法作为划分数据的基本算法，通过重复使用一趟聚类算法划分数据，并随机选择阈值和数据输入顺序，得到不同的聚类结果，将这些聚类结果使用投票机制进行集成，获得最终的数据划分。该算法的优点为：对领域知识要求低，对参数依赖程度低，并能有效识别噪声点或孤立点，以及效率高等。

与一趟聚类算法比较，聚类结果对于参数的选择和数据输入顺序具有更好的稳健性，并能发现具有任意形状的聚类结果。

算法的时间复杂度为 $O(M \times N^2)$，关联矩阵空间复杂度为 $O(N^2)$，因此该算法和同类算法不适用于大规模、海量数据的聚类。

（2）一趟聚类+DBSCAN/Chameleon/SNN

首先使用一趟聚类算法对数据集进行初始划分，将得到的每个簇作为一个对象，利用可发现任意形状、大小和密度的簇的聚类方法 DBSCAN、Chameleon、SNN 等进行聚类得到最终结果，如图 4-14 所示。

其优点是结合了一趟聚类算法的高效和其他聚类算法的优势，具有近似线性时间复杂度，可用于大规模数据集，对噪声、异常数据、初始参数不敏感。

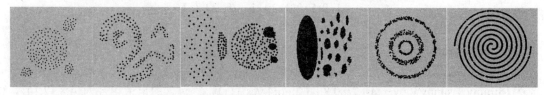

图 4-14 具有任意形状、大小和密度的簇示例

（3）一趟聚类与 KNN 结合

用一趟聚类算法对训练数据进行聚类，每个簇中心当作训练样本；当需要对未知类别样本进行分类时，先找到与其距离最小的簇，再采用 KNN 分类算法进行处理。

一趟聚类与 KNN 结合比 KNN、朴素贝叶斯等分类算法的性能高。

（4）基于一趟聚类的离群点检测方法

利用一趟聚类对离群点、噪声不敏感并可以将离群点有效分离的特点，设计离群点检测方法。具体内容请参考第 6 章。

4.7 基于模型的聚类算法

基于模型的聚类方法就是试图将给定数据与某个数学模型达成最佳拟合，任何对象离定义该簇的原型比离定义其他簇的原型更近。k-means 方法是一种简单的基于模型的聚类算法，使用簇中对象的质心作为簇的模型，基于数据都有一个内在的混合概率分布假设来进行。下面介绍期望最大化方法、概念聚类方法和自组织神经网络方法。

4.7.1 期望最大化方法

每个簇可以用带参数的概率分布来描述，整个数据就是这些分布的混合，这样可以使用 k 个概率分布的有限混合密度模型对数据进行聚类，其中每个分布代表一簇。其难点是如何估计概率分布的参数，使得分布最好地拟合数据。

期望最大化（Expectation Maximization，EM）算法是一种流行的迭代求精算法，可以用来求参数的估计值，可以看成 k-mean 算法的一种扩展，基于簇的均值把对象指派到最相似的簇中。EM 不是把每个对象指派到特定的簇，而是根据一个代表隶属概率的权重将每个对象指派到簇。换言之，簇之间没有严格的边界。因此，新的均值基于加权的度量来计算。

EM 首先对混合模型的参数（整体称为参数向量）进行初始的估计，反复地根据参数向量产生的混合密度对每个对象重新打分，重新打分后的对象又用来更新参数估计。具体算法描述如下。

（1）对参数向量做初始估计，包括随机选择 k 个对象代表簇的均值或中心（就像 k-means 算法），以及估计其他参数。

（2）按如下两个步骤反复求精参数（或簇）。

① 期望步：计算每个对象 x_i 指派到簇 C_k 的概率，即对每个簇计算对象 x_i 的簇隶属概率。

② 最大化步：利用前一步得到的概率估计重新估计（或求精）模型参数，是对给定数据的分布似然"最大化"。

EM 算法比较简单且容易实现。实践中，它收敛很快，但是可能达不到全局最优。对于某些特定形式的优化函数，其收敛性可以保证，计算复杂度线性于输入特征数、对象数和迭代次数。

贝叶斯聚类方法关注条件概率密度的计算，广泛应用于统计学界。AutoClass 是一种业界流行的贝叶斯聚类方法，是 EM 算法的一个变种。

4.7.2 概念聚类

机器学习中的概念聚类就是一种形式的聚类分析，给定一组无标记数据对象，根据这些对象产生一个分类模式。传统聚类方法主要识别相似的对象，与传统聚类不同，概念聚类更进一步，它发现每组的特征描述。其中每组均代表一个概念或类，因此概念聚类过程主要有两个步骤，首先完成聚类，然后进行特征描述。因此它的聚类质量不再是一个对象的函数，而是包含了其他因素，如所获特征描述的普遍性和简单性。大多概念聚类都采用统计方法，也就是利用概率参数来帮助确定概念或聚类。每个获得的聚类通常都是由概率描述来表示的。

COBWEB 是一个常用的且简单的增量式概念聚类方法，其输入对象是采用符号值对（属性-值）来加以描述的。COBWEB 方法采用分类树的形式来创建一个层次聚类。

图 4-15 是动物数据的一棵分类树，每个结点均代表一个概念，并包含对数据总结（相应节点分类）概念的一个概率描述。这个概率描述包括概念的概率和形如 $p(A_i = v_{ji} \mid C_k)$ 的条件概率，其中 $A_i = v_{ij}$ 是一个属性-值对（即第 i 个属性取它的第 j 个可能值），C_k 是概念类。计数累积和存储在每个结点中，用于计算概率。在分类树给定层次上的兄弟结点形成一个划分。为了用分类树对一个对象进行分类，使用一个部分匹配函数沿着"最佳"匹配节点的路径在树中向下移动。

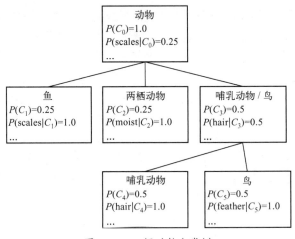

图 4-15　一棵动物分类树

COBWEB 采用启发式估算度量——分类效用来指导树的建构，将对象增量加入分类树。COBWEB 沿着树中一条适当的路径向下，一路更新计数，搜索分类该对象的"最佳宿主"或节点。这个决策基于将对象临时置于每个结点，计算结果划分的分类效用。产生最高分类效用的位置应当是对象的好宿主。

COBWEB 也计算为给定对象创建一个新的结点所产生的分类效用，与基于现存结点的计算相比较。根据产生最高分类效用值的划分，将对象置于一个已存在的类，或者为它创建新类。注意，COBWEB 具有自动调整划分中类的数目的能力，不依赖于用户提供的输入参数。

上面提到的两个操作符对对象的输入顺序都非常敏感。为了降低它对对象输入顺序的敏感度，COBWEB 有两个附加的操作符分别是合并和分裂。当一个对象加入时，考虑将两个最佳宿主合并为单个类。此外，COBWEB 考虑在现有的分类中分裂最佳宿主的孩子。这些决定基于分类效用。合并和分裂操作符使得 COBWEB 能执行一种双向搜索，如一个合并可以撤销一个以前的分裂。

COBWEB 聚类方法也有局限性。首先，它基于这样一个假设，各属性的概率分布是彼此独立统计的。然而，由于属性之间经常存在相关，这个假设并不总是成立。其次，簇的概率分布表示使得更新和存储相当昂贵。因为时间和空间复杂度不仅依赖属性的数目，还依赖于每个属性的值的数目，所以当属性有大量值时，情况尤其严重。再次，分类树对于偏斜的输入数据不是高度平衡的，可能导致时间和空间复杂度急剧恶化。

4.7.3　SOM 方法

基于生物神经元之间"加强中心而抑制周围"的现象，芬兰赫尔辛基大学 Teuvo Kohonen 教授于 1981 年提出了自组织特征映射神经网络（Self-Organizing-Feature-Map，SOFM 或 SOM），采用 WTA（Winner Takes All）竞争学习策略，其聚类过程通过若干单元对当前单元的竞争来完成，与当前单元权值向量最接近的单元成为赢家或获胜单元，获胜神经元不但加强自身，而且加强周围邻近神经元，同时抑制距离较远的神经元。SOM 可以在不知道输入数据或任何信息结构的情况下，学习到输入数据的统计特征。

SOM 方法假设在输入对象中有一些布局和次序（如图 4-16 所示），二维阵列神经网络由输入层和竞争层（或称输出层）组成。输入层的神经元个数由输入模式的特征数决定，通常一个特征对应一个输入神经元，输出层则由输出层神经元按照一定的方式排列在二维平面上，输出层的神经元个数的选取直接影响 SOM 网络的性能。其网络是全连接的，即输入层的神经元和二维阵列竞争层的神经元每个都相互连接。这些连接有不同的强度或权值，在这种网络中有两种连接权值，一是神经元与输入层之间的连接权值，二是输出层神经元之间的连接权值，控制和影响着输出层神经元之间的交互作用。当网络接收到外部的输入信号以后，经过一系列的运算，输出层中的某个神经元便会激活兴奋起来。神经元受刺激的强度，以区域中心为最大，伴随着区域半径的增大，强度逐渐减弱，远离区域中心的神经元相反要受到抑制作用，这就是把输出层安排在一个二维网格上的原因。

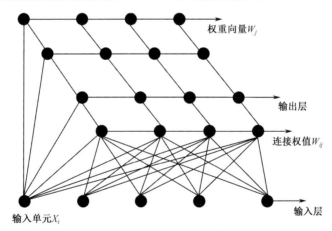

图 4-16　二维阵列 SOM 模型

SOM 学习算法由最优匹配神经元（竞争）的选择和网络中权值的自组织（确定权值更新邻域和方式）过程两部分组成，相辅相成，它们共同作用完成自组织特征映射的学习过程。选择最优匹配神经元实质是选择输入模式对应的中心神经元。权值的自组织过程则是以"墨西哥帽"的形态来使输入模式得以存放。每执行一次学习，SOM 网络就会对外部输入模式执行一次自组织适应过程；其结果是强化现行模式的映射形态，弱化以往模式的映射形态。下面讨论 SOM 算法的形式化描述。

在 SOM 模型中，每个权值的有序序列 $W_j = (W_{1j}, W_{2j}, \cdots, W_{nj})$（$j = 1, 2, \cdots, p$，$p$ 为网络中神经元总数）都可以看成神经网络的一种内部表示，是有序输入序列 $X = (x_1, x_2, \cdots, x_n)$ 的相对应映象。下面介绍获胜神经元、拓扑邻域和学习率参数等概念。

1．获胜神经元

对于输入向量 x，$i(x)$ 表示最优匹配输入向量 x 的神经元，即

$$i(x) = \arg \min_j \| x - W_j \| \qquad (j = 1, 2, \cdots, p)$$

这个条件概括了神经元竞争的本质，满足这个条件的神经元称为最佳匹配或获胜神经元。

2．拓扑邻域

获胜神经元决定兴奋神经元的拓扑邻域空间位置，一个获胜神经元倾向于激活它紧接的邻域内神经元，而不是隔得远的神经元，这导致对获胜神经元的拓扑邻域的侧向距离可以光滑地缩减。具体地，设 $h_{j,i}$ 表示以获胜神经元 i 为中心的拓扑邻域，$d_{j,i}$ 表示获胜神经元 i 和兴奋神经元 j 的侧向距离，拓扑邻域 $h_{j,i}$ 是侧向距离 $d_{j,i}$ 的单峰函数，并满足下面两个要求：拓扑领域 $h_{j,i}$ 关于 $d_{j,i} = 0$ 定义的最大点是对称的；拓扑邻域 $h_{j,i}$ 的幅度值随 $d_{j,i}$ 单调递减，当 $d_{j,i} \to \infty$ 时，趋于 0。

满足这些要求的典型选择是高斯（Gauss）函数 $h_{j,i(x)} = \exp\left(-\dfrac{d_{j,i(x)}^2}{2\sigma^2}\right)$。

SOM 算法的另一个特征是拓扑邻域的大小随着时间而收缩，可以通过 σ 随时间而下降来实现

$$\sigma(t) = \sigma_0 \exp\left(-\frac{t}{\tau_1}\right) \qquad (t = 0, 1, 2, \cdots)$$

其中，σ_0 是初始值，τ_1 是时间常数。因此拓扑邻域具有时变形式，即

$$h_{j,i(x)}(t) = \exp\left(-\frac{d_{j,i(x)}^2}{2\sigma^2(t)}\right) \qquad (t = 0, 1, 2, \cdots)$$

关于拓扑邻域函数 $h_{j,i(x)}(t)$ 还有一些其他形式，如矩形邻域、六边形邻域等。

3．权值更新与学习率参数

对于获胜神经元 i 的拓扑邻域里的神经元，按以下方式更新权值，即

$$W_j(t+1) = W_j(t) + \eta(t) h_{j,i(x)}[W_j(t) - x]$$

其中，$\eta(t)$ 为学习率参数，随时间的增加单调下降，一种选择就是

$$\eta(t) = \eta_0 \exp\left(-\frac{t}{\tau_2}\right) \qquad (t = 0, 1, 2, \cdots)$$

其中，τ_2 是另一个时间常数。学习率参数 $\eta(t)$ 也可以选择线性下降函数。

SOM 学习完整的训练过程如下。

① 初始化。随机选取连接权值 $W_{ij}(0)$（$i = 1, 2, \cdots, m$，m 是输入神经元的个数；$j = 1, 2, \cdots, p$，p 为输出神经元的个数），其值在[-1, 1]之间；初始化学习率参数，定义拓扑邻域函数并初始化参数；设置 $t = 0$。

② 检查停止条件。若失败，则继续；若成功（在特征映射里没有观察到明显的变化），则退出。

③ 对每个输入样本 x，执行步骤④～⑦。

④ 竞争，确定获胜神经元。计算输入样本 x 与连接权值间的距离，并求得最小距离神经元

$$i(x) = \arg \min_j \| x - W_j(t) \| \qquad (j = 1, 2, \cdots, p)$$

⑤ 更新连接权值为

$$W_j(t+1) = \begin{cases} W_j(t) + \eta(t)h_{j,i(x)}[W_j(t) - x], & j \in h_{j,i(x)}(t) \\ W_j(t), & j \notin h_{j,i(x)}(t) \end{cases}$$

⑥ 调整学习率参数。

⑦ 适当缩减拓扑邻域 $h_{j,i(x)}(t)$。

⑧ 设置 $t \leftarrow t+1$；然后转步骤②。

经过上述处理，神经网络得到全面的训练，相似的记录应该在输出层中相邻显示，而相差较大的记录会相距较远，神经网络形成了关于正常与异常的初步模式。

Kohonen 已经证明，在学习结束时，每个权系数向量 W_j 都近似落入由神经元 j 对应的类别的输入模式空间的中心，可以认为，权系数向量 W_j 形成了这个输入模式空间的概率结构。所以，权系数向量 W_j 可作为这个输入模式的最优参考向量。

注意： 由于原始数据中某些变量的分布范围比较大，这些变量将屏蔽其他变量的影响，因此原始数据在输入网络前必须经过规范化处理。

与其他聚类方法相比，SOM 的优点在于可以实现实时学习，网络具有自稳定性，不需外界给出评价函数，能够识别向量空间中最有意义的特征，抗噪声能力强。其缺点为时间复杂度较高，难以用于大规模数据集。

4.8 聚类算法评价

一个好的聚类方法产生高质量的簇，即簇内的对象具有高的相似度，而不同簇之间具有低的相似度。由于存在大量不同类型的聚类算法，而每种聚类算法可能都定义了自己的簇类型，每种情况都可能需要一种不同的评估度量。评估聚类结果质量的准则有内部质量评价准则和外部质量评价准则两种。簇质量好坏的指标为聚类提供了某些指导，但簇必须基于更主观的评价来决定其对待特定应用的可用性。

1. 内部质量评价准则

内部质量评估准则是不知道数据集的结构、不使用对象的类别信息，而是利用数据集的固有特征和量值来评价一个聚类算法的效果，通过考察簇的分离情况和簇的紧凑情况来评估簇的好坏。这类方法通过计算簇内部平均相似度、簇间平均相似度或整体相似度来评价聚类效果。内部质量评价准则与聚类算法类型有关，如凝聚度和分离度仅用于基于划分的聚类算法，而共性分离相关系数用于层次聚类。这里介绍共性分离相关系数（CoPhenetic Correlation Coefficient，CPCC）和轮廓系数（Silhouette Coefficient）。

① 共性分离相关系数。两个对象之间的共性分离距离（Cophenetic Distance）是凝聚层次聚类算法首次将对象放在同一个簇时的邻近度。例如，在凝聚层次聚类过程的某个时刻，两个合并的簇之间的最小距离为 0.1，则一个簇中的所有点关于另一个簇的各点的共性分离距离都是 0.1。在共性分离距离矩阵中，项是每对对象之间的共性分离距离。共性分离相关系数是该矩阵与原来的相异度矩阵的项的相关度，是层次聚类对数据拟合程度的标准度量。

② 轮廓系数。对于 n 个对象的数据集 D，假设 D 被划分成 k 个簇 $C_1, C_2, \cdots, C_k$。对于每个对象 $p \in D$，用 $a(p)$ 表示 p 与 p 所属的簇的其他对象之间的平均距离，$b(p)$ 表示 p 到不属于 p 的所有簇的最小平均距离。设 $p \in C_i$（$1 \leq i \leq k$），则

$$a(p) = \frac{\sum_{q \in C_i, q \neq p} dist(p,q)}{|C_i| - 1}$$

$$b(p) = \min_{C_j : 1 \leq j \leq k, j \neq i} \left\{ \frac{\sum_{q \in C_j} dist(p,q)}{|C_j|} \right\}$$

对象 p 的轮廓系数定义为

$$s(p) = \frac{b(p) - a(p)}{\max\{a(p), b(p)\}}$$

轮廓系数的值在-1 和 1 之间。$a(p)$ 的值反映了 p 所属簇的紧凑性，$b(p)$ 捕获 p 与其他簇的分离程度。轮廓系数越趋近于 1，代表内聚度和分离度都相对较优，轮廓系数为-1 时，表示聚类结果不好，为 0 时，表示有簇重叠。将所有点的轮廓系数求平均，就是该聚类结果总的轮廓系数。

2. 外部质量评价准则

外部质量评价准则是基于一个已经存在的人工分类数据集（已经知道每个对象的类别）进行评价的，这样可以将聚类输出结果直接与之进行比较。外部质量评价准则与聚类算法无关，理想的聚类结果是，具有相同类别的数据被聚集到相同的簇中，具有不同类别的数据聚集在不同的簇中。

为描述方便，假设数据集 D 被聚集为 k 个簇 $D = \{C_1, C_2, \cdots, C_k\}$，用 $n(C_i)$（或 $|C_i|$）或 n_i 表示簇 C_i 中包含的对象个数，$n(T_j, C_i)$ 表示簇 C_i 中包含类别 T_j 的对象个数，则

$$n_i = n(C_i) = \sum_j n(T_j, C_i)$$

其中，$N = \sum_{i=1}^{k} n(C_i)$ 是总的记录数。

Boley 提出了采用聚类熵（cluster entropy）作为外部质量的评价准则，考虑簇中不同类别数据的分布。对于簇 C_i，聚类熵 $e(C_i)$ 定义为

$$e(C_i) = -\sum_j \frac{n(T_j, C_i)}{n(C_i)} \log \frac{n(T_j, C_i)}{n(C_i)}$$

整体聚类熵定义为所有聚类熵的加权平均值，即

$$e = \frac{1}{\sum_{i=1}^{m} n(C_i)} \sum_{i=1}^{m} n(C_i) e(C_i)$$

在簇数量相当的情况下，聚类熵越小，聚类效果越好。

评估聚类结果质量的另一个外部质量评价准则是聚类精度，基本出发点是使用簇中数目最多的类别作为该簇的类别标记。对于簇 C_i，聚类精度 $\phi(C_i)$ 定义为

$$\phi(C_i) = \frac{1}{n(C_i)} \max_j \left[n(T_j, C_i) \right]$$

整体聚类精度 ϕ 定义为所有聚类精度的加权平均值，即

$$\phi = \frac{1}{\sum_{i=1}^{k} n(C_i)} \sum_{i=1}^{k} n(C_i) \phi(C_i) = \frac{\sum_{i=1}^{k} N_i}{N}$$

其中，$N_i = \max_j \left[n(T_j, C_i) \right]$ 是簇 C_i 中占支配地位的类别的对象数。$1-\phi$ 定义为聚类错误率，聚类精度 ϕ 大或聚类错误率 $1-\phi$ 小，说明聚类算法将不同类别的记录较好地聚集到了不同的簇中，其聚类准确性高。在簇数量相当的情况下，聚类精度越大，聚类效果越好。

4.9 综合案例：航空公司客户价值分析

1. 问题背景分析

企业要获得长期的丰厚利润，必须有稳定的、高质量的客户。维持老客户的成本远远低于新客户，保持优质客户就十分重要。随着大数据的来临，传统的商业模式正在被"数据化营销"的新模式所替代。面对激烈的市场竞争，航空公司面临着旅客流失、竞争力下降、航空资源未充分利用等挑战。所以，航空公司需要通过客户细分，挖掘不同客户群体的特性，分析比较不同客户群的价值，识别高端用户、中端用户、趋势用户等，并据此制定相应的精准营销策略，对不同的客户群提供个性化的服务，同时制定策略争取更多新客户，降低客户流失率，降低服务成本，提高业务收入，使得公司的利益最大化。

2. 数据描述与数据准备

航空公司目标客户分为公众客户、商业客户（即公司、大客户），本案例对公众客户数据进行分析，数据来源于某航空公司，包含 2012 年 4 月 1 日至 2014 年 3 月 31 日期间所有乘客的详细数据，总共有 62988 个客户的记录，每个客户由会员卡号、入会时间、性别、年龄、会员卡级别、在观测窗口内的飞行公里数、飞行时间等 43 个特征刻画。具体特征描述如表 4-17 所示。

使用 Clementine 的数据审核节点，了解数据总特性分布，如图 4-17 所示。对数据集进行数据探索和预处理工作，包括默认值及异常值处理、属性规约和数据变换等。

（1）特殊记录的处理

整个数据集有 62988 条记录，其中有 944 条记录 SUM_YR（总支出）为 0，但是飞行次数大于 1，飞行距离大于 0，这可能是公司员工或某些客户奖励积分兑换给家人的机票，

表 4-17　航空客户信息描述

特征	特征名称	特征说明
客户基本信息	MEMBER_NO	会员卡号
	FFP_DATE	入会时间
	Length_TO_END	入会时间距离窗口结束时间的月数
	FIRST_FLIGHT_DATE	第一次飞行日期
	GENDER	性别
	FFP_TIER	会员卡级别
	WORK_CITY	工作地城市
	WORK_PROVINCE	工作地所在省份
	WORK_COUNTRY	工作地所在国家
	AGE	年龄
乘机信息	FLIGHT_COUNT	观测窗口内飞行次数
	AVG_FLIGHT_COUNT	观测窗口内平均每季飞行次数（飞行次数/8）
	P1Y_Flight_Count	观测窗口内第 1 年飞行次数
	L1Y_Flight_Count	观测窗口内第 2 年飞行次数
	Ration_P1Y_Flight_Count	观测窗口内第 1 年飞行次数占比
	Ration_L1Y_Flight_Count	观测窗口内第 2 年飞行次数占比
	SUM_YR	观测窗口的票价支出
	SUM_YR_1	第 1 年票价支出
	SUM_YR_2	第 2 年票价支出
	AVG_DISCOUNT	平均值折扣率
	SEG_KM_SUM	观测窗口的总飞行公里数
	WEIGIITED_SEG_KM	SEG_KM_SUM*AVG_DISCOUNT
	LOAD_TIME	观测窗口结束时间
	LAST_FLIGHT_DATE	末次飞行日期
	LAST_TO_END	最后一次乘机时间至观测窗口结束天数
	BEGIN_TO_FIRST	第一次乘机时间距窗口起始期的天数
	AVG_INTERVAL	平均乘机时间间隔（天数）
	MAX_INTERVAL	最大乘机时间间隔（天数）
积分信息	EXCHANGE_COUNT	积分兑换次数
	POINTS_SUM	总累计积分 (=EP_SUM+BP_SUM+ADD_Point_SUM)
	POINT_NOTFLIGHT	非乘机积分变动次数
	BP_SUM	总基本积分
	P1Y_BP_SUM	第 1 年基本积分
	L1Y_BP_SUM	第 2 年基本积分
	Ration_P1Y_BPS	第 1 年基本积分占比
积分信息	Ration_L1Y_BPS	第 2 年基本积分占比
	AVG_BP_SUM	平均每季总基本积分(=总基本积分/8)

（续）

特征	特征名称	特征说明
	EP_SUM	总精英积分
	EP_SUM_YR_1	第 1 年精英积分
	EP_SUM_YR_2	第 2 年精英积分
积分信息	ADD_Point_SUM	附加积分
	ADD_POINTS_SUM_YR_1	第 1 年附加积分
	ADD_POINTS_SUM_YR_2	第 2 年附加积分

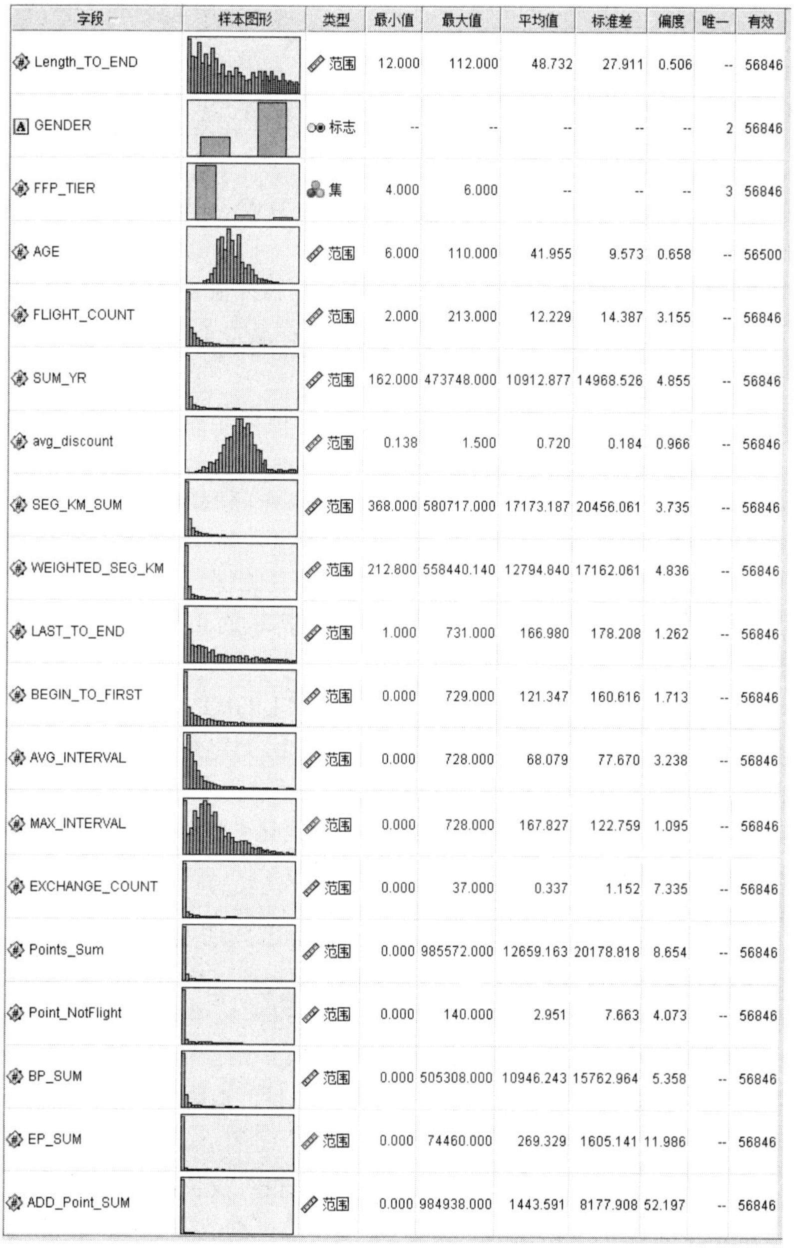

字段	样本图形	类型	最小值	最大值	平均值	标准差	偏度	唯一	有效
Length_TO_END		范围	12.000	112.000	48.732	27.911	0.506	--	56846
GENDER		标志	--	--	--	--	--	2	56846
FFP_TIER		集	4.000	6.000	--	--	--	3	56846
AGE		范围	6.000	110.000	41.955	9.573	0.658	--	56500
FLIGHT_COUNT		范围	2.000	213.000	12.229	14.387	3.155	--	56846
SUM_YR		范围	162.000	473748.000	10912.877	14968.526	4.855	--	56846
avg_discount		范围	0.138	1.500	0.720	0.184	0.966	--	56846
SEG_KM_SUM		范围	368.000	580717.000	17173.187	20456.061	3.735	--	56846
WEIGHTED_SEG_KM		范围	212.800	558440.140	12794.840	17162.061	4.836	--	56846
LAST_TO_END		范围	1.000	731.000	166.980	178.208	1.262	--	56846
BEGIN_TO_FIRST		范围	0.000	729.000	121.347	160.616	1.713	--	56846
AVG_INTERVAL		范围	0.000	728.000	68.079	77.670	3.238	--	56846
MAX_INTERVAL		范围	0.000	728.000	167.827	122.759	1.095	--	56846
EXCHANGE_COUNT		范围	0.000	37.000	0.337	1.152	7.335	--	56846
Points_Sum		范围	0.000	985572.000	12659.163	20178.818	8.654	--	56846
Point_NotFlight		范围	0.000	140.000	2.951	7.663	4.073	--	56846
BP_SUM		范围	0.000	505308.000	10946.243	15762.964	5.358	--	56846
EP_SUM		范围	0.000	74460.000	269.329	1605.141	11.986	--	56846
ADD_Point_SUM		范围	0.000	984938.000	1443.591	8177.908	52.197	--	56846

图 4-17　数据总体分布情况

这类记录没有价值，直接删除。GENDER（性别）有 3 条记录有缺失值，也删除。从 WORK_COUNTRY（工作地所在国家）可以看出，客户遍布全球，这里只考虑国内会员，非国内会员也进行删除，最终得到 56846 条记录。

（2）属性构造

对于乘机信息，构造可能有影响的属性如下。

会员入会时长=观测窗口的结束时间-观测窗口的开始时间（单位：月）

Length_TO_END=LOAD_TIME- FFP_DATE

平均每次飞行公里数：SKF=SEG_KM_SUM/FLIGHT_COUNT

平均每次费用：SYF=SUM_YR/FLIGHT_COUNT

平均每元公里数：SKSY=SEG_KM_SUM/SUM_YR

（3）属性选择

WORK_CITY（工作地城市）、WORK_PROVINCE（工作地所在省份）太多记录信息不全，删除。

AVG_FLIGHT_COUNT（观测窗口内平均飞行次数）、AVG_BP_SUM（平均总基本积分）两个属性冗余，删除。

LOAD_TIME（观测窗口结束时间）所有记录对应属性值相同，没有区分能力，删除。

LAST_FLIGHT_DATE（末次飞行日期）信息隐含在属性 LAST_TO_END（最后一次乘机时间至观测窗口结束天数）中，删除。

FFP_TIER（会员卡级别）、积分可以由飞行情况根据积分策略得到，因此有冗余，这里不考虑。

SUM_YR（观测窗口的票价支出）与 SEG_KM_SUM（观测窗口的总飞行距离）相关性很强，冗余，删除属性 SUM_YR。

经过使用 k-means 聚类，神经网络聚类算法的反复测试，发现 AGE（年龄）、AVG_DISCOUNT（平均值折扣率）等属性区分能力不强，新构造的 4 个属性中 3 个作用不明显，最终删除。

最终选择 8 个属性：Length_TO_END、GENDER、FLIGHT_COUNT、SEG_KM_SUM、LAST_TO_END、BEGIN_TO_FIRST、AVG_INTERVAL、MAX_INTERVAL。

（4）属性规范化

为了使属性具有可比性，对数值型数据进行了规范化处理，都转化为0～1。

3. 数据建模与结果评估

采用 k-means 算法，聚成 4 个簇效果不错，聚类后各簇的主要特征如图 4-18 和表 4-18 所示。

聚类结果有一个明显的特性，簇 1 和簇 3 全部是男性客户，簇 2、簇 4 全部是女性客户。女性客户较男性客户乘机频率低。各簇的主要特征如下。

① 重要保持客户（客户群 3）。这类客户入会时间长，乘机频率高，飞行里程长。他们是公司的高价值客户，是最理想的客户类型，对航空公司的贡献率大。

② 重要增值客户（客户群 2）。这类客户入会时间相对较长，时间间隔差值最大，全部是女性，但最近乘机频率高、飞行里程也较长，可能是"季节型客户"，一年中在某个时间段需要多次乘坐飞机进行旅行，其他时间则出行不多，她们是公司的潜在价值高的客户。

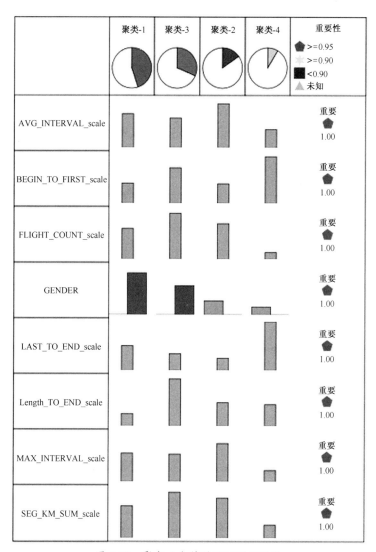

图 4-18　聚成 4 个簇时的可视化结果

表 4-18　聚类结果特征汇总

	大小	AVG_INTERVAL	BEGIN_TO_FIRST	FLIGHT_COUNT	LAST_TO_END	Length_TO_END	MAX_INTERVAL	SEG_KM_SUM	GENDER
C_1	25 553	70.616	89.667	11.284	183.5	29.6	169.624	15 457.074	男→100%
C_2	8584	91	90.396	12.761	91.52	45.8	226.408	18 939.168	女→100%
C_3	17 846	61.88	158.193	15.715	125.1	79.3	163.8	21 840.913	男→100%
C_4	4 863	38.584	204.849	4.11	367.46	42.3	69.16	6751.839	女→100%

③ 重要挽留客户（客户群 4）。这类客户飞行间隔短，入会时间相对较长，最近一年较少乘坐过本公司航班，可能是流失的客户，需要再争取，尽量让他们"回心转意"。

④ 重要发展客户（客户群 1）。这类客户入会时长（L）也较短，最近乘机的频率不是很高，总的飞行里程偏低，可能只是在机票打折的时候才会乘坐本航班。

如需进一步了解每个群体的详细特征，以更有针对性地营销，可以将数据集划分为更多的簇，如表 4-19 和图 4-19 所示。

表 4-19　聚类成 10 个簇时特征汇总

簇号	C_1	C_2	C_3	C_4	C_5	C_6	C_7	C_8	C_9	C_{10}
大小	14535	1760	11419	2693	4394	1904	5378	4924	2696	7143
AVG_INTERVAL	49.504	207.48	54.6	37.856	56.784	40.768	49.504	198.744	64.792	42.952
BEGIN_TO_FIRST	58.32	81.648	72.171	72.171	64.152	476.766	473.85	80.19	91.854	70.713
FLIGHT_COUNT	14.981	2.532	18.99	1.899	11.605	2.321	2.954	2.954	13.715	2.321
LAST_TO_END	84.68	116.07	90.52	498.59	104.39	123.37	106.58	112.42	116.8	487.64
Length_TO_END	16.6	24.2	72.1	23.7	14.9	39.9	46	28	70.3	28.1
MAX_INTERVAL	155.792	397.488	17.6176	66.976	164.528	75.712	88.088	395.304	198.016	78.624
SEG_KM_SUM	22633.611	7544.537	28437.101	5803.49	19151.517	6383.839	6964.188	6964.188	23213.96	5803.49
GENDER	男→100%	女→100%	男→100%	女→100%	女→100%	女→100%	男→100%	男→100%	女→100%	男→100%

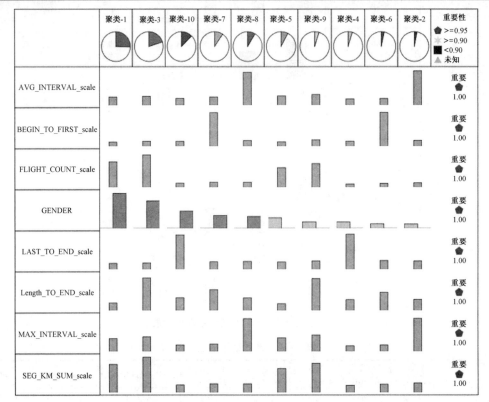

图 4-19　聚成 10 个簇时的可视化结果

① 重要保持客户（客户群 3）。这类客户入会时间长，乘机频率高，飞行里程长。他们是公司的高价值客户，是最理想的客户类型，对航空公司的贡献率大。

② 重要增值客户（客户群 1、客户群 5、客户群 9）。这类客户乘机时间间隔差值较大，飞行里程也较长，但最近一个季节乘机频率低，可能是"季节型客户"，一年中在某个时间段需要多次乘坐飞机进行旅行，其他的时间则出行不多，她们是公司的潜在价值高的客户。

③ 重要发展客户（客户群 2、客户群 6、客户群 7、客户群 8）。这类客户飞行间隔长，入会时间相对较长，飞行里程短，最近半年较少乘坐过公司航班，流失风险较大。

④ 流失客户（客户群 4、客户群 10）。这类客户飞行间隔长，入会时间相对较长，最近

一年多几乎没有乘坐过本公司航班，是流失的客户，需要再争取，尽量让他们"回心转意"。

注意： 可以加入 FFP_TIER（会员卡级别）属性，或者对两个年度的乘机信息做划分，以比较划分效果的差异。

本章小结

聚类分析是无监督的分析方法，具有广泛的用途。本章首先介绍了聚类分析的应用场景，对聚类分析的经典方法包括划分方法、层次方法、基于密度的方法、基于模型的方法的原理进行了介绍；然后对聚类算法的评价方法进行了概述；最后通过一个案例，说明了从数据预处理、聚类分析、到聚类结果解释的全过程。

习 题 4

1．什么是聚类？简单描述如下聚类方法，划分方法、层次方法、基于密度的方法、基于模型的方法。为每类方法给出例子。

2．假设数据挖掘的任务是将如下 8 个点（用(x,y)代表位置）聚类为三个簇：$A_1(2,10)$，$A_2(2,5)$，$A_3(8,4)$，$B_1(5,8)$，$B_2(7,5)$，$B_3(6,4)$，$C_1(1,2)$，$C_2(4,9)$。距离函数是 Euclidean 函数。假设初始选择 A_1、B_1 和 C_1 为每个簇的中心，用 k-means 算法来给出。

（1）在第 1 次循环执行后的 3 个簇中心。

（2）最后的 3 个簇中心及簇包含的对象。

3．聚类被广泛地认为是一种重要的数据挖掘方法，有着广泛的应用。对如下每种情况给出一个应用案例。

（1）采用聚类作为主要的数据挖掘方法的应用。

（2）采用聚类作为预处理工具，为其他数据挖掘任务作数据准备的应用。

4．假设在一个给定的区域内分配一些自动取款机。住宅区或工作区可以被聚类，以便每个簇被分配一台 ATM。但是，这个聚类可能被一些因素所约束，包括可能影响 ATM 可达性的桥梁、河流和公路的位置。其他约束可能包括对形成一个区域的每个地域的 ATM 数目的限制。给定这些约束，怎样修改聚类算法来实现基于约束的聚类？

5．给出一个数据集的例子，包含 3 个自然簇。对于该数据集，k-means（几乎总是）能够发现正确的簇，但二分 k-means 不能。

6．总 SSE 是每个属性的 SSE 之和。如果对于所有的簇，某变量的 SSE 都很低，这意味着什么？如果只对一个簇很低呢？如果对所有的簇都很高呢？如果仅对一个簇高呢？如何使用每个变量的 SSE 信息改进聚类？

7．使用基于中心、邻近性和密度的方法，识别如图 4-20 所示中的簇。对于每种情况指出簇个数，并简要给出理由。注意，明暗度或点数指明密度。如果有帮助，假定基于中心即 k 均值，基于邻近性即单链，而基于密度为 DBSCAN。

8．传统的凝聚层次聚类过程每步合并两个簇。这样的方法能够正确地捕获数据点集的（嵌套的）簇结构吗？如果不能，如何对结果进行后处理，以得到簇结构更正确的视图？

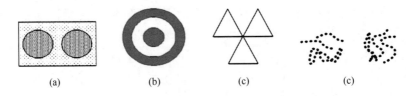

| (a) | (b) | (c) | (c) |

图 4-20　题 7 图

9. 可以将一个数据集表示成对象节点的集合和属性节点的集合，其中每个对象与每个属性之间有一条边，该边的权值是对象在该属性上的值。对于稀疏数据，若权值为 0，则忽略该边。双划分聚类（Bipartite）试图将该图划分成不相交的簇，其中每个簇由一个对象节点集和一个属性节点集组成。目标是最大化簇中对象节点和属性节点之间的边的权值，且最小化不同簇的对象节点和属性节点之间的边的权值。这种聚类称为协同聚类（co-clustering），因为对象和属性之间同时聚类。

（1）双划分聚类（协同聚类）与对象和属性集分别聚类有何不同？

（2）是否存在某些情况下这些方法会产生相同的结果？

（3）与一般聚类相比，协同聚类的优点和缺点是什么？

10. 表 4-20 列出了 4 个点的两个最近邻。使用 SNN 相似度定义，计算每对点之间的 SNN 相似度。

11. 对于 SNN 相似度定义，SNN 距离的计算没有考虑两个最近邻表中共享近邻的位置。换言之，可能希望基于以相同或粗略相同的次序共享最近邻的两个点以更高的相似度。

表 4-20　题 10 表

点	第 1 个近邻	第 2 个近邻
1	4	3
2	3	4
3	4	2
4	3	1

（1）描述如何修改 SNN 相似度定义，基于以粗略相同的次序，共享近邻的两个点，更高的相似度。

（2）讨论这种修改的优点和缺点。

12. 一种稀疏化邻近度矩阵的方法如下，对于每个对象，除了对应对象的 k-最近邻的项，所有的项都设置为 0。然而，稀疏化之后的邻近度矩阵一般是不对称的。

（1）如果对象 a 在对象 b 的 k-最近邻中，为什么不能保证 b 在对象 a 的 k-最近邻中？

（2）建议至少使用两种方法，来使稀疏化的矩阵是对称的。

13. 给出一个簇集合的案例，其中基于簇的接近性的合并，得到的簇集合，比基于簇的连接强度（互连性）的合并得到的簇集合更自然。

🏷 拓展阅读

数据陷阱之"大数据一定胜过小抽样"

这个世界正在制造出越来越多的数据，而且速度越来越快，大数据真的是指数据越多越好吗？很难说。数据的量多不一定就代表准确，收集来的数据质量好、有代表性，才有可能分析出准确的结果。关于这一方面，有一个著名的案例。

1936 年，美国民主党人艾尔弗雷德·兰登（Alfred Landon）与时任总统富兰克林·罗斯福（Franklin Roosevelt）共同竞选下届总统。当时就有两个机构在预测总统选举结果，其中一个是《文学文摘》杂志，它在当时是一个"颇有声望"的刊物，因为这个杂志曾连续在四届美国总统大选中成功地预测总统宝座的归属。

1936 年，美国总统选举的时候，《文学文摘》再次选用老办法——民意调查，不同的是，此次调查把范围拓展得更广。当时大家都相信，数据集合越大，预测结果越准确。《文学文摘》计划寄出 1000 万份调查问卷，覆盖当时四分之一的选民。最终该杂志在两个多月内收回的有效问卷是 240 万份。在统计完成以后，《文学文摘》宣布他们预测兰登将战胜罗斯福赢得大选。

而当时还有一个机构，准确地说是一个年轻人，新民意调查的开创者乔治·盖洛普（George Gallup），在经费有限的情况下做了对较小人群的相关调查——一个 3000 人的问卷调查得出了相反的预测结果，罗斯福将稳操胜券。

结果，罗斯福成功连任总统，盖洛普的 3000 人"小"抽样居然挑翻了《文学文摘》240 万的"大"调查，让专家学者和社会大众跌破眼镜。

显然，盖洛普有他独到的办法，而从数据量大小的角度来看，"大"并不能决定一切。民意调查是基于对投票人的大范围采样。这意味着调查者需要处理两个难题，分别是样本误差和样本偏差。

《文学文摘》的失败在于其收集来的 240 万份问卷，实际面对的都是订阅了这一份期刊的用户，而能订阅该杂志的人在经济上相对富裕，这使得样本从一开始就是有偏差的。而且民主党人艾尔弗雷德·兰登的支持者似乎更乐于寄回问卷结果，这使得调查的错误更进了一步。盖洛普成功的法宝在于科学地抽样，保证抽样的随机性，他没有盲目地扩大调查面积，而是根据选民的职业、年龄、肤色等的比重，再确定电话访问、邮件访问和街头调查等各种方式所占比例。由于样本抽样得当，做到了"以小见大""一叶知秋"的效果。

大数据不等于"大"的数据，数据的量并不意味着人们可以忽略抽样是否满足随机性，忽略样本是否具有代表性。盲目追求数据之大有时产生不了有用的结果，反而容易陷入自我迷惑。

第 5 章　关联分析

　　在商业、科研、医疗等领域中的事物间存在着广泛的联系，关联规则挖掘可以发现这些事物间存在的关系，序列模式分析可以发现有序事物间存在的先后关系，由此我们可以总结出有意义的规律，进而指导决策。本章主要讨论如何高效地从这些领域收集的大量数据中发掘出这些潜在的联系，以及如何评价这些联系的有效性。

5.1　关联分析概述

银行交易、商场销售记录及医疗诊断等行业中积累了大量数据，这些数据内部可能存在某些隐含的关系。关联分析就是挖掘出隐藏在大型数据集中令人感兴趣的联系，已经广泛应用于许多领域。例如，通过关联分析挖掘商场销售数据，发现商品间的联系，为商场进行商品促销及货架摆放提供辅助决策信息；通过关联分析挖掘医疗诊断数据，可以发现某些症状与某种疾病之间的关联，为医生进行疾病诊断和治疗提供线索；通过网页挖掘，可以揭示不同浏览网页之间的有趣联系；在电子商务方面，通过产品或服务的关联分析，可以进行产品的关联推荐等。

关联规则分析是数据挖掘中最早出现最活跃的研究领域之一，最初的目标是旨在解决购物篮分析问题。其最初要解决的具体问题是一群用户购买了很多产品之后，哪些产品同时购买的可能性比较大？买了 A 产品的同时买哪个产品的可能性较大？使用关联规则挖掘，发现顾客放入其购物篮中不同商品之间的联系，或者顾客在不同时期购买行为的规律，分析顾客的购买习惯。这种关联规则的发现可以帮助零售商制定营销策略，利用这种信息引导顾客消费，帮助零售商合理安排商品分组布局，提供购买推荐和商品参照，跟踪顾客忠诚度和实现有效的交叉销售。由于最初关联规则分析主要是在超市应用比较广泛，因此又称为"购物篮分析"（Market Basket Analysis，MBA）。

关联规则分析就是寻找数据库中值的相关性，或者说关联规则分析是发现哪些属性值频繁地在给定数据集中一起出现，以关联规则的形式表现。例如，规则"{尿布} $\Rightarrow$ {啤酒}"表示尿布和啤酒的销售之间存在关联，这就是著名的"啤酒与尿布"故事中揭示的关联规则。关联规则分析通常分为两种：一种是简单关联规则分析，另一种是序列模式分析。简单关联规则分析是假设产品是顾客一次同时购买的，分析的重点在于众多产品之间的关联性。如果顾客购买产品的时间是不同的，并且突出时间先后上的关联，如先买了什么然后又买了什么，那么这类问题称为序列模式分析问题。

在大数据时代，看起来毫不相关的两件事同时或相继出现的现象比比皆是，相关性本身并没有多大价值，关键是找对了"相关性"背后的理由，才是新知识或新发现。

5.2　关联规则分析基础

关联规则分析技术主要是通过计算支持度和置信度等变量产生关联规则的，本节主要介绍相关概念的定义及其联系，同时概述关联规则分析的基本方法。

5.2.1　基本概念

1. 项集、支持度计数

项集是指数据项的集合。包含 k 个数据项的集合称为 k-项集，如"{尿布, 啤酒}"是一个 2-项集。

支持度计数是指整个事务数据集中包含该项集的事务数。

给定事务数据库 D，每个事务对应一个数据项集合（如顾客一次消费活动中购买的商品集合），如图 5-1 所示。为了说明关联规则、支持度和置信度等概念，假定 A、B 是交易事务中出现的商品项，考虑项 A 和 B 出现的情况，以发现 A 和 B 之间存在的关系。可以看出 A 和 B 有一定关联性，因为它们有交集，共同出现。关联规则通常表示成形如 $A \Rightarrow B$ 的蕴含式，其中 A 和 B 分别称为规则的前件和后件。

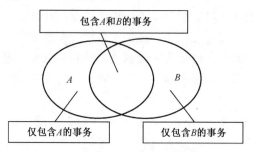

图 5-1　包含 A 和 B 的交易事务

2. 支持度（support）

规则 $A \Rightarrow B$ 的支持度是指同时包含项 A 和 B 的事务在所有事务中出现的频率，即事务数据库 D 中包含项 A 和 B 的事务占所有事务的百分比，可以表示为 $support(A,B) = P(A \cap B) = \sigma(A \cap B)/N$，其中 N 是事务数据库的大小，$\sigma(A \cap B)$ 表示包含项 A 和 B 的事务在事务数据库中出现的次数。

3. 置信度（confidence）

规则 $A \Rightarrow B$ 的置信度，是指在项 A 出现的情况下，项 B 出现的频率，即事务数据库 D 中同时包含项 A 和 B 的事务占包含项 A 的事务的百分比，可以用条件概率表示为 $confidence(A,B) = P(B \mid A) = \sigma(A \cap B)/\sigma(A)$。

由定义可见，规则的支持度关于规则的前件和后件是对称的，但置信度不对称。

4. 强关联规则和频繁项集

通常，为了从交易事务数据库中挖掘出有价值的关联规则，需要用户指定规则的最小支持度阈值（min_sup）和最小置信度阈值（min_conf），以过滤价值小或用户不太感兴趣的规则。支持度不小于最小支持度阈值的项集被称为频繁项集。根据用户预先定义的支持度和置信度阈值，支持度不小于最小支持度阈值，并且置信度不小于最小置信度阈值的规则称为强关联规则。支持度描述的是规则的普遍性，而置信度描述的是规则的可靠性。

关联分析挖掘的关联规则种类有很多，可以按照以下标准进行分类。

① 根据规则中处理的值的类型，可分为布尔关联规则和量化关联规则。布尔关联规则只考虑数据项之间是否同时出现，如"{购买电子词典} $\Rightarrow$ {购买电池}"；量化关联规则考虑数据项间是否存在某种数量上的关系，如"{购买电子词典} $\Rightarrow$ {购买 2 块电池}"。

② 根据规则中涉及的维度，可分为单维关联规则和多维关联规则。单维关联规则中的数据项只涉及一个维，如"{购买电子词典} $\Rightarrow$ {购买电池}"涉及"购买"一个维度。多维关联规则中的数据项涉及两个或多个维度，如"{部门经理} $\Rightarrow$ {购买 iPad}"涉及"职务"和"购买"两个维度。

③ 根据规则中数据的抽象层次，可分为单层关联规则和多层关联规则。单层关联规则只针对具体的数据项，多层关联规则还会考虑数据项的层次关系。例如，单层关联规则"{联想笔记本} ⇒ {惠普打印机}"，由于很少有人同时购买这两个品牌的产品，使得该规则支持度较低，但是若考虑高一层次的多层关联规则"{笔记本} ⇒ {打印机}"，则有较高的支持度。

本章只讨论单维布尔关联规则的挖掘。其他类型关联规则的挖掘可以通过转换，采用类似的方法来实现，5.5 节将介绍。

【例 5-1】 设有事务集合如表 5-1 所示，计算规则 {bread, milk ⇒ tea} 的支持度、置信度。

表 5-1　某超市的交易数据库

交易号 TID	顾客购买的商品	交易号 TID	顾客购买的商品
T1	bread, cream, milk, tea	T6	bread, milk, tea
T2	bread, cream, milk	T7	beer, milk, tea
T3	cake, milk	T8	beer, cream,tea
T4	milk, tea	T9	bread, cream, tea
T5	bread, cake, milk	T10	bread, milk, tea

解：

$$\text{support}\{\text{bread, milk} \Rightarrow \text{tea}\} = \frac{3}{10} = 0.3$$

$$\text{confidence}\{\text{bread, milk} \Rightarrow \text{tea}\} = \frac{3}{5} = 0.6$$

5.2.2　基础分析方法

1. 问题定义

给定事务数据库 D，关联规则挖掘的目标是寻找所有满足下面条件的规则 $A \Rightarrow B$：

$$\text{support}(A, B) \geqslant \text{min\_sup}$$
$$\text{confidence}(A, B) \geqslant \text{min\_cof}$$

因此，关联规则挖掘的任务就是找出事务数据集中隐藏的强关联规则。找出强关联规则的原理非常简单，只需简单的加法和除法运算，但计算量大，任务繁重。

挖掘关联规则的方法主要有两种，一种是基于穷举的蛮力方法（Brute-force），另一种是基于任务分解的两步法。

（1）蛮力方法

① 列出所有可能的关联规则。

② 计算每条规则的支持度和置信度。

③ 删除支持度不足 min_sup 或置信度不足 min_conf 的规则。

由于从大型事务数据集提取的规则数目往往呈指数级，因此这种方法的计算代价很高。

（2）两步法

两步法将关联规则挖掘的任务分解成两个子任务来完成。

① 频繁项集的产生：产生支持度 ≥min_sup 的所有项集。

② 规则的产生：由每个频繁项集产生置信度 ≥min_conf 的规则。

频繁项集的产生是算法的核心部分，其计算开销远远大于规则产生的开销。显然，这种方法优于前一种方法，现有的关联规则分析算法主要是基于该方法的，但频繁项集的生成也具有很高的时间复杂度，因为需要遍历巨大的事务数据库对每个项集进行计数才能找到所有的频繁项集。因此，如何有效地设计频繁项集发现算法成为关联规则挖掘的重点。

2．频繁项集发现算法

目前，频繁项集发现算法有以下三种方法，分别是穷举法、广度优先法和深度优先法，其中最常用的方法为广度优先法。

（1）穷举法

这里说的"穷举法"就是根据事务数据集的项目，枚举罗列出每一个可能的项集。对于给定含 k 个项的数据集，穷举法可能产生 2^k-1 个候选项集，对于项数 k 非常大的事务集，穷举法将会产生指数级规模的候选项集。如图 5-2 所示为包含 5 个商品项（J：鸡蛋；K：可乐；N：尿布；P：啤酒；S：酸奶）的事务集合，根据穷举法产生的所有可能的项集。

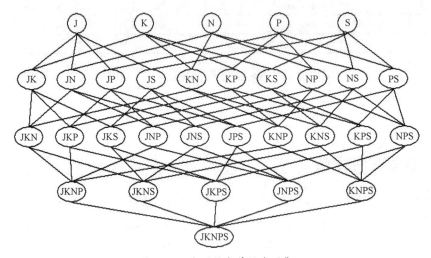

图 5-2　k 个项的穷举候选项集

为了从穷举法列出的候选项集中发现频繁项集，需要进行以下计算。

① 每个项都当作一个候选频繁项集。

② 扫描数据库计算每个候选项集的支持度。

③ 将每个交易与每个候选项集进行匹配来计算支持度。

其复杂度约为 $O(NMw)$，其中 N 是事务总数，M 是候选项集总数，其值为 2^k-1，w 是事务的最大宽度（即事务包含的最大项数）。因此，基于穷举法的频繁项集发现方法会导致非常大的开销。

（2）广度优先法

广度优先法自底向上地搜索整个事务数据库，产生候选项集，再测试所产生的项集是否为频繁项集。由于广度优先算法思想简单易行，也经过了实际研究与应用的检验，目前大多数的数据挖掘软件或系统采用广度优先法的关联规则分析算法。广度优先法的典型代表是 Apriori 算法，是由 IBM 的 Agrawal 等提出的，通过多次遍历事务数据库，使用基于支持度的剪枝技术来有效减少候选项集搜索的时间。该算法将在 5.3 节介绍。

（3）深度优先法

不同于 Apriori 等算法的"产生-测试"范型，深度优先法不产生频繁项集，而采用模式增长的方式产生关联规则。深度优先法的典型代表是 FP-growth 算法，该算法使用一种 FP 树的紧凑数据结构组织数据，经过一次扫描后，将数据库中的事务压缩到一棵频繁模式树中，采用分而治之的策略，对频繁模式树进行处理，其主要通过减少 I/O 次数来提高效率。该算法将在 5.4 节中详细介绍。与广度优先不同，深度优先法不产生频繁项集，而是采用模式增长的方式产生关联规则。算法效率较广度优先法提高了不少，但算法设计实现的思想比较复杂，目前还没普遍运用到成熟的数据挖掘软件或系统中。

5.3 Apriori 算法

Apriori 算法是第一个关联规则分析算法，也是最有影响和运用最广泛的关联规则分析算法，基于频繁项集性质的先验知识进行剪枝，以控制候选项集的指数级增长。

5.3.1 Apriori 性质

为提高频繁项集逐层产生的效率，Apriori 算法利用两个重要性质（Apriori 性质）来压缩搜索空间。

性质 1　若 x 是频繁项集，则 x 的所有子集都是频繁项集。

考虑如图 5-3 所示的项目集合，假设{N, P, S}是频繁项集。显然任何包含{N, P, S}的事务一定包含它的子集{N, P}、{N, S}、{P, S}、{N}、{P}和{S}。因此，如果 3-项集{N, P, S}是频繁项集，那么它的所有子集（如图 5-3 所示中的阴影部分）也一定是频繁项集。

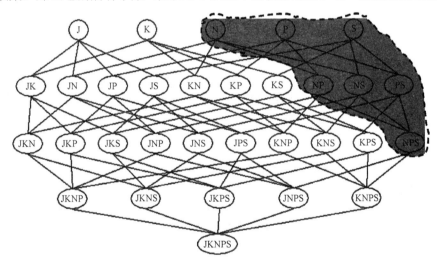

图 5-3　Apriori 性质 1 图示

性质 2　若 x 是非频繁项集，则 x 的所有超集都是非频繁项集。

Apriori 性质基于下面关于支持度度量的结论：

$$\forall X, Y : (X \subseteq Y) \Rightarrow \text{support}(X) \geqslant \text{support}(Y)$$

即一个项的支持度永远不会超过其子集的支持度。考虑由项集合{J, K, N, P, S}穷举得到候选项集，假定{J}是不频繁的，则{J}的所有超集都是不频繁的，如图 5-4 所示的阴影部分。

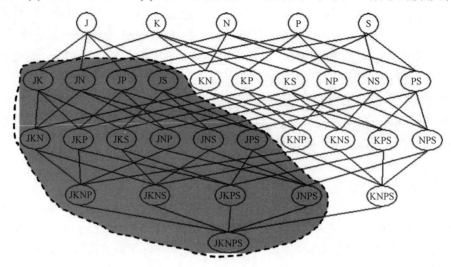

图 5-4　Apriori 性质 2 图示

5.3.2　产生频繁项集

Apriori 算法采用迭代方法产生频繁项集：首先，找出频繁 1-项集的集合，根据频繁 1-项集得到候选 2-项集并确定频繁 2-项集；重复寻找频繁项集的过程，直到不能找到频繁 k-项集。具体流程如下。

（1）设定 $k=1$。

（2）扫描事务数据库一遍，确定每个项的支持度，生成频繁的 1-项集。

（3）如果存在两个或以上频繁 k-项集，重复下面过程，直到不能产生新的频繁项集。

① **候选项集的产生**：由长度为 k 的频繁项集生成长度为 $k+1$ 的候选项集。

② **候选项集的前剪枝**：对每个候选项集，若其具有长度为 k 的非频繁子集，则删除该候选项集。

③ **支持度计算**：扫描事务数据库一次，统计每个余下的候选项集的支持度。

④ **候选项集的后剪枝**：删除非频繁的候选项集，仅保留频繁的 $(k+1)$-项集。

⑤ 设定 $k=k+1$。

（4）根据最小支持度阈值，提取频繁项集。

候选项集产生：Apriori 算法通过合并频繁 k-项集产生候选 $(k+1)$-项集，为了避免产生太多不必要或重复的候选项集，同时确保候选项集产生过程不遗漏频繁项集，Apriori 算法采用以下合并方式，并且频繁项集按字典序排列。假设 $A = \{a_1, a_2, \cdots, a_k\}$ 和 $B = \{b_1, b_2, \cdots, b_k\}$ 是一对频繁 k-项集，当且仅当 $a_i = b_i$（$i = 1, 2, \cdots, k-1$）且 $a_k \neq b_k$ 时，合并 A 和 B，得到 $\{a_1, a_2, \cdots, a_k, b_k\}$（$a_k < b_k$）或 $\{a_1, a_2, \cdots, b_k, a_k\}$（$a_k > b_k$）。比如，合并 $\{A,B\}$ 和 $\{A,C\}$ 得到 $\{A,B,C\}$，但 $\{A,B\}$ 和 $\{B,C\}$ 不能合并。

候选项集的前剪枝是为了有效减少支持度计数过程中 I/O 的次数，算法利用"频繁项集的所有非空子集必须也是频繁的"的 Apriori 性质进行候选前剪枝。设 $A = \{a_1, a_2, \cdots, a_k, a_{k+1}\}$ 是一个候选 $(k+1)$-项集，检查每个 A' 是否在第 k 层频繁项集中出现，其中 A' 是由 A 去掉

$a_i (i = 1, \cdots, k-1)$ 得到的。若某个 A' 没有出现，则 A 是非频繁的，并删除 A。

注意，这里每个项集都是按照项目有序的。这是因为考虑候选前剪枝时，对给定的候选 k-项集，需要检查它们的 $k-1$ 个子集是否频繁，而子集是否频繁取决于有没有出现在频繁 $k-1$ 项集中，所以要根据项目的顺序来比较候选 k-项集的所有子集和频繁 $k-1$ 项集。这个过程不需进行 I/O 操作，否则就是穷举法了。

Apriori 算法利用 Aprioir 性质对候选项集进行剪枝，减少了候选项集的数量，提高了算法的效率，剪枝的数量是指数级的。但 Apriori 算法仍不可避免地对大量的候选项集进行频繁的检验，并且重复地扫描数据库，当数据库足够大时，需要反复扫描外存，所以效率低下。对于大规模数据的 I/O 操作成为提高效率的瓶颈。

5.3.3 频繁项集构造示例

【例 5-2】 考虑如表 5-1 所示的事务数据库 D，设最小支持度计数阈值 min_sup = 30%，试找出所有频繁项集。

解：① 在算法的第一次迭代中，每项都是候选 1-项集的集合 C_1 的成员，C_1 = {beer, bread, cake, cream, milk, tea}，对每个项出现的次数进行计数，如表 5-2 所示。

② 根据最小支持度阈值，可以确定频繁 1-项集的集合 L_1，它由满足最小支持度的候选 1-项集组成

$$L_1 = \left[\{bread\}, \{cream\}, \{milk\}, \{tea\} \right]$$

③ 根据候选项集产生的方式，产生候选 2-项集的集合 C_2 = [{bread, cream}, {bread, milk}, {bread, tea}, {cream, milk}, {cream, tea}, {milk, tea}]。这里并没有进行产生候选 2-项集的前剪枝，因为候选 2-项集的每个子集也是频繁的。计算候选 2-项集的支持度计数，如表 5-3 所示，进而通过比较最小支持度阈值发现频繁 2-项集的集合 L_2

$$L_2 = \left[\{bread, cream\}, \{bread, milk\}, \{bread, tea\}, \{cream, tea\}, \{milk, tea\} \right]$$

<table>
<tr><td colspan="2">表 5-2 1-项集频数统计</td></tr>
<tr><td>项 集</td><td>支持度计数</td></tr>
<tr><td>beer</td><td>2</td></tr>
<tr><td>bread</td><td>6</td></tr>
<tr><td>cake</td><td>2</td></tr>
<tr><td>cream</td><td>4</td></tr>
<tr><td>milk</td><td>8</td></tr>
<tr><td>tea</td><td>7</td></tr>
</table>

<table>
<tr><td colspan="2">表 5-3 候选 2-项集频数统计</td></tr>
<tr><td>项 集</td><td>支持度计数</td></tr>
<tr><td>{bread, cream}</td><td>3</td></tr>
<tr><td>{bread, milk }</td><td>5</td></tr>
<tr><td>{bread, tea }</td><td>4</td></tr>
<tr><td>{cream, milk}</td><td>2</td></tr>
<tr><td>{cream, tea}</td><td>3</td></tr>
<tr><td>{milk, tea}</td><td>5</td></tr>
</table>

④ 确定频繁 3-项集。候选 3-项集的集合 C_3 由频繁 2-项集的集合 L_2 的项集合并产生，最后得到

$$C_3 = \left[\{bread, cream, milk\}, \{bread, cream, tea\}, \{bread, milk, tea\} \right]$$

对候选 3-项集进行如下候选前剪枝。

{bread, cream, milk} 的 2-项子集 {cream, milk} 不是 L_2 的元素，故从 C_3 中删去 {bread, cream, milk}；{bread, cream, tea} 的 2-项子集是 {cream, tea}、{bread, tea} 和 {bread, cream}，都是 L_2 的元素，故 {bread, cream, tea} 保留在 C_3 中；{bread, milk, tea} 的 2-项子集是 {milk, tea}、 {bread,tea} 和 {bread,milk}，都是 L_2 的元素，故 {bread,milk,tea} 保留在 C_3 中；候选前剪枝得到 $C_3 = \left[\{bread, cream, tea\}, \{bread, milk, tea\} \right]$。统计其中每个项集的支持度计数，如表 5-4 所示，根据最小支持度计数确定频繁 3-项集的集合为 $L_3 = \{bread, milk, tea\}$。

⑤ 由于 $C_4 = \varnothing$，算法终止，最终得到频繁 3-项集 $L_3 = \{bread, milk, tea\}$。

表 5-4 3-项集频数统计

项 集	支持度计数
{bread, cream, tea}	2
{bread, milk, tea}	3

利用 Apriori 算法寻找所有的频繁项集的过程如图 5-5 所示。

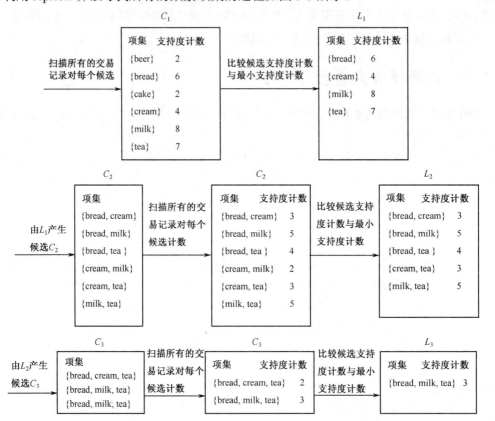

图 5-5 Apriori 算法寻找频繁项集过程示例

5.3.4 产生关联规则

一旦找出频繁项集，根据规则的评估准则，可直接由它们产生强关联规则，关联规则可以根据下列步骤产生。

① 对于每个频繁项集 Y，产生所有非空子集 X。

② 对于 Y 的每个非空子集 X，若满足一定的规则评估准则，则输出规则 " $X \Rightarrow Y-X$ "。不考虑 $X \Rightarrow \Phi$ 和 $\Phi \Rightarrow X$ 的情况，如果频繁项集 Y 有 k 个项，则有 $2^k - 2$ 个候选关联规则。默认采用支持度-置信度评估准则，给定一个频繁项集 Y，寻找 Y 的所有非空真子集 X，使 $X \Rightarrow Y-X$ 的置信度大于等于最小置信度阈值，就可以得到满足条件的强关联规则，即 $\text{support}(Y) / \text{support}(X) \geqslant \text{min\_conf}$，其中 min_conf 是最小置信度阈值。

由于 Y 的任一子集 X 都为频繁项集，它们的支持度计数在生成频繁项集的时候已经计算出来，因此在计算规则置信度的时候不需再次扫描数据集。

例如，在例 5-2 中，针对频繁项集 {bread,milk,tea}，可以产生哪些关联规则？该频繁集的非空真子集有 {milk,tea}、{bread,tea}、{bread,milk}、{bread}、{milk}和{tea}，候选规则及对应置信度如表 5-5 所示。

表 5-5　候选规则及对应置信度

关联规则	置信度	关联规则	置信度
{bread, milk} $\Rightarrow$ {tea}	3/5=0.6	{bread} $\Rightarrow$ {milk, tea}	3/6=0.5
{bread, tea} $\Rightarrow$ {milk}	3/4=0.75	{milk} $\Rightarrow$ {bread, tea}	3/8=0.375
{milk, tea} $\Rightarrow$ {bread}	3/5=0.6	{tea} $\Rightarrow$ {bread, milk}	3/7=0.429

若 min_conf=60%，则强规则有 3 个：{bread, milk} $\Rightarrow$ {tea}，{bread, tea} $\Rightarrow$ {milk}，{milk, tea} $\Rightarrow$ {bread}。

这种产生关联规则的枚举方式，对于大型事务数据库将导致巨大的计算开销，如何减少计算的开销是规则产生的关键。Apriori 算法采用剪枝方法，在规则产生过程中减少规则置信度的计算，其剪枝策略与频繁项集的产生策略类似。

关联规则的 Apriori 性质：已知频繁项集 Y, X 为 Y 的任一非空子集，若规则 $X' \Rightarrow Y - X'$ 为关联规则，则 $X \Rightarrow Y - X$ 必然是关联规则，其中 X' 是 X 的子集。

该性质成立是由于以上两个规则的置信度分别为 support_count(Y) / support_count(X) 和 support_count(Y) / support_count(X')，而 support_count$(X') \geqslant$ support_count(X)，因此规则 $X \Rightarrow Y - X$ 的置信度大于或等于规则 $X' \Rightarrow Y - X'$ 的置信度，也为强关联规则。

利用以上性质，Apriori 算法逐层生成关联规则。先产生后件只包含一项的关联规则，再两两合并这些关联规则的后件，生成后件包含两项的候选关联规则，从这些候选关联规则中找出强关联规则，以此类推。

下面介绍 Apriori 算法关联规则的产生策略。

（1）规则的产生

① 初始阶段，对每个频繁 k-项集，提取规则后件只含一个项的所有高置信度规则。

② 通过产生的只含 1-项后件的规则产生新的候选规则。重复如下过程，直到不能产生新的候选规则。

候选规则产生： 由 k-项后件的规则生成$(k+1)$-项后件的候选规则。

候选规则前剪枝： 对每个$(k+1)$-项候选规则，若其具有小于最小置信度阈值的 k-项后件规则的子集，则删除该候选规则。

置信度计算： 对每个余下的候选规则进行置信度计算。

候选规则后剪枝： 删除小于最小置信度阈值的候选规则，仅保留满足置信度阈值要求的$(k+1)$-项后件的规则。

设定 $k=k+1$。

（2）候选规则的产生

与合并频繁项集产生候选频繁项集的方式类似，当两个规则后件的前缀相同时，对这两个规则进行合并。其中对具有相同前缀的后件合并，对前件提取共同的项。比如，合并规则 $\{CD \Rightarrow AB, BD \Rightarrow AC\}$，得到候选规则 $D \Rightarrow ABC$。

（3）基于置信度的候选前剪枝。

为了有效减少置信度计算过程中候选规则的数量，Apriori 算法对候选规则进行基于置信度的前剪枝，删除低置信度的候选规则。

图 5-6 为由频繁项集 $\{A, B, C, D\}$ 产生候选关联规则集合。若规则 $BCD \Rightarrow A$ 不满足最小支持度阈值要求，则根据上面的定理可以剪去所有后件包含 A 的规则，包括 $CD \Rightarrow AB$，$BD \Rightarrow AC$，$BC \Rightarrow AD$，$D \Rightarrow ABC$，$C \Rightarrow ABD$，$B \Rightarrow ACD$。

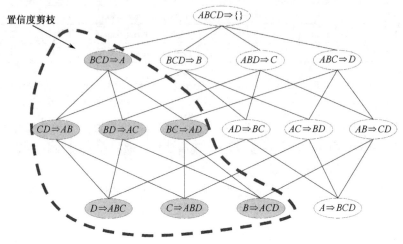

图 5-6　基于置信度的候选规则前剪枝

【例 5-3】　重新考虑例 5-2 的事务数据库，根据表 5-1 产生的频繁项集 $\{bread, milk, tea\}$，设定最小置信度阈值为 70%，可以产生哪些强关联规则？

解：频繁集 $\{bread, milk, tea\}$ 的非空真子集有 $\{milk, tea\}$、$\{bread, tea\}$、$\{bread, milk\}$、$\{bread\}$、$\{milk\}$ 和 $\{tea\}$。结合例 5-1 计算频繁项集的过程得到的支持度，可得如下计算过程。

（1）在初始阶段，对于频繁项集 $\{bread, milk, tea\}$，提取规则后件只含一个项的所有高置信度规则是 $\{milk, tea\} \Rightarrow \{bread\}$、$\{bread, tea\} \Rightarrow \{milk\}$、$\{bread, milk\} \Rightarrow \{tea\}$。

（2）通过产生的只含 1-项后件的规则产生新的候选规则。

① 由 1-项后件的规则生成 2-项后件的候选规则，分别是 $\{tea\} \Rightarrow \{bread, milk\}$、$\{milk\} \Rightarrow \{bread, tea\}$、$\{bread\} \Rightarrow \{milk, tea\}$。

② 进行候选规则前剪枝。所有 2-项候选规则的子集即 1-项后件候选规则的置信度计算如下。

$$\{bread, milk\} \Rightarrow \{tea\}, \quad \text{confidence} = \frac{\text{support}(\{bread, milk, tea\})}{\text{support}(\{bread, milk\})} = \frac{3}{5} = 0.6 < 0.7$$

$$\{bread, tea\} \Rightarrow \{milk\}, \quad \text{confidence} = \frac{\text{support}(\{bread, milk, tea\})}{\text{support}(\{bread, tea\})} = \frac{3}{4} = 0.75 > 0.7$$

$$\{milk, tea\} \Rightarrow \{bread\}, \quad \text{confidence} = \frac{\text{support}(\{bread, milk, tea\})}{\text{support}(\{milk, tea\})} = \frac{3}{5} = 0.6 < 0.7$$

因为规则 $\{bread, milk\} \Rightarrow \{tea\}$、$\{milk, tea\} \Rightarrow \{bread\}$ 的置信度小于最小置信度阈值 0.7，即规则 $\{bread\} \Rightarrow \{milk, tea\}$、$\{tea\} \Rightarrow \{bread, milk\}$、$\{milk\} \Rightarrow \{bread, tea\}$ 具有小于置信度阈值的 1-项后件规则的子集，所以将其删除。同时，删除规则 $\{bread, milk\} \Rightarrow \{tea\}$、$\{milk, tea\}$

$\Rightarrow$ {bread}。

最后得到强关联规则是{bread, tea} $\Rightarrow$ {milk}。

5.3.5 规则的评估标准

在实际商业应用中，数据库的数据量和维数都非常大，容易产生数以百万计的关联规则，其中大部分关联规则是没有价值的，如何从中找出最有价值的规则显得非常重要，需要建立广泛接受的关联规则质量评价标准，目前有客观兴趣度度量、主观兴趣度度量标准。

客观兴趣度通过统计量度量，是指涉及相互独立的项或覆盖少量事务的模式是会令人不感兴趣的，因为它们可能反映数据中的伪联系。这些模式可以使用客观兴趣度度量来排除，客观兴趣度包括支持度、置信度和相关性等统计量。

主观兴趣度度量通过主观论据建立，即一个模式被主观地认为是无趣的，除非它能够解释料想不到的信息或提供导致有益行动的信息。例如，规则{黄油} $\Rightarrow$ {面包}可能不是有趣的，尽管有很高的支持度和置信度，但是它表示的关系显而易见；而规则{diaper} $\Rightarrow$ {beer}是有趣的，因为这种联系十分出乎意料，并且可能为零售商提供新的交叉销售机会。将主观知识加入模式评价是一项困难的任务，因为需要来自领域专家的大量经验信息。

支持度反映了关联规则是否具有普遍性，支持度高说明这条规则可能适用于数据集中的大部分事务。置信度反映了关联规则的可靠性，置信度高说明如果满足了关联规则的前件，那么满足后件的可能性就非常大。尽管在生成关联规则的过程中，利用支持度和置信度进行剪枝，大大减少了生成的关联规则数量，但是不能完全依赖提高支持度和置信度的阈值来筛选出有价值的关联规则。支持度阈值过高会导致一些潜在有价值的关联规则被删除。例如，在商场的销售记录中，奢侈品的购买记录只占很小的比例，奢侈品的购买模式会由于包含支持度低的项而无法被发现。但是奢侈品的销售由于利润高，它的购买模式对于商场来说非常重要。支持度过低则会生成过多的关联规则，其中有些关联规则可能是虚假的规则。置信度有时不能正确反映前件和后件之间的关联，可能出现误导的强关联规则。因此，由支持度-置信度得出的强关联规则不一定是有意义的规则，置信度和支持度有时候并不能度量规则的实际意义和业务关注的兴趣点。下面分析一个误导我们的强关联规则案例。

表 5-6 为某超市关于牛奶和咖啡的销售统计表，假定最小支持度为20%，最小置信度为80%，分析规则"购买牛奶 $\Rightarrow$ 购买咖啡"。

表 5-6 某超市关于牛奶和咖啡的销售统计表

	购买咖啡的人数	不买咖啡的人数	合计
购买牛奶的人数	20	5	25
不买牛奶的人数	70	5	75
合　计	90	10	100

根据表 5-6，可得规则"购买牛奶 $\Rightarrow$ 购买咖啡"的支持度为 20/100=20%，置信度为20/25=80%，不小于最小支持度和置信度阈值，所以规则"购买牛奶 $\Rightarrow$ 购买咖啡"是强关联规则。然而，这条规则是错误的，因为所有人群中购买咖啡的可能性为90%，其大于购买牛奶的人群中购买咖啡的可能性（20/25=80%）。

从上例可以看到，支持度和置信度的度量存在一定的局限性，支持度和置信度并不能成功地过滤掉那些不感兴趣的规则，因此我们需要一些新的评价标准去除大量无趣的关联规则。下面介绍 6 种基于相关性度量评价标准：提升度、卡方系数、全置信度、最大置信度、Kulc 系数、cosine 距离。这些度量指标基于相依表中列出的频度计数来计算。

1．提升度

提升度 lift 是一种简单的相关性度量。对于规则 $A \Rightarrow B$ 或者 $B \Rightarrow A$，lift$(A,B)=P(A \cap B)/(P(A)*P(B))$。如果 lift$(A,B)>1$ 表示 A、B 呈正相关，那么规则前件的出现对后件的出现有积极影响；如果 lift$(A,B)<1$ 表示 A、B 呈负相关，那么规则前件的出现对后件的出现有负面影响；lift$(A,B)=1$ 表示 A、B 不相关（独立），规则前件的出现对后件的出现几乎没有影响。实际运用中，正相关和负相关都是我们需要关注的，需要强化正相关的作用而弱化负相关的作用。而独立往往是我们不需要的，两个商品都没有相互影响也就不是强规则，lift(A,B) 等于 1 的情形也很少，只要接近于 1 就认为是独立了。

$A \Rightarrow B$ 与 $B \Rightarrow A$ 两个规则的提升度是一样的：
$$\text{lift}(A, B) = P(B|A)/P(B) = P(A \cap B)/(P(A)*P(B)) = \text{lift}(B, A)$$

提升度用规则置信度与规则后件的支持度的比值来定义，评估了一个的出现"提升"另一个出现的程度。

针对表 5-6 得到的规则"购买牛奶 $\Rightarrow$ 购买咖啡"，该规则的提升度为

$$\text{lift}("购买牛奶 \Rightarrow 购买咖啡") = \frac{\text{confidence}("购买牛奶 \Rightarrow 购买咖啡")}{\text{support}("购买咖啡")}$$

$$= \frac{20/25}{90/200}$$

$$= 0.89 < 1$$

该提升度小于 1，说明购买牛奶的行为并没有提升购买咖啡这种行为的可能性，故该规则不能正向使用，而应该反向使用，即向不购买牛奶的人推荐咖啡。

2．卡方系数

卡方分布是数理统计中的重要分布，卡方系数 χ^2 可以确定两个变量是否相关，其定义为
$$\chi^2 = \sum \frac{(\text{observed} - \text{expected})^2}{\text{expected}}$$

其中，observed 表示数据的实际值，expected 表示期望值。卡方系数越大，说明两者越相关，规则越好。

对于表 5-6 所示的数据，可以得到如表 5-7 所示的数据。

表 5-7　牛奶和咖啡购买数据实际值和期望值

	购买咖啡的人数	不买咖啡的人数	合计
购买牛奶的人数	20（22.5）	5（2.5）	25
不买牛奶的人数	70（67.5）	5（7.5）	75
合计	90	10	100

表 5-7 的括号中表示的是期望值。下面以(购买牛奶, 购买咖啡)为例说明表中数据的计

算。总体记录中有 25%的人购买牛奶，而购买咖啡的有 90 人，于是我们期望这 90 人中有 25%（即 22.5）的人购买牛奶。其他 3 个值可以进行类似计算得到。

"购买牛奶"与"购买咖啡"的卡方系数为

$$\chi^2 = \frac{(20-22.5)^2}{22.5} + \frac{(70-67.5)^2}{67.5} + \frac{(5-2.5)^2}{2.5} + \frac{(5-7.5)^2}{7.5} = 3.7$$

基于置信水平 0.05 和自由度$(r-1)*(c-1) = $(行数-1)*(列数-1)=1，查表得到置信度为 1-0.05 的值为 3.84，大于 3.7，因此接受购买牛奶与购买咖啡独立的假设，即认为两者是不相关的。

3．全置信度

全置信度 all_confidence 的定义为

$$\text{all\_confidence}(A, B) = P(A \cap B)/\max\{P(A), P(B)\}$$
$$= \min\{P(B|A), P(A|B)\}$$
$$= \min\{\text{confidence}(A \Rightarrow B), \text{confidence}(B \Rightarrow A)\}$$

即两个规则 $A \Rightarrow B$ 和 $B \Rightarrow A$ 的最小置信度。

对于前面的例子，有

all_confidence(购买牛奶, 购买咖啡) = min[confidence(购买牛奶 $\Rightarrow$ 购买咖啡)

confidence(购买咖啡 $\Rightarrow$ 购买牛奶)] = min{20/25,20/90}=2/9

4．最大置信度

最大置信度与全置信度相反，求的不是最小的置信度而是最大的置信度，即

$$\text{max\_confidence}(A, B)= \max\{\text{confidence}(A \Rightarrow B), \text{confidence}(B \Rightarrow A)\}$$

5．Kulc 系数

Kulc 系数就是对两个置信度求平均值，即

$$\text{Kulc}(A, B)=[\text{confidence}(A \Rightarrow B)+\text{confidence}(B \Rightarrow A)]/2=[P(B|A)+P(A|B)]/2$$

6．cosine 距离

$$\text{cosine}(A, B) = \frac{P(A \cap B)}{\sqrt{P(A)*P(B)}} = \sqrt{P(A|B)*P(B|A)}$$
$$= \sqrt{\text{confidence}(A \Rightarrow B)*\text{confidence}(B \Rightarrow A)}$$

针对表 5-6 所示的数据，有

confidence(购买牛奶|购买咖啡) =20/90 = 2/9

confidence(购买咖啡|购买牛奶) =20/25 = 0.8

all_confidence(购买牛奶,购买咖啡) = 2/9

max_confidence(购买牛奶,购买咖啡) = 0.8

Kulc(购买牛奶,购买咖啡) = (0.8+2/9)/2 = 23/45

cosine(购买牛奶,购买咖啡)= $\sqrt{0.8*2/9}$ = 0.42

后 4 种度量都具有如下性质：度量值仅受 A、B 和 $A \cap B$ 的支持度的影响，更准确地说，仅受条件概率 $P(A|B)$ 和 $P(B|A)$ 的影响，而不受事务总数的影响；每个度量值落在区间[0, 1] 内，值越大，A 和 B 的联系越紧密，但统计意义的阈值难以给出，而提升度和卡方系数容易

受到数据记录大小的影响，但容易给出统计意义的阈值。

5.3.6 Apriori 算法评价

Apriori 算法采用"试探"策略，通过不断迭代，构造候选集、筛选候选集挖掘出频繁项集。尽管利用 Apriori 性质来减少候选项集，大大压缩了频繁项集的大小，取得了很好的性能，但存在两大缺点，分别是产生大量的频繁项集和重复扫描事务数据库。当原始数据较大时，磁盘 I/O 次数太多，效率低下。

尽管 Apriori 算法进行了有效的剪枝，但仍会产生大量的频繁项集，当频繁 1-项集 L_1 有 1000 个时，候选 2-项集 L_2 的项数将超过 100 万。这种空间复杂度以指数形式增长，使得 Apriori 算法的执行效率很低。为了提高算法效率，很多学者从不同角度对 Apriori 算法进行改进，包括：基于哈希技术来压缩候选 k-项集，基于事务压缩来减少未来迭代扫描的事务数，基于划分技术两次扫描数据库以挖掘频繁项集，基于抽样的方法缩减数据规模和动态项集计数等。

有学者提出：可以设计一种方法，能挖掘全部频繁项集而不产生候选项集吗？为了解决此问题，J.Han 等人提出了一种频繁模式增长算法（Frequent-Pattern Growth，FP-Growth）。

5.4 FP-Growth 算法

FP-Growth 算法采取如下分治策略，将提供频繁项集的数据库压缩到一棵频繁模式树（Frequent Pattern tree，FP-tree），但仍保留项集关联信息。

FP-tree 是一种特殊的前缀树，由频繁项头表和项前缀树构成，将事务数据表中的各事务数据项按照支持度排序后，把每个事务中的数据项按降序依次插到一棵以 NULL 为根节点的树中，同时在每个节点处记录该节点出现的支持度。

FP-Growth 算法只需扫描原始数据两遍，通过 FP-tree 数据结构实现对原始数据的压缩，效率较高。FP-Growth 算法分为构建 FP-tree 和从 FP-tree 中挖掘频繁项集两个步骤。

5.4.1 FP-tree 表示法

FP-tree 通过逐个读入事务，并把事务映射到 FP-tree 中的一条路径来构造。由于不同的事务可能会有若干相同的项，因此它们的路径可能部分重叠。通常，FP-tree 的大小比未压缩的数据小。在最好的情况下，所有事务都具有相同的项集，FP-tree 只包含一条节点路径；当每个事务都具有唯一项集时，导致最坏情况发生，由于事务不包含任何共同项，FP-tree 的大小实际上与原始数据的大小一样。路径相互重叠越多，使用 FP-tree 结构获得的压缩效果越好；如果 FP-tree 足够小，能够存放在内存中，就可以直接从这个内存的结构里提取频繁项集，而不必重复地扫描存放在硬盘上的数据。

FP-tree 如图 5-7 所示，根节点用 null 表示，其余节点包括一个数据项和该数据项在本路径上的支持度；每条路径都是一条训练数据中满足最小支持度的数据项集；还将所有相同项连接成链表。

为了快速访问树中的相同项，还需要维护一个连接具有相同项的节点的指针列表

（headTable），每个列表元素包括数据项、该项的全局最小支持度、指向 FP-tree 中该项链表的表头指针，如图 5-8 所示。

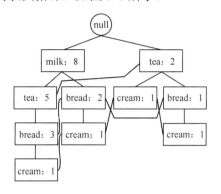

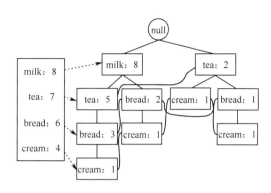

图 5-7　FP-tree 示例 1　　　　　　　　图 5-8　FP-tree 示例 2

5.4.2　构建 FP-tree

FP-Growth 算法需要对原始训练集扫描两遍以构建 FP-tree。

第一次扫描，过滤所有不满足最小支持度的项；对于满足最小支持度的项，按照全局最小支持度排序。为了处理方便，也可以按照项的关键字再次排序。

使用例 5-2 的数据（见表 5-1）说明 FP-Growth 算法过程，排序后数据如表 5-8 所示。设最小支持度计数阈值 min_sup = 30%，第一次扫描后的结果如表 5-9 所示。

表 5-8　交易数据排序后的结果

TID	顾客购买的商品	顾客购买的商品（过滤和排序后）
T_1	bread, cream, milk, tea	milk, tea, bread, cream
T_2	bread, cream, milk	milk, bread, cream
T_3	cake, milk	milk
T_4	milk, tea	milk, tea
T_5	bread, cake, milk	milk, bread
T_6	bread, milk, tea	milk, tea, bread
T_7	beer, milk, tea	milk, tea
T_8	beer, cream,tea	tea, cream
T_9	bread, cream, tea	tea, bread, cream
T_{10}	bread, milk, tea	milk, tea, bread

表 5-9　第一次扫描后的结果

项　集	支持度计数
milk	8
tea	7
bread	6
cream	4
beer	2
cake	2

第二次扫描，构造 FP-tree（如图 5-9 所示）。

参与扫描的是过滤后的数据，若某个数据项是第一次遇到，则创建该节点，并在 headTable 中添加指向该节点的指针；否则按路径找到该项对应的节点，修改节点信息。

从上面可以看出，headTable 并不是随着 FP-tree 一起创建的，而是在第一次扫描时就已经创建完毕，在创建 FP-tree 时只需将指针指向相应节点即可。从事务 T_2 开始，需要创建节点间的连接，使不同路径上的相同项连接成链表。

FP-tree 的每条路径都满足最小支持度，后续需要做的是在一条路径上寻找到更多的关联关系。

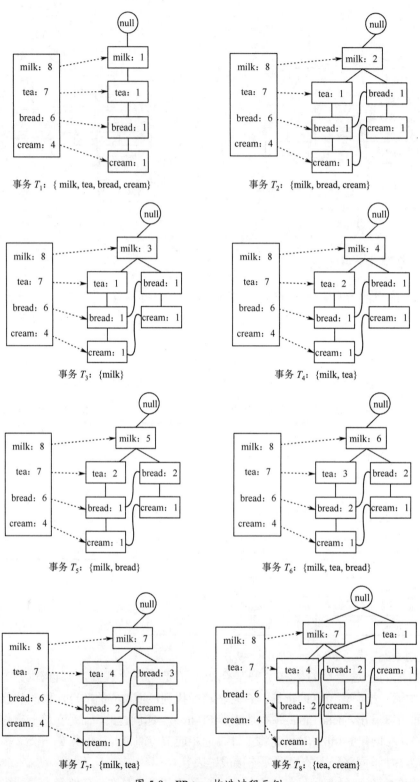

事务 T_1: { milk, tea, bread, cream}

事务 T_2: {milk, bread, cream}

事务 T_3: {milk}

事务 T_4: {milk, tea}

事务 T_5: {milk, bread}

事务 T_6: {milk, tea, bread}

事务 T_7: {milk, tea}

事务 T_8: {tea, cream}

图 5-9 FP-tree 构造过程示例

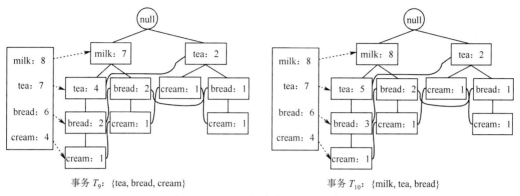

事务 T_9：{tea, bread, cream}　　　　　　事务 T_{10}：{milk, tea, bread}

图 5-9　FP-tree 构造过程示例（续）

5.4.3　发现频繁项集

条件模式基：包含 FP-tree 中与后缀模式一起出现的前缀路径的集合。

条件树：将条件模式基按照 FP-tree 的构造原则形成的一个新的 FP-tree。

从一棵 FP-tree 中挖掘频繁项集的基本步骤如下。

① 从 FP-tree 中抽取条件模式基。

② 利用条件模式基，构建一个条件 FP-tree。

③ 重复步骤①和②，直到树包含一个元素项为止。

1. 抽取条件模式基

首先，从 FP-tree 头指针表中的单个频繁项开始。对于每个项，抽取其对应的条件模式基（Conditional Pattern Base），单个项的条件模式基也就是元素项的关键字。条件模式基是相对于树中的某个元素来说的，是以所查找元素项为结尾的路径集合。每条路径其实都是一条前辍路径（Perfix Path）。简言之，一条前缀路径是介于所查找元素项与树根节点之间的所有内容。

图 5-10 是以{cream:1}（虚线框内元素）为元素项的前缀路径。

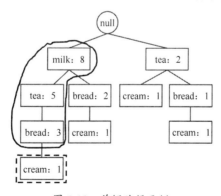

图 5-10　前缀路径示例

{cream}的条件模式基即前缀路径集合共 4 个，分别是{milk, tea, bread}、{milk, bread}、{tea}和{tea, bread}；而{tea}的条件模式基是{milk}。

寻找条件模式基的过程实际上是从 FP-tree 的每个叶子节点回溯到根节点的过程。我们可以从头指针列表 headTable 开始，通过指针的连接快速访问到所有根节点。表 5-10 是图 5-10 所示 FP-tree 的所有条件模式基。

表 5-10　FP-tree 的条件模式基

频繁项	条件模式基
milk	{}
tea	{milk}:5
bread	{milk,tea}:3，{milk}:2，{tea}:1
cream	{milk,tea,bread}:1，{milk,bread}:1，{tea}:1，{tea,bread}:1

2. 创建条件树

为了发现更多的频繁项集，对于每个频繁项都要创建一棵条件树。可以使用发现的条件模式基作为输入数据来构建这些树，然后递归地发现频繁项、发现条件模式基，以及发现其他条件树。

以频繁项 cream 为例，构建关于 cream 的条件 FP-tree。cream 的 4 个前缀路径分别是 {milk, tea,bread}:1、{milk,bread}:1、{tea}:1 和{tea,bread}:1。

因最小支持度 min_sup=30%（最少出现 3 次），milk 被过滤掉，剩下 tea:3 和 bread:3，此时将 cream 和 tea、bread 的组合{cream, tea}:0.3 和{cream, bread}:0.3 加入频繁项集集合。过滤后的 cream 的条件树如图 5-11 所示。

重复上述步骤，cream-bread 的条件模式基是{tea}：2，cream-tea 的条件模式基是{}。因为已经没有满足最小支持度的前缀路径了，结束构建条件 FP-tree。

分别对其他频繁项挖掘条件模式基和建立条件树，最终得到的频繁模式如表 5-11 所示。

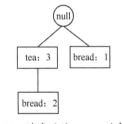

图 5-11　过滤后的 cream 的条件树

表 5-11　频繁项集及支持度列表

频繁项集	支持度	频繁项集	支持度
{milk}	0.8	{bread, milk}	0.5
{tea}	0.7	{bread, tea}	0.4
{bread}	0.6	{cream, bread}	0.3
{cream}	0.4	{cream, tea}	0.3
{tea, milk}	0.5	{bread, tea, milk}	0.3

5.5　关联规则扩展

5.5.1　关联规则分类

（1）基于规则中数据的抽象层次

关联规则可以分为单层关联规则和多层关联规则。

在单层关联规则中，所有的变量都没有考虑到现实的数据是具有多个不同层次的；在多层关联规则中，充分考虑了数据的多层性。

例如，"IBM 台式机⇒SONY 打印机"是一个细节数据上的单层关联规则，"台式机⇒SONY 打印机"是一个较高层次和细节层次之间的多层关联规则。

（2）基于规则中涉及的数据维数

关联规则可以分为单维的和多维的。

在单维关联规则中，只涉及数据的一个维，即处理单个属性中的关系；在多维关联规则中，要处理的数据会涉及多个维，即处理多个属性之间的关系。

例如，"啤酒 ⇒ 尿布"规则只涉及用户的购买物品；"性别='女' ⇒ 职业='秘书'"规则涉及两个字段的信息，是两个维上的关联规则。

（3）基于规则中处理的变量类别

关联规则可以分为布尔型和数值型。

布尔型关联规则处理的值都是离散型的，显示了这些变量之间的关系；数值型关联规则可以与多维关联或多层关联规则结合起来，对数值型字段进行处理，将其进行动态分割，或者直接对原始的数据进行处理。当然，数值型关联规则中也可以包含离散变量。

例如，"性别='女' ⇒ 职业='秘书'"是布尔型关联规则，"性别='女' ⇒ avg(收入)=2300"涉及的收入是数值型，所以是一个数值型关联规则。

5.5.2　多层次关联规则

由于数据分布的分散性，多数应用很难在数据最细节的层次上发现一些强关联规则。当我们引入概念层次后，就可以在较高的层次上进行挖掘。虽然较高层次上得出的规则可能是更普通的信息，但是对于某用户来说是普通的信息，对另一个用户未必如此。数据存在一定的稀疏性，在低层或原始层的数据项之间很难找出强关联规则，而在较高的概念层发现强关联规则可能更有现实意义。

因此，多层次关联规则挖掘可以在不同抽象层次上发现更有意义的规则。事务集合中的数据项之间存在一定的概念层次，这种层次结构有助于归纳项目。例如，如图 5-12 所示的食品概念分层，规则"蒙牛酸奶 ⇒ 黄面包"可能不满足最小支持度要求，可以将黄面包沿概念层次往上提升合并到面包这个层次，规则"蒙牛酸奶 ⇒ 面包"可能就是强关联规则。

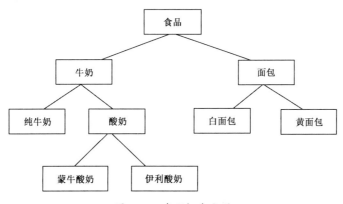

图 5-12　食品概念分层

由于分析中使用的项目数量在增加，需要考虑的组合数量也增长得非常快。另一方面，项目越具体，得到的结果越可行。折中的方案是开始时使用更一般的项目，然后重复产生该规则以提炼更具体的项目。层次结构的适当层次终结了部门与生产经理的匹配。使用类别会对发现部门间的关系产生实际影响。泛化项目有助于发现具有足够支持的规则，给定规则在分类结构中的更高层次比更低层次拥有更多的支持事务。

多层关联规则的分类是指根据规则中涉及的层次，多层关联规则可以分为同层关联规则和层间关联规则。多层关联规则的挖掘基本上可以沿用"支持度-置信度"的框架。不过，在支持度设置的问题上有需要考虑的东西。

多层次关联规则分析算法还是基于传统的经典算法，只是在支持度的设置上做了相应的调整，同层关联规则可以采用以下两种支持度策略。

① 直接对事务数据库应用单层次关联规则挖掘算法，在多层次的数据项中采用统一的最小支持度。这样对于用户和算法实现来说都比较容易，但是会出现两种较为极端的结果，支持度太高会丢失低层次有意义的关联规则，支持度太低会产生太多高层次的无意义的关联规则。

② 根据自上而下的思想，先找到高层次的"强"关联规则，再发现低层次的"弱"关联规则，需要采用随着层次的降低支持度递减的策略。每个层次都有不同的最小支持度，较低层次的最小支持度相对较小。同时，可以利用上层挖掘得到的信息进行一些过滤的工作。层间关联规则考虑最小支持度时，应该根据较低层次的最小支持度来定。

5.5.3　多维度关联规则

对于多维数据库而言，除了维内的关联规则外，还有一类多维的关联规则。例如：

$$年龄(X, '20...30')职业(X, '学生') \Rightarrow 购买(X, '笔记本电脑')$$

这里涉及三个维上的数据，分别是年龄、职业和购买。根据是否允许同一个维重复出现，可以细分为维间的关联规则（不允许维重复出现）和混合维关联规则（允许维在规则的左右同时出现）。

又如，规则

$$年龄(X, '20...30')\cap购买(X, '笔记本电脑') \Rightarrow 购买(X, '打印机')$$

就是混合维关联规则。

在挖掘维间关联规则和混合维关联规则时还要考虑不同的字段种类，即分类型和数值型。

对于分类型的字段，原来的算法都可以处理，而对于数值型的字段，需要进行处理后才可以进行。处理数值型字段的方法有以下几种。

① 数值型字段被分成一些预定义的层次结构。这些区间都是由用户预先定义的，得出的规则也被称为静态数量关联规则。

② 数值型字段根据数据的分布分成一些布尔字段，每个布尔字段表示一个数值型字段的区间，落在其中则为1，反之为0。这种分法是动态的，得出的规则被称为布尔数量关联规则。

③ 数值型字段被分成一些能体现它含义的区间，考虑了数据之间的距离因素，得出的规则被称为基于距离的关联规则。

④ 直接用数值型字段中的原始数据进行分析。使用一些统计方法对数值型字段的值进行分析，并且结合多层关联规则的概念，在多个层次之间进行比较从而得出一些有用的规则，得出的规则称为多层数量关联规则。

5.5.4 定量关联规则

与布尔关联规则处理离散化的属性不同，定量关联规则挖掘是从包含连续属性的数据集中挖掘关联规则。为了得到定量关联规则，需要对连续属性进行离散化，从而将问题转化为布尔关联规则挖掘。定量关联规则是多维关联规则的一种，可以称为带数值的关联规则。因此需要对其中的数值属性离散化，转化为布尔关联规则。根据实际数据的特点，将每个属性值映射为一个布尔型属性，可以采用等宽分箱（每个箱的区间长度相同）、等深分箱（每个箱赋予大致相同个数的元组）、基于同质的分箱（每个箱的大小相同，使得每个箱中的元组一致分布）等技术，实现对数值属性的离散化。

5.5.5 基于约束的关联规则

基于约束的挖掘方式以用户为驱动，通常用户具有较好的规则判断能力，知道什么形式的规则对他们有价值。这样，一种更有效的产生关联规则的方法是让用户说明他们的直觉或期望作为限制搜索空间的约束条件，这就是基于约束的规则挖掘。这些约束包括以下几种。

① 知识类型约束：指定要挖掘的知识类型，如关联规则或相关规则。

② 数据约束：指定任务相关的数据集。

③ 维/层约束：指定所用的数据或概念分层结构的层次。

④ 兴趣度约束：指定规则兴趣度统计度量阈值，如支持度、置信度和其他评估度量。

⑤ 规则约束：指定要挖掘的规则形式。这种规则可以用规则模板表示。

5.5.6 序列模式挖掘

经典的关联规则分析主要是发现同一事务中的项之间存在的某种联系，而不考虑事务间在时间维度上存在的联系。但在实际应用中，许多场景需要考虑各事务之间的先后顺序关系。序列模式挖掘就是要发现事件在发生过程中先后顺序上的规律，如客户在多次购物活动中购买商品的顺序模式。

序列模式挖掘（Sequence Pattern Mining）是指挖掘相对时间或其他出现频率高的模式。一个序列模式的案例是"9 个月以前购买奔腾 CPU 的客户很可能在一个月内订购新的 CPU 芯片"。类似地，如果能在超市交易数据库中挖掘涉及事务间关联关系的模式，即用户几次购买行为间的联系，可以采取更有针对性的营销措施。由于很多商业交易、网站访问、医疗诊断、天气数据和生产过程都是时间序列数据，序列模式挖掘很有用途，可以实现客户购买行为模式预测、Web 访问模式预测、疾病诊断、网络入侵检测等。例如，大型网站的网站地图通常具有复杂的拓扑结构，用户访问序列模式挖掘就有助于改进网站地图的拓扑结构。比如，用户经常访问网页 1 然后访问网页 2，而在网站地图中二者距离较远，就有必要调整网站地图，缩短它们的距离，甚至直接增加一条链接。

序列模式挖掘与普通的关联规则挖掘非常相似，但是可以解决普通关联规则不能解决的问题。关联规则主要针对事务数据库进行挖掘操作，以便找到事物数据库中同一事务内属性值之间的关联性；而序列模式挖掘的数据源是序列数据库，以便找出同一事务内及事务间的属性值之间的关联性。序列数据库是指由有序事件序列组成的数据库，可以有时间标记，也可以没有。序列模式可以应用到诸多领域，如 Web 访问模式分析、天气预报、网络入侵检测、耐用品的营销等。

5.6 综合案例：移动业务关联分析

近年来，移动通信市场一方面随着客户普及率的不断提高，已由高速增长期步入稳定成熟期，单纯依靠增量客户来拉动运营收入和利润增长已经受到限制；以资费为主要手段来争夺客户竞争愈演愈烈，保留存量客户、发展新增客户的成本逐渐上升，客户需求却呈现日趋多样化和差异化；另一方面，随着移动通信技术的不断发展，运营商不断将新业务推向市场，以建立新的业务增长点，提升新业务对运营收入的贡献。因此，如何向客户持续不断地提供新的业务，不断满足不同客户的多样化和差异化需求，提升客户价值，实现运营商的运营收入和利润可持续发展，对运营商显得至关重要。

移动运营商提供多种适合不同客户需求的业务。客户通常会使用一种或多种业务，这些业务之间可能存在一些有趣的潜在关系。关联规则技术可以挖掘现有客户会同时使用什么业务，哪些业务的使用会带动新的业务的使用，以应用于业务交叉销售。通过交叉销售，运营商能够以较低的营销成本建立和扩展与客户的关系，为客户提供所需的感兴趣的业务，或某特定业务的升级或附加业务，使客户利益和价值最大化。

5.6.1 数据准备

进行业务关联规则分析需要收集客户使用业务的数据。本案例使用某年 5 月份的客户业务使用数据，只选取卡状态为"正使用"且不欠费的用户，不考虑"停机"和"销户"的用户。由于实验数据中神州行、全球通和动感地带三种品牌的用户业务数据比例分别为80%、11%和 9%，比例相差比较悬殊，为了避免数据的不平衡影响生成规则的效果，故分别对三种品牌的用户数据进行业务关联分析。用户的业务消费属性需要根据交叉销售的目的进行选择，本案例根据实验数据使用语音业务原始数据。另外，实验数据包括用户手机卡号，将其作为用户编号。

5.6.2 数据预处理

在进行移动通信的关联分析前，需要进行大量的数据预处理，这里主要是数据变换，包括属性构造、属性泛化和属性替换。

由于移动通信的增值业务太多，而且业务的层次太细，如 GPRS 业务分成了 GPRS 月套餐和 GPRS 日套餐，而月套餐和日套餐按照套餐额又进行了细分；彩信业务分成点对点彩信和梦网彩信。这里的应用需要选取较高层次的业务作为分析目标项，所以对部分属性进行泛化，用高层概念替换底层概念，包括用 GPRS 业务替代 GPRS 月套餐和 GPRS 日套餐两种业务；用彩信业务替代点对点彩信和梦网彩信。由于原始数据中彩信业务和手机游戏的值是消费金额，这里需要将有消费的值用 1 代替，没有消费的用 0 代替。对于其他业务，客户在本月至少使用过某业务 1 次，那么该业务的值就为 1，否则为 0。短信业务的使用率很高，不作为关联分析的对象，通信和酒店预订业务的使用率为 0，也不用于分析，处理后的客户增值业务有 18 种，如表 5-12 所示。

表 5-12　客户增值业务数据表

字段顺序	字段名	字段名称	数据类型	说　明
1	Usr_nbr	手机号码	VARCHAR2（20）	
2	Fetion_flag	飞信	CHAR（1）	1 表示开通，0 表示未开通
3	mms_flag	彩信	CHAR（1）	1 表示开通，0 表示未开通
4	mobmail_flag	139 邮箱	CHAR（1）	1 表示开通，0 表示未开通
5	pim_flag	号簿管家	CHAR（1）	1 表示开通，0 表示未开通
6	smsrtn_flag	短信回执	CHAR（1）	1 表示开通，0 表示未开通
7	gprs_pkg	GPRS	CHAR（1）	1 表示开通，0 表示未开通
8	mobnews_flag	手机报	CHAR（1）	1 表示开通，0 表示未开通
9	timenews_flag	新闻早晚报	CHAR（1）	1 表示开通，0 表示未开通
10	cr_flag	彩铃	CHAR（1）	1 表示开通，0 表示未开通
11	wireless_adv_usr_flag	无线音乐高级会员	CHAR（1）	1 表示开通，0 表示未开通
12	wireless_mus_flag	无线音乐俱乐部	CHAR（1）	1 表示开通，0 表示未开通
13	cr_box_flag	铃音盒	CHAR（1）	1 表示开通，0 表示未开通
14	quanqu_down	全曲下载	CHAR（1）	1 表示开通，0 表示未开通
15	hotel_preord_call_flag	酒店预订	CHAR（1）	1 表示开通，0 表示未开通
16	aer_preord_flag	机票预订	CHAR（1）	1 表示开通，0 表示未开通
17	mo_call_12580_flag	百科业务	CHAR（1）	1 表示开通，0 表示未开通
18	mobpay_flag	手机支付	CHAR（1）	1 表示开通，0 表示未开通
19	mobgame_flag	手机游戏	CHAR（1）	1 表示开通，0 表示未开通

本案例使用 SAS EM 的关联规则节点进行关联规则挖掘，要求输入包含一个编号和一个目标变量。在序列模式的关联分析中还需要一个序列变量，由于原始数据不包含时间相关的信息，因此没有该变量。将客户的手机卡号作为编号，客户使用的业务作为目标变量。由于原始的数据格式是每个用户使用多种业务的记录，因此本案例的预处理工作需要将原始的单个用户包含多种业务的记录转化成多条"手机卡号—业务名称"的记录形式。例如，表 5-13 第 1 行记录显示手机卡号为 1341****022 的用户开通了彩铃、GPRS 和百科业务，转换后的格式如表 5-14 所示的前 3 行，每行代表手机卡号为 1341****022 的用户开通的其中一种业务。

表 5-13　转化前的数据样本

字段顺序	手机卡号	彩铃	GPRS	百科	手机报	新闻早晚报
1	1341****022	1	1	1	0	0
2	1341****114	1	1	0	1	1

表 5-14　转换后的数据样本

字段顺序	手机卡号	业务名称	字段顺序	手机卡号	业务名称
1	1341****022	彩铃	5	1341****114	GPRS
2	1341****022	GPRS	6	1341****114	手机报
3	1341****022	百科业务	7	1341****114	新闻早晚报
4	1341****114	彩铃		/	

5.6.3 关联规则挖掘过程

1. 规则的生成

数据准备好之后，就可以进行关联分析。关联规则首先分析包含一种或多种业务交易的基本信息。为便于分析，每种业务代表一个项。分析之前必须用数据输入节点指定预处理后的数据集，如图 5-13 所示。

由于本案例的数据没有关于时间的信息，无法进行基于时间序列的关联分析，因此分析模式选择"关联模式"，而不是"序列模式"。本案例使用经典的 Apriori 算法挖掘出所有的规则。最小支持度和最小置信度是关联规则最主要的两个评价指标。这里以神州行客户的数据为例进行参数设置说明，鉴于电信行业多数新业务的使用率都比较低，可设定项的最小比例和最小规则置信度分别为 5% 和 50%。由于数据中共有 18 种业务，因此设置一个规则最多可以包含的项为 18，如图 5-14 所示。

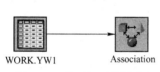

WORK.YW1　　　Association

图 5-13　关联规则挖掘流程

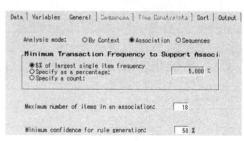

图 5-14　关联规则参数设置

2. 规则的选取

关联规则容易理解，但并不总是有用的，一般分为可操作的、平凡的和费解的三种。

有用的规则包含高质量的和可操作的信息，可能暗示更有效的业务组合销售，也可能暗示特别的业务广告方式，如规则"139 邮箱 ⇒ 彩铃&GPRS"是很有价值的，因为 139 邮箱免费业务的使用会促使用户开通彩铃和 GPRS 需要收费的业务，那么业务人员可以在销售手机卡的同时帮助用户激活 139 邮箱，可能推动用户使用其他增值业务。

平凡的结果早已被熟悉商业的人士所知晓。例如，规则"GPRS ⇒ 飞信"，用户开通 GPRS 业务很大可能就是用手机客户端登录网上业务，如飞信，那么该规则对于业务人员来说是可猜测的。

费解的规则似乎无法解释，并且难以给出行动过程。费解的规则是数据中的偶然事件，有时是不可操作的，例如，规则"无线音乐高级会员 ⇒ 新闻早晚报"似乎无法直接解释，也许可以猜测为该用户爱好音乐，也有阅读电子新闻的习惯，如果该规则符合某商业目的，对于业务推广就有很多帮助。

（1）神州行用户数据的业务关联结果

在神州行的用户数据中，本案例根据算法输出的频繁模式产生了 53 条关联规则，剔除提升度小于 1 的业务规则，确保输出结果都是有效的；剔除部分显而易见的业务规则。经过处理后，关联规则模型共输出 14 条业务规则，如表 5-15 所示。

通过关联分析得到增值业务的关联规则结果以后，最重要的工作就是分析各规则的特征，结合业务进行深入的分析，并在分析结论的基础上，从市场营销的角度出发，提出针对性的营销方案和对策，从而将数据挖掘的有效信息转化为商业行为，带来实际经济效益。移

表 5-15　神州行用户数据生成的规则（部分）

规则号	规　　　则	支持度	置信度	提升度
1	新闻早晚报 ⇒ 手机报	5.80%	100.00%	14.60
2	手机报 ⇒ 新闻早晚报	5.80%	84.66%	14.60
3	新闻早晚报 ⇒ 彩铃	5.24%	90.37%	1.09
4	新闻早晚报 ⇒ GPRS	5.07%	87.49%	1.03
5	新闻早晚报 & 手机报 ⇒ 彩铃	5.24%	90.37%	1.09
6	新闻早晚报 & 手机报 ⇒ GPRS	5.07%	87.49%	1.03
7	手机报 ⇒ 彩铃	6.07%	88.67%	1.07
8	手机报 ⇒ GPRS	5.96%	87.01%	1.03
9	无线音乐俱乐部 ⇒ 彩铃	11.09%	97.91%	1.19
10	无线音乐俱乐部 ⇒ GPRS	10.03%	88.55%	1.05
11	无线音乐俱乐部 ⇒ 彩铃 & GPRS	9.81%	86.61%	1.27
12	飞信 ⇒ 彩铃	7.06%	85.71%	1.04
13	飞信 ⇒ GPRS	7.62%	92.61%	1.09
14	飞信 ⇒ 彩铃 & GPRS	6.56%	79.73%	1.17

动通信企业运用关联分析结果可以得到很多的用于决策支持的知识，这里选出一部分规则进行分析。

由表 5-15 可知，挖掘出来的关联规则的置信度比较高，但是支持度较低，可能是神州行增值业务的推广力度不够导致的。从第 1、2 条规则可知，新闻早晚报与手机报具有密切关系，用户使用其中一种业务几乎会同时使用另一种业务，置信度达到 84%以上，提升度高达 14%以上，说明了这些用户有阅读手机电子报的习惯。

如果从规则的右边出发，寻找业务的影响因素，有以下两种分析结果。

① 从第 3、9、12 条规则可以得出，用户是否使用彩铃业务与用户是否使用新闻早晚报、无线音乐俱乐部、飞信为正相关关系，置信度达到 85%以上。其中，无线音乐俱乐部的使用对彩铃业务的影响较大。第 9、11 条规则显示，对使用了无线音乐俱乐部的用户进行推销彩铃业务，成功率达到 97.91%，且提升度为 1.19；虽然对该类用户同时推荐彩铃和 GPRS 业务的成功率比单独推销彩铃业务的低，但是提升度也有 1.27。

② 从第 4、8、10、13 条规则可知，GPRS 与新闻早晚报、手机报、无线音乐俱乐部、飞信具有很大关系，其中飞信对其影响最大，置信度达到 92.61%，可能因为用户习惯使用手机客户端登录飞信，所以有开通飞信的用户大多会同时开通 GPRS 业务。

如果从规则的左边出发，找出左边业务对哪些业务有影响，那么有以下分析结果。

① 从第 3~8 条规则得出，新闻早晚报业务或手机报的使用会影响彩铃和 GPRS 业务的使用，虽然第 5、6 条规则的左边同时包含了新闻早晚报和手机报业务，但手机报业务对规则支持度、置信度和提升度都没有产生影响，即新闻早晚报的影响力更大。那么可以认为，向使用新闻早晚报或手机报的用户推销彩铃和 GPRS 业务具有八九成的成功率。

② 从第 9、10、11 条规则可知，无线音乐俱乐部对彩铃和 GPRS 业务具有较大影响，特别对彩铃业务；同时，向使用无线音乐俱乐部的客户推销彩铃或 GPRS 中的一种业务的成功率比同时推销彩铃和 GPRS 两种业务的成功率高。

③ 类似地，从第 12、13、14 条规则得出的结论是飞信业务的开通对彩铃和 GPRS 业

务有正相关影响，特别是 GPRS 业务。由于目前飞信业务是一种免费业务，那么营销人员可以在用户开卡时立即为其开通飞信业务，那么可以为彩铃和 GPRS 业务带来增值利润。

（2）动感地带、全球通用户数据的业务关联结果及对比

对于动感地带的用户数据，设定项的最小比例和最小规则置信度分别为 15% 和 55%，共输出 35 条规则，选取置信度大于 80%，提升度大于 1 的规则进行分析，如表 5-16 所示。

表 5-16　动感地带用户数据生成的规则（部分）

规则号	规　则	支持度	置信度	提升度
1	无线音乐俱乐部 ⇒ 无线音乐高级会员 & 彩铃	19.17%	83.50%	1.04
2	无线音乐俱乐部 ⇒ 无线音乐高级会员	19.17%	83.50%	1.04
3	无线音乐俱乐部 ⇒ 彩铃	22.93%	99.88%	1.01
4	无线音乐俱乐部 & 无线音乐高级会员 ⇒ 彩铃	19.17%	100.00%	1.01
5	无线音乐俱乐部 & 彩铃 ⇒ 无线音乐高级会员	19.17%	83.60%	1.04
6	无线音乐高级会员 ⇒ 彩铃	80.02%	99.89%	1.01
7	无线音乐高级会员 & 飞信 ⇒ 彩铃	22.01%	99.87%	1.01
8	无线音乐高级会员 & 飞信 & GPRS ⇒ 彩铃	15.21%	99.81%	1.01
9	无线音乐高级会员 & 139 邮箱 ⇒ 彩铃	20.55%	100.00%	1.01
10	彩信 ⇒ 无线音乐高级会员 & 彩铃	23.25%	82.57%	1.03
11	彩信 ⇒ 无线音乐高级会员	23.28%	82.67%	1.03
12	彩信 & 彩铃 ⇒ 无线音乐高级会员	23.25%	83.16%	1.04
13	彩铃 ⇒ 无线音乐高级会员	80.02%	80.65%	1.01
14	彩铃 & GPRS ⇒ 无线音乐高级会员	37.97%	80.82%	1.01
15	彩铃 & 139 邮箱 ⇒ 无线音乐高级会员	20.55%	81.09%	1.01

对于全球通的用户数据，设置最小比例和最小置信度分别为 10% 和 50%，共产生 49 条规则，选择提升度大于 1 且置信度在 75% 以上的强关联规则进行分析，如表 5-17 所示。然后对神州行、动感地带和全球通三种品牌的业务关联规则进行对比分析，得出品牌之间业务使用的差异。

从表 5-15～表 5-17 的规则得出的结果可知，不同品牌的用户使用业务的情况有共同之处，但也有差别，那么对应生成的业务关联规则也会受到品牌类型的影响。

① 从如表 5-15 所示的第 9～11 条规则、如表 5-16 所示的第 1～5 条规则和如表 5-17 所示的第 8～10 条规则中可知，对于所有品牌的用户，开通无线音乐俱乐部有 83% 的可能会开通无线音乐高级会员和彩铃业务。

② 如表 5-16 所示的第 6～8 条规则和如表 5-17 所示的第 9、10 条规则显示，对于动感地带和全球通用户，开通无线音乐高级会员更有可能开通彩铃业务，但是神州行用户却没有这种特性，那么业务人员可以缩小营销的目标范围。

③ 同理，如表 5-17 所示的第 11、12 条规则说明，对于全球通用户，开通了手机支付业务有 75% 以上的可能性会开通彩铃或 GPRS 业务，该规则同时说明了全球通用户使用手机支付的比例比较大，这也是全球通用户的一个特性。

表 5-17　全球通用户数据生成的规则（部分）

规则号	规 则	支 持 度	置 信 度	提 升 度
1	新闻早晚报 ⇒ 手机报 & 彩铃	7.86%	85.63%	9.47
2	新闻早晚报 ⇒ 手机报	9.18%	100.00%	9.35
3	新闻早晚报 ⇒ 彩铃	7.86%	85.63%	1.15
4	新闻早晚报 & 手机报 ⇒ 彩铃	7.86%	85.63%	1.15
5	新闻早晚报 & 手机报 & GPRS ⇒ 彩铃	5.80%	86.12%	1.16
6	新闻早晚报 & 彩铃 ⇒ 手机报	7.86%	100.00%	9.35
7	新闻早晚报 & GPRS ⇒ 彩铃	5.80%	86.12%	1.16
8	无线音乐俱乐部 ⇒ 彩铃	5.11%	97.38%	1.31
9	无线音乐高级会员 ⇒ 彩铃	8.80%	85.56%	1.15
10	无线音乐高级会员 & GPRS ⇒ 彩铃	5.63%	84.71%	1.14
11	手机支付 ⇒ 彩铃	4.40%	76.19%	1.03
12	手机支付 ⇒ GPRS	4.70%	81.43%	1.21
13	139 邮箱 ⇒ 彩铃	13.91%	79.94%	1.08
14	彩信 ⇒ 彩铃	11.41%	81.85%	1.10
15	彩信 & GPRS ⇒ 彩铃	7.31%	80.36%	1.08

5.6.4　规则的优化

5.6.3 节中生成的规则的右边主要是彩铃和 GPRS 业务，在移动通信业务中，这两种业务的用户使用率也较高，运营商不需在这方面进行大力推广。相反，那些用户使用率较低的业务才是运营商营销的目标，如无线音乐高级会员和百科业务等。如果将全部业务混合在一起进行关联挖掘，就会影响效果，需要将部分中低端收入的业务单独分类进行分析。在进行关联优化前，先对用户使用各种业务的情况进行浅层探索，可以得到业务的用户使用覆盖率，如表 5-18 所示，GPRS 业务和彩铃业务的用户使用比例高达 70% 以上，说明运营商对这两种业务的推广较成功，且用户需求量大。对于飞信业务等用户使用比例占 5% 以上的新业务，虽然用户使用覆盖率不高，但是已经具有部分市场份额，运营商可以通过交叉销售等策略进行推广。而剩下的一些业务用户使用率很低，如酒店预订等，可能是因为用户对其了解较少或者业务目标对象是比较特殊的高端用户，运营商可以通过促销等渠道让更多的用户了解这些业务。

根据表 5-18，选取彩信、139 邮箱、无线音乐俱乐部、飞信、手机报、新闻早晚报、百科业务、无线音乐高级会员 8 种业务，并从 33041 条记录中提取至少使用上述其中一种业务的用户数据，共 13387 条记录。设置项的最低比例、规则置信度分别为 5% 和 50%，共输出 27 条规则，选取部分规则进行分析，如表 5-19 所示。从表 5-19 的第 1、2 条规则可知，用户是否使用无线音乐俱乐部与新闻早晚报或手机报和无线音乐高级会员相关，置信度达到 83% 以上，且提升度为 3% 以上，而使用无线音乐高级会员业务的用户，同时使用新闻早晚报会比同时使用手机报更有可能使用无线音乐俱乐部。由第 2、3 条规则可知，同时使用无线音乐高级会员和手机报的用户，如果运营商向其推销单独无线音乐俱乐部业务，比推销新闻早晚报和无线音乐俱乐部两种业务成功率更高。由第 8、9 条规则可知，同时使用无线音乐俱乐部、无线音乐高级会员和手机报的用户，大多会同时使用新闻早晚报。

表 5-18　增值业务的用户使用覆盖率

序号	业务名称	客户使用数（33041）	客户使用比例（%）
1	GPRS	26818	81.17%
2	彩铃	26188	79.26%
3	彩信	5486	16.60%
4	139 邮箱	4786	14.49%
5	无线音乐俱乐部	3591	10.87%
6	飞信	2610	7.90%
7	手机报	2171	6.57%
8	新闻早晚报	1838	5.56%
9	百科业务	1035	3.13%
10	无线音乐高级会员	985	2.98%
11	号簿管家	63	0.19%
12	全曲下载	45	0.13%
13	短信回执	26	0.079%
14	铃音盒	4	0.012%
15	机票预订	2	0.0005%
16	酒店预订	0	0%
17	手机支付	0	0%
18	手机游戏	0	0%

表 5-19　优化后的业务规则（部分）

规则号	规　　则	支持度	置信度	提升度
1	新闻早晚报 & 无线音乐高级会员 ⟹ 无线音乐俱乐部	2.73%	84.10%	3.14%
2	无线音乐高级会员 & 手机报 ⟹ 无线音乐俱乐部	2.76%	83.30%	3.11%
3	无线音乐高级会员 & 手机报 ⟹ 新闻早晚报 & 无线音乐俱乐部	2.73%	82.39%	15.62%
4	新闻早晚报 ⟹ 手机报	13.73%	100.00%	6.17%
5	新闻早晚报 & 无线音乐俱乐部 ⟹ 无线音乐高级会员	2.73%	51.70%	7.03%
6	无线音乐俱乐部 & 手机报 & 139 邮箱 ⟹ 新闻早晚报	2.08%	91.45%	6.66%
7	手机报 ⟹ 新闻早晚报	13.73%	84.66%	6.17%
8	无线音乐高级会员 & 手机报 ⟹ 新闻早晚报	3.24%	97.97%	7.14%
9	无线音乐俱乐部 & 无线音乐高级会员 & 手机报 ⟹ 新闻早晚报	2.73%	98.92%	7.20%

5.6.5　模型的应用

　　对关联规则产生的结果进行应用，将结果以商业化的方式直接供给前台营业人员、客户服务人员和营销策划人员使用，这样才能最大限度地发挥模型的作用。通过前面的分析可知，基于关联规则的交叉销售模型从业务的角度出发，能发现各类业务之间的关联关系和用户同时购买多种业务的习惯和特性。在明确了什么样的客户将购买什么样的业务这个问题后，将其植入营销业务流程。这样营销人员和营销策划人员可以借助模型有针对性地开展以下交叉销售工作。

　　① 针对性地向用户发送信息。根据规则结果，向交叉销售的目标用户发送推荐业务的

相关资费信息、业务使用信息及相关优惠政策，引导用户购买其感兴趣的、现在还没有定制或使用的业务。例如，对使用了无线音乐高级会员业务，但没有使用无线音乐俱乐部的客户，主动向这部分用户发送资费信息或优惠政策的相关信息，这样销售的成功率会高很多。

② 主动业务推荐或促销。规则能够很好地指导主动营销工作，当用户进入营业厅办理业务或呼入 10086 客服热线时，营业人员和客服人员可以正确地了解用户的潜在业务需求和用户消费特征，这样就可以有针对性地向用户推荐目标业务。例如，可以将开通或使用了手机报或新闻早晚报业务但还没有开通 GPRS 业务的用户建立一个数据库表，当用户进入营业厅办理业务或呼入 10086 客服热线时，如果用户在列表当中，输入手机号码后，在计算机屏幕上会自动弹出相应的提示页面。

③ 业务搭售或者业务捆绑销售。根据关联规则挖掘结果可以发现，不同业务间的潜在关联关系和用户的消费组合，营销策划人员可以根据业务的关联情况设计出不同形式的业务捆绑套餐和方案，让用户真正享受一站购齐的移动业务服务。在中低端增值业务中，可以将手机报、新闻早晚报和彩信业务进行捆绑销售，这样成功率高，也使用户能同时体验更多的服务，为以后向这些用户促销新业务打下基础。

总之，基于关联分析的交叉销售这一市场利器，保证了移动运营商业务推广和营销策划工作的科学性、有效性和准确性，大大增加了交叉销售的成功率，为移动企业带来更多的经济效益。

本章小结

关联规则分析是数据挖掘领域被广泛应用的方法，可用来从交易数据、关系数据或其他信息载体中发现存在于项目集合之间的频繁模式、关联性或因果结构。关联分析的任务就是找出满足最小支持度和最小置信度的强关联规则。本章在介绍关联规则挖掘基本概念的基础上，对关联规则挖掘经典算法，包括 Apriori 和 FP-Growth 算法的原理进行了介绍，包括生成频繁项集和生成关联规则两个步骤，并通过案例对算法的使用进行了说明。另一方面，并不是所有获得的关联规则都是有用的，需要利用主观和客观的方法对关联规则进行评估，找到真正有用的关联规则，关联规则的客观评价标准包括支持度、置信度、提升度等。此外，本章对关联规则进行简单扩展，介绍了包括多层次关联规则、多维度关联规则、定量关联规则、基于约束的关联规则和序列模式挖掘等方面的内容。最后通过具体的案例说明了关联规则分析在实际领域中的应用。

习 题 5

1．列举出关联规则在不同领域中应用的实例。
2．给出如下类型的关联规则的例子，并说明它们是否是有价值的。
（1）高支持度和高置信度的规则。
（2）高支持度和低置信度的规则。
（3）低支持度和低置信度的规则。
（4）低支持度和高置信度的规则。

3．数据集如表 5-20 所示。

表 5-20　习题 3 数据集

Customer ID	Transaction ID	Items Bought	Customer ID	Transaction ID	Items Bought
1	0001	{a, d, e}	3	0022	{b, d, e}
1	0024	{a, b, c, e}	4	0029	{c, d}
2	0012	{a, b, d, e}	4	0040	{a, b, c}
2	0031	{a, c, d, e}	5	0033	{a, d, e}
3	0015	{b, c, e}	5	0038	{a, b, e}

（1）把每个事务作为一个购物篮，计算项集{e}、{b, d}和{b, d, e}的支持度。

（2）利用（1）的结果，计算关联规则{b, d} ⇒ {e}和{e} ⇒ {b, d}的置信度。置信度是一个对称的度量吗？

（3）把每一个用户购买的所有商品作为一个购物篮，计算项集{e}、{b, d}和{b, d, e}的支持度。

（4）利用（2）的结果，计算关联规则{b, d} ⇒ {e}和{e} ⇒ {b, d}的置信度。置信度是一个对称的度量吗？

4．关联规则是否满足传递性和对称性的性质？举例说明。

5．Apriori 算法使用先验性质剪枝，试讨论如下类似的性质。

（1）证明频繁项集的所有非空子集也是频繁的。

（2）证明项集 S 的任何非空子集 S' 的支持度不小于 S 的支持度。

（3）给定频繁项集 T 和它的子集 S，证明规则 $S' \Rightarrow (T-S')$ 的置信度不高于 $S \Rightarrow (T-S)$ 的置信度，其中 S' 是 S 的子集。

（4）Apriori 算法的一个变形是采用划分方法将数据集 D 中的事务分为 n 个不相交的子数据集。证明 D 中的任何一个频繁项集至少在 D 的某个子数据集中是频繁的。

6．考虑如下频繁 3-项集：{1, 2, 3}，{1, 2, 4}，{1, 2, 5}，{1, 3, 4}，{1, 3, 5}，{2, 3, 4}，{2, 3, 5}，{3, 4, 5}。

（1）根据 Apriori 算法的候选项集生成方法，写出利用频繁 3-项集生成的所有候选 4-项集。

（2）写出经过剪枝后的所有候选 4-项集。

7．一个数据库有 5 个事务，如表 5-21 所示，设 min_sup = 60%，min_conf = 80%。

（1）分别用 Apriori 算法和 FP-Growth 算法找出所有频繁项集，比较两种挖掘方法的效率。

（2）比较穷举法和 Apriori 算法生成的候选项集的数量。

（3）利用（1）所找出的频繁项集，生成所有的强关联规则和对应的支持度和置信度。

8．购物篮分析只针对所有属性为二元布尔类型的数据集。如果数据集中的某个属性为连续型变量时，说明如何利用离散化的方法将连续属性转换为二元布尔属性。比较不同的离散方法对购物篮分析的影响。

9．分别说明利用支持度、置信度和提升度评价关联规则的优缺点。

10．如表 5-22 所示的相依表汇总了超级市场的事务数据。其中，hotdogs 指包含热狗的事务，$\overline{\text{hotdogs}}$ 指不包含热狗的事务。hamburgers 指包含汉堡的事务，$\overline{\text{hotdogs}}$ 指不包含汉堡的事务。

表 5-21 习题 7 数据集

事务 ID	购买的商品
T100	{M, O, N, K, E, Y}
T200	{D, O, N, K, E, Y}
T300	{M, A, K, E}
T400	{M, U, C, K, Y}
T500	{C, O, O, K, I, E}

表 5-22 习题 10 相依表

	hotdogs	$\overline{\text{hotdogs}}$	Σrow
hamburgers	2000	500	2500
$\overline{\text{hamburgers}}$	1000	1500	2500
Σcol	3000	2000	5000

假设挖掘出的关联规则是 "hotdogs $\Rightarrow$ hamburgers"。给定最小支持度阈值 25% 和最小置信度阈值 50%，这个关联规则是强规则吗？

计算关联规则 "hotdogs $\Rightarrow$ hamburgers" 的提升度，能够说明什么问题？购买热狗和购买汉堡是独立的吗？如果不是，两者间存在哪种相关关系？

11. 对于如表 5-23 所示的序列数据集，设最小支持度计数为 2，请找出所有的频繁模式。

表 5-23 习题 11 数据集

Sequence ID	Sequence ID	Sequence ID	Sequence ID
1	[a(abc)(ac)d(cf)]	3	[(ef)(ab)(df)cb]
2	[(ad)c(bc)(ae)]	4	[eg(af)cbc]

🔖 拓展阅读

数据陷阱之 "相关性"

"相关" 有多种类型。一种相关是由于机缘巧合而产生的。由于机会的存在，或许可以通过一组数据来证明一些根本不存在的结论。最具有戏剧性的相关是所有变量相互间没有任何影响，却存在显著的相关。

比如有两个很准时的时钟，当 a 到整点时，b 就会敲响，那是 a 引起了 b 的敲响吗？这是一个古老的谬误，然而它频繁地出现在统计资料中，并被大量让人印象深刻的数据所伪装。这个谬误是如果 b 紧跟 a 出现，那么 a 一定导致 b。实际上，背后的真正原因是第三变量的作用——时钟只是时间的可视化，但时间的确定是靠不受外界影响的物质周期变化的规律。再如，夏天冰激凌卖得多，溺水的人也增多，二者数量上相关，但并不是因为吃了冰激凌就溺水，而是因为夏天游泳的人多了，溺水的人才增多。

再如，中世纪的欧洲很多人相信，虱子对人的健康是有帮助的。这是因为当时人们发现，得病的人身上很少有虱子，而虱子大多出现在健康的人身上。这是长期的观察形成的经验。人们也根据这一经验，得出这样一个因果推论：这个人身上有虱子，所以他身体健康；那个人身上没有虱子，说明他身体不健康。虱子的存在与否跟人是否健康确实有相关关系，但是这就是因果关系吗？不是。因为虱子对人的体温非常敏感，它只能在一个很小的温度区间范围生存下来。而人体一旦生病，很多时候会出现发烧症状，这时人体温度发生变化，虱子就无法适应此时的热度，于是跑掉了。当我们直接看数据时，有虱子等同于身体健康确实没错，但是当你结合数据发生的背景，考虑到背后的第三变量时，虱子是否停留不是因为人健不健康，而是因为人体的温度变化。

我们应如何正确看待身高与预测美国总统之间的相关性呢？根据历史选举结果和对选民行为的研究，美国的选民们似乎有一个奇怪的倾向：投票给身高更高的候选人（59 任总统中，只有 20 位总统的身高矮于对手）。其实身高只是力量抑或强大的代名词，选民选举总统就像狩猎者选取盟友，身材更加壮硕的普遍被认为更容易在恶劣的环境中生存下来。更大的体型与更高的社会地位是相辅相成的，这种关系在自然界中也存在着，如从大猩猩到非洲象、马、鹿再到鸟类、鱼类。

　　当然，身高假设只是美国总统大选的一种假设，也就是说，我们除了用身高来预测谁能成为美国总统，还有其他办法——更长名字的（在 59 次总统选举中，姓氏中字母较多的候选人赢得了 39 次选举）。这一假设从另一方面说明了利用小样本，任何你能想到的事件或两组特性之间都能建立显著的相关。为避免陷入相关谬误，并且不再相信许多似是而非的事物，我们需要对事物关联性的描述进行仔细研究。不要一味地迷信数据，而是更多地从实际出发，去探寻事件之间的因果逻辑关系。

　　另外，超过了推断相关关系的数据范围而得出的结论不可靠。从常理来说，雨下得越多，农作物长得越高，收成越多，雨是农民的福音。但一季暴雨可能破坏甚至毁灭庄稼。正相关到了一定程度后便急剧地转化为负相关。超过了一定的降雨量，雨越多，收成越少。

第6章 离群点挖掘

离群点（Outlier）是在数据集中偏离大部分数据的数据，使人怀疑这些数据的偏离并非由随机因素产生，而是产生于完全不同的机制。前面讨论的聚类、分类、关联分析等数据挖掘方法的重点是发现适用于大部分数据的常规模式，应用这些方法时，离群点通常作为噪音而被忽略。许多数据挖掘算法试图降低或消除离群数据的影响，但在安全管理、风险控制等应用领域，识别离群点的模式比正常数据的模式更有价值。本章将离群点作为一种"财富"来讨论，介绍离群点挖掘的常用方法。

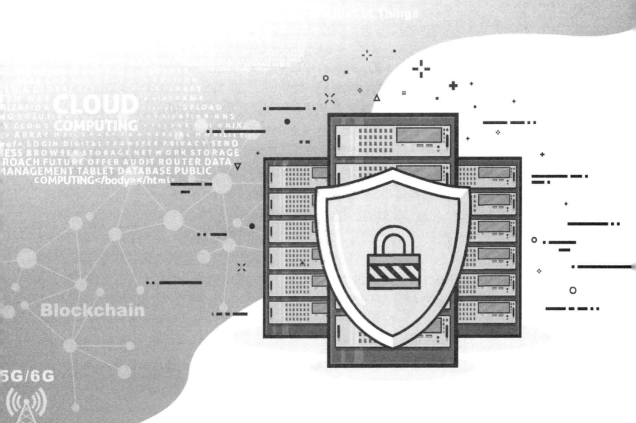

6.1 离群点挖掘概述

在有些应用领域中，识别离群点是许多工作的基础和前提。一般地，离群点可能对应稀有事件或异常行为，所以，离群点挖掘会带给我们新的视角和发现，离群点往往具有特殊的意义和很高的实用价值，需要对其认真审视和研究。因为它们表示一种偏差或新的模式的开始，这可能对用户带来危害，或造成巨大损失，如在欺诈检测中，离群点可能意味着欺诈行为的发生，在入侵检测中离群点可能意味入侵行为的发生。离群点检测目前已成为数据挖掘的一个重要方面，正在得到越来越广泛的应用，在许多应用领域（如风险控制领域），特别是在"广义安全问题"中，离群点检测正逐步成为一种有用的工具，被用来发现稀有模式，或数据集中显著不同于其他数据的对象，如：电信、保险、银行、电子商务的欺诈检测，灾害气象预报，商业营销中的客户分类（如查找消费极高或极低的客户类），医学诊断研究中发现新的疾病、医疗方案或药品所产生的异常反应，网络安全中的入侵检测，海关报关中的价格隐瞒，天文学中一些稀有的、新类型天体的发现，运动员的成绩分析，过程控制中的故障检测与诊断，文字编辑系统的设计等。离群点分析可以迅速、准确地甄别出异常事件。

离群点挖掘问题由两个问题构成：① 定义在一个数据集中什么数据是不一致或离群的数据；② 找出所定义的离群点的有效挖掘方法。离群点挖掘问题可以概括为如何度量数据偏离的程度和有效发现离群点的问题。

离群点可能是由于测量、输入错误或系统运行错误而造成的，也可能是数据内在特性所决定的，或因客体的异常行为所导致的。例如，一个人的年龄为-999 就可能是由于程序处理缺省数据设置默认值所造成的；一个公司的高层管理人员的工资明显高于普通员工的工资而可能成为离群数据，却是合理的数据；一部住宅电话的话费由每月 200 元以内增加到数千元，可能是因为被盗打或其他特殊原因所致；一张信用卡出现明显的高额消费也许是因为该卡被盗刷了。

离群点产生的机制是不确定的，离群点挖掘算法检测出的"离群点"是否真正对应实际的异常行为，不是由离群点挖掘算法来说明、解释的，对于离群点的处理方式取决于应用，并由领域专家决策。离群点挖掘算法只能从数据体现的规律角度为用户提供可疑的数据，以便用户引起特别的注意，并最后确定是否为真正的异常。

由于英文单词 Outlier 有时被翻译为离群点，有时被翻译为异常，同时与其含义相近的有 Exception 和 Rare event，因而中文文献中就有异常数据挖掘、离群数据挖掘、例外数据挖掘和稀有事件挖掘等类似术语。

从 20 世纪 80 年代起，离群点挖掘（或离群点检测）问题在统计学领域中得到了广泛的研究，随着离群点挖掘应用领域的扩展，以及在不同领域中的引入，得到了越来越多的关注。许多研究人员从不同角度思考，不断拓展离群点的定义，涵盖更多类型的离群点。人们已经提出了许多刻画离群点的定义和相应的检测方法。从使用的主要技术路线角度，这些方法大体可分为基于统计的方法、基于距离的方法、基于密度的方法、基于聚类的方法、基于偏差的方法、基于深度的方法以及其他方法（基于小波变换的方法、基于图的方法、基于模式的方法、基于神经网络的方法等）。依据类信息（正常或离群）可利用的程度，离群点挖掘可分为无监督的离群点检测、有监督的离群点检测和半监督的离群点检测三种基本方法。

在无监督的离群点检测方法中，数据没有提供类标号；有监督的离群点检测方法是指要求存在包含离群点和正常点的训练集；半监督的离群点检测方法是指训练数据包含被标记的正常数据，但是没有关于离群对象的信息。本章将主要从技术路线角度介绍几种典型的离群点挖掘方法。

离群点挖掘中需要处理以下问题。

1. 全局观点和局部观点

离群点与众不同，但具有相对性。一个对象可能相对于所有对象是离群的，但相对于它的局部近邻不是离群的。例如，身高 1.90m 对于一般人群是不常见的（正如鹤立鸡群），但在职业篮球运动员中不算什么。

2. 点的离群程度

某些技术方法是以二值方式来报告对象是否为离群点，即离群点或正常点，但不能反映某些对象比其他对象更加偏离群体的基本事实。这时可以通过定义对象的偏离程度来给对象打分——离群因子（Outlier Factor）或离群值得分（Outlier Score），即都为离群点的情况下，也有分高和分低的区别。

3. 离群点的数量及时效性

数据集中离群点的数量通常是未知的，正常点的数量远远超过离群点的数量，离群点的数量在大规模数据集中所占的比例较低，小于 5%甚至 1%。

在许多应用中，数据没有标号且有时效性的要求，因此离群点检测面临的挑战是如何在大规模的数据集中的无监督的情况下快速将其找出，就像在着火的干草堆中寻找一根针。

6.2 基于统计的方法

基于统计的方法是人们研究得最早和最多的方法，早期大部分离群点检测都是基于统计的方法，或者说是统计"不一致性检验"方法。这类方法大部分是从针对不同分布的离群点检验方法发展起来的，通常使用分布来拟合数据集，假定给定的数据集存在一个分布或概率模型（如正态分布或泊松分布），然后将与模型不一致（即分布不符合）的数据标识为离群数据。应用基于统计分布的离群点检测方法时依赖于数据分布，如参数分布（如均值或方差）、期望离群点的数目（置信度区间）。如果一个对象关于数据的概率分布模型具有低概率值时，就认为其是离群点。

概率分布模型通过估计用户指定的分布参数，由数据创建。例如，数据具有正态分布，则其分布的均值和标准差可以通过计算数据的均值和标准差来估计（从训练集中估计），然后可以估计每个对象在该分布下的概率。

下面介绍如何利用统计学中最常用的正态分布或高斯分布来检测离群点。标准正态分布 $N(0,1)$ 的概率密度函数如图 6-1 所示。

来自 $N(0,1)$ 分布的对象（值）出现在分布尾部的机会很小。例如，对象落在 ±3 标准差的中心区域以外的概率仅有 0.0027。更一般，如果 x 是属性值，c 是给定的正数，那么 $|x| \geq c$ 的概率随 c 增加而迅速减小。设 $\alpha = P(|x| \geq c)$，表 6-1 显示了部分 c 的值和 α 值的对应表。

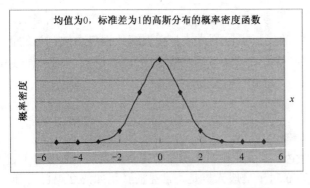

图 6-1 标准正态分布 $N(0,1)$ 的概率密度函数

表 6-1 标准正态分布 $N(0,1)$ 下的 (c, α)

c	α
1	0.3173
1.5	0.1336
2	0.0455
2.5	0.0124
3	0.0027
3.5	0.0005
4	0.0001

定义 6-1 设属性 x 取自标准正态分布 $N(0,1)$,如果属性值 x 满足 $P(|x| \geqslant c) = \alpha$,其中 c 是给定的常量,那么 x 以概率 $1-\alpha$ 为离群点。

为了使用该定义,需要指定 α 值。根据不寻常的值(对象)预示来自不同分布的观点,α 表示我们错误地将来自给定分布的值分类为离群点的概率,根据离群点是 $N(0,1)$ 分布的稀有值的观点,α 表示稀有程度。最常使用的有 $\alpha = 0.05$,由于 $p(|x| \geqslant 2) = 0.0455$,$p(|x| \geqslant 3) = 0.0027$,因此当 $|x| \geqslant 2$ 或 3 时,即认定 x 为离群点。

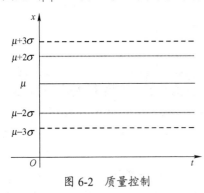

图 6-2 质量控制

如果(正常对象的)一个感兴趣的属性的分布是具有均值 μ 和标准差 σ 的正态分布,即 $N(\mu, \sigma^2)$ 分布,就可以通过变换 $z = (x-\mu)/\sigma$ 转换为标准正态分布 $N(0,1)$。通常,μ 和 σ 是未知的,可以通过样本均值和样本标准差来估计。实践中,当观测值很多时,这种估计的效果很好;另一方面,由概率统计中的大数定律可知,在大样本的情况下可以用正态分布近似其他分布。这种思想在质量控制图中有广泛应用,如图 6-2 所示,中心线是观测值的预测值,$\mu \pm 3\sigma$ 对应上下控制线,$\mu \pm 2\sigma$ 对应上、下警告线。根据 3σ 原则,99.73% 的观测值将落在 $\mu \pm 3\sigma$ 区间内,仅有 0.27% 的观测值落在此区间之外。

对于观测样本 x:

① 如果此点在上、下警告线之间区域内,那么测定过程处于控制状态,生产过程或样本分析结果有效。

② 如果此点超出上、下警告线但仍在上、下控制线之间的区域内,那么提示质量开始变劣,可能存在"失控"倾向,应进行初步检查,并采取相应的校正措施。

③ 如果此点落在上、下控制线之外,那么表示生产或测定过程"失控",生产的是废品或观测样本无效,应立即检查原因,予以纠正。

基于统计分布的离群点检测方法具有坚实的理论基础,建立在概率统计理论基础(如分布参数的估计)之上。当存在充分的数据和所用的检验类型的知识时,这种检验方法可能非常有效,也存在以下不足。

① 尽管许多类型的数据可以用少量常见的分布(如高斯分布、泊松分布或二项式分布)来描述,但在许多应用中,数据的分布是未知的或数据几乎不可能用单一标准的分布来拟合。

② 要求已知数据集的分布类型及参数的知识，当观察到的分布不能恰当地用任何标准的分布建模时，统计学方法不能确保所有的离群点被发现。另外，要确定哪种分布能最好地拟合数据集的代价也非常大。

③ 绝大多数是针对低维数据的（特别是针对单个属性的），不能用于检测高维数据中的离群点。

④ 不适合混合类型数据。

6.3 基于距离的方法

基于距离的离群点检测方法思想直观、简单，一个对象如果远离大部分点，就认为是离群点。这种方法比统计学方法更容易使用，基于距离的离群点检测方法有多种变形，这里介绍一种利用 k-最近邻距离来判定离群点的方法。

定义 6-2 对于正整数 k，对象 p 的 k-最近邻距离 $k\_distance(p)$ 定义为：

① 除 p 外，至少有 k 个对象 o 满足 $distance(p,o) \leqslant k\_distance(p)$。

② 除 p 外，至多有 $k-1$ 个对象 o 满足 $distance(p,o) < k\_distance(p)$。

一个对象的 k-最近邻的距离越大，越可能远离大部分数据，因此可以基于对象的 k-最近邻距离定义它的离群程度（或离群点得分），称为离群因子（Outlier Factor，OF）。

定义 6-3 点 x 的离群因子定义为

$$OF1(x,k) = \frac{\sum_{y \in N(x,k)} distance(x,y)}{|N(x,k)|}$$

其中，$N(x,k)$ 是不包含 x 的 k-最近邻的集合 $N(x,k) = \{y \mid distance(x,y) \leqslant k - distance(x), y \neq x\}$，$|N(x,k)|$ 是该集合的大小。

算法：基于距离的离群点检测算法

输入：数据集 D，最近邻个数 k

输出：离群点对象列表

① for all 对象 x do

②　　　确定 x 的 k-最近邻集合 $N(x,k)$

③　　　确定 x 的离群因子 $OF1(x,k)$

④ end for

⑤ 将 $OF1(x,k)$ 降序排列，确定离群因子大的若干对象为离群点

⑥ return

注意：x 的 k-最近邻集 $N(x,k)$ 包含的对象数可能超过 k。

如何选择合适的离群因子阈值来区分正常值和离群值呢？一种形式上简单的方法是指定离群点个数。这里介绍另一种确定 $OF1(x,k)$ 分割阈值的方法，对 $OF1(x,k)$ 降序排列，选择 $OF1(x,k)$ 急剧下降的点作为离群值、正常值的分隔点，如图 6-3 所示，其中有两个点被判定为离群点。

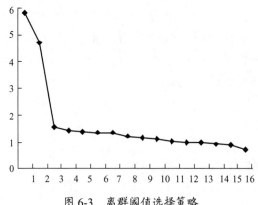

图 6-3 离群阈值选择策略

【例 6-1】 在如图 6-4 所示的二维数据集中，当 $k=2$ 时，P_7、P_{11} 哪个点具有更高的离群点得分？（使用欧式距离）

	x	y
P_1	1	2
P_2	1	3
P_3	1	1
P_4	2	1
P_5	2	2
P_6	2	3
P_7	6	8
P_8	2	4
P_9	3	2
P_{10}	5	7
P_{11}	5	2

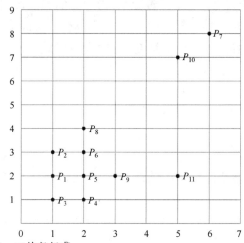

图 6-4 二维数据集

解： 对 P_7 点进行分析。$k=2$，最近邻的点为 $P_{10}(5, 7)$，$P_8(2, 4)$，distance(P_7, P_{10}) 与 distance(P_7, P_{11}) 分别为 5.64、1.41，平均距离为

$$\text{OF1}(P_7, k) = \frac{\text{distance}(P_7, P_{10}) + \text{distance}(P_7, P_8)}{2}$$

$$= \frac{1.41 + 5.64}{2} = 3.525$$

对 P_{11} 点进行分析。$k=2$，最近邻的点为 P_5 和 P_9；同理

$$\text{OF1}(P_{11}, k) = \frac{\text{distance}(P_{11}, P_5) + \text{distance}(P_{11}, P_9)}{2}$$

$$= \frac{3 + 2}{2} = 2.5$$

因为 $\text{OF1}(P_7, k) > \text{OF1}(P_{11}, k)$，所以 P_7 更有可能是离群点。

【例 6-2】 在如图 6-5 所示的二维数据集中，当 $k=5$ 时，哪个点具有最大的离群因子？B 的离群因子和 D 的离群因子哪个小？

解： 如图 6-5 所示的二维数据集主体由一个紧密的簇和一个松散的簇组成，图 6-6 以灰

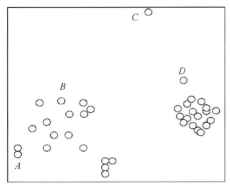

图 6-5　二维数据分布

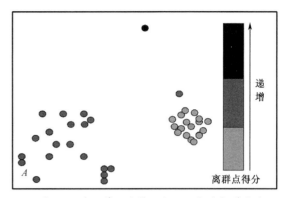

图 6-6　基于第 5 个最近邻近距离的离群因子

度图显示了各点的离群因子情况，D 的离群因子低于松散簇中部分点的离群因子。C 点的离群因子最大，B 点的离群因子大于 D 点的离群因子。这说明，当数据集包含不同密度的区域时，基于距离的离群点检测方法不能很好地识别离群点。

　　基于距离的离群点检测方案简单，主要不足如下。

　　① 检测结果对参数 k 的选择较敏感，若 k 太小（如 $k=1$），则少量的邻近离群点可能导致较低的离群程度，若 k 太大，则点数少于 k，有较多的点被划分为离群点，尚没有一种简单而有效的方法来确定合适的参数 k；虽然可以通过观察不同的 k 值，取最大离群程度来处理该问题，但是仍需选择这些值的上下界。

　　② 时间复杂度为 $O(n^2)$，难以用于大规模数据集，这里 n 为数据集的规模。

　　③ 需要有关离群因子阈值或数据集中离群点个数的先验知识，在实际使用中有时会因为先验知识的不足而造成一定的困难。

　　④ 因为它使用全局阈值，不能处理不同密度区域的数据集。

6.4　基于相对密度的方法

　　基于距离的方法都是从全局角度来考虑的全局一致的方法，所以不能处理不同密度区域的数据集，然而在实际应用中，数据通常并非是单一分布的。当数据集含有多种分布或数据集由不同密度子集混合而成时，这些全局方法效果不佳。一个对象是否为离群点不仅取决于它与周围数据的距离大小，还与邻域内的密度有关。一个对象的邻域密度可以用包含固定节点个数的邻域半径或指定半径邻域内包含的节点数来描述，因而产生了两类不同的基于密度的离群点检测方法。这里仅介绍基于前一策略的方法，采用相对密度来度量对象的离群程度，6.3 节介绍的基于距离的方法可以说是一种绝对密度的方法。

　　如果一个对象相对于它的局部邻域，特别是关于邻域密度，它是远离的，就被称为局部离群点，它依赖于对象相对于其邻域的孤立情况。从基于密度的观点，离群点是在低密度区域中的对象。这里需要对象的局部邻域密度及相对密度的概念。

　　定义 6-4　① 对象的局部邻域密度定义为

$$\text{density}(x,k) = \left(\frac{\sum_{y \in N(x,k)} \text{distance}(x,y)}{|N(x,k)|} \right)^{-1}$$

② 相对密度

$$\text{relative density}(x,k) = \frac{\sum_{y \in N(x,k)} \text{density}(y,k)/|N(x,k)|}{\text{density}(x,k)}$$

其中，$N(x,k)$ 是包含 x 的 k-最近邻的集合，$|N(x,k)|$ 是该集合的大小。

基于相对密度的离群点检测方法通过比较对象的密度与它的邻域中的对象平均密度来检测离群点。下面介绍使用相对密度的离群点检测方法的细节。

首先，对于指定的近邻个数 k，基于对象的最近邻计算对象的密度 $\text{density}(x,k)$；然后，计算点的近邻平均密度，并使用它们计算点的相对密度。

一个数据集由多个自然簇构成，在簇内靠近核心点的对象的相对密度接近于 1，而处于簇的边缘或是簇的外面的对象的相对密度相对较大。这个相对密度表示 x 是否在比它的近邻更稠密或更稀疏的邻域内，以相对密度作为 x 的离群因子，即

$$\text{OF2}(x,k) = \text{relative density}(x,k)$$

其值越大，越可能是离群点。

算法：基于相对密度的离群点检测算法

输入：数据集 D，最近邻个数 k

输出：离群点对象列表

① for all 对象 x do

②　　　确定 x 的 k-最近邻集合 $N(x,k)$

③　　　使用 x 的最近邻（即 $N(x,k)$ 中的对象），确定 x 的密度 $\text{density}(x,k)$

④ end for

⑤ for all 对象 x do

⑥　　　确定 x 的相对密度 relative density(x,k)，并赋值给 $\text{OF2}(x,k)$

⑦ end for

⑧ 将 $\text{OF2}(x,k)$ 降序排列，确定离群因子大的若干对象为离群点

⑨ return

离群因子阈值的确定方法同基于距离的方法。

基于相对密度的方法在检测具有不同密度分布的数据时，较基于距离的方法具有更好的性能，但其他方面存在的不足与基于距离的方法相同。

【例 6-3】　给定二维数据集，点的坐标如表 6-2 所示，可视化的图形如图 6-7 所示（对象间的距离采用曼哈顿距离计算）。k 取 2、3、5 时，以表格方式给出所有点的局部邻域密度及相对密度的离群因子。

表 6-2　例 6-3 二维数据集

	P_1	P_2	P_3	P_4	P_5	P_6	P_7	P_8	P_9	P_{10}	P_{11}
X	1	2	2	2	3	4	5.5	5.5	6	6	6
Y	7	8	7	6	7	7	6.5	7	8	7.5	7
	P_{12}	P_{13}	P_{14}	P_{15}	P_{16}	P_{17}	P_{18}	P_{19}	P_{20}	P_{21}	P_{22}
X	6	6.5	6.5	7	7	7	2.5	3	3	4	5
Y	6	7	6.5	8	7	7	2	1.5	2	5	4

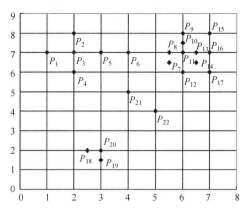

图 6-7 例 6-3 二维数据分布图

解：计算得到所有对象间的相似性矩阵如表 6-3 所示。

表 6-3 相似性矩阵

	P_1	P_2	P_3	P_4	P_5	P_6	P_7	P_8	P_9	P_{10}	P_{11}	P_{12}	P_{13}	P_{14}	P_{15}	P_{16}	P_{17}	P_{18}	P_{19}	P_{20}	P_{21}	P_{22}
P_1	0	2	1	2	2	3	5	4.5	6	5.5	5	6	5.5	6	7	6	7	6.5	7.5	7	5	7
P_2	2	0	1	2	2	3	5	4.5	4	4.5	5	6	5.5	6	5	6	7	6.5	7.5	7	5	7
P_3	1	1	0	1	1	2	4	3.5	5	4.5	4	5	4.5	5	6	5	6	5.5	6.5	6	4	6
P_4	2	2	1	0	2	3	4	4.5	6	5.5	5	4	5.5	5	7	6	5	4.5	5.5	5	3	5
P_5	2	2	1	2	0	1	3	2.5	4	3.5	3	4	3.5	4	5	4	5	5.5	5.5	5	3	5
P_6	3	3	2	3	1	0	2	1.5	3	2.5	2	3	2.5	3	4	3	4	6.5	6.5	6	2	4
P_7	5	5	4	4	3	2	0	0.5	2	1.5	1	1	1.5	1	3	2	2	7.5	7.5	7	3	3
P_8	4.5	4.5	3.5	4.5	2.5	1.5	0.5	0	1.5	1	0.5	1.5	1	1.5	2.5	1.5	2.5	8	8	7.5	3.5	3.5
P_9	6	4	5	6	4	3	2	1.5	0	0.5	1	2	1.5	2	1	2	3	9.5	9.5	9	5	5
P_{10}	5.5	4.5	4.5	5.5	3.5	2.5	1.5	1	0.5	0	0.5	1	1	1.5	1.5	1.5	2.5	9	9	8.5	4.5	4.5
P_{11}	5	5	4	5	3	2	1	0.5	1	0.5	0	1	0.5	1	2	1	2	8.5	8.5	8	4	4
P_{12}	6	6	5	4	4	3	1	1.5	2	1.5	1	0	1.5	1	3	2	1	7.5	7.5	7	3	3
P_{13}	5.5	5.5	4.5	5.5	3.5	2.5	1.5	1	1.5	1	0.5	1.5	0	1.5	1	1.5	1	9	9	8.5	4.5	4.5
P_{14}	6	6	5	5	4	3	1	1.5	2	1.5	1	1	0.5	0	2	1	1	8.5	8.5	8	4	4
P_{15}	7	5	6	7	5	4	3	2.5	1	1.5	2	3	1.5	2	0	1	2	10.5	10.5	10	6	6
P_{16}	6	6	5	6	4	3	2	1.5	2	1.5	1	2	0.5	1	1	0	1	9.5	9.5	9	5	5
P_{17}	7	7	6	5	5	4	2	2.5	3	2.5	2	1	1.5	1	2	1	0	8.5	8.5	8	4	4
P_{18}	6.5	6.5	5.5	4.5	5.5	6.5	7.5	8	9.5	9	8.5	7.5	9	8.5	10.5	9.5	8.5	0	1	0.5	4.5	4.5
P_{19}	7.5	7.5	6.5	5.5	5.5	6.5	7.5	8	9.5	9	8.5	7.5	9	8.5	10.5	9.5	8.5	1	0	0.5	4.5	4.5
P_{20}	7	7	6	5	5	6	7	7.5	9	8.5	8	7	8.5	8	10	9	8	0.5	0.5	0	4	4
P_{21}	5	5	4	3	3	2	3	3.5	5	4.5	4	3	4.5	4	6	5	4	4.5	4.5	4	0	2

k 取 2、3、5 时，所有点的局部邻域密度、相对密度如表 6-4 所示。

下面以点 P_{15} 为例，给出了 k 取 2、3、5 时局部邻域密度和相对密度的计算过程。

k 取 2 时，P_{15} 的最近邻邻域包含 2 个对象，$N(P_{15}, 2) = \{P_9, P_{16}\}$，则

$$\text{density}(P_{15}, 2) = \left(\frac{\sum_{y \in N(P_{15}, 2)} \text{distance}(P_{15}, y)}{|N(P_{15}, 2)|} \right)^{-1} = \left(\frac{1*2}{2} \right)^{-1} = 1$$

表 6-4　不同 k 值的计算结果

点的坐标			k=2		k=3		k=5	
标号	x	y	局部邻域密度	相对密度	局部邻域密度	相对密度	局部邻域密度	相对密度
P_1	1	7	0.57	1.38	0.57	1.21	0.50	1.20
P_2	2	8	0.57	1.38	0.57	1.21	0.50	1.20
P_3	2	7	1.00	0.68	1.00	0.58	0.83	0.64
P_4	2	6	0.57	1.38	0.57	1.21	0.46	1.23
P_5	3	7	1.00	0.90	0.63	1.05	0.63	0.92
P_6	4	7	0.80	1.88	0.57	1.89	0.57	1.41
P_7	5.5	6.5	1.14	1.33	1.14	1.19	0.92	1.14
P_8	5.5	7	2.00	0.79	1.33	1.21	0.86	1.16
P_9	6	8	1.20	1.39	1.20	1.15	0.91	1.10
P_{10}	6	7.5	2.00	0.80	1.33	1.22	0.86	1.17
P_{11}	6	7	2.00	1.00	2.00	0.78	1.23	0.81
P_{12}	6	6	1.00	1.31	1.00	1.31	0.82	1.22
P_{13}	6.5	7	2.00	0.70	2.00	0.70	1.43	0.72
P_{14}	6.5	6.5	1.09	1.26	1.09	1.26	1.09	0.94
P_{15}	7	8	1.00	1.16	0.8	1.76	0.64	1.64
P_{16}	7	7	1.11	1.28	1.11	1.24	1.11	0.91
P_{17}	7	6	1.00	1.07	1.00	1.07	0.67	1.55
P_{18}	2.5	2	1.33	1.25	0.33	1.29	0.33	1.03
P_{19}	3	1.5	1.33	1.25	0.38	1.00	0.28	1.43
P_{20}	3	2	2.00	0.67	0.44	0.82	0.32	1.25
P_{21}	4	5	0.50	1.18	0.38	1.90	0.38	1.64
P_{22}	5	4	0.38	2.35	0.38	2.24	0.29	2.67

$$N(P_9, 2) = \{P_{10}, P_{11}, P_{15}\}$$

$$\text{density}(P_9, 2) = \left(\frac{\sum_{y \in N(P_9, 2)} \text{distance}(P_9, y)}{|N(P_9, 2)|}\right)^{-1} = \left(\frac{0.5*1 + 1*2}{3}\right)^{-1} = 1.2$$

$$N(P_{16}, 2) = \{P_{11}, P_{13}, P_{14}, P_{15}, P_{17}\}$$

$$\text{density}(P_{16}, 2) = \left(\frac{\sum_{y \in N(P_{16}, k)} \text{distance}(P_{16}, y)}{|N(P_{16}, 2)|}\right)^{-1} = \left(\frac{0.5*1 + 1*4}{5}\right)^{-1} = 1.11$$

$$\text{OF1}(P_{15}) = \text{relative density}(P_{15}, 2) = \frac{(1.2 + 1.11)/2}{1} = 1.155$$

k 取 3 时，P_{15} 的最近邻邻域包含 4 个对象，$N(P_{15}, 3) = \{P_9, P_{16}, P_{10}, P_{13}\}$，则

$$\text{density}(P_{15}, 3) = \left(\frac{\sum_{y \in N(P_{15}, 3)} \text{distance}(P_{15}, y)}{|N(P_{15}, 3)|}\right)^{-1} = \left(\frac{1*2 + 1.5*2}{4}\right)^{-1} = 0.8$$

$$N(P_9, 3) = \{P_{10}, P_{11}, P_{15}\}$$

$$\text{density}(P_9, 3) = \left(\frac{\sum_{y \in N(P_9, 3)} \text{distance}(P_9, y)}{|N(P_9, 3)|}\right)^{-1} = \left(\frac{0.5*1 + 1*2}{3}\right)^{-1} = 1.2$$

$$N(P_{16},3) = \{P_{11}, P_{13}, P_{14}, P_{15}, P_{17}\}$$

$$\text{density}(P_{16},3) = \left(\frac{\sum_{y \in N(P_{16},3)} \text{distance}(P_{16},y)}{|N(P_{16},3)|}\right)^{-1} = \left(\frac{0.5*1+1*4}{5}\right)^{-1} = 1.11$$

$$N(P_{10},3) = \{P_9, P_{11}, P_8, P_{13}\}$$

$$\text{density}(P_{10},3) = \left(\frac{\sum_{y \in N(P_{10},3)} \text{distance}(P_{10},y)}{|N(P_{10},3)|}\right)^{-1} = \left(\frac{0.5*2+1*2}{4}\right)^{-1} = 1.33$$

$$N(P_{13},3) = \{P_{11}, P_{14}, P_{16}\}$$

$$\text{density}(P_{13},3) = \left(\frac{\sum_{y \in N(P_{13},3)} \text{distance}(P_{13},y)}{|N(P_{13},3)|}\right)^{-1} = \left(\frac{0.5*3}{3}\right)^{-1} = 2$$

$$\text{OF1}(P_{15}) = \text{relative density}(P_{15},3) = \frac{(1.2+1.11+1.33+2)/4}{0.8} = 1.76$$

k 取 5 时，P_{15} 的最近邻邻域包含 5 个对象，$N(P_{15},5) = \{P_9, P_{16}, P_{10}, P_{13}, P_{11}, P_{14}, P_{17}\}$，则

$$\text{density}(P_{15},5) = \left(\frac{\sum_{y \in N(P_{15},5)} \text{distance}(P_{15},y)}{|N(P_{15},5)|}\right)^{-1} = \left(\frac{1*2+1.5*2+2*3}{7}\right)^{-1} = 0.636$$

$$N(P_9,5) = \{P_{10}, P_{11}, P_{15}, P_8, P_{13}\}$$

$$\text{density}(P_9,5) = \left(\frac{\sum_{y \in N(P_9,5)} \text{distance}(P_9,y)}{|N(P_9,5)|}\right)^{-1} = \left(\frac{0.5*1+1*2+1.5*2}{5}\right)^{-1} = 0.91$$

$$N(P_{16},5) = \{P_{11}, P_{13}, P_{14}, P_{15}, P_{17}\}$$

$$\text{density}(P_{16},5) = \left(\frac{\sum_{y \in N(P_{16},5)} \text{distance}(P_{16},y)}{|N(P_{16},5)|}\right)^{-1} = \left(\frac{0.5*1+1*4}{5}\right)^{-1} = 1.11$$

$$N(P_{10},5) = \{P_9, P_{11}, P_8, P_{13}, P_7, P_{12}, P_{14}, P_{15}, P_{16}\}$$

$$\text{density}(P_{10},5) = \left(\frac{\sum_{y \in N(P_{10},5)} \text{distance}(P_{10},y)}{|N(P_{10},5)|}\right)^{-1} = \left(\frac{0.5*2+1*2+1.5*5}{9}\right)^{-1} = 0.857$$

$$N(P_{13},5) = \{P_{11}, P_{14}, P_{16}, P_8, P_{10}\}$$

$$\text{density}(P_{13},5) = \left(\frac{\sum_{y \in N(P_{13},5)} \text{distance}(P_{13},y)}{|N(P_{13},5)|}\right)^{-1} = \left(\frac{0.5*3+1*2}{5}\right)^{-1} = 1.429$$

$$N(P_{11},5) = \{P_8, P_{10}, P_{13}, P_7, P_9, P_{12}, P_{14}, P_{16}\}$$

$$\text{density}(P_{11},5) = \left(\frac{\sum_{y \in N(P_{11},5)} \text{distance}(P_{11},y)}{|N(P_{11},5)|}\right)^{-1} = \left(\frac{0.5*3+1*5}{8}\right)^{-1} = 1.23$$

$$N(P_{14},5) = \{P_{13}, P_7, P_{11}, P_{12}, P_{16}, P_{17}\}$$

$$\text{density}(P_{14},5) = \left(\frac{\sum_{y \in N(P_{14},5)} \text{distance}(P_{14},y)}{|N(P_{14},5)|}\right)^{-1} = \left(\frac{0.5*1+1*5}{6}\right)^{-1} = 1.09$$

$$N(P_{17}, 5) = \{P_{12}, P_{14}, P_{16}, P_{13}, P_7, P_{11}, P_{15}\}$$

$$\text{density}(P_{17}, 5) = \left(\frac{\sum_{y \in N(P_{17}, 5)} \text{distance}(P_{17}, y)}{|N(P_{17}, 5)|} \right)^{-1} = \left(\frac{1*3 + 1.5*1 + 2*3}{7} \right)^{-1} = 0.67$$

$$\text{OFl}(P_{15}) = \text{relative density}(P_{15}, 5)$$

$$= \frac{(0.91 + 1.11 + 0.857 + 1.429 + 1.23 + 1.09 + 0.67)/7}{0.636} = 1.639$$

由计算结果可知，图 6-7 右上角区域的密度较左下角区域的密度大，两个离散的点都有显著高的离群点得分。区域中心的点的相对密度接近 1。

6.5 基于聚类的方法

聚类分析发现强相关的对象组，而离群点检测发现不与其他对象强相关的对象。可见，聚类可应用于离群点检测，有些聚类算法，如 DBSCAN、BIRCH、ROCK 等具有一定的离群数据处理能力，但它们的主要目标是产生有意义的簇，而不是离群点检测，因此离群点检测只是"副产品"。这些算法在处理过程中通常将离群点作为噪音而忽略或容忍，阻碍了产生好的离群点检测结果。

类似基于相对密度的方法，基于聚类的离群点检测方法也考虑了数据的局部特性，这些方法大多利用了距离或相似度这个基本概念，并通过对象或簇的特定"离群因子"来度量对象的偏离程度。

基于聚类的方法有两个共同特点：① 先采用特殊的聚类算法处理输入数据而得到簇，再在聚类的基础上检测离群点；② 需要扫描数据集若干次，效率较高，适用于大规模数据集。

基于聚类的离群点检测方法分为静态数据的离群点检测和动态数据的离群点检测。静态数据的离群点检测用于离线数据分析，如税务稽查；而动态数据离群点检测用于实时性高的数据处理，如在线的入侵检测。

静态数据的离群点检测分为两步：① 对数据进行聚类，将数据集划分为不相交的簇；② 计算对象或簇的离群因子，将离群因子大的对象或簇中对象判定为离群点。

动态数据的离群点检测分为两步：① 利用静态数据的离群点检测方法建立离群点检测模型；② 利用对象与已有模型间的相似程度来检测离群点。

基于聚类的离群点检测方法需要解决的关键问题是离群程度的度量方法。

6.5.1 基于对象的离群因子方法

簇的定义通常是离群点的补，因此可能同时发现簇和离群点，聚类创建数据的模型，而离群点扭曲该模型。例如，基于模型的算法产生的簇可能因数据中存在离群点而扭曲，如图 6-8 所示。聚类算法产生的簇的质量对该算法产生的离群点的质量影响非常大，因而需要小心地选择聚类算法。

下面介绍一种基于聚类的两阶段离群点挖掘方法，即 TOD（Two-stage Outlier Detection）。

定义 6-5 给定簇 *C*，其摘要信息（Cluster Summary Information，CSI）定义为 CSI = {*n*, summary}，其中 *n* 为簇 *C* 的大小，summary 由分类属性中不同取值的频度信息和数值属

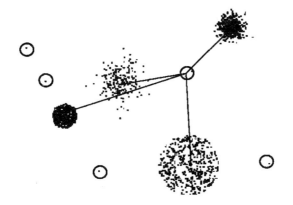

图 6-8　因数据中存在离群点而扭曲聚类

性的质心两部分构成，即

$$\text{summary} = \{<\text{stat}_i, \text{cen}>\,|\,\text{stat}_i = \{(a, \text{freq}_{C|D_i}(a))\,|\,a \in D_i\},\ 1 \leqslant i \leqslant m_C, \text{cen}$$

$$= (C_{m_C+1}, C_{m_C+2}, \cdots, C_{m_C+m_N})\}$$

注：定义 6-5 其实就是定义 4-2，只是为了阅读方便，重新列出。

定义 6-6　设数据集 D 被聚类算法划分为 k 个簇 $C = \{C_1, C_2, \cdots, C_k\}$，对象 p 的离群因子 OF3(p) 定义为 p 与所有簇间距离的加权平均值

$$\text{OF3}(p) = \sum_{j=1}^{k} \frac{|C_j|}{|D|} \cdot d(p, C_j)$$

注：采用定义 4-3 计算对象与簇之间的距离。OF3(p) 度量了对象 p 偏离整个数据集的程度，其值越大，说明 p 偏离整体越远。离群数据是在数据集中偏离大部分数据的数据，而对象的离群因子度量了一个对象偏离整个数据集的程度，自然地将离群因子大的对象看成离群点。

引理　如果随机变量 ξ 服从正态分布 $\xi \sim N(\mu, \sigma^2)$，就有概率值 $P(\xi \geqslant \mu + 2\sigma) = 0.023$、$P(\xi \geqslant \mu + 1.645\sigma) = 0.05$、$P(\xi \geqslant \mu + 1.285\sigma) = 0.10$、$P(\xi \geqslant \mu + \sigma) = 0.16$。

假设随机变量 ξ 服从正态分布 $\xi \sim N(\mu, \sigma^2)$，即 $\alpha = P(\xi \geqslant \mu + \beta\sigma)$，其中 β 是给定的常量，在 $1 \sim 2$ 之间取值；若其观测值 x 满足 $x \geqslant \mu + \beta \cdot \sigma$，则 x 以概率 $1-\alpha$ 为离群点。

根据概率论中的中心极限定理可知，由大量微小且独立的随机因素引起并积累而成的变量，必服从正态分布。在大样本情况下，可以将 OF3(p) 近似地看成服从正态分布。两阶段离群点挖掘方法 TOD 描述如下。

① 对数据集 D 采用一趟聚类算法进行聚类，得到聚类结果 $D = \{C_1, C_2, \cdots, C_k\}$。

② 计算数据集 D 中所有对象 p 的离群因子 OF3(p)，以及其平均值 Ave_OF 和标准差 Dev_OF，满足条件 OF3$(p) \geqslant$ Ave_OF $+ \beta \cdot$ Dve_OF（$1 \leqslant \beta \leqslant 2$）的对象判定为离群点。

离群点挖掘方法 TOD 的两个阶段需要扫描数据集两趟和聚类结果一趟，时间复杂度与数据集大小呈线性关系，与属性个数和最终的聚类个数成近似线性关系，算法扩展性好。

这里给出了一种离群因子阈值选择的策略，阈值依赖于参数 β；β 越小，检测率可能越高，但误报率越高，通常取 $\beta = 1$ 或 1.285。

【例 6-4】基于聚类的离群点检测示例一。对于图 6-9 所示的二维数据集，比较点 $P_7(6,8)$ 和 $P_{11}(5, 2)$，哪个更有可能成为离群点？

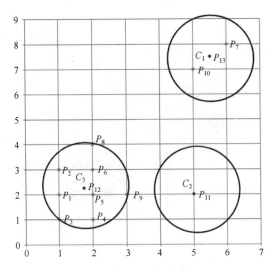

图 6-9　一个二维数据集

假设数据集经过聚类后得到聚类结果为 $C=\{C_1, C_2, C_3\}$，图中圆圈标注，三个簇的质心分别为 $C_1(5.5, 7.5)$、$C_2(5, 2)$、$C_3(1.75, 2.25)$，试计算所有对象的离群因子。

解：根据定义 6-5 和 $\mathrm{OF3}(p)=\sum_{j=1}^{k}\frac{|C_j|}{|D|}\cdot d(p,C_j)$，对于 P_7 点，有

$$\mathrm{OF3}(P_7)=\sum_{j=1}^{k}\frac{|C_j|}{|D|}d(P_7,C_j)$$

$$=\frac{8}{11}\sqrt{(6-1.75)^2+(8-2.25)^2}+\frac{1}{11}\sqrt{(6-5)^2+(8-2)^2}+\frac{2}{11}\sqrt{(6-5.5)^2+(8-7.5)^2}$$

$$=5.88$$

对于 P_{11} 点，有

$$\mathrm{OF3}(P_{11})=\sum_{j=1}^{k}\frac{|C_j|}{|D|}d(P_{11},C_j)$$

$$=\frac{8}{11}\sqrt{(5-1.75)^2+(2-2.25)^2}+\frac{1}{11}\sqrt{(5-5)^2+(2-2)^2}+\frac{2}{11}\sqrt{(2-7.5)^2+(8-7.5)^2}$$

$$=3.37$$

可见，点 P_7 较 P_{11} 更有可能成为离群点。

同理可求得所有对象的离群因子，结果如表 6-5 所示。

表 6-5　图 6-7 中点的离群因子

点	x	y	OF3	点	x	y	OF3
P_1	1	2	2.2	P_7	6	8	5.9
P_2	1	3	2.3	P_8	2	4	2.5
P_3	1	1	2.9	P_9	3	2	2.2
P_4	2	1	2.6	P_{10}	5	7	4.8
P_5	2	2	1.7	P_{11}	5	2	3.4
P_6	2	3	1.9	/			

进一步求得所有点的离群因子平均值为 Ave_OF=2.95，标准差 Dev_OF=1.3；取 β=1，

则阈值 $E=\text{Ave\_OF} + \beta \times \text{Dev\_OF}=2.95+1.3=4.25$。

离群因子大于 4.25 的对象可视为离群点，P_7、P_{10} 是离群点，P_{11} 不是离群点。

6.5.2　基于簇的离群因子方法

基于直观考虑：① 在某种度量下，相似对象或相同类型的对象会聚集在一起，或者说正常数据与离群数据会聚集在不同的簇中；② 正常数据占绝大部分且离群数据与正常数据的表现明显不同，或者说离群数据会偏离正常数据（即大部分数据）。这里介绍簇的离群因子概念，利用簇的离群因子将簇区分为正常簇和离群簇。首先将定义 6-4 进行拓展。

定义 6-7　给定簇 C，其摘要信息 CSI 定义为 CSI=\{kind, n, Cluster, Summary\}，其中 kind 为簇的类别（取值 "normal" 或 "outlier"），$n = |C|$ 为簇 C 的大小，Cluster 为簇 C 中对象标识的集合，summary 由分类属性中不同取值的频度信息和数值型属性的质心两部分构成，即

$$\text{summary} = \{< \text{stat}_i, \text{cen} > | \text{stat}_i = \{(a, \text{freq}_{C|D_i}(a)) | a \in D_i\}, 1 \leqslant i \leqslant m_C,$$
$$\text{cen} = (C_{m_C+1}, C_{m_C+2}, \cdots, C_{m_C+m_N})\}$$

定义 6-8　假设数据集 D 被聚类算法划分为 k 个簇 $D = \{C_1, C_2, \cdots, C_k\}$，簇 C_i 的离群因子 OF4(C_i) 定义为簇 C_i 与其他所有簇间距离的加权平均值为

$$\text{OF4}(C_i) = \sum_{j=1, j \neq i}^{k} \frac{|C_j|}{|D|} \cdot d(C_i, C_j)$$

若一个簇离几个大簇的距离都比较远，则表明该簇偏离整体较远，其离群因子也较大。OF4(C_i) 度量了簇 C_i 偏离整个数据集的程度，其值越大，说明 C_i 偏离整体越远。也可以将簇 C_i 的离群因子定义为簇 C_i 与所有簇间距离的调和平均值

$$\text{OF5}(C_i) = \frac{k-1}{\sum_{j=1, j \neq i}^{k} \frac{1}{d(C_i, C_j)}}$$

离群数据是在数据集中偏离大部分数据的数据，而簇的离群因子度量了一个簇（即簇中所有对象）偏离整个数据集的程度，自然地将离群因子大的簇看成离群簇，也就是将其中的所有对象看成离群点。由此得到一种基于聚类的离群点挖掘方法（Clustering-Based Outlier Detection，CBOD）。CBOD 方法由两个阶段构成：第一阶段是利用一趟聚类算法对数据集进行聚类；第二阶段是计算每个簇的离群因子，并按离群因子对簇进行排序，最终确定离群簇，确定离群点。算法具体描述如下。

第一阶段，聚类，对数据集 D 利用一趟聚类算法进行聚类，得到聚类结果 $D=\{C_1, C_2, \cdots, C_k\}$。

第二阶段，确定离群簇，计算每个簇 C_i（$1 \leqslant i \leqslant k$）的离群因子 OF4($C_i$)，按 OF4($C_i$) 递减的顺序重新排列 C_i（$1 \leqslant i \leqslant k$），求满足 $\dfrac{\sum_{i=1}^{b} |C_i|}{|D|} \geqslant \varepsilon$（$0 < \varepsilon < 1$）的最小 b，将簇 $C_1, C_2, \cdots, C_b$ 标识为 outlier 簇（其中每个对象均看成离群点），而将 $C_{b+1}, C_{b+2}, \cdots, C_k$ 标识为 normal 簇（其中每个对象均看成正常点）。

参数选择对检测结果的影响分析。ε 实际上是离群数据所占比例的近似值，ε 越小，检

测率越低，同时误报率越低。根据统计经验，一个数据集中受污染的数据（或离群数据）通常小于5%，最多不超过15%，因此在没有先验知识的情况下，ε为0.05～0.1的值。实际使用时可根据性能要求和离群数据所占比例的先验知识更准确地选择ε。

【例6-5】 基于聚类的离群点检测示例二。

对例6-4中的数据集，聚类后得到3个簇$C=\{C_1, C_2, C_3\}$，簇心分别为$C_1(5.5,7.5)$、$C_2(5, 2)$、$C_3(1.75, 2.25)$。簇之间的距离分别为

$$d(C_1,C_2) = \sqrt{(5.5-5)^2+(7.5-2)^2} = 5.52$$

$$d(C_1,C_3) = \sqrt{(5.5-1.75)^2+(7.5-2.25)^2} = 6.45$$

$$d(C_2,C_3) = \sqrt{(5-1.75)^2+(2-2.25)^2} = 3.26$$

进一步计算3个簇的离群因子：

$$\text{OF4}(C_1) = \frac{1}{11}d(C_1,C_2)+\frac{8}{11}d(C_1,C_3) = \frac{1}{11}\times5.52+\frac{8}{11}\times6.45 = 5.19$$

$$\text{OF4}(C_2) = \frac{2}{11}d(C_2,C_1)+\frac{8}{11}d(C_2,C_3) = \frac{2}{11}\times5.52+\frac{8}{11}\times3.26 = 3.37$$

$$\text{OF4}(C_3) = \frac{2}{11}d(C_3,C_1)+\frac{1}{11}d(C_3,C_2) = \frac{2}{11}\times6.45+\frac{1}{11}\times3.26 = 1.47$$

可见，簇C_1的离群因子最大，其中包含的对象判定为离群点，与例6-4得到的结论相同。

【例6-6】 基于聚类的离群点检测示例三。

对例6-3中二维数据集，设数据集经过一趟聚类（聚类阈值r取值范围是1.6～2.2，取1.8）后得到聚类结果为$C=\{C_1, C_2, C_3, C_4\}$，分别包含6、11、3、2个对象，如图6-10所示，4个簇的质心分别为$C_1(2.33, 7)$、$C_2(6.27, 6.95)$、$C_3(2.83, 1.83)$、$C_4(4.5, 4.5)$，试计算每个簇的离群因子（采用欧式距离）。

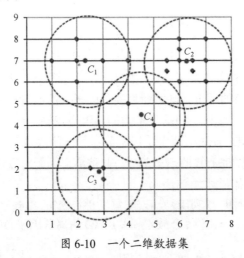

图6-10 一个二维数据集

数据集经聚类后得到4个簇$C=\{C_1, C_2, C_3, C_4\}$，簇中心分别为$C_1(2.33, 7)$、$C_2(6.27, 6.95)$、$C_3(2.83, 1.83)$、$C_4(4.5, 4.5)$。

簇之间的距离分别为

$$d(C_1,C_2) = \sqrt{(2.33-6.27)^2+(7-6.95)^2} = 3.94$$

$$d(C_1, C_3) = \sqrt{(2.33 - 2.83)^2 + (7 - 1.83)^2} = 5.19$$

$$d(C_1, C_4) = \sqrt{(2.33 - 4.5)^2 + (7 - 4.5)^2} = 3.31$$

$$d(C_2, C_3) = \sqrt{(6.27 - 2.83)^2 + (6.95 - 1.83)^2} = 6.17$$

$$d(C_2, C_4) = \sqrt{(6.27 - 4.5)^2 + (6.95 - 4.5)^2} = 3.02$$

$$d(C_3, C_4) = \sqrt{(2.83 - 4.5)^2 + (1.83 - 4.5)^2} = 3.15$$

进一步计算 4 个簇的离群因子：

$$OF3(C_1) = \frac{11}{22}d(C_1, C_2) + \frac{3}{22}d(C_1, C_3) + \frac{2}{22}d(C_1, C_4)$$

$$= \frac{11}{22} \times 3.94 + \frac{3}{22} \times 5.19 + \frac{2}{22} \times 3.31 = 2.98$$

$$OF3(C_2) = \frac{6}{22}d(C_2, C_1) + \frac{3}{22}d(C_2, C_3) + \frac{2}{22}d(C_2, C_4)$$

$$= \frac{6}{22} \times 3.94 + \frac{3}{22} \times 6.17 + \frac{2}{22} \times 3.02 = 2.19$$

$$OF3(C_3) = \frac{6}{22}d(C_3, C_1) + \frac{11}{22}d(C_3, C_2) + \frac{2}{22}d(C_3, C_4)$$

$$= \frac{6}{22} \times 5.19 + \frac{11}{22} \times 6.17 + \frac{2}{22} \times 3.15 = 4.79$$

$$OF3(C_4) = \frac{6}{22}d(C_4, C_1) + \frac{11}{22}d(C_4, C_2) + \frac{3}{22}d(C_4, C_3)$$

$$= \frac{6}{22} \times 3.31 + \frac{11}{22} \times 3.02 + \frac{2}{22} \times 3.15 = 2.69$$

可见，C_3 是异常簇，其中包含的 3 个对象是离群点。

6.5.3 基于聚类的动态数据离群点检测方法

前面介绍的两种基于聚类的离群点检测方法属于静态数据的离群点检测方法，在聚类的基础上，以对象或簇的离群因子来度量离群程度，进而检测离群点。

在实际应用领域中，很多场合离群数据的判定不是离线静态的，而是在线动态的，这里介绍一种动态数据的离群点检测方法，基本思想是：在对训练集聚类的基础上，按照簇的离群因子排序簇，并按一定比例将簇标识为"normal"或"outlier"，以标识的簇作为分类模型，按照对象与分类模型中最接近簇的距离来判断它是否为离群点。该方法包括三个步骤。

1. 模型建立

① 聚类：采用一趟聚类算法对训练集 T_1 进行聚类，得到聚类结果 $T_1 = \{C_1, C_2, \cdots, C_k\}$。

② 给簇做标记：计算每个簇 C_i（$1 \leqslant i \leqslant k$）的离群因子 $OF4(C_i)$，按 $OF4(C_i)$ 递减的顺序重新排列 C_i（$1 \leqslant i \leqslant k$），求满足 $\dfrac{\sum_{i=1}^{b}|C_i|}{|T_1|} \geqslant \varepsilon$ 的最小 b，将簇 $C_1, C_2, \cdots, C_b$ 标识为 outlier 簇，而将 $C_{b+1}, C_{b+2}, \cdots, C_k$ 标识为 normal 簇。

③ 确定模型：以每个簇的摘要信息，聚类半径阈值 r 作为分类模型。

2. 模型评估

利用改进的最近邻分类方法（Improved Nearest Neighbor，INN）评估测试集 T_2 中的每个对象，具体描述如下。

对于测试集 T_2 中对象 p，计算 p 与每个簇 C_i 的距离 $d(p,C_i)$。若 $\min\{d(p,C_i), 1 \leq i \leq k\} = d(p,C_{i_0}) \leq d$，则表明 p 是已知类型的行为，将簇 C_{i_0} 的标识作为 p 的标识，否则表明 p 是一种新的行为，将 p 标识为可疑对象——候选离群点。

INN 方法可用于入侵检测、欺诈检测、垃圾邮件识别等领域，从理论上保证了可以检测新类型的离群点。

3. 模型更新

对于新增训练集 T_3，按照前面聚类的方式，对新增对象进行增量式聚类，得到聚类结果 $\{\overline{C}_1, \overline{C}_2, \cdots, \overline{C}_{\overline{k}}\}$，这里 $\overline{k}$ 是新簇数量并用建立模型同样的方法对所有簇重新标记其类别。

6.6 离群点挖掘方法的评估

可以通过混淆矩阵（如表 6-6 所示）来描述离群点挖掘方法的检测性能。在离群点检测问题中，并不关注预测正确的 normal 类对象，重点关注的是正确预测的 outlier 类对象。

表 6-6　离群点检测问题的混合矩阵

		预测类别	
		outlier	normal
实际类别	outlier	预测正确的 outlier	预测错误的 outlier
	normal	预测错误的 normal	预测正确的 normal

由于在离群点挖掘问题中，离群数据所占比例通常在 5% 以下，因此分类准确率的度量指标不适合于评价离群点挖掘方法。检测率、误报率是度量离群点检测方法准确性的两个指标。检测率（Detection Rate）表示被正确检测的离群点记录数占整个离群点记录数的比例；误报率（False Positive Rate）表示正常记录被检测为离群点记录数占整个正常记录数的比例。期望离群点挖掘方法对离群数据有高的检测率，对正常数据有低的误报率，但两个指标会有一些冲突，高的检测率常会导致高的误报率。ROC 曲线也可以用来显示检测率和误报率之间关系。

6.7 综合案例

6.7.1 离群点检测在癌症诊断中的应用

乳腺癌的发病率在女性癌症中占据首位，开展乳腺癌的诊断和防治研究具有重要的科学意义和临床实用价值。临床上对乳腺癌的诊断很大程度上依赖于医生的经验，假阳性率较高，导致活检阳性检出率低。如何从大量患者中判断出癌症患者和提高诊断的效率成为计算机辅助诊断要解决的关键问题。

乳腺癌数据集（Wisconsin Breast Cancer Data Set）有 699 条记录，其中良性的 benign458

记录，恶性的 malignant241 记录，每条记录包含 9 个数值属性。直观地看，恶性与良性记录应有明显区别。因此，选取不同比例的两种记录构造分布不平衡的测试集，其中选取 39（8%）条恶性记录和 444（92%）条良性记录（如表 6-7 所示），期望能够将比例很小的那部分记录从测试集中检测出来。

表 6-7   乳腺癌数据集属性说明

属性名称	属性说明	属性取值说明
Clump Thickness	肿块密度	1～10
Uniformity of Cell Size	细胞大小的均匀性	1～10
Uniformity of Cell Shape	细胞形状的均匀性	1～10
Marginal Adhesion	边际附着力	1～10
Single Epithelial Cell Size	单一上皮细胞大小	1～10
Bare Nuclei	裸核	1～10
Bland Chromatin	平淡染色质	1～10
Normal Nucleoli	正常核仁	1～10
Mitoses	有丝分裂	1～10
Class	类别	(2 for benign, 4 for malignant)

对数值属性做最小-最大规范化处理。在本案例中，由于所有非目标属性的取值范围相同，因此规范化不是必需的。

本案例的目的是采用静态离群点检测方法，检测出目标属性取值为 4 的恶性记录。

（1）基于对象的离群因子检测方法

对于这个数据集，经计算得到 EX=0.2，DX=0.18。表 6-8 给出了 r=EX+0.5DX=0.29 时采用基于对象的离群因子检测方法得到的结果。

表 6-8   基于对象的离群因子方法在乳腺癌数据集中对恶性记录的检测结果

β	良性记录数	恶性记录数	误报率	检测率
2	3	30	0.68%	76.92%
1.645	6	37	1.35%	94.87%
1.285	10	38	2.25%	97.44%

进一步检查数据发现，尽管 r 取不同值时得到的簇数目不同，聚类结果差异较大，但离群点检测结果相同，检测结果是稳健的。异常因子大的前 27 条记录全部是恶性记录，异常因子大的前 44 条记录中包含 38 条恶性记录，前 59 条记录中包含全部 39 条恶性记录。

（2）基于密度的离群点检测方法

采用 6.4 节的基于密度的离群点检测方法也可以得到类似的结果，按照离群因子，从大到小的前 24 条记录均是恶性记录，前 48 记录包含全部 39 条恶性记录，但是效率较基于对象的离群因子方法低。

（3）基于簇的离群因子方法

采用基于簇的离群因子方法得到的检测结果如表 6-9 所示（r=EX+0.5DX=0.29），表中簇按照离群因子从大到小排列。检测为离群点的 54 条记录中包含 38 条恶性记录。误报率比基于对象的离群因子检测方法要高，但检测效率要高。

表 6-9 基于簇的离群因子方法在乳腺癌数据集中对恶性记录的检测结果

簇序号	癌症记录数/正常记录数	簇标识	簇序号	癌症记录数/正常记录数	簇标识
1	1/0	outlier	8	2/2	outlier
2	1/0	outlier	9	0/4	outlier
3	1/0	outlier	10	8/2	outlier
4	3/0	outlier	11	15/6	outlier
5	0/1	outlier	12	0/6	normal
6	6/0	outlier	13	1/422	normal
7	1/1	outlier			

该案例说明离群点检测方法可用于辅助疾病诊断，特别是在当今电子病历普遍使用的大环境下，数据挖掘方法有广泛的应用。

6.7.2 离群点检测在网络入侵检测中的应用

网络入侵检测是信息安全领域的研究热点之一。入侵检测是对入侵行为的发现，通过对计算机系统或网络中的节点数据进行收集与分析，从而发现或预警网络和系统中是否存在安全策略隐患及被恶意攻击的迹象。在网络中，正常的访问行为占绝大多数，入侵访问行为所占比例很低，从数据分析的角度，网络入侵检测问题可以看成一类特殊的离群点挖掘问题。本案例利用离群点挖掘方法处理 UCI 中 KDDCUP99 数据集（公开的入侵检测算法测试数据）。

KDDCUP99 包含约 490 万条模拟攻击记录，共 22 种攻击，分为 DOS、R2L、U2R、Probing 等 4 类；共 41 个特征（属性），9 个分类特征，32 个数值型特征，如表 6-10 所示。

整个数据集太大，通常使用一个 10%的子集来测试算法的性能，将这个子集随机分割为 P_1、P_2 和 P_3 三个子集，三个数据集的总体情况如表 6-11 所示。P_3 包含有 P_1 中没有出现过的 ftpwrite、guess_passwd、imap、land、loadmodule、multihop、perl、phf、pod、rootkit、spy、warezmaster 等攻击类型。为便于处理，对三个数据集的数值属性，采用统一方式进行最小-最大规范化处理，使得属性间具有可比性。

本案例的目的是用离群点检测方法来处理入侵检测问题。采用静态和动态离群点检测方法来做，由于入侵检测问题特别注重效率，并且实际上是动态在线的，因此重点在动态离群点检测方法的应用。

1. 策略一：静态离群点检测方法的应用

（1）基于簇的离群因子检测方法

以 P_1 为训练集建立模型（取 $\varepsilon=0.05$）。求得 EX=0.234，DX=0.134，r 取 EX+0.5DX=0.30。表 6-12 给出了按簇的离群因子给 P_1 聚类结果簇标识的结果（表中簇按照离群因子从大到小排列），从表中可见，聚类较好地将 normal 记录和 attack 记录划分到了不同簇中，簇的离群因子能很好地将簇区分为 normal 和 outlier（对应攻击记录），使得建立的模型具有很好的分类能力。

从静态离群点检测的角度看，对于数据集 P_1，利用簇的离群因子可以检测出 P_1 中 98.59%的攻击记录，误报率为 0.6%。

表 6-10 KDDCUP99 属性说明

序号	属性名称	属性描述	数据类型
1	state	目标字段, 记录类型, 包括 normal (正常), 以及 back、neptune、nmap、smurf 等 22 种攻击	离散型字符
2	protocol_type	协议类型, 如 TCP、UDP 等	离散型字符
3	service	网络服务类型, 如 HTTP、TELNET 等	离散型字符
4	flag	连接正常或错误的状态	离散型字符
5	land	若连接来自同一个主机或端口, 则为 1, 否则为 0	离散型数值
6	logged_in	若成功登录, 则为 1, 否则为 0	离散型数值
7	root_shell	若得到 root shell, 则为 1, 否则为 0	离散型数值
8	su_attempted	若尝试用 su root 命令, 则为 1, 否则为 0	离散型数值
9	is_host_login	若该登录属于 "host" 列表, 则为 1, 否则为 0	离散型数值
10	is_guest_login	若登录者为 "guest" 则为 1, 否则为 0	离散型数值
11	duration	连接持续的时间 (单位: 秒)	连续型数值
12	src_bytes	从源到目的端传送的字节数	连续型数值
13	dst_bytes	从目的端到源传送的字节数	连续型数值
14	wrong_fragment	错误分段的数量	连续型数值
15	urgent	urgent packets 的数量	连续型数值
16	hot	hot 指针的数量	连续型数值
17	num_failed_logins	尝试登录失败的次数	连续型数值
18	num_compromised	compromised 状态的数量	连续型数值
19	num_root	以 root 进入的次数	连续型数值
20	num_file_creations	创建文件操作的次数	连续型数值
21	num_shells	shell 提示的次数	连续型数值
22	num_access_files	对存取文件操作的次数	连续型数值
23	num_outbound_cmds	在一个 FTP 会话中 outbound 命令出现的次数	连续型数值
24	count	在过去最近的 2 秒内对相同主机发起连接的次数	连续型数值
25	srv_count	在过去最近的 2 秒内对相同服务发起连接的次数	连续型数值
26	serror_rate	连接中具有 "SYN" 错误的百分数 (对同一主机)	连续型数值
27	srv_serror_rate	连接中具有 "SYN" 错误的百分数 (对同一服务)	连续型数值
28	rerror_rate	连接中具有 "REJ" 错误的百分数 (对同一主机)	连续型数值
29	srv_rerror_rate	连接中具有 "REJ" 错误的百分数 (对同一服务)	连续型数值
30	same_srv_rate	连接到同一服务所占的百分数	连续型数值
31	diff_srv_rate	连接到不同服务所占的百分数	连续型数值
32	srv_diff_host_rate	连接到不同主机所占的百分数	连续型数值
33	dst_host_count	连接到同一目的主机的次数	连续型数值
34	dst_host_srv_count	连接到同一目的主机的同一服务的次数	连续型数值
35	dst_host_same_srv_rate	连接到同一目的主机的同一服务所占的百分数	连续型数值
36	dst_host_diff_srv_rate	连接到同一目的主机的不同服务所占的百分数	连续型数值
37	dst_host_same_src_port_rate	连接到同一目的主机具有同一源端口号的连接所占的百分数	连续型数值
38	dst_host_srv_diff_host_rate	连接到同一目的主机但来自不同主机的连接所占的百分数	连续型数值
39	dst_host_serror_rate	连接到同一目的主机具有 S0 的连接所占的百分数	连续型数值
40	dst_host_srv_serror_rate	连接到同一目的主机同一服务具有 S0 的连接所占的百分数	连续型数值
41	dst_host_rerror_rate	连接到同一目的主机具有 RST 的连接所占的百分数	连续型数值
42	dst_host_srv_rerror_rate	连接到同一目的主机同一服务具有 RST 的连接所占的百分数	连续型数值

表 6-11　实验数据集记录分布情况

数据集	记录数	正常记录数	攻击记录数	攻击记录所占比例
P_1	40 459	38 841	1618	4.17%
P_2	19 799	19 542	257	1.3%
P_3	433 762	38 894	394 868	91%

表 6-12　按离群因子标识簇的结果

序号	簇大小	正常记录数	攻击记录数	簇标识
1	360	0	360	outlier
2	5	0	5	outlier
3	94	0	94	outlier
4	1339	203	1136	outlier
5	2134	2134	0	normal
6	2408	2405	3	normal
7	7	6	1	normal
8	16	16	0	normal
9	132	130	2	normal
10	15	15	0	normal
11	19	18	1	normal
12	171	171	0	normal
13	5442	5440	2	normal
14	22 618	22 607	11	normal
15	3896	3896	0	normal
16	61	61	0	normal
17	1742	1736	6	normal

（2）基于对象的离群因子检测方法

采用基于对象的离群因子检测方法在数据集 P_1 上的检测结果如表 6-13 所示，对攻击记录的检测率与前一方法相同，但误报率高于前一方法。

表 6-13　基于对象的离群因子检测方法在 P_1 上的检测结果

β	误报率	检测率	β	误报率	检测率
2.6	3.32%	82.14%	1.645	5.33%	98.27%
2	5.04%	98.27%	1.285	5.68%	98.45%

2. 策略二：动态离群点检测方法的应用

（1）模型建立

利用基于簇的离群因子方法得到模型，见表 6-12。

（2）模型检验

在 P_1 上建立静态离群点检测模型，采用最近邻的方法对 P_3 中对象进行分类，检测结果如表 6-14 所示。

（3）模型更新

在 P_1 上建立模型，然后用 P_2 更新模型，再在 P_3 上检测，检测结果如表 6-15 所示。结

表 6-14　在 KDDCUP99 数据集上的检测性能		
总的检测率	误报率	对未见攻击的检测率
98.62%	0.20%	4.30%

表 6-15　增量更新模型时的检测结果		
总的检测率	误报率	对未见攻击的检测率
98.47%	0.12%	34.30%

果表明，随着模型的更新（有效信息不断增加），检测率和误报率没有明显变化，但对未见攻击的检测率明显提高。如果初始建模时训练集不够大，检测准确性将随着模型的更新而逐步提高，直到稳定在某个水平。由于 P_3 包含有 P_1 中不存在的攻击类型，通常的误用检测方法难以检测。

这个案例说明，这种无监督的离群点检测方法具有一定的检测新的攻击的能力，或者说在一定程度上能识别原有数据中所没有的规律。

本章小结

本章在介绍离群点概念及离群点挖掘意义的基础上，从技术角度介绍了离群点挖掘的几种常用方法，分别是基于统计的方法、基于距离的方法、基于相对密度和基于聚类的方法，并对这几种方法的优劣进行了比较和分析；最后，通过案例说明了离群点检测方法在医疗诊断和入侵检测中的应用。

习 题 6

1. 为什么离群点挖掘非常重要？

2. 讨论基于如下方法的离群点检测方法潜在的时间复杂度：使用基于聚类的、基于距离的和基于密度的方法。不需要专门技术知识，而是关注每种方法的基本计算需求，如计算每个对象的密度的时间需求。

3. 许多用于离群点检测的统计检验方法是在这样一种环境下开发的：数百个观测就是一个大数据集。我们需要考虑这种方法的局限性。

（1）若一个值与平均值的距离超过标准差的 3 倍，则检测称它为离群点。对于 100 万个值的集合，根据该检验，有离群点的可能性有多大（假定正态分布）？

（2）一种方法称离群点是具有不寻常低概率的对象。处理大型数据集时，该方法需要调整吗？如果需要，如何调整？

4. 假定正常对象被分类为离群点的概率是 0.01，而离群点被分类为离群点概率为 0.99，如果 99%的对象都是正常的，那么假警告率（误报率）和检测率各为多少（使用如下定义）？

$$检测率 = \frac{检测出的离群点个数}{离群点的总数}$$

$$假警告率 = \frac{假离群点的个数}{被分类为离群点的个数}$$

5. 从包含大量不同文档的集合中选择一组文档，使得它们尽可能彼此相异。如果我们认为相互之间不高度相关（相连接、相似）的文档是离群点，那么我们选择的所有文档可能都被分类为离群点。一个数据集仅由离群对象组成，这可能吗？或者，这是误用术语吗？

6. 考虑一个点集，其中大部分点在低密度区域，少量点在高密度区域。如果定义离群点常为低密度区域的点，那么大部分点被划分为离群点。这是对基于密度的离群点定义的适当使用吗？是否需要用某种方式修改该定义？

7. 一个数据分析者使用一种离群点检测算法发现了一个离群子集。出于好奇，该分析者对这个离群子集使用离群点检测算法。

（1）讨论本章介绍的每种离群点检测技术的行为（若可能，使用实际数据和算法来做）。

（2）当用于离群点对象的集合时，离群点检测算法将做何反应？

拓展阅读

数据陷阱之"数据可比性"

在现实生活中我们经常需要通过比较两个或多个数据，来说明相关问题，得到具有实际意义的结论，但我们经常会忽略所要研究的数据是否具有可比性，而将不可比的数据进行对比。

所谓可比性，是指同一项目的统计数据在时间上和空间上的可比程度，包括取值范围是否相同，计算方法、计量单位、所属时间是否一致，以及资料的正确性和完整性是否满足对比的要求等。如果将不可比的事物进行比较，不仅不能正确地反映事物之间的数量对比关系，反而会歪曲事物的真相。

（1）死亡率

比如，美国海军征兵人员通过美国与西班牙交战期间，美国海军与纽约居民的死亡率的对比——9：16——来证明参军更安全。假定这些数据是正确的，海军征兵人员根据两个数据的差异得出的结论真的正确吗？这种差异产生的真正原因是什么？

这个结论并不正确，因为这两组对象是不可比的。海军主要由那些体格健壮的年轻人组成，而城市居民包括婴儿、老人、病人，他们无论在哪儿都有较高的死亡率。这些数据根本不能说明符合参军标准的人在海军会比其他地方有更高的存活率。

（2）考试成绩

再如，不同科目考试成绩的对比。小学生家长在期末拿到孩子的成绩单时，看到某门课程95分，会认为不错，看到80分时，就觉得不好。在很多人的心里，相比考80分的课程，学生对考95分的课程学得更好。这个逻辑是对的吗？

不对。因为考试成绩单中体现的不是学生相应学科的能力，而是学生考卷的分数。课程考试分数与考生的基础有关，还与考题的难度有关，不同课程的试卷难度可能不一样。

类似地，不同学校的学分绩点也不能简单对比。

可比性原则看上去只是统计工作的一个小问题，然而它贯穿了整个综合分析和统计比较的过程，从绝对数到相对数、平均数，从时间数列到指数数列，从单因素变动到多因素变动分析，都必须服从可比性原则。毕竟，将没有可比性的数据对比就是做无用功。

下篇　实践篇

第7章 文本挖掘

随着网络的不断发展，因特网目前已成为一个全球性的信息服务中心。从海量的网络信息中寻找有用的知识，已成为人们的迫切需求。这些网络信息大部分都是以文本的形式分布在不同服务器的硬盘或数据库中的，其中大部分数据是半结构化的文本数据，传统的数据挖掘方法并不能很好地处理这种类型的数据，文本挖掘技术应运而生。文本挖掘是对具有丰富语义的文本数据进行分析，从而理解其所包含的内容和意义的过程。文本挖掘是专门用于处理较大规模或大规模文本数据的工具，已经在信息检索、生物信息学、情报分析等领域得到广泛使用。

7.1 文本挖掘概述

文本挖掘是一个对具有丰富语义的文本进行分析，从而理解其包含的内容和意义的过程。对其进行深入的研究将极大地提高人们从海量文本数据中提取信息的能力，具有很高的理论价值和商业价值。文本挖掘包含分词、文本表示、文本特征选择、文本分类、文本聚类、文档自动摘要等方面的内容，本节将简单介绍这些技术涉及的概念及相关内容。

7.1.1 分词

分词，是指将连续的字序列按照一定的规范重新组合，并生成词序列的过程。在英文中，单词之间以空格作为自然分界符，中文的句和段能通过明显的分隔符来划界，但词与词之间没有一个形式上的分隔符，虽然英文同样存在短语的划分问题，不过在词这个层次上，中文比英文要复杂、困难得多，这里简单阐述中文分词的相关概念和方法。

分词是文本挖掘的基础工作，是文本深层次分析的前提。词的切分，对于人来说是比较简单的事情，但是对于机器来说，却是非常困难的，存在歧义切分、未登录词识别等极具挑战性的问题。未登录词识别和歧义词的切分对分词的精度有着重大影响。

（1）歧义切分问题

歧义切分在中文文本中普遍存在，主要可以分为两类基本的切分歧义类型，包括交集型切分歧义和组合型切分歧义。交集型歧义字段可以定义为，设有中文字符串 $S = s_1, s_2, s_3, \cdots, s_n$，存在词 $w_a = s_i, s_{i+1}, s_{i+2}, \cdots, s_p$ 和词 $w_b = s_j, s_{j+1}, s_{j+2}, \cdots, s_q$，其中 $1 \leqslant i < j \leqslant p < q \leqslant n$，则 S 属于交集型歧义字段。例如，"管理学士"可以切分成"管理学/士"，也可以切分成"管理/学士"。交集型歧义在汉语文本中非常普遍，如"研究生物""从小学起""为人民工作""中国产品质量""部分居民生活水平"。

组合型歧义字段可以定义为，有中文字段 $w = s_a s_{a+1} s_{a+2} \ldots s_b, w_{i,j} = s_i s_{i+1} \ldots s_j$（$a \leqslant i < j \leqslant b$），存在中文字符串 S_m 和 S_n，使得 $w_{i,b-1} \in s_m$ 且 $w_{i,b} \in s_n$，则 w 属于组合型歧义字段。例如，"学生会"就是组合型歧义字段，"学生会的工作是布置会场"中"学生会"为一个词组，而句子"这个学生会玩魔方"中的"学生"与"会"分别单独构成词组。

（2）未登录词问题

未登录词主要包括两大类：一类是新涌现的普通词汇或专业术语，如"微博""木有""凡客体"等；另一类是专有名词，包括中国人名、外国译名、地名、组织名称等。未登录词在中文文本中普遍存在。

目前，分词算法主要分为以下三大类：基于词典的分词算法、基于统计的分词算法、基于语法分析的分词算法。这些分词方法各有优缺点，其中基于词典的中文分词法由于其方法简单，正确率相对比较高，所以成为初期人们研究中文分词的主流。

1. 基于词典的分词法

基于词典的分词方法，又称为机械分词法，是按照一定的策略，将文本中的一部分可能被切成一个词的小段与一个词典中的词进行比较，若存在，则将该部分划分为一个词。由于此类分词算法对词典有很大的依赖性，因此对词典文件的要求很高。机械分词法的主要算法包括正向最大匹配法（从左到右的方向）、逆向最大匹配法（从右到左的方向）、最少切分法、双向最大匹配法等。下面主要介绍正向最大匹配法和逆向最大匹配法。

（1）正向最大匹配法

正向是指从文本左边开始算起，最大是指从一个设定的最大长度开始匹配，直到第一个匹配成功就切分成为一个词。设 T 是一个待处理中文字串，正向最大匹配算法步骤如下。

① 设文本字串长度 L。

② 从文本字串 T 的左边开始取出长度为 L 的字串 S_n，不足则取全部。

③ 把 S_n 与词典里的词逐一比较，若存在，则跳到第⑥步。

④ 去掉 S_n 最后一个单字。

⑤ 判断 S_n 字串长度是否大于 1，是，则跳到第③步。

⑥ 把 S_n 从 T 前面切开，成为一个单词。

⑦ 判断字串 T 是否为非空，不是，则跳到第②步。

⑧ 切词完成。

若 T="我们是学生"，L=5。第一步则取 S_1="我们是学生"，发现匹配失败，去掉 S_1 最后一个字，成为 S_1="我们是学"，发现匹配失败，去掉 S_1 最后一个字成为"我们是"……到最后 S_1="我们"匹配成功，切词。取 S_2="是学生"，匹配失败，S_2="是学"，匹配失败，S_2="是"，剩下一个字，切词。取 S_3="学生"，匹配成功；T 为空串，分词结束，分词完成。最终得到的分词结果为"我们/是/学生"。

（2）逆向最大匹配法

逆向最大匹配和正向最大匹配相似，区别在于从右至左匹配，设待处理中文字串为 T，则其算法描述如下。

① 设定文本字串长度 L。

② 从文本字串 T 的右边开始取出长度为 L 的字串 S_n，不足，则取全部。

③ 把 S_n 与词典里的词逐一比较，若存在，跳到第⑥步。

④ 去掉 S_n 第一个单字。

⑤ 判断 S_n 字串长度是否大于 1，若是，则跳到第③步。

⑥ 把 S_n 从 T 结尾切开，成为一个单词。

⑦ 字串 T 是否为非空，若不是，则跳到第②步。

⑧ 切词完成。

与正向最大匹配切分相比，逆向最大匹配算法的正确率有一定的提高，这与汉语本身的特点有关（汉语的中心词靠后）。同时，逆向最大匹配算法能处理一些简单的交集型歧义。注意，逆向最大匹配取词是从字串最后开始取的，而匹配失败后的字串 S_n 需要去掉的是最前面一个单字。因此，得到的分词结果顺序为"学生""是""我们"，但最终得到的分词结果是一样的，为"我们/是/学生"。然而，由于逆向最大匹配和正向最大匹配是从不同的方向进行匹配的，所以有时两种算法得到的词切分结果是不一样的。例如：

（a）战斗中将军的作用

正向匹配结果：战斗/中将/军/的作用。

逆向匹配结果：战斗/中/将军/的/作用。

（b）研究生命起源

正向匹配结果：研究生/命/起源。

逆向匹配结果：研究/生命/起源。

基于词典的分词算法简单，易于实现。分词的正确率受词典大小限制，词典越大，分词的正确率越高。但文本字串长度 L 的大小容易影响分词的精度和效率。同时，由于该方法只与一个电子词典进行比较，因此不能进行歧义识别，无法很好地识别未登录词。

2．基于统计的分词法

从形式上，词是稳定的单字组合，在上下文中，相邻的字同时出现的次数越多，就越有可能构成一个词。因此，字与字相邻共现的频率或概率能够较好地反映成词的可信度。例如，基于互信息的简单分词方法，首先对语料中相邻共现的各字组合的频度进行统计，计算它们的互信息。定义两个字 X、Y 的互信息为两个字的相邻共现概率。互信息体现了汉字之间结合关系的紧密程度，当紧密程度高于某个阈值时，便可认为 X、Y 两个字可能构成了一个词。这种方法只需对语料中的字组频度进行统计，不需要切分词典，因而又称为无词典分词法或统计分词法。

然而，这种方法也有一定的局限性，会经常抽出一些共现频度高但并不是词的常用字组，如"这一""之一""有的""我的""许多的"等，并且对常用词的识别精度差，时空开销大。因此，实际应用的分词系统一般都会选择使用一部基本的分词词典（常用词词典）进行串匹配分词，同时使用统计方法识别一些新的词，即将串频统计和串匹配结合起来，既发挥基于词典分词切分速度快、效率高的特点，又利用了无词典分词结合上下文识别生词、自动消除歧义的优点。

近年来，基于统计模型的分词方法成为分词研究方法的热点，如基于隐马尔可夫的分词方法、基于最大熵的分词方法、基于条件随机场的分词方法等，这些方法都能得到令人满意的分词精度，并且能实现词性标注、命名实体识别等功能。这些方法的最大缺点是需要有大量预先分好词的语料作支撑，而且训练过程中时空开销大。

3．基于中文语法的分词方法

这种分词方法是通过让计算机去"理解"句子，从而达到识别词的效果。其基本思想是：在分词的同时进行句法、语义分析，利用句法信息和语义信息来处理歧义现象，通常包括分词子系统、句法语义子系统和总控三部分。在总控部分的协调下，分词子系统可以获得有关词、句子等的句法和语义信息，来对分词歧义进行判断。这种分词方法需要使用大量的语言知识和信息。由于汉语语言知识的笼统性、复杂性，难以将各种语言信息组织成机器直接"理解"的形式，因此目前基于中文语法的分词系统还处在试验阶段。

4．常见分词工具

ICTCLAS（Institute of Computing Technology, Chinese Lexical Analysis System）是中国科学院计算技术研究所在多年研究工作积累的基础上研制的汉语词法分析系统，其主要功能包括中文分词、词性标注、命名实体识别、新词识别，同时支持用户词典。ICTCLAS 采用了层叠隐马尔可夫模型（Hierarchical Hidden Markov Model），使用可以管理百万级别词典知识库的大规模知识库管理技术，在高速度与高精度之间取得了重大突破。目前，其分词速度单机为 996 KBps，分词精度为 97.45%。同时，ICTCLAS 全部采用 C/C++编写，支持 Linux、FreeBSD 及 Windows 系列操作系统，支持 C、C++、C#、Delphi、Java 等主流开发语言。

Imdict-Chinese-analyzer 是 imdict 智能词典的智能中文分词模块，采用基于隐马尔科夫模型（Hidden Markov Model，HMM）的方法，是中国科学院计算技术研究所的 ICTCLAS 中文分词程序基于 Java 的重新实现，可以直接为 Lucene 搜索引擎提供简体中文分词支持。

IKAnalyzer 是一个开源的、基于 Java 语言开发的轻量级中文分词工具包。从 2006 年 12 月推出 1.0 版开始，IKAnalyzer 已经推出了 3 个大版本。最初，它是以开源项目 Lucene 为应用主体的，结合词典分词和文法分析算法的中文分词组件。新版本的 IKAnalyzer 3.0 则发展为面向 Java 的公用分词组件，独立于 Lucene 项目，同时提供了对 Lucene 的默认优化实现。IKAnalyzer 采用特有的"正向迭代最细粒度切分算法"，具有 60 万字/秒的高速处理能力，同时支持英文字母（IP 地址、E-mail、URL）、数字（日期、常用中文数量词、罗马数字、科学计数法）、中文词汇（姓名、地名处理）等分词处理。

简易中文分词系统（Simple Chinese Words Segmentation，SCWS）采用的是自行采集的词频词典，并辅以一定程度上的专有名称、人名、地名、数字年代等规则集，经小范围测试准确率的范围是 90%～95%，已能基本满足一些中小型搜索引擎、关键字提取等场合运用。SCWS 采用标准 C 语言开发，由 Hightman 个人开发，无任何第三方库函数依赖，以 Unix-Like OS 为主要平台环境，提供 C 语言的接口、PHP 的扩展（源码、Win32 的 DLL 文件），是目前使用最方便的开源免费中文分词软件之一。

盘古分词是一个基于.NET Framework 的中英文分词组件，在中文分词方面，具有中文未登录词识别、人名识别、多元分词等功能；在英文分词方面，支持英文专用词识别、英文原词输出、英文大小写同时输出等。在运行环境 Core Duo 1.8 GHz 下，盘古分词单线程分词速度为 390 KBps，双线程分词速度为 690 KBps。

Jieba 分词工具是国内使用人数较多的中文分词工具。其基本实现原理包括：① 基于前缀词典实现高效的词图扫描，生成的句子中汉字所有可能成词情况所构成的有向无环图（DAG）；② 采用动态规划查找最大概率路径，找出基于词频的最大切分组合；③ 对于未登录词，采用基于汉字成词能力的 HMM 模型，使用 Viterbi 算法。

HanLP 分词是由一系列模型预算法组成的工具包，结合深度神经网络的分布式自然语言处理，具有功能完善、性能高效、架构清晰、语料时新、可自定义等特点，提供词法分析、句法分析、文本分析和情感分析等功能。

THULAC（THU Lexical Analyzer for Chinese）是由清华大学自然语言处理与社会人文计算实验室研制推出的一套中文词法分析工具包，具有中文分词和词性标注功能，具有标注能力强，准确率高，速度较快等特点。

其他分词工具包括 Paoding（庖丁解牛分词）、HTTPCWS、MMSEG4J、CC-CEDICT 等，具有不同的特点，并且大部分是开源项目，用户可根据需要选择合适的工具。

7.1.2　文本表示与词权重计算

目前，文本表示主要采用向量空间模型（Vector Space Model，VSM）。在这种模型中，每个文本被表示为在一个高维词条空间中的一个向量

$$d_i = (t_{i,1} : w_{i,1}, t_{i,2} : w_{i,2}, t_{i,3} : w_{i,3}, \cdots, t_{i,m} : w_{i,m})$$

其中，d_i 为文本，$t_{i,j}$ 表示第 i 个文本 d_i 中的第 j 个词，$w_{i,j}$ 表示词 $t_{i,j}$ 在文本 d_i 中的权重。词条权重 $w_{i,j}$ 一般采用 TF×IDF 方法来计算得到。

词频（Term Frequency，TF）是指一个词条在一个文本出现的频数。频数越大，则该词

语对文本的贡献度越大。其重要性可表示为

$$\text{TF}_{t_{i,j}} = \frac{n_{t_{i,j}}}{N_i}$$

其中，$n_{t_{i,j}}$ 是 $t_{i,j}$ 在文本 d_i 中出现的次数，N_i 是文本 d_i 中所有词语出现的总数。

逆文本频度（Inverse Document Frequency，IDF）表示词语在整个文本集中的分布情况，包含该词语的文本数目越少，则 IDF 越大，说明该词语具有较强的类别区分能力。其重要性可表示为

$$\text{IDF}_{t_{i,j}} = \log_2 \frac{N}{m_{t_{i,j}}}$$

其中，N 是文本集的总个数，$m_{t_{i,j}}$ 是包含该词语的文本个数。TF×IDF 公式有很多不同的形式组合，一种常用的形式如下。

$$w_{i,j} = \text{TF}_{t_{i,j}} \times \text{IDF}_{t_{i,j}} = \frac{\dfrac{n_{t_{i,j}}}{N_i} \cdot \log_2 \dfrac{N}{m_{t_{i,j}}}}{\sqrt{\sum_{j=1}^{m} \left(\dfrac{n_{t_{i,j}}}{N_i} \cdot \log \dfrac{N}{m_{t_{i,j}}} \right)^2}}$$

TF×IDF 是一种常用的词权重计算方法，在信息检索、文本挖掘和其他相关领域有着广泛应用。其主要思想是，如果某个词或短语在一篇文章中出现的 TF 高，并且在其他文章中很少出现，就认为此词或者短语具有很好的类别区分能力，适合用来分类。TF×IDF 方法结合 TF 和 IDF，从词语出现在文本中的频率和在文本集中的分布情况两方面来衡量词语的重要性。

近年来，部分学者认为 VSM 这种文本表示方法没有涉及词条语义关系，而使用 TF×IDF 词权重计算方法会使得文本原有的语义信息丢失。因此，一些考虑语义层面的文本表示方法得到了广泛的关注，如潜在语义索引（Latent Semantic Indexing，LSI）、局部保持索引（Locality Preserving Indexing，LPI）和 multi-words 等。

Word2vec 是 Google 在 2013 年开源的一款将词表征为实数值向量的高效工具，利用深度学习的思想，通过训练把对文本内容的处理简化为 k 维向量空间中的向量运算，而向量空间中的相似度可以用来表示文本语义上的相似度。Word2vec 一般分为 CBOW 与 Skip-Gram 两种模型。

CBOW（Continuous Bag-of-Words Model）模型的训练输入是某特征词的上下文相关词对应的词向量，而输出是所有词的 softmax 概率。CBOW 模型是预测 $p(w_t \mid w_{t-2}, w_{t-1}, w_{t+1}, w_{t+2})$，步骤如下。

① 输入层,上下文单词的 one hot 向量(设单词向量空间 dim 为 V,上下文单词个数为 C)。

② 所有 one hot 向量分别乘以共享的输入权重矩阵 W。

③ 所得的向量相加求平均作为隐层向量。

④ 乘以输出权重矩阵 W'。

⑤ 得到向量经激活函数处理得到 V-dim 概率分布。

⑥ 概率最大的单词为预测出的中间词（target word），将中间词与正确单词的 one-hot 做

比较，误差越小越好（根据误差更新权重矩阵）。

Skip-Gram 模型和 CBOW 的思路是相反的，即输入是特定的一个词的词向量，而输出是特定词对应的上下文词向量，即 Skip-Gram 模型预测的是

$$p(w_{t-2}, w_{t-1}, w_{t+1}, w_{t+2} \mid w_t)$$

7.1.3　文本特征选择

文本特征选择是根据某种准则，从原始特征中选择部分最有区分类别能力的特征，即从一组特征中挑选出一些最有效的特征，以降低特征空间维数的过程。在向量空间模型下，文本特征的高维性和数据的稀疏性是困扰文本分类效率的瓶颈。文本特征选择是文本分类中一种重要的文本预处理技术，能够甄选出最有区分类别能力的特征词，从而能有效地提高分类器的效率，并有可能提高分类器的精度。目前，常用的文本特征选择方法有：文档频率（Document Frequency，DF），单词权重（Term Strength，TS），单词贡献度（Term Contribution，TC），信息增益（Information Gain，IG），互信息（Mutual Information，MI），χ^2 统计量（CHI-squared，CHI），期望交叉熵（Expected Cross Entropy，ECE）等。其中，文档频率、单词权重、单词贡献度是有监督的特征选择方法，而信息增益、互信息、χ^2 统计量、期望交叉熵属于无监督的方法。以下分别以文档频率和信息增益作为无监督和有监督方法的代表简要介绍文本特征选择方法。

1．基于文档频率的方法

文档频率是指所有训练文本中出现某特征词的频率。由于低频词没有代表性，高频词没有类别区分能力，因此，通常分别设置一个小的阈值和大的阈值，来过滤低频词和高频词。文档频率的计算复杂度较低，随着训练集的增加而线性增加，能够适用于大规模语料库。同时，这种特征选择方法可以去除一部分噪声词，可能有助于提高分类的准确率。

这种特征选择方法简单、易行，但在对特征词进行选择时，认为低频词不含有或含有很少的类别信息，因此将它们删除后不会影响分类器的分类效果。实际上，这个假设存在缺陷，部分低频词虽然文档频数低，但能很好地反映类别信息的特征词条，如果将该类特征词去掉，会影响分类器的分类性能。例如，在一篇新闻报道中，部分人名出现的频数很低，却具有较强的区分信息。

2．基于信息增益的方法

基于信息增益的方法根据某个特征词 t 在一篇文档中出现或者不出现的次数来计算为分类模型所能提供的信息量，并根据该信息量大小来衡量特征词的重要程度，进而决定特征词的取舍。信息增益是针对某具体特征来说的，特征词 t_i 的信息增益是在整个分类过程中，存在特征词 t_i 和不存在特征词 t_i 时的信息量差异，其中信息量由信息论中的熵来表示

$$IG(t_i) = H(C) - H(C \mid t_i)$$

$$= \left[-\sum_{j=1}^{n} P(C_j) \log_2 P(C_j) \right] - \left\{ P(t_i) \times \left[-\sum_{j=1}^{n} P(C_j \mid t_i) \log_2 P(C_j \mid t_i) \right] + \right.$$

$$\left. P(\bar{t_i}) \times \left[-\sum_{j=1}^{n} P(C_j \mid \bar{t_i}) \log_2 P(C_j \mid \bar{t_i}) \right] \right\}$$

其中，$P(C_j)$ 是指类别 C_j 中文本在语料中出现的概率，$P(t_i)$ 表示语料中特征词 t_i 出现的概率，$P(C_j|t_i)$ 表示特征词 t_i 在类别 C_j 中出现的概率，$P(\overline{t_i})$ 表示语料中特征词 t_i 不出现的概率，$P(C_j|\overline{t_i})$ 表示特征词 t_i 不在类别 C_j 中出现的概率，n 表示语料库中包含的文本类别数。

信息增益是目前最常用的文本特征选择方法之一，常被作为文本分类降维处理的方法和有监督特征选择的基准方法。该方法只考察特征词对整个分类的区分能力，不能具体到某个类别上，是一种全局的特征选择方法。

7.1.4 文本分类

网络信息挖掘、自然语言处理、信息检索等领域技术能很好地解决信息过载时代的文本数据管理问题，而文本分类技术作为这些领域的重要基础，近年来得到了快速发展和广泛的关注。

1. 定义

文本自动分类（简称文本分类）是在预定义的分类体系下，根据文本的特征（词条或短语），将给定文本分配到特定一个或多个类别的过程。传统的文本分类工作都是由专家或专业人士进行人工分类，人工分类方式费时费力，分类结果也会存在一定的主观因素。相对于人工方法，自动分类方法可以有效地减少分类工作的繁杂性和主观性，大幅提高信息处理的效率。根据分类知识获取方法的不同，文本分类方法大致可以分为两种：基于知识工程的分类方法和基于机器学习的分类方法。这里主要讨论基于机器学习的分类方法。

文本分类的基本步骤可以分为三步。首先，将预先已分类的文本作为训练集输入；其次，文本自动分类算法对输入的训练集进行学习，并构建分类模型；最后，用学习得到的分类模型对新输入的文本进行分类（第一步涉及训练集的预处理问题包括文本表示形式选择、特征选择、训练集文本的干扰因素清理等，这些处理对整个文本分类的准确性和效率影响重大）。第二步主要根据应用领域的特点，选择合适的分类器来建立分类模型，这是文本自动分类的核心步骤。最后，根据分类器对新输入文本的分类结果，对其分类性能进行评估。

2. 文本分类算法

常见的文本自动分类算法包括 Rocchio 和 WH（Widrow-Hoff）线性分类器、k-最近邻分类器（k-Nearest Neighbor，kNN）和基于推广实例的分类器（Generalized Instance Set，GIS）、朴素贝叶斯分类器（Naïve Bayes Classifier，NB）、贝叶斯网络分类器（Bayes Network，BayesNet）、决策树分类器（Decision Tree，DT）、支持向量机分类器（Support Vector Machine，SVM）等。下面用朴素贝叶斯分类算法来阐述文本分类的整个过程。

朴素贝叶斯分类器假设一个特征对于给定类的影响独立于其他特征，即特征独立性假设。文本分类假设各特征词 t_i 和 t_j 之间两两独立，这里采用 7.1.2 节的文本表示方法。

设训练样本集分为 k 类，记为 $C = \{C_1, C_2, \cdots, C_k\}$，每个类 C_i 的先验概率为 $P(C_i)$（$i = 1, 2, 3, \cdots, k$），其值为 C_i 样本数除以训练集样本总数 n，样本 d 属于 C_i 类的条件概率为 $P(d|C_i)$。根据贝叶斯定理，C_i 类的后验概率为

$$P(C_i|d) = \frac{P(d|C_i)P(C_i)}{P(d)}$$

其中，$P(d)$ 对于所有类均为常数，可以忽略。

朴素贝叶斯分类器将未知样本归于后验概率最大的类，判断依据如下：

$$P(C_i|d) = \arg\max\{P(d|C_i)P(C_i)\} \ (i = 1, 2, \cdots, k)$$

文本 d 由其包含的特征词表示，即 d 表示成 $(t_1, \cdots, t_j, \cdots, t_m)$，$m$ 是 d 的特征词个数，t_j 是第 j 个特征词，基于特征词独立性假设，文本的类条件概率 $P(d|C_i)$ 可以由文本中出现的特征的类条件概率求得

$$P(d|C_i) = P\big((t_1, \cdots, t_j, \cdots, t_m)|C_i\big) = \prod_{j=1}^{m} P(t_j|C_i)$$

其中，$P(t_j|C_i)$ 表示单词 t_j 在类 C_i 中出现的概率。

在贝叶斯假设的基础上，文本可以看作由若干相互独立的词汇组成的集合，我们可以认为文本是这些词汇按照一定的方式"产生"的。根据"产生"的方式，简单贝叶斯分类算法有两种模型，分别是多变量伯努利事件模型和多项式事件模型，其差异体现在 $P(d|C_i)$ 估计的方法不同。

（1）多变量伯努利事件模型

在多变量伯努利事件模型中，文本向量是布尔权重，也就是说，若特征词在文本中出现，则权重为 1，否则权重为 0，而不考虑特征词的出现顺序和在文中出现的次数。设特征数量为 m，将文本看成一个事件，这个事件是通过 m 重伯努利实验产生的，即某特征出现或者不出现。

设 B_{xt} 表示特征在文本中的出现情况，表示出现或者不出现，则

$$P(d|C_i) = \prod_{j=1}^{m} \Big\{ B_{xt} P(t_j|C_i) + (1 - B_{xt})\big[1 - P(t_j|C_i)\big] \Big\}$$

$P(t_j|C_i)$ 表示在类 C_i 中 t_j 出现的概率。由此可知，在多变量伯努利事件模型中，文本是所有特征的类条件概率之积，若特征 t_j 在文本中出现，则相乘的项是 $P(t_j|C_i)$，否则相乘的项是 $1 - P(t_j|C_i)$。

$P(t_j|C_i)$ 的估计采用文档频次为

$$P(t_j|C_i) = \frac{\text{特征} t_j \text{在} C_i \text{类中出现的文本数量}}{C_i \text{类的文本数量}}$$

由此可知，多变量伯努利事件模型的特点是计算 $P(d|C_i)$ 和 $P(t_j|C_i)$ 时，都不考虑特征在文本中的出现次数。

（2）多项式事件模型

在多项式模型中，一篇文档被看作一系列有序排列的词的集合。假定文章的长度对于给定类的影响是独立的，并且文档中的任何一个词与它在文本中的位置，以及上下文关系也是独立的。文档属于 C_i 类是特征词 t_j 出现一次的概率为 $P(t_j|C_i)$，文档中出现 n_j 次特征词 t_j 的概率为 $P(t_j|C_i)^{n_j}$，出现以这种次序排列的词的集合的概率为

$$\prod_j P\left(t_j \mid C_i\right)^{n_j}$$

按照上面的估计，很多不同序列的特征词都会对应同一篇文档，为此用训练集构成一个词典 $|V| = \left\{t_1, t_2, t_3, \cdots, t_{|V|}\right\}$。每篇测试文档看作由一个多项式分布生成。

因此，对每篇文档可以得到给定类别后的一篇文档生成概率（包括文档长度的概率 $P(|d|)$，与类别独立）

$$P(d \mid C_i) = P(|d|)(|d|!)\prod_{j=i}^{|y|}\frac{P(tj \mid C_i)^{n_i}}{n_j!}$$

对于每个类中出现的词，计算每个词的条件概率为

$$P\left(t_j \mid C_i\right) = \frac{\displaystyle\sum_{m=1}^{|C_i|}\text{count}\left(t_j, d_m\right)}{\displaystyle\sum_{m=1}^{|C_i|}\sum_{n=1}^{|V|}\text{count}\left(t_n, d_m\right)}$$

其中，$\displaystyle\sum_{m=1}^{|C_i|}\text{count}\left(t_j, d_m\right)$ 表示特征词 t_j 出现在 C_i 类文档中的次数，$\displaystyle\sum_{m=1}^{|C_i|}\sum_{n=1}^{|V|}\text{count}\left(t_n, d_m\right)$ 表示 C_i 类文档中出现的所有特征词的总次数。为了避免 $P(t_j \mid C_i)$ 等于 0，对其进行 Laplace 平滑估计，即

$$P\left(t_j \mid C_i\right) = \frac{\displaystyle\sum_{m=1}^{|C_i|}\text{count}\left(t_j, d_m\right) + \delta}{\displaystyle\sum_{m=1}^{|C_i|}\sum_{j=1}^{|V|}\text{count}\left(t_j, d_m\right) + \delta|V|}$$

δ 可以是任意一个正数。同时，这种平滑方法通常被应用到多变量伯努利事件模型中。

对于每个类，计算每个类的先验概率为

$$P\left(C_i\right) = \frac{\displaystyle\sum_{i=1}^{|D|}P\left(C_i \mid d\right)}{|D|}$$

其中，$\displaystyle\sum_{i=1}^{|D|}P\left(C_i \mid d\right)$ 表示训练集中属于 C_i 类的文档数，$|D|$ 表示训练集中所有文档的数目。

3. 常用基准语料与模型评估

分类器性能评估是文本自动分类技术中一个重要步骤，评估语料和评估指标的有效性直接影响实验测试结果的可信度。

（1）常用基准语料

Reuters-21578 是用于文本自动分类的公开英文基准语料库，包含 1987 年在《路透社》上的 21578 篇新闻报道，由 Sam Dobbins 等人进行人工分类标注，共包含 135 个类别。该语料库以 SGML 格式存放文本数据，可以按照 ModLewis、ModApte 和 ModHayes 等方法获取文本数据，很多学者按照 ModApte 来分割，选取其中最频繁出现的 10 个类别子集作为测试语料。

20 Newsgroups 是另一个重要的公开英文基准语料库，包含约 2 万篇新闻组文档，由 Ken

Lang 最初开始收集，包含 6 个不同的主题和 20 个不同类别的新闻组。

TanCorp 是文本自动分类公开的中文基准语料库，由谭松波收集构建。该语料库分为两个层次，收集文本 14150 篇，第一层为 12 个类别，第二层为 60 个类别。

复旦大学中文文本分类语料库由复旦大学计算机信息与技术系国际数据库中心自然语言处理小组构建，全部文档由各类论文与新闻报道组成，包含 20 个类别，测试语料 9833 篇文档，训练语料 9804 篇文档。

其他语料库还包括 OHSUMED、WebKB、TREC 系列和 TDT 系列等，被广泛应用于文本分类中，Reuters-21578 使用次数最多。相对而言，中文文本自动分类语料的建设比较欠缺，被国际权威期刊和学术会议论文使用得较少。

（2）常用评估指标

文本自动分类通常是不平衡的分类任务，常用的分类准确率（accuracy）指标只是统计总分类准确率，缺乏考虑大小类对分类结果的贡献。因此，一般使用每个类的 F-measure 值和全部类 F-measure 值的平均来评估算法的性能。F-measure 值的计算公式为

$$F\text{-measure} = \frac{(\beta^2 + 1)rp}{r + p\beta^2}$$

其中，r 表示每个类的召回率（recall），是指某类别的输入文本被正确地划分到此类别的个数与此类别总共输入文本个数的比例；p 表示每个类的精度（precision），是指某个类别的输入文本被正确地划分到此类别的个数与划分到此类别文本的总个数的比例；F-measure 值是整合召回率和精度的一个指标，其中 β 是用来调整召回率和精度在这评价函数中所占比重的一个参数，通常 β 取值为 1，也就是经常被使用到的 F_1 值。

F-measure 用于评价分类器在一个类别中的分类效果，为了评价分类器在包含多个类别的语料上的整体性能，通常采用微平均 F_1 值（micro-averaging F_1 value）和宏平均 F_1 值（macro-averaging F_1 value）。微平均是根据所有类准确划分文本个数和错误划分文本个数来计算精度和召回率，宏平均则是计算每个类别得到的精度和召回率的平均值。微平均方法一般受大类别的影响较大，宏平均方法则受小类别的影响较大。因此，在不平衡数据分类上，宏平均方法更能反映出分类器的性能。

7.1.5　文本聚类

文本聚类主要是依据假设，同类的文档相似度较大，不同类的文档相似度较小。其主要任务是把一个文本集分成若干称为簇的子集，然后在给定的某种相似性度量下，把各文档分配到与其最相似的簇中。

文本聚类作为一种自动化程度较高的无监督机器学习方法，不需要预先对文档手工标注类别，近年来在信息检索、多文档自动文摘、话题识别与跟踪等领域得到了广泛应用。文本聚类是一个无监督的学习过程，因此相似性度量方法在此过程中起着至关重要的作用。下面从文本相似度计算方法和具体的聚类流程来进行介绍。

1．文本相似度计算

文本相似度计算方法主要分为基于语料库统计的方法和基于语义理解的方法两大类。

（1）基于语料库统计的方法

基于语料库统计的方法主要有基于汉明距离和空间向量模型的方法。基于汉明距离的方法是指借助信息论中编码理论的汉明距离概念，通过求文本之间的汉明距离，来计算文本的相似度。汉明距离用来描述两个等长码字对应位置的不同字符的个数，反映两个码字之间的差异，从而计算出两个码字的相似度。该方法避免了在欧式空间中求相似度时需要的大量乘法运算，因此计算速度较快。但该方法在提取文本特征项和将文本与码字集合形成一一映射关系时工作量较大，不适合大规模的文本计算。

基于空间向量模型方法是一种简单且有效的方法，目前被广泛应用于文本挖掘、自然语言处理、信息检索等领域。向量空间模型是最常用的一种文本表示方法，前面已详细介绍该表示方法及相应的词权重计算方法，这里不再赘述。基于 TF×IDF 的文本相似度计算方法有很多，常用的有欧氏距离和余弦相似度公式。设两个文本的表达形式为

$$d_i = (t_{i,1} : w_{i,1}, t_{i,2} : w_{i,2}, t_{i,3} : w_{i,3}, \cdots, t_{i,m} : w_{i,m})$$
$$d_j = (t_{j,1} : w_{j,1}, t_{j,2} : w_{j,2}, t_{j,3} : w_{j,3}, \cdots, t_{j,m} : w_{j,m})$$

采用欧氏距离公式计算两文本之间的相似度为

$$\text{sim}(d_i, d_j) = \frac{1}{d(d_i, d_j)} = \frac{1}{\sqrt{\sum_{k=1}^{m} (w_{i,k} - w_{j,k})^2}}$$

其中，$\text{sim}(d_i, d_j)$ 表示文本 d_i 和 d_j 的相似度；$d(d_i, d_j)$ 表示文本 d_i 与 d_j 之间的欧氏距离，其值越大，则两个文本的相似度越低，反之则相似度越高。

采用余弦相似度公式的方法是以两个文本向量的夹角余弦大小来衡量其相似度的，具体计算方法为

$$\text{sim}(d_i, d_j) = \text{cosine}(d_i, d_j) = \frac{d_i \times d_j}{|d_i||d_j|} = \frac{\sum_{k=1}^{m} w_{i,k} \times w_{j,k}}{\sqrt{\left(\sum_{k=1}^{m} w_{i,k}^2\right)\left(\sum_{k=1}^{m} w_{j,k}^2\right)}}$$

$\text{cosine}(d_i, d_j)$ 的值越大，则两个文本的相似度越高，反之则相似度越低。

向量空间模型方法的最大优点在于能将复杂的文本简化地映射到多维空间中的一个点上，并用向量的形式加以描述。然而，这种方法往往会引起矩阵高维稀疏的问题。同时，这种统计方法忽略文本中各词语之间的关联性，将语义关系用简单的向量结构描述，往往会忽视很多有价值的文本描述意义。

（2）基于语义理解的方法

基于语义理解的方法是考虑语义信息的文本相似度计算方法。根据计算粒度的不同，基于语义理解的相似度计算方法也有所差别，大致可分为词语相似度、句子相似度和段落相似度三大类。当前基于语义理解的相似度研究还大多停留在词语范围，这主要是因为句子相似度比词语相似度的计算还要复杂，不仅包括语义关系的辨别，还包括句子结构的辨别等问题。

词语相似度包括两个重要的概念：语义相似度和语义相关度。语义相似度是指词语的可替代程度与语义符合程度，如计算机和计算这两个词语的相似度就很大。语义相关度是指词语之间的关联程度，如计算机与软件两个词语相似度很小，但相关性很大。

计算词语的相似度往往需要一部语义词典作为支持，目前使用频率最高的语义词典是"知网"。"知网"是一个以汉语和英语的词语所代表的概念为描述对象，以揭示概念与概念之间及概念所具有的属性之间的关系为基本内容的常识知识库，其中包含丰富的词汇语义知识和世界知识。在知网中，词汇语义的描述被定义为义项（概念）。每个词可以表达为几个义项，义项又是由一种知识表示语言来描述的，这种知识表示语言所用的词汇称为义原。这样，将词语的相似度计算转化为义原的相似度计算。

句子相似度计算要通过利用语法结构来分析，这种理解方式与人类对文本的理解模式相似，通过一定的语法规则分析。但由于汉语句子结构相当复杂，准确分析句子结构在目前来说还是比较困难的。

2．文本聚类过程

在文本聚类处理中，基于划分的聚类算法是一种简单有效的方法，被广泛用于文本挖掘。k-means 算法是一种典型的基于划分聚类算法，下面将以 k-means 算法为例详细介绍文本聚类的过程。

① 任意选择 k 个文本作为初始聚类中心。

② Repeat。

③　　　计算输入文本与簇之间的相似度，将文本分配到最相似的簇中。

④　　　更新簇质心向量。

⑤ Until 簇质心不再发生变化。

其中，每个簇用簇质心向量表示，因此在步骤③中，同样可以采用欧氏距离公式或余弦相似度公式计算文本与簇之间的相似性。与面向结构化数据聚类原理一样，k-means 算法具有高效率，能有效处理大文本集的优点。但需要预先指定 k 值，且初始中心的选择是随机的，从而容易使聚类结果受到影响。

3．评估指标

一般的聚类算法评估方法可以用于文本聚类性能评估，如外部质量准则的聚类熵、聚类精度等，具体介绍见第 4 章的内容。

在文本聚类分析中，主流的评估方法是使用外部质量准则，采用如同文本分类方法的召回率、精度和 F-measure 值。因此，对于文本聚类算法整体性能的评估，通常使用宏平均或微平均 F-measure 值及聚类熵等指标。

7.1.6　文档自动摘要

当今社会，信息已经成为人们生活中不可缺少的重要组成部分，文本数量呈指数级增长。为了快速得到有价值的信息，对信息的筛选和浓缩等问题的研究工作显得极为重要。文档摘要提取是一种重要的信息筛选和浓缩方式，传统的摘要提取方法是人工编制，但人工编制的成本高、效率低，远远跟不上发展的要求，而且具有很大的主观性，因此文档摘要自动化的研究应运而生。文档自动摘要的使用会大幅降低编制文档摘要的成本，缩短文献加工和编辑的时间，为人们廉价、迅速和准确地获取所需信息提供方便。

文档自动摘要，简称自动文摘，是指利用计算机自动地从原始文档中提取全面准确地反映该文档中心内容的简单连贯的短文。在技术实现方面，自动文摘按照处理过程，大致可以分为如下三个步骤。① 文本分析过程，对原始文本进行分析，寻找最能代表原文内容的成分，生成文本的源表示；② 信息转换过程，通过考察一系列因素（如用户的需要、领域知识等），对源表示进行修剪和压缩，形成文摘表示；③ 重组源表示内容，生成文摘并确保文摘的连贯性。

1. 文档自动摘要的类型

按照不同的标准，文档自动摘要可以分为如下类型。

（1）指示型文摘、报道型文摘和评论型文摘

根据文摘的功能划分，文档自动摘要可以分为指示型文摘、报道型文摘和评论型文摘。指示型文摘表明文献的主题范围的简明摘要；报道型文摘表明文献的主题范围及内容梗概的简明摘要；评论型文摘表明对文献内容的倾向性观点和看法。

（2）单文档文摘和多文档文摘

根据输入文本的数量划分，文档自动摘要可以分为单文档文摘和多文档文摘。单文档文摘的原文输入只是单篇文档，主题单一且较为集中；多文档文摘涉及多篇文档，包含较多的冗余信息，主题分布较为分散。

（3）单语言文摘和跨语言文摘

根据原文语言种类划分，文档自动摘要可以分为单语言文摘和跨语言文摘。单语言文摘的文献来源只包含单一语种，一般认为不同语种蕴含语义内涵各有特色，而针对单一语种的研究会更加具体；跨语言文摘涉及多种语种，除了需要对不同语种分别处理，还需挖掘不同语言的组合和共性，难度更大。

（4）摘录型文摘和理解型文摘

根据文摘和原文的关系划分，文档自动摘要可以分为摘录型文摘和理解型文摘。摘录型文摘是指从原文中抽取出段落、句子或短语词组等内容的概要描述；理解型文摘是从语义角度出发，深入分析从词语、短语、句子、段落到篇章每个层面的表达意义，从而概况出文章主旨。

（5）普通型文摘和面向用户查询文摘

根据文摘的应用划分，文档自动摘要可以分为普通型文摘和面向用户查询文摘。普通型文摘忠实地传递原文作者的观点；面向用户查询文摘是根据用户的个人兴趣和信息需要，从原文中抽取用户感兴趣的信息组成的摘要。

2. 相关技术

文档自动摘要技术主要包括自动摘录法、最大边缘相关自动文摘法、基于理解的自动文摘、基于信息抽取的自动文摘、基于结构的自动文摘、基于 LSI 语句聚类的自动文摘等。

（1）自动摘录法

自动摘录是将文本看成句子的线性排列，将句子看成词的线性排列，然后从文本中摘录最重要的句子作为文摘句。

① 计算词的权重，可采用 TF×IDF 或其他权值法计算词的权重。

② 计算句子的权重，累加句子中所有词的权重或结合其他句子特征。

③ 将句子权值排序，确定阈值，高于阈值的句子作为文摘句。

④ 将这些文摘句按原顺序组合输出。

在自动摘录法中，计算词权、句权、选择文摘句的依据是文本的 6 种形式特征，即：F—词频，T—标题，L—位置，S—句法结构，C—线索词，I—指示性断句。这 6 种特征是自动摘录的依据，从不同角度指示了文摘的主题，但都不够准确和全面。

Edmundson 用一个简单的线性方程

$$W=a_1C+a_2K+a_3T+a_4L$$

将 4 种基本的句子选择方法集成在一起。W 代表句子的最终权值，C 代表线索词（Cue）权值，K 代表根据词频计算而得到的关键词（Key）的权值，T 代表标题名词（Title）权值，L 代表位置（Location）权值，a_1、a_2、a_3 和 a_4 是调节参数。

（2）最大边缘相关自动文摘法

研究人员 Carbonell 和 Goldstein 提出了一种代表句选取的思路，即从文本中挑选出与该文本最相关的，同时与已挑选出的所有代表句最不相关的句子作为下一个代表句，即最大边缘相关自动文摘法（Maximal Marginal Relevance，MMR）。

$$MMR = \arg\max_{D_i \in R \setminus S} \left\{ \lambda \left[\operatorname{sim}(D_i, Q) \right] - (1 - \lambda) \max_{D_j \in S} \operatorname{sim}(D_i, D_j) \right\}$$

其中，Q 表示原文本；R 表示原文本中所有句子集合；S 表示 R 中已被挑选为代表句的句子集合；$R \setminus S$ 表示 R 中尚未被挑选出的句子集合；$\operatorname{sim}()$ 表示相似性计算函数；λ 作为权重调节因子，取值范围是 0~1。

MMR 模型选取法是一种公认有效的文本代表句的选取方法，因为尽可能地保证所选取的代表句在语义上最接近原始文本，同时代表句彼此间能保持较小的冗余。然而，在不同情况下，究竟该选取出多少个代表句来表示原文的主题，权重调节因子 λ 究竟该取何值，却很难有确定的答案。

（3）基于理解的自动文摘

基于理解的自动文摘利用语言学知识获取语言结构，更重要的是利用领域知识进行判断、推理，得到文摘的语义表示，最后从语义表示中生成摘要。其主要步骤如下。

① 语法分析。借助词典中的语言学指示，对原文中的句子进行语法分析，获得语法结构树。

② 语义分析。运用知识库中的寓意指示，将语法结构描述转换成以逻辑和意义为基础的语义表示。

③ 语用分析和信息抽取。根据知识库中预先存放的领域指示，在上下文中进行推理，并将抽取出来的关键内容存入一张信息表。

④ 文本生成。将信息表中的内容转换为一段完整连贯的文字输出。

（4）基于信息抽取的自动文摘

首先，根据领域知识建立该领域的文摘框架；然后，使用信息抽取方法先对文本进行主题识别；接着，选择定制的该领域的文摘框架，对文本中有用的片段进行有限深度的分析，利用特征词抽取相关短语或句子填充文摘框架；最后，利用文摘模板将文摘框架中内容转换为文摘输出。

（5）基于结构的自动文摘选取

将文章视为句子的关联网络，与很多句子都有联系的中心句被确认为文摘句，句子间的关系可通过词间关系、连接词等确定。篇幅较长的文章可视为段落的关联网络，句子之间的关联网络将十分庞大，其时空开销难以承受。相比之下，段落之间的关联网络要小得多。另外，与由句子组装起来的文摘相比，由段落拼接起来的文摘连贯性显著提高。不过，由于最重要的段落中也可能包含一些无关紧要的句子，因此基于段落抽取的文摘显得不够精练。目前，语言学对于篇章结构的研究还很薄弱，基于结构的自动文摘到目前为止还没有较成熟的方法。

（6）基于 LSI 语句聚类的自动文摘

利用潜在语义索引（Latent Semantic Indexing，LSI）可以获得特征项和文本的语义结构表示。在语义空间考虑特征项权重不是依赖于单纯的词频信息，而是考虑特征项对于文本主题的表现能力，以及在整个文本集中使用的模式。句子的权重不是所包含的特征项权重的简单累加，而是综合评价句子与文本主题和段落主题的相关程度。将各段落中的句子按照权重从大到小进行排列，按照段落摘要长度的要求，摘取一定数量的句子，将其按照在文本所处的位置顺序进行排列。最后，整合各段落中摘取的句子，构成文本摘要。

以上方法都能在一定程度上提取出相应领域信息的文摘，但普遍会面临以下 3 个关键问题的挑战，即文档冗余信息的识别和处理、重要信息的辨认和生成文摘的连贯性。

① 文档冗余信息的识别和处理

常用的冗余识别方法有两种：一种是聚类的方法，测量所有句子对之间的相似性，然后用聚类方法识别公共信息的主题；另一种是候选互斥法，即系统首先测量候选文段与已选文段之间的相似度，仅当候选段有足够的新信息时才将其入选，如最大边缘相关法。

其中，句子相似度的计算是基于句子抽取的多文档文摘，这是最关键也是最基础的一步。通过相似度计算可以判断多文档集合中冗余信息的多少，在句子抽取时，根据句子的相似度抽取冗余性最小的句子组成文摘句集合，由此可以看到句子相似度的值在文档文摘各项技术中发挥作用。句子相似度的计算不但在文档文摘中充当重要角色，而且在问答系统、机器翻译等其他自然语言处理技术中也发挥着重要作用。

② 重要信息的辨认

辨认重要信息的常用方法有抽取法和信息融合法。抽取法的基本思路是选出每个簇中的代表性的部分，默认这些代表性的部分可以表达这个簇中的主要信息。信息融合（Information Fusion）法的目的是生产一个简洁、通顺并能反映这些句子（主题）之间共同信息的句子。为此要识别出对所有入选的主题句都共有的短句，然后将其合并起来。由于集合意义上的句子交集效果并不理想，因此需要一些其他技术来实现融合，这些技术包括句法分析技术、计算主题交集（theme intersection）等。

另外，多文档文摘的抽取方法不同于单文档。单文档文摘抽取信息的分布情况是一致的，即在原文中出现信息的比例和文摘中出现信息的比例是一致的。但是在多文档文摘中，由于原始文档集合来自不同的文本，冗余信息多，为了使用户获得全面简洁的信息，需要根据文档中信息不同的重要度，按照一定的压缩比例将相关内容抽取到文摘中。

③ 生成文摘的连贯性

文摘句的排序任务是将主要信息以符合逻辑、表达流利的形式表示出来，句子排序问题解决的好坏直接影响到文摘的质量和可读性。对于单文档文摘，这是一个相对简单的问题，单文档文摘句可以参考其在原文中的位置信息，将抽取的文摘句按照原文档中的顺序进行排列生成文摘。而多文档文摘技术对已有的单文档文摘技术提出了一系列挑战，其中一项就是如何解决多文档文摘句的排序问题。对于这个问题目前采用的方法通常有两种：时间排序法（chronological ordering）和扩张排序算法（augmented algorithm）。在时间排序法中，一般选定某时间为参考点，然后计算其他时间的绝对时间值。扩张排序算法的目的是试图通过将有一定内容相关性的主题（topically related themes）放在一起来降低句子之间的不流畅性。

3. 性能评估

文档自动摘要研究属于自然语言理解范畴，因而对一个文摘系统的测评实际上就是对一个自然语言理解系统进行测评。近年来，关于文档自动文摘的专题研讨会频繁地出现在了世界顶级权威学术会议上，如 ACL、COLING 和 SIGIR 等，在探讨自动文摘技术的同时，也为研究者提供了一个标准的文摘训练和评价平台，以便对参赛系统进行大规模的测评，从而推动自动文摘技术的发展。自动文摘包含标准文摘的信息比率是内部测评中对文摘内容完整性的一种重要测评。下面介绍几个主流的评价方法。

（1）SEE

SEE（Summary Evaluation Environment，单文档文摘评价系统）根据评价的粒度，将自动文摘和标准文摘打散成一系列单元（句子、分句等），计算自动文摘单元对标准文摘单元的覆盖程度。

（2）ROUGE

ROUGE 是先由多个专家分别输出人工文摘，构成标准文摘集，再对比，统计二者之间重叠的基本单元的数目（基于 N-Gram 共现统计、基于最长公共子串、基于顺序词对、考虑串的连续匹配等）。

（3）Pyramid

Pyramid 是利用人工将文摘句划分为若干文摘内容单元（Summarization Content Unit，SCU），每个 SCU 表示一个核心概念。将所有 SCU 按照重要程度进行排序，同等重要的排列在同一行，从上至下，按重要程度逐行递减，构成所谓的 Pyramid，通过计算自动文摘中包含的 SCU 数量和重要程度来判断文摘的质量。由于各语义单元的大小不固定，且同一语义的表达方式多种多样，致使自动生成这些语义单元存在很大困难，而且人工标注成本高，语义单元有歧义性，不利于大规模对多个系统进行评价。

（4）BE

BE（Basic Elements，基本单元）是为了解决 Pyramid 方法存在的问题而提出的。首先由机器自动生成标准文摘的较小 N 元语法单元，然后对它们进行合并，实现自底向上的构造语义单元。这样便可以实现单元的自动识别，而且在一定程度上降低了匹配表示相同概念的不同语义单元（BE）的难度。

7.1.7 文本情感分析

近年来，随着计算机技术、人工智能、心理学、社会学等学科交叉知识的延伸扩展，情感计算成为国内外学者研究的热门领域。情感计算主要是指自动分析文本、图像、视频或音频等对象所表达的情感倾向和程度。在互联网快速发展的时代，越来越多的信息以文本形式呈现，因此，文本情感分析成为情感计算的重要方向，也是文本挖掘的重要内容。由于篇幅所限，本节主要从文本情感分析概念、技术和应用领域三方面做简单阐述。

1．文本情感分析概念

文本情感分析（Sentiment Analysis）是人们对带有情感色彩的主观性文本进行分析、归纳和推理，挖掘人们对特定事物的情感或观点。目前，在情感分析方面研究较多的是观点挖掘（Opinion Mining）。

最初的情感分析主要是简单分析人们所表达的情感词。随着主观性文本的多样化和复杂化，情感分析逐渐涉及更复杂的句子、段落、篇章等方面的研究。按文本粒度，情感分析可以分为词语级、短语级、句子级、篇章级和篇章簇级等层次。情感分析任务主要包括情感信息的提取、情感信息分类和情感信息检索等主题。情感信息的提取阶段主要涉及评价词语（或情感词）、评价对象、观点持有者等情感信息的提取；情感信息分类阶段可以分为简单的主客观信息二元分类和主观情感信息分类（二元或多元情感分类）；情感信息检索阶段主要是整合情感信息提取和分类的结果，方便用户检索主题相关的文档，以了解文档呈现的情感倾向。

2．文本情感分析技术

目前，文本情感分析技术主要涉及情感分析方法和情感知识库建设。情感分析方法是基于情感词典的方法、基于机器学习的方法和结合两者的混合方法。基于情感词典的方法主要依据已有的情感词典或领域词典，针对主观文本中的情感信息进行计算，综合评价该文本的情感；基于机器学习的方法则借助机器学习的方法和已有的文本语料库，选取有意义的特征对主观性文本进行分类，将其归到一个或多个情感类别中。这两种方法能在一定程度上识别主观文本的情感，然而分析的准确率受制于情感词典或语料库的规模，因此情感知识库的建设显得尤为重要。情感知识库建设包括情感词典或领域词典的构建和主观文本语料库构建。

（1）基于情感词典的方法

基于情感词典的方法是利用词典的规则进行关键词匹配，属于无监督的学习方法，不需要文本语料库。它主要是建立或利用已有的情感词典或领域词库，来判断主观性文本中情感词语或词语的组合的文本情感的极性和强度。

（2）基于机器学习的方法

基于机器学习的方法将情感分析看作文本分类任务，属于有监督的学习方法，需要语料库的支持。首先，将文本向量化，并进行有效的特征选择；然后，选取合适的分类算法进行建模。由于特征选择、降维技术和分类算法等方面都有成熟的理论支持，这种方法能有效地发现文本中隐含的情感，但是依赖于有标注语料库。当语料库规模足够大时，情感分析的准确率可以达到80%以上。

同时，在拥有大量无标注数据和少量有标注数据的条件下，可以采用半监督学习方法。利用标注语料训练分类器，再对无标注数据进行分类，评估分类效果，选择质量高的样本进入标注的训练集，这样重复扩充训练集，从而达到改善分类器准确率的目标。

（3）结合情感词典和机器学习的方法

在基于机器学习方法的基础上，结合情感词典的辅助功能（如利用情感词典选择有代表性的情感词作为文本特征，同时可以利用情感词典提供的情感极性和情感强度等信息计算文本特征权重），可以有效地提升情感分析的准确率。在情感词典规模较大的情况下，情感词典能有效地选择更为有效的情感特征，大大提升情感分析的准确率和效率。

（4）情感知识库的建设

情感知识库主要包括情感词典或领域词库和语料库。目前，国内外不少研究单位和个人提供了一定规模的词典资源和语料。

常用下的词典如下。

① GI 评价词词典（英文）：收集了 1914 个褒义词和 2293 个贬义词，并为每个词语按照极性、强度、词性等打上不同的标签，便于根据情感分析任务的不同要求灵活应用。

② NTU 评价词词典（繁体中文）：含有 2812 个褒义词和 8276 个贬义词。

③ 主观词词典（英文）：主观词语来自 OpinionFinder 系统，含有 8221 个主观词，并为每个词语标注了词性、词性还原和情感极性。

④ HowNet 评价词词典：包含 9193 个中文评价词语/短语、9142 个英文评价词语/短语，并被分为褒义和贬义两类。值得一提的是该词典提供了评价短语，为情感分析提供了更丰富的情感资源。

常用的语料库如下。

① 影评语料：由康奈尔大学构建，由电影评论组成，其中持肯定和否定态度的电影评价各 1000 篇；还有标注了褒贬极性的句子各 5331 句，标注了主客观标签的句子各 5000 句。目前，该影评语料库已被广泛应用于各种粒度的词语、句子和篇章级的情感分析研究中。

② 产品领域的评论语料：由伊利诺伊大学芝加哥分校的 Hu 和 Liu 两位学者提供，主要包括从 Amazon 和 Cnet 下载的 5 种电子产品的网络评论（包括两个品牌的数码相机、手机、MP3 和 DVD 播放器），这些语料以句子为对象，详细标注了句子中的评价对象、情感极性及情感强度等信息。

③ MPQA（multiple-perspective QA）库：由 Wiebe 等人开发，包含 535 篇不同视角的新闻评论，是一个进行了深度标注的语料库。其中，标注者为每个子句手工标注出一些情感信息，如观点持有者、评价对象、主观表达式、其极性与强度。

④ 餐馆评论语料：由麻省理工学院的 Barzilay 等人构建，共 4488 篇语料，每篇语料分别按照 5 个角度（饭菜、环境、服务、价钱、整体体验）分别标注了 1～5 个等级，为单文档的产品属性的情感文摘提供了研究基础。

⑤ 中文酒店评论语料：由中国科学院计算技术研究所的谭松波博士提供，约 1 万篇，并标注了褒贬类别，为中文的篇章级情感分类提供了一定的基础。

3．文本情感分析的应用

互联网上评论文本的爆炸式增长，迫切需要计算机帮助用户加工整理这些情感信息，这使得情感分析研究具有重要的应用。下面介绍情感分析三方面的应用。

（1）用户产品评论挖掘

情感分析技术广泛应用于用户对产品和服务的评论挖掘领域。人们在进行产品购买决策时通常会查询该产品的相关评论信息，从中获取有利于购买决策的信息。然而，由于大部分用户缺少足够的时间和精力浏览产品的全部评论，这给购买决策带来一定的风险。情感分析技术可以有效地缓解这个困境。通过对大量产品评论文本的挖掘和分析，可以发现产品的相关属性及其受到的评价，进一步归纳和整理，进而为用户提供产品各属性的正面和负面评价关键词，方便用户进行购买决策。目前，国内外有很多研究机构在产品和服务评论挖掘方面做了大量工作，研发出了不少该领域的情感分析系统。国外比较有名的是谷歌研发的Google Product Search系统；Twitter和Facebook等社交媒体上也有类似的情感分析系统，根据用户发布的Twitter博文或其他消息，发现用户对特定品牌的产品的评价和观点，如tweetfeel系统。国内也有OpinionObserver这种挖掘在线顾客产品评价的系统和用于汽车论坛的情感分析系统。

（2）舆情分析

随着互联网技术的发展和以微博为代表的新型社交媒体的盛行，信息传播的速度进一步加快，从而使公众参与社会舆论的热情更加高涨；越来越多的网民通过不同的网络渠道表达自己的观点和评价，互联网成为社会舆情产生和演化的重要平台。巨大的网络信息对各级政府部门的社会管理带来巨大的挑战，如何及时应对这些舆论，做好舆情调控工作，成为政府部门面临的难题。然而，由于互联网上的信息量十分庞大，传统的人工方法难以收集和处理海量的网络信息，情感分析技术有助于对舆情信息进行自动化监控和分析。

（3）信息预测

情感分析技术还可以应用于不同领域的信息预测，例如，在金融市场上对股市变化趋势的预测，在政治上对国外总统或议员大选的预测等。情感分析技术通过分析互联网新闻、网民言论等不同文本的信息，分析相关话题背后表达的观点和评价，进一步预测某一事件的未来状况。例如，根据《纽约时报》报道的2010年美国大选，研究人员通过分析2010年美国大选相关的Tweet，准确预测出下一任美国总统；Digital Trowel公司研发的Stock Sonar系统通过分析来自不同信息源的新闻、帖子，分析、挖掘人们对特定公司的积极或消极的观点，以预测该公司股票在股市中的变化趋势。

7.1.8 用户画像

1. 什么是用户画像

用户画像是对现实世界中用户的建模，是指根据用户的属性、偏好、习惯、行为等信息抽象出来的标签化用户模型。构建用户画像的核心工作是将用户的每个具体信息抽象成标签，而标签是通过对用户信息高度精练得到的特征标识，如图7-1所示。利用一些高度概括、容易理解的特征（标签）来描述用户，将用户形象具体化，可以让人更容易了解用户，并且可以方便计算机处理，从而为用户提供有针对性的服务。

用户画像一般按业务属性划分多个类别模块，有用户消费画像、用户行为画像、用户兴趣画像等。具体的画像得看产品形态，在金融领域，还有风险画像，包括征信、违约、洗钱、还款能力、保险黑名单等；在电商领域，包括商品的类目偏好、品类偏好、品牌偏好等。

2. 用户画像的作用

用户画像，作为一种刻画目标用户、联系用户诉求与设计方向的有效工具，最初是在电商领域投入应用，现在广泛应用于各领域。用户画像的使用场景较多，可以用来挖掘用户的兴趣、偏好、人口统计学特征，主要目的是提升营销精准度和推荐匹配度，最终目的是提升产品服务，提升企业利润。

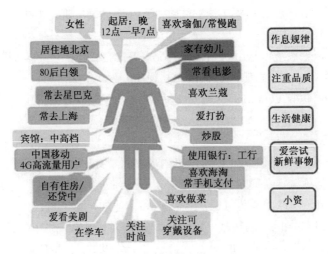

图 7-1　用户标签示例

① 精准营销：根据历史用户的特征，分析产品的潜在用户和用户的潜在需求，针对特定群体，利用短信、邮件等方式进行营销。

② 用户统计：根据用户的属性、行为特征对用户进行分类后，统计不同特征的用户数量、分布；分析不同用户画像群体的分布特征。

③ 数据挖掘：用户画像是很多数据产品的基础，如推荐系统、广告系统、搜索引擎等，可以提升服务精准度。广告投放系统基于一系列人口统计相关的标签，性别、年龄、学历、兴趣偏好、手机等。

④ 服务产品：对产品进行用户画像与受众分析，更透彻地理解用户使用产品的心理动机和行为习惯，完善产品运营，提升服务质量。

⑤ 行业报告和用户研究：通过用户画像分析了解行业动态，如人群消费习惯、消费偏好分析、不同地域品类消费差异分析等。

用户画像可以用于企业管理的多个方面，如图 7-2 所示。

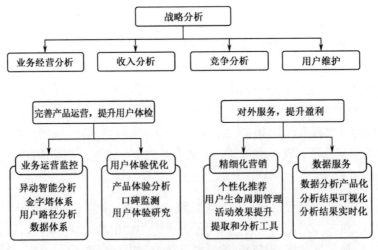

图 7-2　用户画像在企业管理中的应用

用户画像适合各产品周期，如图 7-3 所示，从新用户的引流到潜在用户的挖掘、从老用

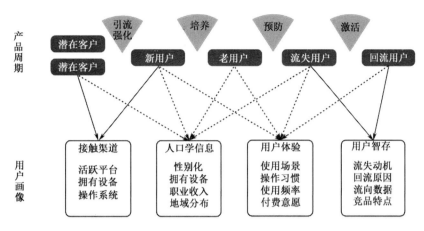

图 7-3　用户画像在产品不同周期阶段的使用

户的培养到流失用户的回流等。用户画像必须基于业务模型，从实际业务场景出发，解决实际的业务问题。"理解消费者的决策，考虑业务场景，考虑业务形态，考虑业务部门的需求"这些概念很抽象，但是一个好的用户画像离不开它们。用户画像的业务目标是为了获取新用户、提升用户体验或者挽回流失用户等。如果业务部门的业务模型都没有想好，数据部门也是"巧妇难为无米之炊"。数据部门不能关门造车，这与做产品一样，连用户需求都没有理解透彻，匆匆忙忙上线一个 App，可以预计到结果将会是无人问津。在产品早期和发展期，会较多地借助用户画像，帮助产品研发人员理解用户的需求，想象用户使用的场景，产品设计从为所有人做产品变成为特定人群做产品，间接地降低了复杂度。

3．用户画像需要用到哪些数据

用户画像数据的维度设计同样需要紧跟业务实际情况。用户画像数据来源广泛，根据具体业务内容，会有不同的数据、不同的业务目标，也会使用不同的数据。在互联网领域，用户画像数据可以包括以下内容，这些数据是全方位了解用户的基础。

① 人口属性，包括性别、年龄等人的基本信息。

② 兴趣特征，包括浏览内容、收藏内容、阅读咨询、购买物品偏好等。

③ 消费特征，与消费相关的特征。

④ 位置特征，包括用户所处城市、所处居住区域、用户移动轨迹等。

⑤ 设备属性，使用的终端特征等。

⑥ 行为数据，包括访问时间、浏览路径等用户在网站的行为日志数据。

⑦ 社交数据，用户社交相关数据。

不要想当然地归纳一个齐全完备的体系，却忽略了画像的核心价值。用户画像首先应是商业目的下的用户标签集合。不是有了用户画像，便能驱动和提升业务，而是为了驱动和提升业务才需要用户画像。这种本末倒置的理解是易犯的错误。

猜测用户的性别、籍贯、工资，有没有谈恋爱？喜欢什么？准备购物吗？探讨这些问题是没有意义的。性别如何影响消费决策，工资金额影响消费能力，有没有谈恋爱是否会带来新的营销场景，购物怎么精准推荐，这些才是用户画像背后的逻辑。

表 7-1 是一个用户画像数据的案例，用户标签包含基本特征、社会身份、顾客生命周期、类目偏好等。判断一个人对女装是否感兴趣，假设有一个类目就是女装，如果其购买的都是

女装，就会认为这个人对女装比较感兴趣。

表 7-1 用户画像数据示例

基本特征	社会身份	顾客生命周期	类目偏好	购物属性	风险控制
性别	家庭用户	注册用户转新客	吃货	跨区域购物用户	黄牛小号判别得分
母婴年龄预测	学生	PC 转移动	高品质生活	日用品周期购买	
顾客消费层次	公司白领	类目半新客转化	家庭日用品	顾客价值得分	注册异常用户判别得分
顾客年龄	中老人	流失得分	手机数码达人	促销敏感	
地域气候	顾客职业行业	礼物礼券	辣妈、丽人	积分获取异常用户得分
类目标签（主题推荐）					
女装	饼干/糕点	茶叶	流行首饰	身体护理	公共
甜美文艺	三高人群	清热解暑	恋恋深情	抗敏感	儿时回忆
职业通程	瘦身减肥	补血益气	卡通图案	清香型	懒人必备
个性街头	独爱花香	清肝明目	平安	中草药	送礼必备
妖媚性感	香甜	呵护女性	乔迁	便携旅游
气质名媛	鲜咸	健胃消食	金饰		宴会待客

4．用户画像主要应用场景

用户画像应用场景示例如图 7-4 所示，包括：用户属性，用户标签画像，用户偏好画像，用户流失，用户行为，产品设计，个性化推荐、广告系统、活动营销、内容推荐、兴趣偏好。

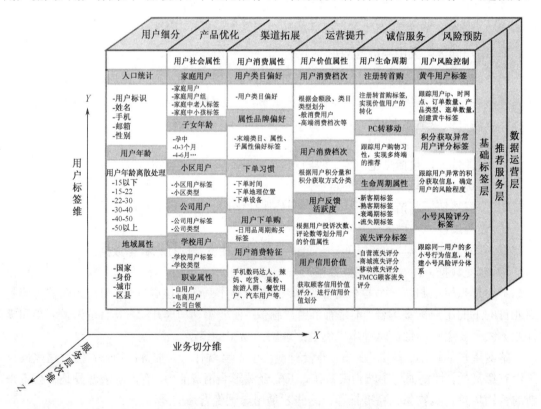

图 7-4 用户画像应用场景示例

5．用户画像标签层级的建模方法

不同业务的画像标签体系并不一致，这需要数据和运营目的性地提炼。用户画像的核心是标签的建立，用户画像标签建立的各阶段使用的模型和算法如图 7-5 所示。

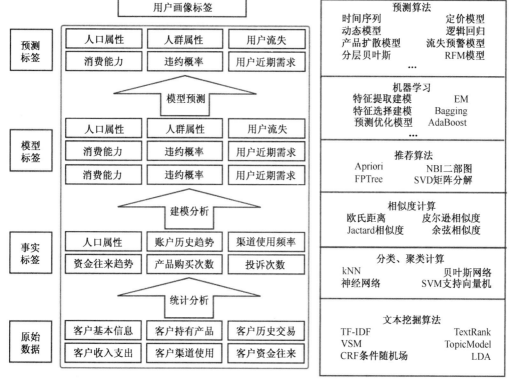

图 7-5　用户画像在各个阶段使用的模型和算法

① 原始数据层。对原始数据主要使用文本挖掘的算法进行分析，如常见的 TF-IDF、主题模型等算法，进行预处理和清洗，对用户数据进行匹配和标识。

② 事实标签层。通过分类、聚类等文本挖掘方法，从数据中尽可能多地提取事实数据信息，如人口属性信息、用户行为信息、消费信息等。

③ 模型标签层。模型标签层完成对用户的标签建模与用户标识，主要采用回归、决策树、支持向量机等机器学习方法，结合推荐算法；通过建模分析，可以进一步挖掘出用户的群体特征和个性权重特征，从而完善用户的价值衡量，服务满意度衡量等。

④ 预测层。预测层利用预测算法，如机器学习中的监督学习、计量经济学中的回归预测、数学中的线性规划等方法，实现对用户的流失预测、忠实度预测、兴趣程度预测等，从而实现精准营销、个性化和定制化服务。

不同的标签层级会考虑使用对其适用的建模方法，对一些具体问题有专门的研究。

7.2　案例分析

7.2.1　虚假新闻检测案例

虚假新闻检测有基于内容的建模方法和基于社交网络的建模方法。而基于内容建模方法又分为面向知识库的方法和面向行文风格的方法。面向知识库的方法应用成本高，难度较大，效果也不一定理想。用文章内容本身的行文风格，通过上下文无关文法得到句子的句法结构，或者 RST 修辞依赖理论等其他 NLP 深度模型去捕捉句子文法信息。根据捕捉文本信息描述种类的不同，分为检测欺骗程度和检测描述的主观客观程度（越客观公正的可能性越大）两种。虚假新闻可能用到的特征包括普通特征和聚合特征两大类。普通特征就是页面、文本、图片、标题等单纯的特征，聚合特征就是把各普通特征进行组合并有监督地训练成一个个子模型问题，这些子模型的输出可以作为聚合特征用于虚假新闻检测。

图 7-6 是一个虚假新闻检测系统的主要特征集。

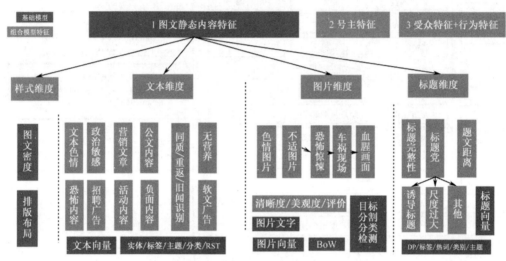

图 7-6　虚假新闻检测特征示例

基于社交网络建模分为两种：基于立场和基于传播行为。前者主要基于用户对内容的操作（评论、点赞、举报等）构建矩阵或者图模型，而基于传播行为对对象建模类似 PageRank 的行为传递。

研究发现，真实新闻文章明显长于虚假新闻文章，虚假新闻很少使用技术词汇，存在更少的标点符号、更多的冗余词汇的特点；标题也有明显的不同，假新闻的标题会更长，更喜欢增加名词和动词；真的新闻通过讨论来说服，假新闻通过启发来说服。

1. 基于内容的建模方法

（1）任务描述

文本是新闻信息的主要载体，对新闻文本的研究有助于虚假新闻的有效识别。虚假新闻文本检测的具体任务是，给定一个新闻事件的文本，判定该事件属于真实新闻还是虚假新闻。该任务可抽象为 NLP 领域的文本分类任务，根据新闻文本内容，判定该新闻是真新闻还是假新闻。

（2）数据描述

本案例使用的数据源于某年智源&计算所之互联网虚假新闻检测挑战赛。训练集有38471 条数据，其中真实新闻为 19186 条，虚假新闻为 19285 条。每条数据有 id、text、label 三个字段，其中 1 代表正例（真）、0 代表负例（假），如图 7-7 所示。

id	text	label
09766d6ec92a9eff7f8763f9f9fee14f	"李的76人律师团领队、法律大学副校长张…	1
1cdf439752d339b45fc848984c609899	【男子捏造"周浦滴滴司机砍死乘客"谣言被…	0
d3aa07cc41ab42fa5c8718bd655abb1c	【善良的大桥】金沙江大桥在没车行走的时…	1
e940e98292b76024dfbcbcff378c9d2f	幼儿园都发通知了，家长们注意啦：现在得…	1
21b667ed6784407bf5562a400c72bb3f	上海4000吨垃圾偷倒苏州太湖西山岛(图) (…	0

图 7-7　部分数据展示

（3）模型介绍

为了尽可能利用新闻文本信息，本案例利用 BERT 对新闻文本进行特征表示，在 BERT 官方预训练模型上进行参数微调，并拼接 BERT 最后 4 层[CLS]特征向量，再连接激活函数为 sigmoid 的全连接层，以此进行新闻文本分类。

① BERT

BERT 是一个词向量预训练模型，只用到 Transformer 的 encoder 部分，其创新是将双向 Transformer 用于语言模型，如图 7-8 所示。Transformer 的 encoder 是一次性读取整个文本序列，使得模型能够基于单词的两侧学习，相当于一个双向功能，而双向训练的语言模型对语境的理解会比单向的语言模型更深刻。

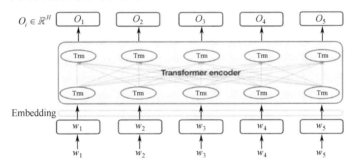

图 7-8　BERT 预训练语言模型

BERT 利用 Masked LM（MLM）进行双向语言模型的训练。MLM 是训练深度双向语言表示向量，采用了非常直接的方式，即遮住句子里某些单词，让编码器预测这个单词的原始词汇。这里随机遮住 15%的单词作为训练样本。为与后续的具体 NLP 任务保持一致，其同时满足以下规则：其中 80%用 masked token 来代替，10%用随机的一个词来替换，10%保持这个词不变。

为捕捉一些句子级的模式，BERT 引入 Next SentencePrediction（NSP）来进行模型的训练。在 BERT 的训练过程中，模型接收成对的句子作为输入，并且预测其中的第二个句子在原始文档中是否是第一个句子的后续句子，以便模型可以更好地学习句子之间的关系。

② 输入表示

BERT 的输入如图 7-9 所示，包括三部分，分别为词向量（Token Embeddings）、段向量（Segment Embeddings）、位置向量（Position Embeddings）。

词向量：模型中关于词最主要的信息。

段向量：因为 BERT 的下一句的预测任务，所以会有两句拼接起来，上句与下句，上句有上句段向量，下句则有下句段向量，一般以全 0 向量和全 1 向量来表示。

位置向量：由于 Transformer 模型不能记住时序，故需加入表示位置的向量。

BERT 模型将这 3 个向量的加和作为模型输入。注意，BERT 在输入过程中会加入两个特殊符[CLS]和[SEP]。特殊符[SEP]为分割符，是用于分割两个句子的符号，前面半句会加上分割码 A，后半句会加上分割码 B。[CLS]为起始符，位于句子最前面，用于 BERT 的"下一个句子预测"分类任务的实现，可以视为汇集了整个输入序列的表征。

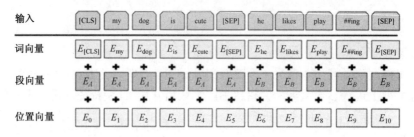

图 7-9　BERT 的输入

（4）文本分类建模

BERT 模型架构如图 7-10 所示。首先，所有新闻文本都将转换成词向量、段向量、位置向量，其 3 个向量的加和输入 BERT 模型，获取文档特征向量。起始符[CLS]最终所得向量可认为是整个句子语义的表示，其后可接一个全连接层，可用于进行文本的分类。但 BERT 有 12 层编码网络，每层所学特征可能有所不同，因此本案例取最后 4 层[CLS]向量进行拼接，再输入全连接层中分类。

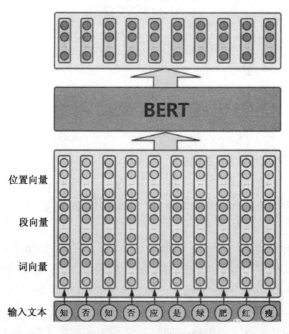

图 7-10　BERT 模型架构

神经网络使用 Sigmoid 函数作为最后全连接层的激活函数，可得到 0～1 的值。以 Binary Crossentropy（二元交叉熵）为损失函数，并选择 Adam 方法作为优化器，最小化损失函数

的误差。Sigmoid 函数计算公式为

$$sigmoid(x) = (1 + e^{-x})^{-1}$$

Binary Crossentropy 损失函数计算公式为

$$loss = -\sum_{i=1}^{n} \left[\hat{y}_i \log \hat{y}_i + (1 - \hat{y}_i) \log(1 - \hat{y}_i) \right]$$

具体流程如下。

① 将新闻文本拆分成字并生成相应的词 id，获得 input_ids（句子中词语 id 组成的 tensor），同时获得 pooled_output（句子的段向量表示，这里只输入一个句子，则该向量为全 0）。位置下标由于是固定的，因此位置向量会在模型内部生成，不需手动输入。

② 将 input_ids 和 pooled_output 共同输入 BERT 模型。

③ 获得 BERT 最后 4 层[CLS]的特征向量，并进行拼接，得到向量 C，以此作为句子语义的表征。

④ 将拼接所得向量 C 输入激活函数为 Sigmoid 的全连接层，以进行分类。

⑤ 输出新闻文本标签。

（5）模型评估

本案例中以 F_1 值作为模型的评估指标。表 7-2 记录了不同模型进行虚假文本分类任务所得的数据结果。表 7-3 记录了不同分类模型的预测效率。

表 7-2　不同分类模型的 F_1 值

模　型	验证集得分	测试集得分
LSTM	90.40%	91.79%
CNN	93.40%	92.19%
LSTM_CNN	95.40%	92.79%
BERT_Finetune	**99.20%**	**99.40%**

表 7-3　不同分类模型的效率（单位：s）

模　型	验证集得分（500 条）	测试集得分（500 条）
LSTM	0.64	0.62
CNN	0.07	0.07
LSTM_CNN	0.85	0.80
BERT_Finetune	**117.27**	**119.14**

由于数据集太大，运行时间过长，本案例只从该数据集中抽取 2500 条新闻文本作为训练集，500 条作为验证集，500 条作为测试集。这几个模型都是以 Sigmoid 函数作为最后全连接层的激活函数，以二元交叉熵为损失函数，Adam 方法作为优化器。这里比较了不同分类模型在虚假新闻文本分类任务上的效果，可见 BERT 的效果比一般模型更好。在验证集上，F_1 值达到 99.20%，在测试集上 F_1 值达到 99.40%。但其参数量更大，需要的训练时间更长，无论在验证集还是在测试集，预测所需时间都远远超过其他模型。结果表明，BERT 预训练语言模型能更好地表示文本的语义信息，并获得较好的虚假新闻文本分类效果，但所需运行时间更长。

2．基于社交网络的建模方法

（1）任务描述

下面依然将虚假新闻检测看作二分类问题。不仅考虑新闻的文本特征，还充分利用社交网络的用户特征，通过用户新闻传播行为分类任务，结合 GraphSage 学习社交网络上的用户表示，使得用户特征表示与虚假新闻检测任务相关联。

（2）数据描述

本案例使用的数据源于 FakeNewsNet 数据集，它收集自 BuzzFeed 和 PolitiFact 这两个具有事实核查功能的平台，既包含了虚假和真实文章的新闻内容（来源、正文、多媒体），又包含了其社交语境信息（用户简介、关注者/被关注者等），如表 7-4 所示。

表 7-4　数据集概况

平　台	BuzzFeed	PolitiFact	平　台	BuzzFeed	PolitiFact
Candidate news	182	240	Users	15257	23865
True news	91	120	Engagements	25240	36680
Fake news	91	120	Social links	634750	574744

（3）模型框架

在本案例中，对于一组新闻片段 C_t，其中 $t \in [1, T]$。每篇新闻都由一组包含 m 个用户的 U_m 所报道或转发，其中 $m \in [1, M]$，且每个用户用一组单词简介 $\{X_1, X_2, \cdots, X_n\}$ 表示。那么，$A \in \{0, 1\}^{m \times m}$ 代表用户-用户的邻接矩阵，$A_{ij} = 1$ 表示用户 u_i 和 u_j 参与了同一篇新闻的转发，否则 $A_{ij} = 0$。基于用户-用户的邻接矩阵去构造一个由新闻传播信息组成的同构网络。本案例把虚假新闻检测看成一个二分类问题，我们的目标是使框架能够根据用户特征和文本内容对新闻进行分类，其中标签 1 表示虚假新闻，标签 0 表示真实新闻，如图 7-11 所示。

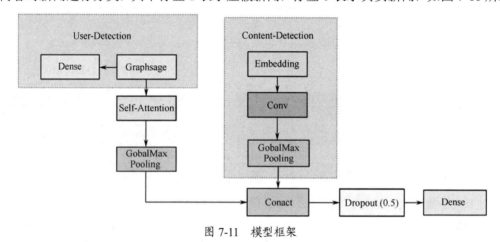

图 7-11　模型框架

① 用户检测

为了挖掘用户特征对虚假新闻检测的潜在影响，本案例使用一种基于 GraphSage 的用户检测模型。无监督表示学习只能学习网络结构的表征信息，对特定任务中节点之间的潜在关系却难以捕获。本案例通过用户的新闻传播行为分类任务来克服这一局限性。社交网络的用户可分为三类，即只转发虚假新闻的、只转发真实新闻的和这两类新闻都参与过转发的。

我们使用 GraphSage 进行分类。GraphSage 是一个通用的归纳框架，利用节点的特征信息（如文本属性）来有效地为以前未看到的数据生成节点嵌入，因此更适合提取社交网络结构的特征。

本案例将每个用户作为一个节点嵌入图网络，每个节点的嵌入表示都是根据其用户简介进行初始化的。在训练每个节点的嵌入时，GraphSage 也对 K 个聚集函数的参数进行训练更新。这些函数聚集来自邻域节点的信息，并通过一组权重矩阵 W^k（$\forall k \in [1, \cdots, K]$），用于在模型的不同层或"搜索深度"之间传播信息。

本案例采用的聚合器是平均聚合器，通过对 $\{h_u^{k-1}, \forall u \in N(v)\}$ 中的向量计算平均值，以获得领域信息，更简单、快捷。

本案例在 GraphSage 上提取节点在第一层和第二层的表示，并将它们拼接起来，作为最终的用户表示。之后，每个用户表示连接上一层全连接神经网络进行多标签分类。用二元交叉熵损失函数作为用户检测的优化目标函数。我们的目标是提取经过分类任务训练后的最终用户表示。其中用到的公式为

$$h_v^{k-1} \leftarrow \sigma\{W, \text{mean}[(h_v^{k-1}) \cup (h_u^{k-1})], \forall u \in N(v)\}$$

$$V_{\text{user}} = V_{\text{depeth}=1} \oplus V_{\text{depeth}=2}$$

$$\text{loss} = -\sum_{i=1}^{n}\left[\hat{y}_i \log \hat{y}_i \times (1-\hat{y}_i)\log(1-\hat{y}_i)\right]$$

② 用户注意力

为了突出不同用户对虚假新闻检测任务的不同影响，本案例采用多头注意力机制来关注经过 GraphSage 获取的用户特征。

多头注意力机制在 2017 年由谷歌提出，并在自然语言处理中得到了广泛应用，赋予了模型关注重要特征的能力。多头注意力机制基于自注意力机制，输入和输出都是向量。输入由 3 个模块组成，可以称为查询、键和值，都是一组向量序列，定义为 $Q \in R^{n_q \times d}$、$K \in R^{n_k \times d}$、$V \in R^{n_v \times d}$ $V \in R^{n_v \times d}$。其中，n_q、n_k、n_v 代表每篇新闻参与传播的用户数，d 代表了用户嵌入的维度。自注意力机制的计算公式为

$$\text{Attention}(Q, K, V) = \text{softmax}\left(\frac{QK^T}{\sqrt{d_k}}V\right)$$

简单来说，自注意力机制计算了查询和所有键的点积，并每个除以 $\sqrt{d_k}$，最后用 softmax 函数激活。将自注意力机制过程重复 h 次，并将结果拼接起来，这就是多头注意力机制。多头注意力机制计算公式为

$$\text{Multihead}(Q, K, V) = \text{Concat}(\text{head}_1, \cdots, \text{head}_h)W^Q$$

其中，$\text{head}_i = \text{Attention}(QW_i^Q, KW_i^K, VW_i^V)$。

多头注意力使得模型能够学习不同表示子空间中的相关信息，提高了注意力机制的性能。通过这种方法，本案例的框架能学习到虚假新闻检测用户产生的不同影响。

③ 网络与内容融合框架

将这两个特征有效地在框架中融合，是提升模型表现至关重要的一个因素。对于内容检测部分，它由嵌入层和卷积层及全局最大池化层组成，负责将内容特征捕获成向量形式。而从多头注意力机制输出的用户向量，也须通过全局最大池化层进行特征采样。最后，将用户表示向量和内容表示向量拼接起来，作为最终向量输入到一层全连接层中。这部分的损失函数为二元交叉熵损失函数，激活函数为 sigmoid。为了提高模型的健壮性，本案例还使用了 Dropout。最终向量计算公式为

$$V_{\text{finally}} = V_{\text{user}} \oplus V_{\text{content}}$$

（4）实验与结果分析

① 模型性能

本案例使用精度、召回率和 F_1 值作为评估指标，表 7-5 记录了利用不同模型对 BuzzFeed 和 PolitiFact 数据集执行虚假新闻分类时的结果。可以发现，传统的基于新闻文本内容的分

表 7-5　不同模型的性能比较

模　型	BuzzFeed			PolitiFact		
	精度	召回率	F_1 值	精度	召回率	F_1 值
RST+SVM	0.549	0.561	0.555	0.555	0.533	0.544
LIWC+SVM	0.618	0.628	0.623	0.571	0.667	0.615
TFIDF+SVM	0.823	0.636	0.717	0.840	0.840	0.840
Castillo	0.731	0.783	0.756	0.775	0.791	0.783
RST+Castillo	0.794	0.784	0.789	0.794	0.792	0.793
LIWC+Castillo	0.772	0.834	0.802	0.865	0.767	0.813
TriFN	0.849	0.893	0.870	0.867	0.893	0.880
UCEM	0.830	0.955	0.888	0.914	0.944	0.929
Ours	**0.905**	**1.000**	**0.950**	**1.000**	**1.000**	**1.000**

类方法，如 RST、LIWC 或 TFIDF，F_1 值都处于一个较低的水平，而使用了社交网络信息的模型的性能得到了显著提高。例如，RST+Castillo 和 LIWC+Castillo，F_1 值达到了 0.8 左右，都高于只基于新闻文本内容的方法。TriFN 和 UCEM 更好地体现了用户的社交特征，也取得了很好的效果。本案例的模型在两个数据集上的表现都超过了 UCEM 模型。其中，在 BuzzFeed 数据集上的 F_1 值提升了约 6%，在 PolitiFact 数据集上的 F_1 值为 1.0。验证集上的 100% F_1 值预测，证明了该模型框架的强大，而这与 GraphSage 有效获取新闻-用户网络上的用户行为特征、多头注意力机制使得用户具备了注意力权重密不可分。

② 基于新闻-用户网络的方法

由表 7-6 可以观察到基于新闻-用户网络的模型的实验结果，几种经典图嵌入方法与本案例的基于 GraphSage 的模型进行了比较。可以发现，使用多头注意力机制对新闻用户赋予不同的注意权值后，本案例的方法在 PolitiFact 数据集上提升了约 2% 的 F_1 值；即使没有新闻内容特征，也能达到 1.0 的最佳 F_1 值。为了证明模型中起作用的不仅是用户-新闻网络特征，我们可以比较表 7-5 和表 7-6 中 BuzzFeed 数据集的实验结果，在使用新闻文本特征后，模型的 F_1 值提升了约 2%。这也说明了本案例框架的有效性，能充分把握两种特征信息，提升模型表现。

表 7-6　不同模型的结果比较

模　型	BuzzFeed			PolitiFact		
	精度	召回率	F_1 值	精度	召回率	F_1 值
DeepWalk	0.895	0.720	0.798	0.918	0.912	0.915
Node2vec	0.844	0.755	0.797	0.885	0.859	0.872
AANE+Node2evc	0.807	0.787	0.797	0.842	0.877	0.859
AANE+LINE	0.833	0.833	0.833	0.863	0.761	0.809
AANE+DeepWalk	0.951	0.833	0.888	0.914	0.944	0.929
Without attention	0.864	**1.000**	**0.927**	**1.000**	0.967	0.983
With attention	0.864	**1.000**	**0.927**	**1.000**	**1.000**	**1.000**

③ 用户特征

根据对数据集的统计分析可以发现，数据集中有大量的用户简介数据和零关注、零跟随用户，而社交网络上的这些用户往往是社交机器人或虚假新闻的传播者。我们使用主成分分析（PCA）的降维方法，将通过 GraphSage 获得的用户表示从高维空间投影到二维平面上，如图 7-12 所示。其中，蓝色代表只参与真实新闻传播的用户；红色代表只参与虚假新闻传播的用户；黄色代表均参与真假新闻传播的用户。可以看出，通过 GraphSage 学习获得的用户特征向量，能够较好地区分这几类群体。图中的红色用户很可能是机器人或者只传播虚假新闻的用户。大多数人转发（红点）真实新闻是来自一个集中的来源（绿点）。而虚假新闻通过人们转发其他转发者来传播。

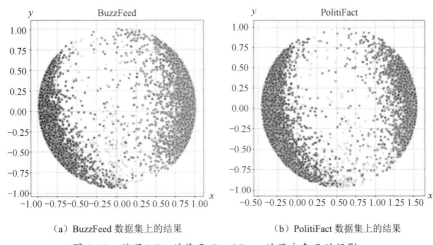

（a）BuzzFeed 数据集上的结果　　　　（b）PolitiFact 数据集上的结果

图 7-12　使用 PCA 的基于 GraphSage 的用户表示的投影

本案例的方法得到的用户特征是透明的，表 7-7 给出了数据集的用户特征分布。用户特征的可视化表示与实际的统计结果高度一致，同时可以发现，社交网络中只传播虚假新闻的用户并不是少数，在 BuzzFeed 数据集中占近一半，而在 PolitiFact 数据集中的占比高达 80%。

表 7-7　用户特征分布

类　型	BuzzFeed	PolitiFact
Only Fake	7406	18862
Only True	7316	4437
Both	535	566

7.2.2　社交平台情感分类

1．任务描述

COVID-19 的大流行备受社会各界关注，是 2020 年以来社交媒体平台上讨论最多的话题。众多用户针对此次疫情在新浪微博等社交媒体平台上发表了自己的看法，蕴含了丰富的情感信息。据统计，自疫情爆发以来，有关 COVID-19 的微博话题超过了 200 个。此次疫情为高热度的重大社会热点事件，采用数据挖掘技术自动识别出社交媒体文本中的情绪信息，对疫情期间的微博评论做情感识别能客观反映出疫情舆情的发展动向，有助于有关机构做出合理科学的决策，也可以帮助政府了解网民对各事件的态度，及时发现人们的情绪波动，从而更有针对性地制定政策。本案例根据 SMP2020 微博情绪分类技术评测中的疫情数据集做疫情情感分类。

2．数据描述

本案例数据源于 SMP2020 微博情绪分类技术评测中的疫情数据集，其中的微博内容是疫情期间使用相关关键字筛选获得的疫情微博，内容与新冠疫情相关，包含积极（happy）、愤怒（angry）、悲伤（sad）、恐惧（fear）、惊奇（surprise）和中性（neural）等情绪。

该数据集有语料 8606 条，约 80%的记录（6883 条）划分为训练集，其余（1723 条）划分为测试集，各类情感文本举例如表 7-8 所示。

表 7-8　各类情感文本举例

情　绪	文　　本
积极	//@Yingereer:加油啊，都会好的！！！
愤怒	//@一间大屋:世卫不是法外之地！
悲伤	我大山西已经沦陷了么？？[允悲][允悲][允悲]
恐惧	全国延迟开学吧，我是真的害怕。
惊奇	肺炎？？？？咋回事啊 ??
中性	//@紫光阁:倡议+1[心]//@共青团中央:我倡议，减少不必要聚餐，提倡网络拜年，提醒家人出门戴口罩[心]

数据集中情感标签分布不平衡，如图 7-13 所示。happy 情绪所占比例最多，达 51.39%；而 fear 和 surprise 情绪所占的比例很低，仅占 6.45%和 2.29%。

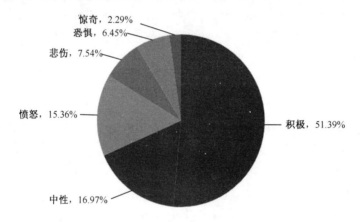

图 7-13　疫情情绪分布饼状图

微博文本长度跨度大，以短文本居多，文本长度分布近似服从幂律分布，如图 7-14 所示。

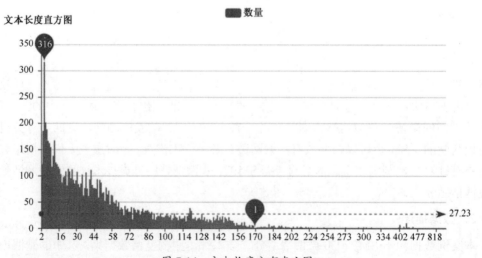

图 7-14　文本长度分布直方图

3．数据预处理

数据预处理包含数据清理、分词和去停用词。

（1）数据清理

数据预处理需要删除大量无用的和重复的信息，抽取对情感分类任务有价值、有意义的数据。本案例采用的数据集为汉语语料的网络评论，存在许多问题，如繁体字与简体字共存、文本中常带有用户名（以"@+用户名"的形式存在）、有超链接（如网址）等，需要进行全角与半角的转换、中文繁体转简体、去除网址及邮箱、去除用户名（@标签）、去除部分标点符号（如"#""[""]"等）、保留emoji（表情符号）等操作，如表7-9所示。同时，根据图7-14统计的句子长度的结果，在后续Bi-LSTM模型的构建中，本案例限制数据的最大长度为124，即能覆盖所有数据90%长度所对应的数值。

表7-9 数据清洗示例

清洗策略	清洗前	清洗后
全角与半角的转换繁简体转化去除部分标点符号保留emoji	向医务工作者们致敬[作揖]你们要注意安全，在医治病人的时候，更要保护好自己。	向医务工作者们致敬作揖你们要注意安全在医治病人的时候更要保护好自己.
去除网址、邮箱、用户名	//@李莫愁：在他写的一篇文章里有http://t.cn/A6P27iXG	在他写的一篇文章里有

（2）分词

词语是最小的能够独立使用的有意义的语言成分，分词的好坏直接影响计算机对文本处理的准确性。本案例采用中文分词工具jieba，如表7-10所示。

表7-10 句子分词示例

原始句	向医务工作者们致敬作揖你们要注意安全在医治病人的时候更要保护好自己。
分词后	向 医务 工作者 们 致敬 作揖 你们 要 注意安全 在 医治 病人 的 时候 更要 保护 好 自己 .

（3）删除停用词

评论语料中存在很多出现频率高，但是区分能力很弱的词汇，如助词、语气词等，被称为停用词。本案例在使用jieba进行分词的基础上去除停用词。本案例使用的停用词表为哈工大停用词表，含有767个停用词。为了使停用词过滤得更加干净，提高分类性能，本案例进一步整合了停用词表，进行二次过滤，如表7-11所示。

表7-11 句子删除停用词示例

分词后	向 医务 工作者 们 致敬 作揖 你们 要 注意安全 在 医治 病人 的 时候 更要 保护 好 自己 .
删除停用词后	医务 工作者 致敬 作揖 注意安全 医治 病人 更要 保护

（4）文本特征提取

TF-IDF是一种加权技术，根据字词在文本中出现的次数和在整个语料中出现的文档频率，来计算一个字词在整个语料中的重要程度。其主要思想是，如果某个词或短语在一篇文章中出现的概率高，并且在其他文章中很少出现，那么认为此词或者短语具有很好的类别区分能力，适合用来分类。

本案例使用TF-IDF进行文本特征提取，使用sklearn中的TfidfTransformer来统计vectorizer中每个词语的TF-IDF值，通过fit_transform函数计算各词语出现的次数。

4．实验与结果分析

本案例的流程如图 7-15 所示。

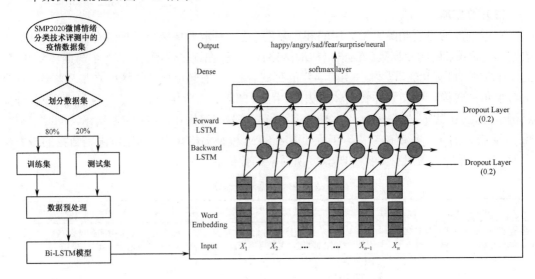

图 7-15　疫情情感分类流程

（1）评测指标

性能优劣的评价通常使用分类精度（Precision）、召回率（Recall）和 F_1 值（F1-score）。对于模型分类，通常会出现 4 种情况：由实际属于该类、实际不属于该类、被分到该类、未被分到该类，分别表示为 TP（True Positives）、FP（False Positives）、TN（True Negatives）、FN（False Negatives），如表 7-12 所示。所以，各项指标计算方式为

$$Precision = \frac{TP}{TP + FN}$$

精度代表通过分类器分类正确的记录占分类器归到该类记录的比例，数值越高，通常说明某类别的分类效果越精确。

表 7-12　模型分类效果

	实际属于该类	实际不属于该类
被分到该类	TP	FP
未被分到该类	FN	TN

$$Recall = \frac{TP}{TP + FP}$$

召回率代表着通过分类器正确的记录占实际该类记录的比例，数值越高，通常说明某类别的记录的识别准确程度越高。

$$F_\beta - Measure = \frac{(\beta^2 + 1) \times Precision \times Recall}{\beta^2 \times Precision + Recall}$$

$F_\beta - Measure$ 又可以称为 F 值，由于精度及召回率两个指标之间存在冲突，一个指标提升时，另一个指标就会下降，F_1 值是对精度和召回率的综合评估，能够更加客观、合理地对模型作出评价。所以 F 值相对来说更具有参考性，$\beta = 1$ 时代表的是最常见的 $F_1 - Measure$。

$$F_\beta - Measure = \frac{2 Precision \times Recall}{Precision + Recall}$$

（2）基于 Xgboost 的微博情感分类

Xgboost 是一种高效且广泛使用的机器学习方法，本案例在数据预处理与文本特征提取

的基础上，选择 Xgboost 模型对文本进行情感分类。表 7-13 为 Xgboost 模型测试结果，对应的混淆矩阵如图 7-16 所示，Xgboost 模型的准确率总体达 69%，F_1 值达 46%。其中该模型对情感"积极"的识别效果最好，其 F_1 值达到了 82%。通过混淆矩阵可以看出，"积极"与其他情感的区分度高，"愤怒"次之。情感"惊奇"仅 3 条数据预测准确，其余较大程度被识别为"中性"和"恐惧"。主要原因在于，训练集中情感"惊奇"的训练数据最少，只有 157 条，占训练集的 2%。

表 7-13　Xgboost 模型实验结果

情感/测试	精度	召回率	F 值	支持度
愤怒	0.57	0.62	0.59	265
恐惧	0.28	0.60	0.38	111
积极	0.93	0.73	0.82	885
中性	0.50	0.57	0.53	292
悲伤	0.20	0.72	0.31	130
惊奇	0.07	1.00	0.14	40
准确率			0.69	1723
macro 均值	0.43	0.71	0.46	1723
权重均值	0.78	0.69	0.72	1723

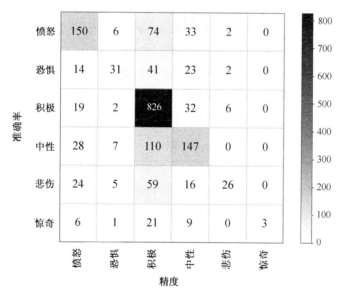

图 7-16　Xgboost 模型混淆矩阵

为了进一步验证本案例所使用的 Xgboost 模型在文本分类上的有效性，验证 Xgboost 模型与其他机器学习模型的准确率与 F_1 值，如表 7-14 所示，可以看出，Xgboost 模型的 F_1 值取得最高值。

（3）基于 Bi-LSTM 的微博情感分类

Bi-LSTM 是 Bi-directional Long Short-Term Memory（双向长短时记忆）循环模型的缩写，由前向 LSTM 与后向 LSTM

表 7-14　各模型结果对比

模　型	准确率	F_1 值
kNN	0.52	0.28
逻辑回归	0.68	0.45
SVM	0.69	0.44
决策树	0.62	0.41
Xgboost	0.68	**0.46**

组合而成。而 LSTM 是 RNN（Recurrent Neural Network）的一种，通过遗忘门和记忆门的设置，可以更好地捕捉到句子中较长距离的词语间的依赖关系。Bi-LSTM 由两个相反方向的 LSTM 组成，通过综合上下文信息，提高计算机对文本情感分析的准确性。

① Bi-LSTM 模型的组成。

输入层（Input layer）：输入经过序列化的句子，并通过字典映射所形成的 id 序列。

Embedding 层：将句子中的每个字映射成固定长度的向量。

Dropout 层：随机扔掉一些神经元，可防止过度拟合，提升模型泛化能力。这里的阈值设置为 0.2。

LSTM 层：利用双向 LSTM 对 embedding 向量计算，实际上是双向 LSTM 通过对词向量的计算，从而得到更高级别的句子的向量。

Dropout 层：第二层 Dropout，同上，随机扔掉一些神经元，再次提升模型泛化能力，其阈值仍设置为 0.2。

输出层（Output layer）：输出具体的结果。

② Bi-LSTM 模型参数（如表 7-15 所示）

表 7-15 Bi-LSTM 模型参数情况

层（类型）	输出类型	参数数量
input_1（InputLayer）	(None, 124)	0
embedding_1（Embedding）	(None, 124, 128)	2232832
dropout_1（Dropout）	(None, 124, 128)	0
bidirectional_1（Bidirection）	(None, 128)	98816
dropout_2（Dropout）	(None, 128)	0
dense_1（Dense）	(None, 6)	774
Total params	2 332 422	
Trainable params	2 332 422	
Non-trainable params	0	

③ 实验结果分析

模型测试结果如表 7-16 所示，对应的混淆矩阵如图 7-17 所示。

由表 7-16 和图 7-17 可知，Bi-LSTM 模型的准确率总体达 72%，F_1 值达 56%。该模型对情感 happy 的识别效果最好，其 F_1 值达到 87%。通过混淆矩阵可以看出，"积极"与其他情感的区分度高，"愤怒"次之，"惊奇"则效果相对差了很多。在 40 条数据中，仅有 11 条

表 7-16 Bi-LSTM 模型实验结果

情感/测试	精度	召回率	F_1 值	支持数
愤怒	0.71	0.57	0.63	265
恐惧	0.42	0.42	0.42	111
积极	0.85	0.89	0.87	885
中性	0.59	0.63	0.61	292
悲伤	0.47	0.44	0.45	130
惊奇	0.35	0.38	0.36	40
macro 均值	0.57	0.55	0.56	1723
权重均值	0.72	0.72	0.72	1723

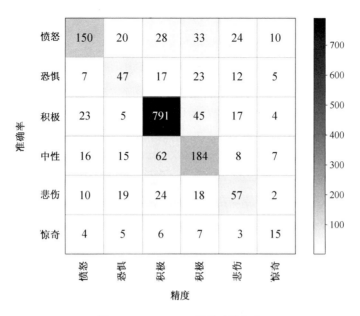

图 7-17　Bi-LSTM 模型混淆矩阵

数据预测准确，其余较大程度被识别为"中性"和"恐惧"。因为情感"惊奇"的训练数据最少，只有 157 条，仅占训练集的 2%。

从两种分类方法的性能可见，Bi-LSTM 模型的性能优于 Xgboost 模型的性能。

本章小结

本章对文本挖掘技术进行了简要介绍，包括分词、文本表示、文本特征选择、文本分类、文本聚类、文档自动摘要、用户画像等文本挖掘技术。在非结构化数据快速增长的今天，这些技术在对海量网络数据挖掘中扮演着重要角色。

文本挖掘在现实生活中有着广泛的应用，如 Web 搜索、垃圾邮件过滤、情报分析等。本章提供了 3 个案例，以便更深入地理解相关技术和思想。从文本内容和社交网络两个角度探讨了虚假新闻检测；通过对微博情感分类，为社会治理提供有效手段，其思想可用于产品评论挖掘，为生产厂家及用户提供帮助。

文本挖掘覆盖范围广泛，涉及方法多种多样，本章只是为相关技术提供基础的学习内容，深入研究可查看相关的文献。

╭─ 拓展阅读

数据陷阱之"过度拟合"

分类与回归等预测任务可能出现过度拟合现象。顾名思义，过度拟合就是拟合得过分了，老祖宗说"过犹不及"，是很有智慧的。

过度拟合就是模型虽然在训练集中拟合出了非常漂亮的结果，但在测试集中的性能明显变差。以二维平面上的离散点为例，拟合就是将平面上的点用一条光滑的曲线连接起来。

例如，2015 年某基金和某平台共同推出了大数据指数（i 指数），在量化投资研究平台的基础上，通过平台的财经"大数据"定性和定量分析，找出股票热度预期、成长预期、估值提升预期与股价表现的同步关系，选出具有超额收益预期的股票，建构、编制并发布策略指数。发布初期，指数对历史数据进行回溯，秒杀当时几乎所有的"传统指数"，如图 7-18 所示。但几年后，该优势已经不复存在。

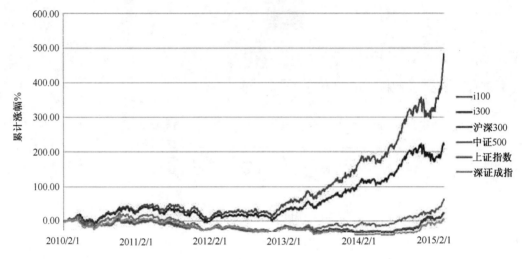

图 7-18　大数据指数与其他传统指数对比

过度拟合可能因为训练集和测试集数据特征分布不一致，或训练数据中有噪声、样例数量太少，导致过度在意细节而忽略大趋势，以致发现的所谓规律不具有普遍性，模型的泛化效果不佳。假定给一群天鹅，让机器学习天鹅的特征。经过训练后，机器知道了天鹅是有翅膀的，它的嘴巴是长而弯的，脖子也是长长的，有点弯度。天鹅的整个体型像一个阿拉伯数字"2"，且略大于鸭子。这时机器已经基本能区分出天鹅和其他动物了，如小狗、青蛙。但是，在给定的训练集当中，天鹅的毛色都为白色。机器学习后，将"白色"也作为了天鹅的特征。如此一来，机器以后识别到羽毛为黑色的动物都会直接排除掉。那么，"天鹅的羽毛都是白色的""黑天鹅不是天鹅"这些结论就因过度拟合而产生。

为什么数据有噪声，就可能导致模型出现过拟合现象呢？所有的机器学习过程都是一个搜索假设空间的过程，是在模型参数空间搜索一组参数，使得损失函数最小，也就是不断地接近真实假设模型，而真实模型只有知道了所有的数据分布才能得到。我们的模型往往是在训练数据有限的情况下找出使损失函数最小的最优模型，然后将该模型泛化于所有数据的其他部分。

如何避免模型过度拟合是个大难题。

第 8 章
数据挖掘的金融应用

随着金融企业数字化转型，金融企业对于自身大数据的需求越来越明显，场景也越来越具体化。虚拟化及电子化交易成为大数据时代金融行业发展的特征。能否充分利用自己的数据优势，将成为金融机构转型升级的关键。数据已成为企业的核心资产，数据化决策是企业未来的发展方向。掌控数据就可以深入洞察市场，从而做出快速而精准的应对策略，这也就意味着巨大的投资回报。金融企业战略从"业务驱动"转向"数据驱动"，对数据进行有效的管理和运用，能使企业在转型变革过程中拥有绝对的核心竞争力。大数据分析与应用在金融领域的应用与发展会给越来越多的企业带来了更多的收益，并对其未来的规划提供越来越可靠的数据支撑。

社交网络与电子商务使人们的日常社交、消费活动日益网络化、数据化，进而推动了传统金融的线上化与互联网金融的发展。互联网金融极大地缓解了传统金融市场的金融抑制问题，促进了我国普惠金融事业的发展，消费金融、网络借贷市场规模不断扩大。在这一系列社会活动进化的背后隐藏着一条主线，即人类活动的数据化，从而催生了大数据及数据分析市场。数据分析机构利用大数据提供了有效的金融风险控制工具，如智能风控、用户画像、用户价值挖掘等。

数据分析行业快速发展，但数据分析行业缺少监管，难免良莠不齐、泥沙俱下。部分数据分析机构由于缺少底线思维，涉嫌违法违规，而被调查。尽管纷扰不断，但传统金融机构（如商业银行）的线上化进程不可逆转，数据分析机构所提供的各类工具和服务一时难以替代。以智能反欺诈为例，数据分析机构通过各种技术手段广泛采集到各类重要数据，并以此建模，进而通过人工智能深度学习模型监控相关数据信息往来，及时发现预警危险数据、欺诈信息。对中小金融机构而言，自建上述建模分析能力的成本太高。若缺少数据分析机构的能力支撑，必然会增大业务风险；若停止相关业务，则会因缺乏竞争力而失去市场，也会影响到普惠金融的推进。

随着市场经济的发展，银行业发挥着越来越重要的作用。科技与金融的结合催生了金融科技，人工智能、区块链、云计算、大数据等技术促进了金融产品的创新。基于指纹识别、人脸识别、虹膜识别、掌纹识别、声音识别、基因识别、静脉识别、步态识别等生物识别技术的身份认证产品，以及移动支付技术的使用，为便利的金融服务提供了支撑。移动支付作为移动互联网领域和金融领域的革命性创新和代表性应用，在促进电子商务及零售市场的发展、满足消费者多样化支付需求方面正发挥着越来越重要的作用。二维码支付、电子银行、直销银行业务等均体现了移动互联网技术在金融服务中的应用。差异化和智能化理念在金融信息科技建设中不断得到体现。数据挖掘技术在金融领域发挥着越来越重要的作用，逐渐成为银行数据分析的重要技术，也成为金融科技的核心技术之一，可以应用于金融数据分析的多个方面。例如，使用数据挖掘技术对金融产品、客户等进行差异化分析，获取其特点和内在规律，提高精细化经营水平；借助数据挖掘技术对金融企业已经积累的与消费者关系密切的海量数据进行充分挖掘，将其转化为知识和决策，并落地实践。

金融行业面临的挑战包括证券欺诈预警、超高频金融数据分析、信用卡欺诈检测、审计跟踪归档、企业信用风险报告、贸易可见度、客户数据转换、交易的社会分析、IT 运营分析和 IT 策略合规性分析等。金融行业严重依赖大数据进行风险分析，包括反洗钱、企业风险管理、用户行为管理和减少欺诈。

大数据在金融行业已广泛应用，如证券监督管理委员会使用大数据来监控金融市场活动，银行使用网络分析和自然语言处理来捕捉金融市场的非法交易活动。使用大数据进行高频交易、交易前决策支持分析、情绪测量、预测分析等方面的交易分析。

本章将概括性地介绍金融科技，数据挖掘技术在金融领域的应用，然后通过银行潜在贷款客户挖掘、贷款违约分析等案例，讨论数据挖掘如何应用于金融领域中以解决实际问题。

8.1 数据挖掘在金融领域中的应用概述

8.1.1 金融科技

世界已经被金融、科技两大产业所主导。世界是金融的，也是科技的，金融科技（FinTech）应时而生。金融科技作为信息技术带来的创新，强调前沿信息技术对合规金融业务的辅助、支持和改进作用，其核心是帮助金融业务实现"三升两降"，即提升效率、体验、规模，同时降低成本和风险。自 2015 年以来，国内外企业开始探索金融科技技术。

关于金融科技的内涵，国际金融稳定理事会给出了一个国际通用的标准定义，即技术带来的金融创新，它能够产生新的商业模式、应用、过程或产品，从而对金融市场、金融机构或金融服务的提供方式产生重大影响。

在金融科技所覆盖的范围与领域方面，巴塞尔银行监管委员会区分出了四个核心应用领域，分别是存贷款与融资服务、支付与清结算服务、投资管理服务和市场基础设施服务。

① 存贷款与融资服务包括网贷、征信、众筹等产品。

② 支付与清结算服务包括移动支付、数字货币等内容。

③ 投资管理服务包括智能投顾与智能投研等。

④ 市场基础设施服务的内容则最广泛，是指人工智能、区块链、云计算、大数据等技术带来的金融产品的创新。

由于中外金融监管环境和社会环境存在一定差异，中外金融科技概念的发展与演变存在较大区别。我国发展金融科技的侧重点在于市场基础设施服务的细分领域，以前沿科技能力的方式赋能传统金融行业或传统商业模式，为产品本身注入区别于传统金融产品的能力，如远程核身能力、大数据存储及运算能力、自动化与智能化服务能力、多机构对等合作及共享资源的能力、降低成本能力、安全加固能力、精准营销能力、精细化风险管理、防欺诈及风险定价能力等，以科技带动金融业务革新，最终实现服务实体经济与普惠大众的目标。

我国供给侧改革核心之一是金融改革，降低企业融资成本、提升资金利用率成为焦点话题。互联网金融纳入政府工作报告、写进"十三五"规划，提出推进互联网、大数据、云计算技术应用。近年来，政府、企业、资本市场在金融科技领域的投入均呈现上升趋势。2016年被称为中国"智能金融"元年，也是中国互联网金融"监管元年"。银监会发布了《中国银行业信息科技"十三五"发展规划监管白皮书》，互联网金融信用信息共享平台开通，成为数字普惠金融信息基础设施。

中国人民银行印发了《金融科技（FinTech）发展规划（2019—2021 年）》，明确指出，运用大数据、人工智能等技术建立金融风控模型，有效甄别高风险交易，智能感知异常交易，实现风险早识别、早预警、早处置，提升金融风险技防能力；运用数字化监管协议、智能风控平台等监管科技手段，推动金融监管模式由事后监管向事前、事中监管转变，提升金融监管效率。

在多变的内外部环境下，银行信贷、零售银行、证券经纪业务、基金财富管理、消费金融、资产证券化或许是各类金融机构突破重围、提升业务营收的机遇点。在宏观经济、市场环境、监管政策的外部因素影响下，金融机构拥抱技术变革、谋求转型发展将成为突破口。近年，以云计算、大数据、区块链为首的新兴技术创新全面渗透至金融业的方方面面，用科技手段解决供需矛盾、用机器解放人力资源，以数据驱动的决策实务出现了前所未有的爆发式增长，形成独具特色的综合业务型、专业服务型、技术驱动型新金融企业。以金融科技为代表的新金融的诞生和迅猛发展，从渠道升级到深化技术应用，给金融行业带来了新的思路和实践方向。金融科技在产业供需矛盾依旧凸显的背景下，成为有效的解决手段。在大众创业、万众创新的环境下，以科技驱动的金融改革确保了产业升级和经济长期可持续发展。

金融业高度依赖信息技术，是典型的数据驱动行业。互联网与金融的结合逐渐形成了几种基本模式：第三方支付、大数据金融、众筹、信息化金融机构和互联网金融门户。互联网金融发展的关键因素为风险、成本控制与用户体验的平衡。互联网金融企业沉淀的历史数据，为征信提供了大量数据来源，这些数据蕴含了大量征信对象的全方位信用特征（包括交易行为、交互行为等）。数据挖掘技术可以高效、批量、实时、精确地处理这些数据，将企业和个人信用、交易行为等信息完整、动态地串联起来，使征信的成本、效率、适用人群范围有非常大的改观。互联网金融的潜力之一在于它能激活数以亿计的长尾用户，将差异化的金融产品更精准地定位，并推送给目标人群，通过更合适的创意和服务来吸引目标人群关注，并最终购买该金融产品。互联网金融对促进小微企业发展和扩大就业发挥了现有金融机构难以替代的积极作用，为大众创业、万众创新打开了大门。促进互联网金融健康发展，有利于提升金融服务质量和效率，深化金融改革，促进金融创新发展，扩大金融业对内对外开放，构建多层次金融体系。互联网金融主要特点包括成本低、效率高、覆盖广、发展快、管理弱、风险大（信用风险、网络安全风险）。P2P 平台暴雷、蚂蚁金服、凤凰金融事件等足以说明互联网金融风险。

在金融科技中，数据挖掘技术是非常重要的核心技术之一。运用数据挖掘、机器学习技术分析高频交易、交易前决策支持分析、情绪测量等，优化风险防控数据指标、分析模型，精准刻画客户风险特征，有效甄别高风险交易，提高金融业务风险识别和处置的准确性。使用网络分析和自然语言处理技术来捕捉金融市场的非法交易活动。健全风险监测预警和早期干预机制，合理构建动态风险计量评分体系、制定分级分类风控规则，将智能风控嵌入业务流程，实现可疑交易自动化拦截与风险应急处置，提升风险防控的及时性。组织建设统一的金融风险监控平台，提升对仿冒 App、钓鱼网站的识别处置能力。构建跨行业、跨部门的风险联防联控机制，加强风险信息披露和共享，防止风险交叉传染。利用自然语言处理技术自动获取财经类网站报道中负面信息的企业，加载到企业风险图谱中，自动计算出所有授信企业的风险暴露概率。当授信企业风险暴露概率超过预先设定的阈值时，自动预警。基于企业风险图谱帮助银行精准识别出风险客群，精准计量出客户群风险，完善贷后风险控制流程，减少损失。

金融、证券行业面临许多挑战，人工智能与深度学习的商业应用场景逐渐在金融领域浮现。基于大数据、人工智能的金融服务得到了快速发展，在智能客服、远程身份认证、智能化运维、智能投顾、智能理赔、反欺诈与智能风控、网点机器人服务等场景中广泛应用。运用大数据进行精准营销与获客,通过大数据模型为客户提供金融信用,进而辅助各项业务决策等。随着金融机构的服务模式更加主动,金融机构大数据处理能力逐步提升,将出现越来越多的商业成功案例和业务框架,如以语音识别与自然语言处理为基础的智能客服;以计算机视觉与生物特征识别为基础的人像监控;以机器学习与深度学习为基础的超高频金融数据分析、交易的社会网络分析、IT运营分析和策略合规性分析,实现风险预测、欺诈检测、授信融资、定价、图像识别与智能投顾等;又如交通银行的智能网点机器人和平安集团的智能客服等。

目前,业界比较知名的智能投顾是招商银行的"摩羯智能投顾"。以下是来自百度知道的介绍,摩羯智投(Machine Gene Investment)是招行智能化的基金投资顾问,主要根据客户自身情况提供最优的基金投资组合。摩羯智投的优势在于:① 能够支持客户多样化的专属理财规划,客户可以根据资金的使用周期安排,设置不同的收益目标和风险要求;② 一个人可拥有多个独立的专属组合,帮助其实现购车、买房、子女教育等丰富多彩的人生规划;③ 不同于保本保收益的理财产品,也不以战胜某个市场指数为目的,摩羯智投以不偏离客户专属的"目标-风险"计划为己任,从而做到真正专业的财富管理。

目前市场存在一些金融科技公司,专门整理、开发、定义、分析金融产品的特征,尤其是公募基金、股票等金融产品。通过数十个甚至上百个特征勾勒出"基金画像"或者"股票画像",金融从业者可以较容易地获得基金的标准化信息,从而节省业务方的"适配""接入""数据清洗""日常维护"等工作。已广泛使用的腾讯征信、蚂蚁信用分数都是基于多年积累的社交数据、网络购物数据、央行征信数据等,结合相关数据算法计算而来的,相比传统的金融征信,更全面、更细致、更精准地评估个人的信用。

在金融领域,数据隐私问题尤其重要。金融数据在企业里面被视为极其敏感且重要的信息,而互联网又把数据视为重中之重,采取极其严格的保护措施。但数据又是一个金矿,其价值不言而喻。金融科技如何处理好"数据保护"与"数据使用"两者之间的关系,是目前业界广泛讨论的问题。腾讯与微众银行合作进行了有益的探索。目前,微众银行推出的"微粒贷"产品很好地处理了数据保护与使用的问题。腾讯并不是对外输出海量的用户数据,而是基于内部海量数据构建算法模型,为传统的金融机构提供技术模型,而非数据。当用户通过微粒贷借钱时,用户个人信息通过这个算法模型进行判断"具体可以借多少金额"。

8.1.2　金融领域中的数据挖掘应用

随着市场经济的发展和人们消费模式的改变,金融领域拓展了许多新的业务。新型业务的拓展不仅给金融业带来了丰厚的利润,也带来了巨大的商业风险和财务风险。在激烈的角逐与竞争下,如何更好地了解和研究市场状况、市场发展趋势、客户消费行为特征,是现阶段金融业必须着手解决的问题。

现在越来越多的金融企业将数据挖掘技术作为客户关系管理的辅助工具。金融企业的数据库拥有大量的客户信息,包含客户基本信息数据、财务信息数据、消费交易信息数据和相关业务信息数据等。利用数据挖掘技术,可以对客户的消费行为和交易行为进行分析,从中挖掘出客户消费行为的一般规律或某客户特有的消费行为模式,然后利用这些规律或模式更好地进行市场营销活动和实施客户个性化服务,从而达到扩大企业自身的市场,留住并吸引更多的客户，增加利润的目的。如基于银行客户信用卡消费数据的挖掘，使用聚类分析技术将客户划分成具有不同消费特征的群体，为银行制定信用卡新产品和精准营销提供决策支持，从而降低营销成本。

深度数据分析具有如下价值：① 帮助金融机构服务下沉客群，进一步促进我国普惠金融的发展，拓展银行业务；② 有效防范金融风险（欺诈风险和信用风险），维护金融稳定；③ 作为传统征信业的有益补充，助力社会信用体系的完善。

在金融领域，银行、基金、股票、保险等占据重要地位，是典型的"数据驱动型"企业，优化运营环境，提升管理水平，最大程度降低金融风险具有重要意义。金融是国民经济中的重要部分，与国民经济的各行各业都建立有密切的关系。金融数据安全与否直接影响着整个国家的运行。在了解金额变化的同时，更需要探索数据变化背后产生的原因。

金融数据可以从不同角度进行分类。

① 按照金融业务活动划分，金融数据可以分为银行业务数据、证券业务数据、保险业务数据以及信托、咨询等方面的数据。这些数据都从某一侧面反映了金融活动的特征、规律和运行状况。

② 按照获取信息来源划分，金融数据可以分为金融系统内部数据和金融系统外部数据。金融系统内部数据是指在金融机构各项业务活动中产生的数据；金融系统外部数据是指金融机构为开展各项金融活动，而获取来自市场和全社会的数据。

金融数据的特点决定了金融数据处理的结果必须准确无误。金融数据大多以数字的形式展现，一个数字的错误可能导致整个数据分析的崩盘，因此金融数据分析审核要更加严格。无论是接受客户委托输入的数据还是用于信贷分析输入的数据，都要严格审核。

数据挖掘在金融领域中的应用很多，可以分为以下三大类。

第一类，风险管理（减小损失），包括：欺诈检测、异常交易检测、借贷风险评估、客户信用评价、反洗钱，客户评分。

第二类，客户关系管理、业务拓展（增加收益，产品研发与市场营销），包括：客户画像与精准营销、客户市场细分、客户流失预警、客户忠诚度分析、客户价值分析。

第三类，其他决策支持，包括：运营优化、股价预测（特殊业务催生）等。

1. 风险管理

（1）风险控制

风险管控包括欺诈交易识别，如保险欺诈、贷款欺诈等欺诈行为分析，交易监控与实时风险识别，中小企业贷款风险评估和客户信用评价等。

在保险欺诈方面，可以进行车险理赔申请欺诈侦测、业务员及修车厂勾结欺诈侦测，保险欺诈与滥用分析（非法骗取保险金，在保额限度内浮报理赔金额）等。保险公司能够利用过去数据，寻找影响保险欺诈最为显著的因素，以及这些因素的取值区间，建立预测模型，快速将理赔案件依照滥用欺诈可能性进行分类处理。

在交易监控与实时风险识别方面（在金融业竞争中），保证实时性也就保证了竞争的优势地位，要做到交易快速响应，在用户无感知的情况下完成风险识别等操作，既确保交易的安全性，又不影响客户的体验。

信用是现代市场经济良好运行的重要保证，信用方面的风险是银行需要承担的主要风险。对信用风险的管理是现代商业银行经营管理的中心环节，为有效减少信用风险的发生，银行需要对客户的信用进行及时、准确的评级，为贷款的审批提供指导。挖掘客户特征与信用风险之间的关系，并将其发展成为预测模型，以综合评分来评估客户未来某种信用表现。

信用风险不仅包括信贷风险，而且包括存在于证券投资、金融衍生工具等其他业务中的风险，其中，信贷风险是商业银行的传统风险和主要风险。所谓信贷风险，就是借款人因各种原因未能及时、足额偿还债务或银行贷款而违约的可能性。在发生违约时，银行必将因为未能得到预期的收益而承担财务上的损失。

一般情况下，银行在以下三种情况中应当采取相应的信用风险分析评估措施：① 预测哪些用户有可能偿还违约，哪些用户曾经贷款被拒，但是实际结果却是低风险，银行可以据此调整货款发放政策。当银行接收到一项业务的时候，银行要想避免日后可能会发生的财务损失，就必须要对该申请者的信用情况进行评估，分析申请者日后的信用风险有多大，从而决定是否接受贷款人的申请。如果该申请者的信用风险超过银行设置的风险底线，则银行必须拒绝申请者的业务申请；② 银行应该周期性地追踪和分析客户的行为状况，利用数据挖掘技术对客户消费的数据进行信用风险评估，一旦发现异常行为，就要采取措施，来维护银行的利益；③ 在某一客户的欺诈行为发生之后，银行需要对此客户重新进行信用评估，从而决定是否将该客户列入黑名单，然后据此来决定是否拒绝下次该客户的申请。

有很多因素会对货款偿还效能和客户信用等级计算产生不同程度的影响。数据挖掘的方法，如特征选择和特征相关性计算，有助于识别重要的因素和非相关因素。例如，与货款偿还风险相关的因素包括货款率、到款期限、负债率、偿还与收入比率、客户收入水平、受教育程度、居住地区、信用历史等，而其中偿还与收入比率是主导因素，受教育水平和负债率则不是。

传统征信体系主要是针对有完整信贷记录的社会主体，无法满足大量缺乏信贷历史数据的借款人的金融需求。例如，虽然我国的征信体系覆盖了 8 亿人群，但是有信贷记录的人群只有 3 亿多。特别是金融行业服务的下沉客群，更多的是使用民间借贷和网络借贷，其征信数据难以完整收集记录，而这些下沉客群也正是普惠金融需要覆盖的人群。另外，随着金融业务的线上化，各类黑产业兴起，欺诈行为愈加隐蔽，仅靠传统的征信数据显然无法应对上述问题。从这个角度来看，支持数据分析机构的发展，也就意味着支持我国普惠金融事业的发展。以目前行业内普遍使用的智能风控为例，数据分析机构利用大数据、云计算、人工智能等技术构建线上金融风控体系，应用到反欺诈、客户识别与认证、贷前审批、授信定价、贷后监控和逾期催收等金融业务全流程，有利于提高金融机构的风控能力。

信贷市场除了需要传统征信体系提供征信数据，在很多领域也需要数据分析机构提供更多支撑。一是在信贷客户反欺诈识别领域，信贷市场受限于征信数据的收集范围，难以全面获取客户与欺诈相关的信息，而数据分析机构则具有更大优势；二是对于初次申请信贷的客户，由于缺少个人征信数据，信贷市场往往难以识别和准确计量风险，而数据分析机构可以结合社交、电商、出行等数据给出一个相对准确的评估结果；三是对于有个人征信记录的客户，也可以加入数据分析机构的分析结果，更加准确地区分并计量风险，给客户提供更加优惠的信贷条件。

（2）风险评估

保险公司的一个重要工作就是要进行风险评估，即对不同的风险领域进行鉴定和分析。

保单和保费的设计需要有较详细的风险分析。利用数据挖掘技术从过去的保单和索赔信息出发，寻找保单中风险较大的领域，从而得出一些实用的风险规则，能对保险公司的工作起到指导作用。通过数据挖掘技术进行欺诈的预测和识别，通过总结正常行为、欺诈和异常行为之间的关系，得到非正常行为的特性模式，一旦某项业务符合这些特征时，就可以向决策人员提出警告。

大数据对信用卡产品的营销具有很大的促进作用。例如，在大数据的环境下，银行可以利用互联网、云计算等新兴技术，获取消费者的消费习惯、消费能力、消费偏好等非常重要的数据信息。通过客户数据、财务数据来区隔客户，通过消费区域定位、内容定向，知晓他们的消费习惯，然后进行深入的数据分析挖掘，展开精准营销。

（3）客户评分

信用评分模型已成为银行、保险公司、电信公司、消费信贷公司等评估企业广泛使用的一项技术，包括风险评分、行为评分、收益率评分、征信评分等。评分技术是将客户的海量行为数据运用有效的数据挖掘和处理手段，对各种目标给出量化评分的一种手段。以征信评分为例，要达到建立征信评分的目标，首先要建立起集中的数据仓库，涵盖了申请人的各种特征，银行提供的所有产品，包括存款、贷款、信用卡、保险、年金、退休计划、证券承销，以及银行提供的其他产品，甚至包括水电煤气、电话费、租金的缴纳情况等。

（4）反洗钱

金融交易活动是洗钱犯罪行为的重要环节，通过分析金融机构的客户信息和交易数据，运用数据挖掘方法，结合客户背景，综合各层次的可疑信息，得到交易记录的整体可疑度，进而识别出可疑金融交易记录，最终为反洗钱监测提供快速准确的参考。

2. 客户关系管理、业务拓展

（1）客户画像与精准营销

金融业面对的客户群体数量众多，需要快速识别目标客户，推出有竞争力的金融产品，并进行精准化营销，精准营销包括实时营销、交叉营销、个性化推荐、客户生命周期管理。依托大数据技术的客户画像正是实现该目标的利器，其核心是对客户属性的标签化。

客户画像应用包括个人客户画像（人口统计学特征、消费能力等）和企业客户画像（生产、流通等数据），还包括：① 客户在社交媒体上的行为数据，浏览下载阅读的信息；② 客户在电商网站的交易数据；③ 企业客户的产业链上下游数据；④ 搜索关键词等即时数据；⑤ 其他有利于扩展银行对客户兴趣爱好的数据。基于客户账户数据进行客户画像，预测客户潜在需求，实现精准营销。推出有竞争力的产品，根据客户消费数据，结合场景进行智能推荐，并进行风险预测和干预，提升盈利水平。

交叉销售在互联网金融领域具有广泛应用。由于金融产品极其丰富，覆盖年龄段几乎涉及人的一生，无论人生哪个阶段，都有可能购买相关的金融产品。因此，根据不同用户群的特征来做关联推荐是非常合适的。可对客户的收入水平、消费习惯、购买物品等指标进行挖掘分析，找出客户的潜在需求，并对各理财产品进行交叉分析，找出关联性较强的产品，从而对客户进行有针对性的关联营销。可以利用关联分析和序列分析等技术，从同一客户或同一群体客户中挖掘和开拓更多的需求，从而进行产品设计和产品组合，以有效地实施交叉销售，满足这些客户的需求。在让客户得到更多更好的产品与服务的同时，也使银行因销售更多的产品和提供更多的服务而获益，从而实现银行与客户的"双赢"。

保险公司可以利用关联规则找出最佳险种销售组合，利用时序规则找出顾客生命周期中购买保险的时间顺序，从而把握保户提高保额的时机，建立既有保户再销售清单与规则，从而促进保单的销售。

通过客户关怀，提高客户的忠诚度。比如，企业能随时查询今天哪位客人过生日，或其他纪念日，根据客人的价值分类给予相应关怀，如送鲜花、生日蛋糕等。

（2）客户细分

根据大量的客户资料和客户交易情况，利用聚类分析或者协同过滤，将客户有效地划分为不同的组，进而总结每组客户的特点。针对不同的客户类型（如大客户类型的潜在价值高但是忠诚度很难保持），采取相对应的营销政策和服务政策。针对不同的客户群体，提供针对性更强的个性化服务，提高更多群体对银行及其产品的满意度和忠诚度。设计出量体裁衣的产品组合、沟通方式和客户服务，从而达到提高客户忠诚度、实现关联销售、最优化定价、产品直销、产品再设计，以及渠道管理的目的。这些目标的实现，会使客户管理总体成本降低，客户关系得以改善，最终成功实现利润率的提高。依据各种指标进行聚类，更好地配置资源和政策，改进服务，抓住最有价值的客户。

（3）客户流失预警

客户流失分析的目的是通过现有客户使用产品的情况和各种信息，预测客户在之后一段时期是否会流失，从而为其提供有针对性的服务，以避免客户流失，起到稳定客户的作用。数据挖掘技术可以分析以往流失客户的行为特征，并据此对现有客户进行监控和分析，及时发现潜在的流失客户，使企业在客户流失之前采取相应的保留措施，扭转客户即将流失的局面。如银行在客户流失分析中，客户的特征主要由活期存款、定期存款、中间业务、贷款业务、贷记卡业务、国际贷记卡业务和客户基本资料等七类信息描述。依据客户相关信息进行行为分析，包括客户使用各业务的产品特性、交易行为描述和客户自身的年龄性别等。

保险行业通过大数据进行挖掘，综合考虑客户的信息、险种信息、既往出险情况、销售人员信息等，筛选出影响客户退保或续期的关键因素，并通过这些因素和建立的模型，对客户的退保概率或续期概率进行估计，找出高风险流失客户，及时预警，制定挽留策略，提高保单续保率。

例如，在理财领域，用户流失预警是很重要的模块。用户会受到很多因素的影响从平台流失，如一些用户因为银行理财产品收益率高，到账速度快，品牌大、安全而从互联网理财平台流失，针对这群用户可以采用"流失干预"措施。通过数据分析，我们容易挖掘出这群用户，如30天内未登录平台，以及平台资金量在30天内净流出大于10万等。把存在这些特征的用户筛选分类，通过不同的触达渠道进行"唤醒"，如通过短信通知用户，甚至针对高端用户进行"人工外呼"，实现较强的干预。这也是大家经常会收到不同商家短信的原因，因为他们实在太想把你留下来了。

（4）客户忠诚度分析

利用 RFM 分析（基于最近一次消费 Recency、消费频率 Frequency、消费金额 Monetary 三个指标分析）和聚类分析等技术，将所有客户按忠诚度划分为高忠诚度客户和低忠诚度客户。对于高忠诚度客户，银行一方面可以采取惠赠或优惠等措施来维持这些客户；另一方面，通过发掘这些高忠诚度的客户所具有的特征，然后利用这些特征去发现未知市场上的高价值客户，为其市场部门提供宣传和营销的潜在高价值客户，提升高忠诚度客户群的比例。对于低忠诚度客户，银行需采取折扣等措施来提升这些客户的忠诚度，以将他们转化为高忠诚度客户，扩大高忠诚度客户群。银行使用客户忠诚度分析技术，可以让其充分了解到所拥有客户对自己的业务和产品的忠诚或满意程度，有利于银行调整经营策略来提高客户价值，进而增加企业利润。

（5）客户价值分析

根据"二八原则"找出重点客户，即为银行创造 80%价值的 20%客户，实施最优质的服务。在互联网理财领域，"二八原则"的特征非常明显。衡量一个互联网金融平台的核心指标之一就是平台的资金规模，如理财平台中用户投入资金的总规模。而贡献绝大部分的资金来自 20%不到的"高净值用户"。因此，如何挖掘这群用户，如何标识这群用户，如何服务这群用户就显得尤其重要。一方面，通过现有的高净值用户特征，可以很快地识别出来，如资金量达到 50 万以上的用户为高端用户，此时可以给这些用户推荐高端理财产品，如 100 万起购的信托与私募产品。另一方面，对这群用户进行数据分析，了解用户画像，为用户运营提供参考，如用户年纪一般偏大、经常出差。根据这些特征，可以考虑是否可以为他们推荐飞机延误险。

正因为客户价值不同，很多互联网平台会提出"用户成长体系"，有些名称也叫"VIP 体系"，通过为用户划分不同等级，相应提供不同的服务。同时刺激用户投入更多资金，以此获取更高等级和服务。

3. 其他决策支持

运营优化，包括市场和渠道分析优化、营销活动预演、产品和服务优化、理财产品收益和效果评估、多维分析报告、舆情分析、股价预测、投资景气指数、营销方式创新等。

通过对客户信息的挖掘，来支持目标市场的细分和目标客户群的定位，制定有针对性的营销措施。提高客户响应率，降低营销成本。

例如，保险业精细化运营包括如下。

（1）产品优化，保单个性化

过去在没有精细化的数据分析和挖掘的情况下，保险公司把很多人都放在同一风险水平之上，客户的保单并没有完全解决客户的各种风险问题。

但是，保险公司可以通过自有数据以及客户在社交网络的数据，解决现有的风险控制问题，为客户制定个性化的保单，获得更准确和更高利润率的保单模型，给每位顾客提供个性化的解决方案。

（2）运营分析

基于企业内外部运营、管理和交互数据分析，借助大数据平台，全方位统计和预测企业经营和管理绩效。

基于保险保单和客户交互数据进行建模，借助大数据平台，快速分析和预测再次发生或者新的市场风险、操作风险等。

（3）代理人（保险销售人员）甄选

根据代理人员（保险销售人员）业绩数据、性别、年龄、入职前工作年限、其他保险公司经验等，找出销售业绩最好的销售人员的特征，优选高潜力销售人员。

随着国内网购市场的迅速发展，淘宝网等众多网购网站的市场争夺战进入白热化状态，网络购物网站推出越来越多的特色产品和服务。

（1）余额宝

以余额宝为代表的互联网金融产品在 2013 年刮起一股旋风，到 2020 年年初，其规模超 1 万亿，用户近 6 亿。相比普通的货币基金，余额宝鲜明的特色当属大数据。以基金的申购、赎回预测为例，基于淘宝和支付宝的数据平台，可以及时把握申购、赎回变动信息。另外，利用历史数据的积累可把握客户的行为规律。

（2）淘宝信用贷款

淘宝网在聚划算平台推出了一个奇怪的团购"商品"——淘宝信用贷款。开团不到 10 分钟，500 位淘宝卖家就让这一团购"爆团"。

淘宝信用贷款是阿里金融旗下专门针对淘宝卖家进行金融支持的贷款产品。淘宝平台通过以卖家在淘宝网上的网络行为数据做出了一个综合的授信评分，卖家纯凭信用拿贷款，不需抵押物，不需担保人。由于其非常吻合中小卖家的资金需求，且重视信用无担保、无抵押的门槛，更加上其申请流程非常便捷，仅需要线上申请，几分钟内就能获贷，被不少卖家戏称为"史上最轻松的贷款"，也成为淘宝网上众多卖家进行资金周转的重要手段。

（3）阿里小贷

淘宝网的"阿里小贷"更是得益于大数据，依托阿里巴巴（B2B）、淘宝、支付宝等平台数据，不但可以有效识别和分散风险，提供更有针对性、多样化的服务，而且批量化、流水化的作业使得交易成本大幅下降。每天，海量的交易数据在阿里的平台上跑着，阿里通过对商户最近 100 天的数据分析，就能知道哪些商户可能存在资金问题，此时的阿里贷款平台就有可能出马，同潜在的贷款对象进行沟通。

案例解析，通常来说，数据比文字更真实，更能反映一个公司的运营情况。通过海量数据的分析得出企业的经营情况。正像淘宝信用贷款所体现的那样，这种新型微贷技术不依赖抵押、担保，而是看重企业的信用，同时通过行为数据来评核企业的信用，这不仅降低了申请贷款的门槛，也极大简化了申请贷款的流程，使其有了完全在互联网上作业的可能性。

8.2 银行潜在贷款客户挖掘

案例按照业务理解、数据理解与数据准备、模型构建和评估的顺序进行分析。

8.2.1 业务理解

负债业务是银行形成资金来源的业务，是银行资产业务的重要基础。Thera Bank 是一家拥有不断增长的客户群的银行，这些客户中的大多数都是储户，贷款业务的客户数量较少，银行希望有效地将存款用户转化为贷款用户，从而通过贷款利息获得更大的绩效。因此，该银行为负债客户开展了一项推广活动，此活动表明，有部分客户增加了银行的相关服务。这促使零售营销部门制定活动以更好地定位营销，以最小的预算提高成功率。该部门希望识别出更有可能贷款的潜在客户，提高转化成功率，同时降低广告的费用。

针对银行贷款风险评估，基于银行贷款业务的指标体系如图 8-1 所示。

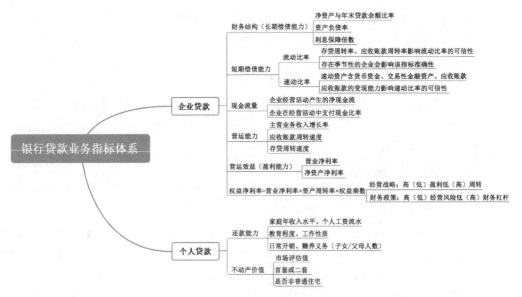

图 8-1　银行贷款业务的指标体系

　　银行如何定位潜在的个人贷款客户，并进行精准营销，其核心是挖掘需求和控制风险，即明确现有储户的潜在需求，衡量其违约的可能性，通常根据客户基本情况、其他借贷行为和响应行为来判断。

　　进一步细化，可以得到银行贷款潜在用户画像的构成要素，如图 8-2 所示。

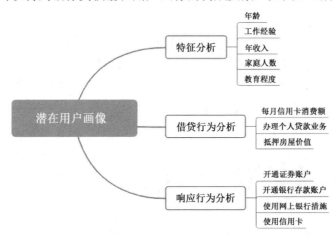

图 8-2　贷款潜在用户画像的构成要素

8.2.2　数据理解与数据准备

　　数据集来源于 Kaggle，有 5000 条记录，包含 14 个属性，如表 8-1 所示。

　　针对该数据集，提出如下问题。

　　① 去年银行举办的推广活动是否有效果？成功转化率是多少？

　　② 什么类型的存款用户是银行贷款业务的潜在客户？

　　③ 潜在用户的其他借贷行为有什么特征？

表 8-1 Thera Bank 银行用户贷款数据各属性含义

属性名	属性描述	属性类型
ID	顾客 ID	离散型
Age	年龄	数值型
Experience	工作经验	数值型
Income	收入（单位：美元）	数值型
ZIPCode	家庭地址邮政编号	离散型
Family	家庭人数	离散型
CCAvg	每月信用卡支出金额(单位	数值型
Education	教育水平（1 表示本科，2 表示硕士，3 表示更高学历）	离散型
Mortgage	抵押房屋的价值（单位：美元）	数值型
Personal Loan	该客户是否有该银行的个人贷款？（0 表示否，1 表示是）	离散型
Securities Account	该客户是否有该银行的证券账户？（0 表示否，1 表示是）	离散型
CD Account	该客户是否有该银行的存款账户？（0 表示否，1 表示是）	离散型
Online	该客户是否使用该银行的网上银行服务？（0 表示否，1 表示是）	离散型
CreditCard	该客户是否使用该银行发行的信用卡？（0 表示否，1 表示是）	离散型

在本案例中，经过推广活动后，5000 名客户中有 480 名用户转化为贷款用户，转化率为 9.6%，说明活动是有效的。接下来将分组为潜在用户的各方面属性进行分析，勾勒出银行贷款潜在用户的"立体画像"。

1．年龄属性

该问题只研究已转为贷款客户的年龄特征。一共有 480 名贷款用户，其年龄范围是 23～65 岁，据此以 10 岁为一个区间，将年龄分为以下几个区间：[20, 30)、[30, 40)、[40, 50)、[50, 60)、[60, 70)，统计得到各年龄段人数分布，如表 8-2 所示。

表 8-2 贷款用户的年龄分布

年龄	总人数	贷款人数	贷款人占比
60～70	674	69	10.24%
50～60	1334	118	8.85%
40～50	1257	117	9.31%
30～40	1247	127	10.18%
20～30	488	49	10.04%

可见，贷款顾客基本集中在 30～60 岁（占 75%），两端 20～30 岁、60～70 岁的贷款需求较少，这也符合预期，处于 30～60 岁年龄段的人群大多有一定的财富积累，收入较稳定，能够承担一定的风险且有良好的偿贷能力。这两个年龄段的人群中有更多的人愿意办理贷款，而 50～60 岁年龄段客户转化的意愿较低。

推广活动针对 30～40 岁年龄段的客户群的成功率会更高，这个年龄段的客户不仅总数较多，申请个人贷款的意愿也高。

2．年收入属性

在已办理贷款的客户中，年收入最小值为 60000 元，最大值为 203000 元，故从 60000 元起，每 20000 元设置为一个区间，得到各区间的人数分布，如表 8-3 所示。

表 8-3　贷款用户的年收入分布

贷款用户年收入	贷款人数	贷款人占比	贷款用户年收入	贷款人数	贷款人占比
[60 000,80 000)	7	0.88%	[140 000, 160 000)	83	35.47%
[80 000, 100 000)	34	4.82%	[160 000, 180 000)	94	52.51%
[100 000, 120 000)	69	20.47%	[180 000, 200 000)	83	55.70%
[120 000, 140 000)	107	35.20%	[200 000, 220 000)	3	16.67%

贷款客户的收入集中在 100000～200000 元，收入较低或较高的客户申请贷款的意愿极低。在 60000～200000 元，贷款人数占比与年收入呈正比，即随年收入的增长，有贷款意愿的人数比例增加。

3．家庭人数属性

在已办理贷款的客户中，家庭人数最小值为 1，最大值为 4，家庭人数分布如表 8-4 所示。由此可得，随着家庭人数增多，贷款的需求也变大，即家庭人数为 3 人和 4 人的客户群比家庭人数为 1 人和 2 人的客户群贷款需求大，这说明需要抚养小孩或老人的家庭比单身或已婚未育的家庭更需要贷款。

表 8-4　贷款用户的家庭人数分布

家庭人数	总人数	贷款人数	贷款人数占比	家庭人数	总人数	贷款人数	贷款人数占比
4	1222	134	11.0%	2	1296	106	8.2%
3	1010	133	13.2%	1	1472	107	7.3%

4．办理个人贷款客户的信用卡消费额属性

在已办理贷款的客户中，每月信用卡消费额最小值为 0，最大值为 10000 元，平均值为 3905.35 元。据此，以 1000 元为区间，将每月信用卡消费额分为以下 10 个区间，[0, 1000)、[1000, 2000)、[2000, 3000)、[3000, 4000)、[4000,5000)、[5000, 6000)、[6000, 7000)、[7000, 8000)、[8000, 9000)、[9000, 10000]，如表 8-5 所示。

表 8-5　贷款用户的信用卡消费额分布

每月信用卡消费额	总人数	贷款人数	贷款人占比
9000～10000	6	6	100%
8000～9000	45	11	24.4%
7000～8000	84	21	25%
6000～7000	132	46	34.8%
5000～6000	97	63	64.9%
4000～5000	219	81	37.0%
3000～4000	319	104	32.6%
2000～3000	1039	56	5.4%
1000～2000	1376	45	3.3%
0～1000	1683	47	2.8%

由此可知，3000～9000 元的客户转化率均较高，远高于平均转化率，因此营销部门可

以主要针对每月信用卡消费额为 3000～9000 元的客户进行贷款业务的推广。

5. 房屋抵押价值属性

在已办理贷款的客户的数据中，将房屋抵押价值为 0 的客户筛选掉后，剩下 168 名顾客，占已办理个人贷款的客户总数的 35%。已办理房屋抵押和个人贷款的客户中，抵押房屋价值的最高值为 617000 元，均值为 288131 元，详细分布如表 8-6 所示。

表 8-6　贷款用户房屋抵押价值分布

房屋抵押价值/元	贷款人数
600000～700000	2
500000～600000	14
400000～500000	22
300000～400000	38
200000～300000	40
100000～200000	39
1000～100000	13

进一步分析发现，已办理房屋抵押的客户有意愿再办理个人贷款，抵押房屋价值越高的客户，其贷款意愿也越高。

推广活动效果评估。此次银行举办的推广活动有效，成功将 9.6%的存款用户转化为贷款用户，带来了更多的贷款业务，故零售营销部门在策划下一次推广活动时，可以根据上次活动的数据制定这次活动的转化率目标、花费成本目标等绩效指标。

① 在银行有存单账户的客户，申请贷款的意愿远高于没有的，有大学学位的客户高于没有的。

② 在有银行存单账户的顾客中，除了没有大学文凭且单身或者家庭人数只有两人的，申请贷款的意愿都相当高，成功率在 43%以上。

③ 低收入和低信用卡还款额的用户，不喜欢申请贷款，而且两者的边界特别明显。

④ 当收入在 110 万元以上、信用卡月还款额度在 3 万元以上且有大学学位的客户，申请贷款意愿为 97%以上。

在获取客户方面，对于业务人员的工作，应该将客户收入、信用卡还款额、房屋抵押额、是否有意愿开通存单、受教育程度和家庭人数六个方面作为拓展新客户的标准，以最小的投入，达到最好的成果。可以着重针对有以下特征的客户制定营销方案，30～40 岁、家庭人数为 3～4 人、每月信用卡消费额在 3000～9000 元、有抵押房屋且抵押房屋价值在 100000～500000 元的客户、收入为 100000～200000 元。

为挖掘更多的潜在贷款客户，也应分析每个属性中贷款意愿低的客户不愿意申请个人贷款的原因，是因为自身资金充足不需要贷款，还是因为银行的贷款业务审批流程烦琐、申请要求高，还是放款速度慢、贷款利息高。这样的分析有利于银行更好地改善或开发新的满足不同类型客户的产品。

8.2.3　模型构建与评估

抵押房屋的价值服从幂律分布，做对数变换，所有数值型属性做规范化处理。这里采用两种方法来建模处理。

1. 作为分类问题来处理

将数据集的 66%随机划分为训练集，余下的作为测试集，将 Personal Loan 作为目标属性。使用分类建模方法实现是否会贷款的预测，采用 C5.0、CART、逻辑回归、贝叶斯网络、神经网络、SVM 等方法建模、测试。预测准确率约在 95.68%～98.70%，每种分类方法预测性能比较稳定。5 次测试的结果如表 8-7 所示。

表 8-7　不同分类方法的性能对比

分类模型	C5.0	CART	逻辑回归	贝叶斯网络	神经网络	SVM
第一次	98.70%	97.70%	96.11%	96.81%	98.41%	98.05%
第二次	98.47%	98.12%	96.24%	96.76%	98.18%	98.28%
第三次	98.31%	97.55%	96.15%	96.15%	97.72%	97.66%
第四次	98.14%	97.12%	95.68%	96.10%	97.54%	97.78%
第五次	98.21%	97.85%	95.93%	96.71%	97.67%	97.85%
最大值	98.70%	98.12%	96.24%	96.81%	97.72%	98.28%
最小值	98.14%	97.12%	95.68%	96.10%	97.54%	97.66%
平均值	98.37%	97.67%	96.02%	96.51%	97.90%	97.92%
标准差	0.0022	0.0037	0.0022	0.0035	0.0037	0.0024

原始数据属性 Personal Loan 取值分布不均衡，取值为 1 的记录有 480 条，占比 9.6%，取值为 0 的记录有 4520 条，占比 90.4%；因此考虑不平衡分类的度量指标。C5.0 算法在第 5 次测试集上的混淆矩阵如表 8-8 所示。

表 8-8　C5.0 算法在测试集上的混淆矩阵

	预测为 1	预测为 0
Personal Loan 取值 1	171	12
Personal Loan 取值 0	18	1471

Personal Loan 取值 1 的精度（Precision）为

$$p = \frac{TP}{TP + FP} = \frac{171}{171 + 18} = 90.48\%$$

召回率（Recall）为

$$r = \frac{被正确分类的正例样本个数}{实际正例样本个数} = \frac{TP}{TP + FN} = \frac{171}{171 + 12} = 93.44\%$$

F_1 度量为

$$F_1 = \frac{2rp}{r + p} = \frac{2 \times 0.9048 \times 0.9344}{0.9048 + 0.9344} = 91.94\%$$

基于分类方法对属性重要性、相关性进行分析，可以得到以下特性。

① 与开通信贷强相关的属性有收入、信用卡还款额和是否有该银行存单账户。

② 与开通信贷弱相关的属性有受教育程度、房屋抵押贷款数、家庭人数。

③ 年龄、工作经验、ID、邮编、是否是私密账户，是否开通网上银行和是否有信用卡，关系都不大。

2．作为离群点检测问题来处理

目标属性 Personal Loan 取值 1 的记录占比为 9.6%，将这些记录看成离群点。采用基于聚类的离群点检测方法，聚类及检测结果如表 8-9 所示，簇按照簇的离群因子降序排列。基于表 8-9 可得到混淆矩阵，如表 8-10。进一步，准确率为

$$\frac{472 + 4413}{5000} = 97.7\%$$

Personal Loan 取值 1 的精度为

$$p = \frac{TP}{TP + FP} = \frac{472}{472 + 107} = 81.52\%$$

表 8-9 一趟聚类及其标识结果

簇编号	Personal Loan 取值 1 的频数	Personal Loan 取值 0 的频数	簇标识
15	1	2	离群簇
13	9	0	离群簇
12	22	1	离群簇
4	82	9	离群簇
11	17	10	离群簇
7	5	85	离群簇
2	164	0	离群簇
6	172	0	离群簇
5	2	243	正常簇
14	0	192	正常簇
10	0	406	正常簇
9	5	518	正常簇
8	1	608	正常簇
3	0	1021	正常簇
1	0	1425	正常簇

召回率（Recall）为

$$r = \frac{\text{被正确分类的正例样本个数}}{\text{实际正例样本个数}}$$

$$= \frac{\text{TP}}{\text{TP} + \text{FN}}$$

$$= \frac{472}{472 + 8} = 98.33\%$$

F_1 度量为

表 8-10 基于聚类的离群点检测对应的混淆矩阵

	预测为 1	预测为 0
Personal Loan 取值 1	472	8
Personal Loan 取值 0	107	4413

$$F_1 = \frac{2rp}{r + p} = \frac{2 \times 0.8152 \times 0.9833}{0.8152 + 0.9833} = 89.14\%$$

8.3 贷款违约

1. 业务理解

信用卡业务是一种简单的信贷服务，支持持卡人先消费后还款，便利消费。对于银行来说，信用卡是高风险高收益业务，先消费后还款，意味着有违约还款的风险，本案例数据来源于 Kaggle，基于某银行 2005 年 4 月到 2005 年 9 月信用卡客户数据，探究信用卡客户有哪些信贷特征？违约客户有哪些特征？

2. 数据理解与数据准备

本案例数据集包括信用卡用户的 3 万条记录，每条记录包含用户的信贷金额、年龄、婚姻状况、性别、受教育程度、2005 年 4 月至 2005 年 9 月各月还款记录、各月账单金额（即每月消费记录）、各月支付金额（支付金额>上个月消费记录，则视为该月及时还款）、违约标记（0 代表没有违约，1 代表违约）。各属性含义如表 8-11 所示。

表 8-11　信用卡客户违约数据属性说明

属　性	客户 ID	属性类型
LIMIT_BAL	以人民币计算的信贷金额（包括个人和家庭/补充信贷）	数值型
SEX	性别（1 代表男性，2 代表女性）	离散型
EDUCATION	受教育程度（0=未知，1=研究生，2=大学，3=高中，4=其他，5=未知，6=未知）	离散型
MARRIAGE	婚姻状况（0=未知，1=已婚，2=单身，3=其他）	离散型
AGE	年龄（21～79）	数值型
PAY_0	2005 年 9 月的还款记录（-2=提前 2 个月还款，-1=提前 1 个月还款，0=按时还款，1=延迟 1 个月还款，2=延迟 2 个月还款，…，8=延迟 8 个月还款）	离散型
PAY_2	2005 年 8 月的还款情况（特征值含义如上）	离散型
PAY_3	2005 年 7 月的还款情况（特征值含义如上）	离散型
PAY_4	2005 年 6 月的还款情况（特征值含义如上）	离散型
PAY_5	2005 年 5 月的还款情况（特征值含义如上）	离散型
PAY_6	2005 年 4 月的还款情况（特征值含义如上）	离散型
BILL_AMT1	2005 年 9 月账单金额（人民币）	数值型
BILL_AMT2	2005 年 8 月账单金额（人民币）	数值型
BILL_AMT3	2005 年 7 月账单金额（人民币）	数值型
BILL_AMT4	2005 年 6 月账单金额（人民币）	数值型
BILL_AMT5	2005 年 5 月账单金额（人民币）	数值型
BILL_AMT6	2005 年 4 月账单金额（人民币）	数值型
PAY_AMT1	2005 年 9 月支付金额（人民币）	数值型
PAY_AMT2	2005 年 8 月支付金额（人民币）	数值型
PAY_AMT3	2005 年 7 月支付金额（人民币）	数值型
PAY_AMT4	2005 年 6 月支付金额（人民币）	数值型
PAY_AMT5	2005 年 5 月支付金额（人民币）	数值型
PAY_AMT6	2005 年 4 月支付金额（人民币）	数值型
default.payment.next.month	是否违约还款（1 代表是，0 代表否）	离散型

通过对数据的基本统计分析，得到取值分布特性如下。

（1）婚姻状况 MARRIAGE

婚姻状况中有 0、1、2、3 共 4 种，而婚姻状况无非就是单身、已婚和未知，那么选择将 0 和 3 均合并归为未知。

婚姻状况，所有信用卡客户群中，未婚人士占比最大，具体分布如表 8-12 所示。

表 8-12　婚姻状况分布

婚姻状况	记录数	占　比
1	13659	45.53%
2	15964	53.21%
3	377	1.26%

在已知婚姻状况的客户群中，未婚人士违约比例要低于已婚人士。不同婚姻状态人群违约分布如表 8-13 所示。

表 8-13　不同婚姻状况人群违约分布

婚姻状况	没有违约 0 人数	没有违约 0 占比	违约 1 人数	违约 1 占比
1	10453	76.53%	3206	23.47%
2	12623	79.07%	3341	20.93%
3	288	76.39%	89	23.61%

已婚人士相对未婚更容易申请到信用卡，额度相对较高（已婚状态被认为生活相比未婚更稳定，还款能力更强）；在比较同一信贷范围内客户的婚姻状况时，发现已婚客户群在大额信贷范围的占比要高于未婚客户；而信用卡客户中未婚客户多，违约人群中婚姻状况未婚的违约比例略高，信贷额度相较已婚客户略低，更容易违约。

（2）信贷金额

信贷金额跨度很大，金额为10000～1000000元，金额大多集中在50000～240000元。异常值较多，说明数据尾部较重，且异常值集中分布在较大值一侧，说明数据分布呈现右偏态。对信贷金额进行分组，由于额度较高的样本数据较少，所以将金额为600000元以上的客户群分为一组。没有违约客户与违约客户之间比例约为4:1。从分组结果来看，信贷金额额度越大，违约比例确实越低（信用越好，贷款越容易，额度相对更大，违约风险越低）。

信贷范围在[10000, 1000000]内，大学学历的客户占比最高，研究生客户群比例最低；受教育程度越高，获取更高信贷金额额度的可能性越大。受教育程度越高的人越能获得较高额度的贷款，而在违约特征分析中发现受教育程度越高违约比例越低。不同信贷范围人群违约分布如表8-14所示。

表8-14　不同信贷范围人群违约分布

信贷范围	总记录	没有违约0	没有违约0占比	违约1	违约1占比
10000～100000	12498	8814	70.52%	3684	29.48%
100001～200000	7880	6345	80.52%	1535	19.48%
200001～300000	5059	4247	83.95%	812	16.05%
300001～400000	2759	2371	85.94%	388	14.06%
400001～500000	1598	1404	87.86%	194	12.14%
500001～600000	127	110	86.61%	17	13.39%
600001～1000000	79	73	92.41%	6	7.59%
总计	30000	23364	77.88%	6636	22.12%

（3）年龄

对信用卡客户年龄进行分组，如表8-15所示，发现30～39岁客户占比最大，达37.85%，其次是20～29岁、40～49岁，且随着年龄的增加，信用卡客户占比递减。

表8-16是各年龄段，违约客户与没有违约客户各自比重，信用卡客户占比最大的在30～39岁的客户群，违约比例最低，随着年龄增长，违约比例递增。

表8-15　客户年龄分布

年龄分组	占　比
20～29	31.3%
30～39	37.85%
40～49	21.91%
50～59	7.86%
60～69	1.00%
70～79	0.09%
总计	100%

表8-16　不同年龄段人群违约分布

年龄分组	没有违约0占比	违约1占比
20～29	77.88%	22.12%
30～39	80.01%	19.99%
40～49	76.91%	23.09%
50～59	75.21%	24.79%
60～69	73.56%	26.44%
70～79	68.26%	31.74%
总计	78.21%	21.79%

通过分析发现，中青年客户多且违约比例低，因为消费需求多，如购房、下一代教育等大额消费需求，但他们是社会中坚力量，所以有更强还款能力；因为消费需求多，不及时还款的话信用就会降低，对消费带来不良影响，所以通常会及时还款，保持良好的还款记录。

（4）性别

所有信用卡客户中，男性客户占 39.68%，女性客户占 60.32%，男女比例接近 2:3。在所有男性客户中，违约客户占 24.17%，在所有女性客户中，违约客户占 20.78%，说明男性客户较女性更容易违约。

（5）受教育程度

对受教育程度，原始数据取值为 0～6，将取值 0、4、5、6 合并为未知。信用卡客户中，大学毕业客户群占比最大，其次是研究生，高中生。在已知受教育程度的客户群中，受教育程度越高，违约比例越低。受教育程度不同，人群违约分布如表 8-17 所示。

（6）各月还款情况

不同月份还款分布如表 8-18 所示。从各月还款记录中发现，及时还款的客户违约比例远远小于延迟还款客户。

表 8-17　受教育程度不同人群违约分布

受教育程度	占　比	违约占比
1	35.33%	19.23%
2	46.77%	23.73%
3	16.39%	25.15%
未知	1.51%	7.05%

表 8-18　不同月份还款分布

4 月还款情况	0	1
0	81.33%	20.67%
1	47.68%	52.32%
总计	78.25%	21.75%
5 月还款情况	0	1
0	81.55%	18.45%
1	44.46%	55.54%
总计	78.25%	21.75%
6 月还款情况	0	1
0	82.04%	17.96%
1	46.47%	53.53%
总计	78.25%	21.75%
7 月还款情况	0	1
0	83.81%	16.19%
1	47.73%	52.27%
总计	78.25%	21.75%
8 月还款情况	0	1
0	83.73%	16.27%
1	44.21%	55.79%
总计	78.25%	21.75%
9 月还款情况	0	1
0	86.17%	13.83%
1	49.70%	50.30%
总计	78.25%	21.75%

3．构建模型

将数据 60%随机划分为训练集，余下的作为测试集，将 default.payment.next.month（是否违约还款）作为目标属性。使用分类建模方法实现是否违约还款预测，采用 C5.0、CART、逻辑回归、贝叶斯网络、神经网络等方法建模、测试。预测准确率为 80.83%～82.76%，每种分类方法预测性能都比较稳定，如表 8-19 所示。

表 8-19　不同分类方法的性能对比

分类模型	C5.0	CART	逻辑回归	贝叶斯网络	神经网络
第一次	80.83%	81.13%	81.39%	80.95%	81.43%
第二次	82.28%	82.46%	82.4%	81.94%	82.6%
第三次	82.11%	82.11%	82.21%	81.63%	82.57%
第四次	81.81%	82.16%	82.08%	81.62%	82.32%
第五次	82.35%	82.27%	82.4%	81.94%	82.76%
最大值	82.35%	82.46%	82.4%	81.94%	82.76%
最小值	80.83%	81.13%	81.39%	80.95%	81.43%
平均值	81.88%	82.03%	82.10%	81.62%	82.34%
标准差	0.0062	0.0052	0.0042	0.0040	0.0053

原始数据属性 default.payment.next.month 取值分布不均衡，取值 1 的记录占 22.12%，取值 0 的记录占 77.88%；对训练集做平衡化处理，构造训练集，取值 0 的记录有 7854 条，取值 1 的记录有 4362 条，占 35.71%，余下的记录作为测试集，预测准确率如表 8-20 所示。

表 8-20　平衡化处理后的分类性能

分类模型	C5.0	CART	逻辑回归	贝叶斯网络	神经网络
预测准确率	83.31%	84.45%	85.76%	84.03%	82.55%

对比表 8-19 和表 8-20 中的数据，可见对目标属性做平衡化处理后，明显提升了分类准确率。

通过建模分析也发现不同变量对是否违约还款的影响不同。

① 强相关的变量有 PAY_0、PAY_2、PAY_3、PAY_4、PAY_5、PAY_6、LIMIT_BAL、BILL_AMT1。

② 弱相关的变量有 Sex、AGE、EDUCATION、BILL_AMT5、PAY_AMT4、PAY_AMT5、PAY_AMT6。

本章小结

本章首先叙述了金融科技、数据挖掘技术在金融领域中的主要应用，包括风险控制、交叉销售、客户细分、客户忠诚度分析、价值分析、客户流失预警等，然后通过潜在贷款客户挖掘、信用卡违约分析两个案例阐述了数据挖掘在金融领域实际数据分析中的应用。在数据准备阶段，首先分析了实际数据的基本特征，包括特征的性质、特征值的有效性和特征值的分布特性；在建模阶段，使用决策树、贝叶斯网络、逻辑回归等分类模型，以及离群点检测方法进行风险分析与预测，并最终根据分析结果为银行部署策略提供参考。

数据陷阱之"个性化推荐是智慧还是愚蠢"

《纽约时报》刊登了 Charles Duhigg 撰写的一篇题为《这些公司是如何知道您的秘密的》（How Companies Learn Your Secrets）的报道。文中介绍了这样一个故事。

一天，一位男性顾客怒气冲冲地来到一家折扣连锁店 Target，向经理投诉，因为该店竟然给他还在读高中的女儿邮寄婴儿服装和孕妇服装的优惠券。

但这位父亲与女儿进一步沟通发现，自己女儿真的怀孕了。于是致电 Target 道歉，说他误解商店了，女儿的预产期是 8 月份。

一家零售商是如何比一位女孩的亲生父亲更早得知其怀孕消息的呢？这就是"关联规则+预测推荐"技术的应用。

Target 的数据分析师开发了很多预测模型，其中怀孕预测模型（pregnancy-prediction model）就是其中的一个。Target 通过分析这位女孩的购买记录——无味湿纸巾和补镁药品，预测这位女顾客可能怀孕了，未来有可能需要购置婴儿服装和孕妇服装。但是需要注意的是，这是数据的傲慢，而非聪慧。

由于故事极具戏剧性——这个故事往往被用来作为"数据比人更了解人"的证明，被用来论证大数据的功力。有的新闻媒体对大数据的理解似是而非，针对这个案例的报道标题就是《大数据的功力：比父亲更了解女儿冲击大卖场》。大数据无所不能的"傲慢"跃然纸上。

这个案例并不能说明数据比人更"聪慧"，更了解人，恰好相反，这证明计算机是"愚蠢的"，原因是还在读高中的女儿显然想保护自己的隐私，并不想让父亲知道自己怀孕的消息，但"愚蠢的"计算机自作主张，把孕妇优惠券寄到了她家里。

这正是（大）数据的另一种傲慢——好像有了（大）数据就可以"君临天下"，对顾客的理解可以做到出神入化，对顾客的隐私可以肆无忌惮。

"个人化"服务是未来最有前途的商业模式。但提供"个人化"服务需要了解顾客的"个性化信息"，如果顾客允许使用个人信息，那么这种个性化服务是贴心的，如果没有被允许呢？这个有关商品个性化推荐的故事体现的是数据分析的智慧，还是愚蠢呢？

附录 A
数据挖掘常用资源列表

一、数据集

1. UCI Machine learning repository
2. KDNuggets
3. 数据堂：科研数据共享平台
4. Kaggle
5. 天池大数据竞赛
6. DC 竞赛
7. biendata 竞赛

二、数据挖掘工具、平台

1. 免费开源工具

① RapidMiner : An environment for machine learning and data mining experiments.

② Weka : A suite of machine learning software written in the Java language.

③ GNU R : A programming language and software environment for statistical computing, data mining and graphics.

2. 商业软件

① Sas Enterprise Miner

② SPSS Modeler

③ MATLAB

3. 网易大数据

参考文献

教材/专著

1. （美）谭，（美）斯坦巴赫. 数据挖掘导论——图灵计算机科学丛书. 范明等，译. 北京：人民邮电出版社，2006.

2. （印度）西蒙（Soman.K.P）等. 数据挖掘基础教程. 范明等，译. 北京：机械工业出版社，2009.

3. （美）Gordon S. Linoff, Michael J.A.Berry. 数据挖掘技术（第 3 版）：应用于市场营销、销售与客户关系管理. 巢文涵，张小明，万芳译. 北京：清华大学出版社，2019.

4. Jiawei Han, MIcheline Kamber, Jian Pei. 数据挖掘概念与技术（原书第 3 版）. 范明，孟小峰，译. 北京：机械工业出版社，2012.

5. 朱玉全，杨鹤标，孙蕾. 数据挖掘技术. 南京：东南大学出版社，2006.

6. 毛国君，段立娟，王石，石云. 数据挖掘原理与算法. 北京：清华大学出版社，2007.

7. Simon Haykin. 神经网络与机器学习（原书第 3 版）. 申富饶等，译. 北京：机械工业出版社，2011.

8. 胡可云，田凤占，黄厚宽. 数据挖掘理论与应用. 北京：清华大学出版社，2008.

9. （美）Tom M. Mitchell. 机器学习. 曾华均，张银奎等，译. 北京：机械工业出版社，2003.

10. Bing Liu. Web 数据挖掘. 俞勇，薛贵荣，韩定一等，译. 北京：清华大学出版社，2009.

11. 宗成庆. 统计自然语言处理（第 2 版）. 北京：清华大学出版社，2013.

12. 蒋盛益. 基于聚类的入侵检测算法研究. 北京：科学出版社，2008.

13. Gan G, Ma C, and Wu J. Data Clustering : Theory, Algorithms, and Applications. American Statistical Association and the Society for Industrial and Applied Mathematics, 2007.

14. （美）Bill Franks. 驾驭大数据. 黄海，车皓阳，王悦等，译. 北京：人民邮电出版社，2013.

15. 用户画像总结[OL].

16. 蒋盛益. 商务数据挖掘与应用（第 2 版）. 北京：电子工业出版社，2020.

17. （葡）乔·门德斯·莫雷拉，（巴西）安德烈·卡瓦略，（匈）托马斯·霍瓦斯. 数据分析——统计、描述、预测与应用. 吴常玉，译. 北京：清华大学出版社，2021.

18. 蒋盛益，李霞. 数据挖掘原理与实践. 北京：电子工业出版社，2011.

19. Xindong Wu, Vipin Kumar, J., et al. Top 10 algorithms in data mining. Knowledge and Information Systems. Volume 14, Number 1, 2008:1-37.

20. Qiang Yang, Xindong Wu.10 Challenging Problems in Data Mining Research. International Journal of Information Technology & Decision Making (IJITDM). Volume: 5, Issue: 4(2006):597-604.

21. Elder, J.F., IV; Top 10 data mining mistakes. Fifth IEEE International Conference on Data Mining: 27-30 Nov. 2005 https://blog.csdn.net/zzhhoubin/article/details/79727130.

22. Rakesh Agrawal, Ramakrishnan Srikant. Privacy-preserving data mining. Proceedings of the 2000 ACM SIGMOD international conference on Management of data. Volume 29 Issue 2, June 2000, ACM New York, NY, USA.

23. Kargupta, H., Datta, S., Wang, Q., Krishnamoorthy Sivakumar. On the privacy preserving properties of random data perturbation techniques. In proc. of Third IEEE International Conference on Data Mining. 19-22 Nov. 2003: 99-106.

24. Daniel Kifer, Shai Ben-David, Johannes Gehrke. Detecting change in data streams. Proceedings of the Thirtieth international conference on Very large data bases. Tornto, Canada. 2004. Morgan Kaufmann.

预处理

25. FAYYAD U. M. Irani B. Multi-interval Discretization of Continuous Valued Attributes for Classification Leaning[C]. In: Thirteenth International Joint Conference on Artificial Intelligence, Morgan Kaufmann, 1993, 1022-1027.

26. HALL M, Correlation-based feature selection for categorical and numeric class machine learning[C]. In Proceeding of the 17th International Conference on Machine Learning, 2000: 359-366.

27. Tay E H, Shen L. A modified Chi2 algorithm for discretization[J]. IEEE Transactions on Knowledge and Data Engineering, 2002, 14(3): 666-670.

28. Dougherty J R, Kohavi, Sahami M. Supervised and Unsupervised Discretization of Continuous Features. Machine Learning[A]. Proc of 12th International Conference, Morgan Kaufmann[C]. 1995: 194-202.

29. 蒋盛益，李霞，郑琪. 近似等频离散化方法. 暨南大学学报. 2009.1.

30. Avrim L. Bluma, Pat Langleyc. Selection of relevant features and examples in machine learning. Artificial Intelligence Volume 97, Issues 1-2, December 1997, Pages 245-271.

31. YU L, LIU H. Efficient Feature Selection via Analysis of Relevance and Redundancy[J]. Journal of Machine Learning Research. 2004, 5, 1205-1224.

32. Huan Liu, Lei Yu. Toward integrating feature selection algorithms for classification and clustering. IEEE Transactions on Knowledge and Data Engineering, April 2005, Volume: 17 Issue:4: 491-502.

33. D. Zhang, S. Chen, Z. Zhou. Constraint Score: A New Filter Method for Feature Selection with Pair-wise Constraints. Pattern Recognition[J]. 2008, 41, 1440-1451.

34. I. Guyon, A. Elisseeff. An Introduction to Variable and Feature Selection[J]. Journal of Machine Learning Research, 2003, 1157-1182.

35. M. Last and A. Kandel, O. Maimon. Information-theoretic Algorithm for Feature Selection[J]. Pattern Recognition Letters, 2001, 799-811.

36. ALIBEIGI M, HASHEMI S, HAMZEH A. Unsupervised Feature Selection Based on the Distribution of Features Attributed to Imbalanced Data Sets[J]. International Journal of Artificial Intelligence and Expert Systems, 2011, 2(1): 136-144.

分　类

37. BATISTA G, PRATI R, MONARD M. A Study of the Behavior of Several Methods for Balancing Machine Learning Training Data[J]. ACM SIGKDD Explorations, Newsletter, 2004, 6(1):20-29.

38. QUINLAN, J. R. Decision trees and decision making. IEEE Trans. Syst. Man Cybern. 1990, 20:339-346.

39. Safavian, S. R., Landgrebe, D., A survey of decision tree classifier methodology. IEEE Transactions on Systems, Man and Cybernetics, May/Jun 1991, Volume: 21 Issue:3, : 660-674.

40. John Ross Quinlan. C4.5: programs for machine learning. Morgan Kaufmann, San Mateo, CA, 1993. 7.

41. Cover, T., Hart, P., Nearest neighbor pattern classification. IEEE Transactions on Information Theory, Jan 1967 Volume: 13 Issue:1: 21-27.

42. P Langley, W Iba, and K. Thompson. An analysis of Bayesian classifiers. In Proc. of the 10th National Conference on Artificial Intelligence, 1992:223-228.

43. Thomas G. Dietterich. Ensemble methods in machine learning. Lecture Notes in Computer Science, 2000, Volume 1857/2000, 1-15.

44. Leo Breiman. Bagging predictors. Machine Learning. Volume 24, Number 2, 123-140.

45. L Breiman. Random forests. Machine learning, 45(1):5-23, 2001.

46. Chawla N, Bowyer K, Hall L, et al. SMOTE: Synthetic Minority Over-Sampling Technique[J]. Journal of Artificial Intelligence Research, 2002, 16(1):321-357.

47. Joshi M, Kumar V, Agarwal R. Evaluating Boosting Algorithms to Classify Rare Classes: Comparison and Improvements[C]. Proceedings of the 1st IEEE International Conference on Data Mining, Los Alamitos, CA: IEEE Press, 2001, 257-264.

48. Gary M. Weiss AT&T Laboratories, Piscataway, NJ. Mining with rarity: a unifying framework. ACM SIGKDD Explorations Newsletter. 2004, 6(1):7-19.

49. BARANDELA R, SÁNCHEZ J S, GARCÍA V. Strategies for learning in class imbalance problems[J]. Pattern Recognition, 2003, 36(3): 849-851.

50. LIU X Y, WU J, ZHOU Z H. Exploratory under-sampling for class-imbalance learning[J]. IEEE Transactions on systems, man and cybernetics-part B, 2009, 39(2):539-550.

51. ELAZMEH W, JAPKOWICZ N, MATWIN S. Evaluating misclassification in imbalanced data[J]. LNCS, 2006, 4212: 126-137.

52. YOON K, KWEK S. A data reduction approach for resolving the imbalanced data issue

in functional genomics[J]. Neural Comput & Applic, 2007(16):295-306.

聚 类

53. Anil K. Jain. Data Clustering: 50 Years Beyond K-Means. Pattern Recognition Letters, 2010.

54. Jain, A.K., Murty M.N., and Flynn P.J. (1999): Data Clustering: A Review, ACM Computing Surveys, Vol 31, No. 3, 264-323.

55. Pavel Berkhin. Survey Of Clustering Data Mining Techniques. 2002, http://citeseer. nj.nec.com/berkhin02survey.html.

56. S. Kotsiantis, P. Pintelas, Recent Advances in Clustering: A Brief Survey, WSEAS Transactions on Information Science and Applications, 2004, 1(1): 73-81.

57. Zhexue Huang. A Fast Clustering Algorithm to Cluster Very Large Categorical Data Sets in Data Mining[C]. In Proc. SIGMOD Workshop on Research Issues on Data Mining and Knowledge Discovery, 1997.

58. Zhexue Huang. Extensions to the k-Means Algorithm for Clustering Large Data Sets with Categorical Values[J]. Data Mining and Knowledge Discovery, 1998, 2: 283-304.

59. Tian Zhang, Raghu Ramakrishnan, Miron Livny. BIRCH: An efficient data clustering method for very large databases. SIGMOD Rec. 1996, 25(2): 103-114.

60. S. Guha, R. Rastogi, and K. Shim. CURE: An Efficient clustering algorithm for large databases. In Proc. 1998 ACM-SIGMOD Int. Conf. Management of Data (SIGMOD'98), Seatle, WA, June, 1998.

61. S. Guha, R. Rastogi, and K. Shim. Rock: A Robust clustering algorithm for categorical atributes. In Proc. 1999 Int. Co 了 Data Engineering (ICDE'99), Sydney, Australia, Mar. 1999.

62. G Karypis, E.-H. Han and V. Kumar. CHAMELEON: A hierarchical clustering algorithm using dynamic modeling. Computer, 1999, 32:68-75.

63. M. Ester, H. P. Kriegel, J. Sander, and X. Xu. A density-based algorithm for discovering clusters in large spatial databases. In Proc. 1996 Int. Conf. Knowledge Discovery and Data Wining (KDD96) , 226-231; Portland, Oregon, Aug. 1996.

64. J. Sander, M. Ester, H. -P. Kriegel, X. Xu: Density-Based Clustering in Spatial Databases: The Algorithm GDBSCAN and its Applications, in: Data Mining and Knowledge Discovery, an Int. Journal, Kluwer Academic Publishers, 1998.2: 169-194.

65. W. Wang, J. Yang, and R. Muntz. STING: A statistical information grid approach to spatial data mining. In Proc. 1997 Int. Conf. Very large Data Bases (VLDB'97), Athens, Greece, Aug. 1997.

66. KOHONEN, T. 2001. Self-Organizing Maps. Springer Series in Information Sciences, 30, Springer.

67. S. Guha, A. Meyerson, N. Mishra, R. Motwani, L. O'Callaghan. Clustering data streams: Theory and practice, Knowledge and Data Engineering, IEEE Transactions on , 2003, 15(3): 515-528.

68. 马帅，王腾蛟，唐世渭，杨冬青，高军. 一种基于参考点和密度的快速聚类算法. 软件学报，2003.6: 1090-1096.

69. 蒋盛益，李庆华. 一种增强的 *k*-means 聚类算法. 计算机工程与科学，2006.11.

70. Jianbo Shi, Jitendra Malik. Normalized cuts and image segmentation. IEEE Transactions on Pattern Analysis and Machine Intelligence, Aug 2000 Volume: 22 Issue:8: 888-905.

71. Maulik U, Bandyopadhyay S. Performance evaluation of some clustering algorithms and validity indices. IEEE Trans. Pattern Analysis and Machine Intelligence, 2002(12):1650-1654.

72. R. Agrawal, J. Gehrke, D. Gunopulos, and P. Raghavan. Automatic subspace clustering of high dimensional data for data mining applications. In Proc. 1998 ACM-SIGMOD Int. Conf. Management of Data, 94-105, Seattle, Washington, June 1998.

离群点检测

73. Victoria Hodge, Jim Austin. A Survey of Outlier Detection Methodologies. Artificial Intelligence Review, 2004, 22(2):85-126.

74. Breunig M M, Kriegel H P, Ng R T, Sander J. LOF: Identifying density-based local outliers. In: Proceedings of SIGMOD_00, Dallas, Texas, 2000: 427-438.

75. Wen J, Anthony K H T, Jiawei H. Mining top-n local outliers in large databases. Proceedings of the seventh ACM SIGKDD international conference on Knowledge discovery and data mining, 2001.

76. Stephen D B, Mark S. Mining Distance-Based Outliers in Near Linear Time with Randomization and a Simple Pruning Rule. ACM SIGKDD, 2003: 29-38.

77. Charu C. Aggarwal, Philip S. Yu. Outlier detection for high dimensional data. Proceedings of the 2001 ACM SIGMOD international conference on Management of data. Volume 30 Issue 2, June 2001, ACM New York, NY, USA.

78. Shengyi Jiang, Xiaoyu Song. A clustering-based method for unsupervised intrusion detections. Pattern Recognition Letters, 2006.5.

79. Yamanishi. K, Takeuchi. J, and Williams. G On-line unsupervised outlier detection using finite mixtures with discounting learning algorithms. In Proceedings of the Sixth ACM SIGKDD00, Boston, MA, USA, 2000:320-324.

80. Knorr, E. M. Outliers and data mining: Finding exceptions in data, PhD, THE UNIVERSITY OF BRITISH COLUMBIA (CANADA), 2002.

81. Pang, Guansong, Chunhua Shen, Longbing Cao, and Anton Van Den Hengel. Deep learning for anomaly detection: A review. ACM Computing Surveys (CSUR) 54, no. 2 (2021): 1-38.

82. 蒋盛益，李庆华. 一种两阶段异常检测方法. 小型微型计算机系统，2005.

关联规则

83. Rakesh Agrawal, Tomasz Imieliński, Arun Swami. Mining association rules between sets of items in large databases. Proceedings of the 1993 ACM SIGMOD international conference on Management of data.

84. Agrawal, R Srikant. Fast algorithms for mining association rules. 20th Int. Conf. Very Large Data Bases, VLDB, 1994.

85. J. Han, J. Pei, and Y. Yin. Mining frequent patterns without candidate generation. In Proc. 2000 ACM-SIGMOD Int. Conf. Management of Data (SIGMOD'00), pages 1～12, Dallas, TX, May 2000.

86. R. Agrawal and R. Srikant. Mining sequential patterns. In Proc. 1995 Int. Conf. Data Engineering (ICDE'95), pages 3～14, Taipei, Taiwan, Mar. 1995.

87. C. C. Aggarwal and P. S. Yu. A new framework for itemset generation. In Proc. 1998 ACM Symp. Principles of Database Systems (PODS'98), pages 18-24, Seattle,WA, June 1999.

88. K. S. Brin, R. Motwani, and C. Silverstein. Beyond market basket: Generalizing association rules to correlations. In Proc. 1997 ACM-SIGMOD Int. Conf. Management of Data (SIGMOD'97), pages 265～276, Tucson, AZ, May 1997.

数据挖掘应用

89. Raymond Kosala, Hendrik Blockeel. Web mining research: A survey. ACM SIGKDD Explorations Newsletter Homepage archive. Volume 2 Issue 1, June, 2000. ACM New York, NY, USA.

90. Carbonell, J., Goldstein, J. The use of MMR, diversity-based reranking for reordering documents and producing summaries. Proceedings of the 21st annual international ACM SIGIR conference on Research and development in information retrieval, 1998: 335-336.

91. Zhang HP, Yu HK, et al. HHMM-based Chinese lexical analyzer ICTCLAS[C]. In Proceedings of the second SIGHAN workshop on Chinese language processing, Sapporo, Japan, 2003:184-187.

92. Wu D, He DQ, et al. A study of using an out-of-box commercial MT system for query translation in CLIR[C]. In Proceedings of the 2nd ACM workshop on Improving non English web searching, California, USA, 2008.

93. Osinski S, Stefanowski J, Weiss D．Lingo: search results clustering algorithm based on singular value decomposition[C]．In Proceedings of Intelligent Information Systems Conference, 2003.

94. Fawcett T．"In vivo" Spam Filtering: a Challenge Problem for Data Mining[J]. ACM SIGKDD Explorations (S1931-01455), 2003, 5(2): 140-148.

95. W. Yu, D. N. Jutla, S. C. Sivakumar．A churn-strategy alignment model for managers in mobile telecom[C]．In: Communication Networks and Services Research Conference. Proceedings of the 3rd Annua, 2005, 05:48-53.

96. W. Au, K. C .C. Chen, X. Yao．A novel evolutionary data mining algorithm with applications to churn prediction[J]．IEEE Transactions on Evolutionary Computation, 2003, 7(6): 532-545.

97. 蒋盛益，庞观松．基于聚类的垃圾邮件识别技术研究．山东大学学报（理学版），2011.5.

98. Shengyi Jiang, Xiaoting Chen, Liming Zhang．User-Characteristic Enhanced Model for Fake News Detection in Social Media．2019,CCF International Conference on Natural Language Processing and Chinese Computing.

99. Yi Xie, Xixuan Huang, Xiaoxuan Xie, Shengyi Jiang. A Fake News Detection Framework Using Social User Grap. 2020, 2nd International Conference on Big Data Engineering.